"十二五"职业教育国家规划教材
经全国职业教育教材审定委员会审定
普通高等教育"十一五"国家级规划教材
全国高等专科教育机械工程类专业规划教材

机械设计基础

第 2 版

U0737715

主　编　李　威　穆玺清　陈周娟

副主编　王志伟　孟玲琴　王颖娴

参　编　王　亮　孟　妹
　　　　周　超　邓小林

机械工业出版社

本书是"十二五"职业教育国家规划教材，经全国职业教育教材审定委员会审定。

　　为了适应现代高等职业教育的发展，突出高等职业教育的特色，满足高等职业教育培养高级技术应用型人才的需要，编者结合本课程的教学规律、多年的教学经验以及现代科学技术对学生机械设计方面的能力要求编写了此书。

　　全书包括平面机构及其自由度、平面连杆机构、凸轮机构、间歇运动机构、联接、齿轮传动、蜗杆传动、齿轮系与减速器、挠性传动、支承零部件、联轴器、离合器和制动器、机械运转的调速和平衡简介、弹簧、机械传动系统设计等章节内容。每章后附有本章小结与一定量的思考题和习题，以帮助学生掌握和巩固教学内容，并进一步培养其分析和解决问题的能力。

　　全书均采用最新国家标准。本书配套有助教多媒体系统，供教师教学使用，请使用本书作为教材的教师与本书主编联系索取，联系 E-mail：lliiwei@ hotmail. com。

　　本书适合于高等职业教育机械工程类和近机类专业使用，参考学时 90～110 学时，也可供非机械类各专业师生及有关工程技术人员参考。

图书在版编目（CIP）数据

机械设计基础/李威等主编 . —2 版 . —北京：机械工业出版社，2015.8（2023.1 重印）

"十二五"职业教育国家规划教材　经全国职业教育教材审定委员会审定　普通高等教育"十一五"国家级规划教材

ISBN 978 - 7 - 111 - 51430 - 5

Ⅰ.①机…　Ⅱ.①李…　Ⅲ.①机械设计－高等职业教育－教材　Ⅳ.①TH122

中国版本图书馆 CIP 数据核字（2015）第 202971 号

机械工业出版社（北京市百万庄大街 22 号　邮政编码 100037）
策划编辑：王海峰　责任编辑：王海峰
封面设计：路恩中　责任校对：陈秀丽
责任印制：李　昂
北京捷迅佳彩印刷有限公司印刷
2023 年 1 月第 2 版·第 7 次印刷
184mm×260mm·20.5 印张·507 千字
标准书号：ISBN 978 - 7 - 111 - 51430 - 5
定价：58. 00 元

电话服务　　　　　　　　　　网络服务
客服电话：010-88361066　　机 工 官 网：www. cmpbook. com
　　　　　010-88379833　　机 工 官 博：weibo. com/cmp1952
　　　　　010-68326294　　金 书 网：www. golden-book. com
封底无防伪标均为盗版　　机工教育服务网：www. cmpedu. com

第 2 版前言

本书为"十二五"职业教育国家规划教材，经全国职业教育教材审定委员会审定。本书第 1 版为普通高等教育"十一五"国家级规划教材，第 2 版是在第 1 版的基础上，结合参编院校对第 1 版教材的使用体会及机械设计标准的更新，编写修订而成。

本书编写修订的特点及内容为：

1) 根据高等职业的教育要求，本着"理论知识够用，注重能力培养"的原则，本书编写过程中有机地融合了课程的相关内容：①将键联接、销联接、螺纹联接并作联接内容编写；②将带传动、链转动并作挠性传动编写；③将轴与轴承并作支承零部件编写；④将齿轮系和减速器放在一章编写；⑤将机械的润滑与密封的内容融合到相关章节的维护中编写。

2) 突出了应用性，减少了理论及繁杂公式的推导内容，以使学生易于理解和掌握。

3) 在叙述问题时，力求概念把握准确，叙述深入浅出，层次分明，详略得当，文句通顺，较好地体现了"可教性"和"可学性"。

4) 突出学以致用，例题、课后复习思考题和习题紧密结合实际，尽量选取工程实例，并注意加强实用图表、查阅手册等应用能力的培养。

5) 贯彻执行最新国家标准、规范和资料，采用了国家标准规定的名词术语和符号。

6) 更正了第 1 版中文字、图、表及计算中的疏漏和印刷错误。

7) 制作了与本书配套的助教多媒体系统，充分利用多媒体教学的优势，在尊重教材内容的基础上应用了大量的图片和动画，使教学更加生动直观，可供教师教学使用。使用本书作为教材的教师可与本书主编联系索取。联系 E-mail：lliiwei@hotmail.com、muxiqing@126.com。

另外，本书力图从高等职业教育的特色和层次出发，介绍了一些现代设计的内容，主要包括计算机辅助设计、优化设计和创新设计等基本知识和概念，使学生在已有设计知识的基础上对新的设计方法有一个新的概念，从而达到整体优化学生的知识、能力和素质，特别是培养设计思想、设计方法和创新思维能力的目的。书中打"＊"号部分的内容是为了拓宽和延伸与该课程密切相关的知识面，供不同专业在教学中酌情取舍。

参加本书编写修订工作的教师有：山西运城学院机电工程系陈周娟（第 2、3 章），河北农业大学海洋学院机电工程系李威（第 4、8 章），兰州工业学院穆玺清（第 1、11 章），梧州学院邓小林（第 5 章），兰州工业学院王亮（第 6 章），河南机电高等专科学校王志伟（第 7 章）、孟玲琴（第 9、12、13 章），西安职业技术学院王颖娴（第 10 章），河北农业大学海洋学院机电工程系孟妹（第 14 章）、周超（第 15 章）。本书由李威、穆玺清、陈周娟担任主编，王志伟、孟玲琴、王颖娴担任副主编，王亮、孟妹、周超、邓小林担任参编。

秦皇岛雷博自动化有限公司逯径远高级工程师，结合生产实际对本书提出了许多宝贵的修改意见和建议，对编写给予了很大帮助，在此编者谨致诚挚谢意。

本书适合于高等职业教育机械类和近机类专业使用，参考学时 90～110 学时，也可供非机械类各专业师生及有关工程技术人员参考。

由于编者水平有限，书中缺点和错误在所难免，热忱欢迎读者和同行提出宝贵意见。

编　者

第1版前言

为了适应现代高等专科教育的发展，突出高等专科教育的特色，满足高等专科教育培养高级技术应用型人才的需要，编者结合本课程的教学规律、多年的教学经验以及现代科学技术对学生机械设计方面的能力要求精心编写了此书。

根据高等专科教育的要求，本着"理论知识够用，注重能力培养"的原则，编者在本书的编写过程中有机地结合相关实际应用案例，重新组织了教材内容：1）将键联接、销联接、螺纹联接合并为联接。2）将带传动、链传动合并为挠性传动。3）将轴与轴承合并为支承零部件。4）将齿轮系和减速器在一章中编写。5）将机械的润滑与密封融合到相关章节零部件的维护中。

针对高等专科教育的培养目标，本书突出了应用性，减少了理论及繁杂的公式推导，在阐述问题时，着重强调基本概念、基本理论和基本方法，力求做到层次分明、循序渐进、通俗易懂，以使学生易于理解和掌握。本书突出学以致用，例题紧密结合实际，尽量选取工程实例，并注重加强实用图表、查阅手册等应用能力的培养。书中的打"*"号的内容是为了拓宽和延伸与该课程密切相关的知识面，不同专业可在教学中酌情取舍。

本书力图从高等专科教育的特色和层次出发，介绍了一些现代设计的内容，主要包括计算机辅助设计、优化设计和创新设计等基本知识和概念，使学生在已有设计知识的基础上对新的设计方法有所了解，从而达到整体优化学生的知识、能力和素质，特别是培养设计思想、设计方法和创新思维能力的目的。

全书每章后附有本章小结和一定量联系实际的思考题和习题，以帮助学生掌握和巩固教学内容，并进一步培养他们分析和解决问题的能力。全书均采用最新国家标准。

本书配套有助教光盘，供教师教学使用。助教光盘中充分利用多媒体教学的优势，在尊重教材内容的基础上应用了大量的图片和动画，使教学更加生动直观。

参加本书编写的有：山西运城学院机电工程系陈周娟（第1、2、3章），兰州城市学院培黎工程技术学院同长虹（第4、10、15章）、董世方（第6章），河北农业大学海洋学院机电工程系李威、崔冰艳（第7章），兰州工业高等专科学校机械工程系穆玺清（绪论、第11章），河南机电高等专科学校王志伟（第8章），孟玲琴（第9、13章），河北科技大学机械电子工程学院王秀玲（第5、12、14章）。本书由李威、穆玺清担任主编，由同长虹、陈周娟、王志伟担任副主编。

本书由吉林大学机械工程学院曾平教授担任主审，承蒙曾平教授认真细致地审阅，提出了许多宝贵的修改意见和建议，对编写给予了很大帮助，在此谨致以诚挚谢意。

本书适合于高等专科教育机械工程类和近机类专业使用，参考学时90～110学时，也可供非机械类各专业师生及有关工程技术人员参考。

由于编者水平有限，书中缺点和错误在所难免，欢迎读者和同行提出宝贵意见。联系E-mail：lliiwei@hotmail.com、muxiqing@126.com。

编 者

目　　录

第1章　绪　　论

1.1　机器

1.1.1　机器的组成

　　机器及组成机器的机械零部件是课程的研究对象。机器的发展经历了一个由简单到复杂的过程。

　　在现代人类生产和生活中的各个领域，机器随处可见，生产中常见的有起重机、电动机、内燃机及各种机床；生活中常见的有缝纫机、自行车、汽车、洗衣机、电梯和计算机等。从功能和系统的角度看，一部完整的机器由机械系统、控制系统和辅助系统组成，如图1-1所示。机器的主体是机械系统，机械系统由动力部分、传动部分和执行部分组成。动力部分为机器提供运动和动力；传动部分传递运动和动力，并改变运动速度和运动形式；执行部分实现执行件按预定规律运动。控制系统是使动力部分、传动部分、执行部分彼此协调工作，并准确可靠地完成整机功能的装置；辅助系统使机器能更好地完成预定功能，包括照明灯、消音减振设施、冷却、润滑和降温设备等。

　　图1-2所示的是人们为了实现机械加工要求设计制造的牛头刨床，动力部分（电动机）的转动经传动部分（带传动、齿轮1、2传动和一个导杆机构2、3、4、5）转变为执行部分（滑枕6往复直线运动）的运动，从而实现执行件刨刀的刨削动作。同时，动力还通过其他辅助部分带动丝杠间歇回转，使工作台横向移动，从而实现工件的间歇进给动作。可见，机

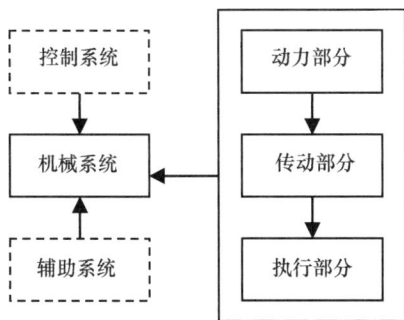

图1-1　机器的组成

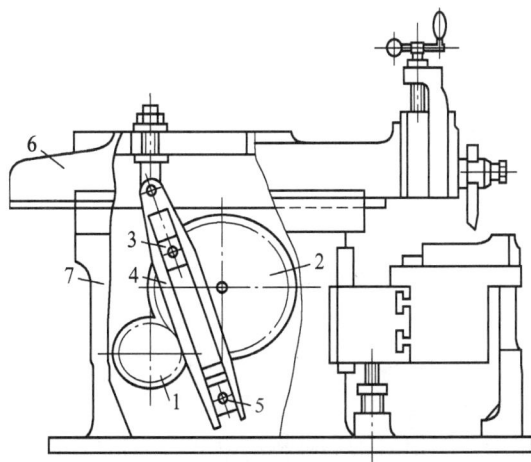

图1-2　牛头刨床

1、2—齿轮　3—滑块　4—摇杆

5—摇块　6—滑枕　7—床身

器是用来代替或减轻人的体力劳动和辅助人的脑力劳动、提高生产效率和产品质量的主要工具，更是完成人类无法从事或难以从事的各种复杂、艰难、危险劳动的重要工具。

图 1-3 所示的单缸四冲程内燃机，其主体部分是由曲轴 1、连杆 3、活塞 4 和气缸 5 等组成。燃气在缸体内燃烧膨胀而推动活塞移动，再通过连杆带动曲轴绕其轴心线转动。为使曲轴能连续转动，必须定时送进燃气，排出废气，这是由缸体边上安装的凸轮 10、11，阀杆 9 等机件定时启闭进、排气阀门来实现的。齿轮 13、12 将曲轴 1 的转动传给凸轮 10、11，使进、排气阀门的启闭与活塞 4 的移动位置建立起一定的配合关系，从而保证了各机件的协同工作，通过进气—压缩—作功—排气冲程，使燃烧的热能转变为曲轴转动的机械能，使内燃机输出机械运动做有用的机械功。又如电动机、发电机用来变换能量，起重机用来传递物料，车床、铣床、冲床等用来变换物料的状态，计算机、录音机用来变换和传递信息等。可见，机器又是用来变换或传递能量、物料和信息的装置。

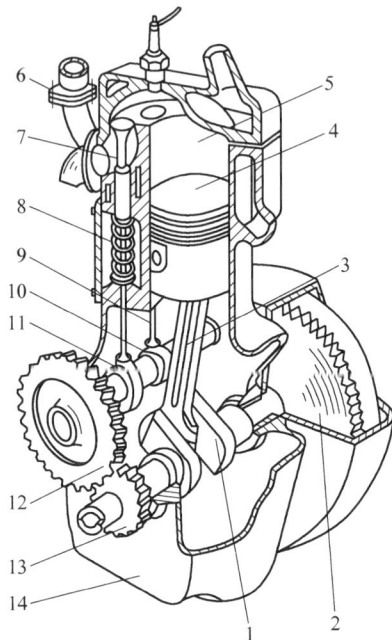

图 1-3 单缸四冲程内燃机

1—曲轴 2—飞轮 3—连杆 4—活塞 5—气缸
6—螺母、螺栓 7—气阀 8—弹簧 9—阀杆
10、11—凸轮 12、13—齿轮 14—机座

机器的种类繁多，其构造、性能及用途也各不相同。从上述实例可以看出，机器具有三个共同特征：

1）它是人为的实物组合。

2）各实物之间具有确定的相对运动。

3）能实现能量转换或完成有用的机械功。

1.1.2 机构、构件、零件与部件

从运动的观点看，一部机器可分成一个或者多个特定机件组合体，这种特定机件组合体就是机构，它是专门用来实现某一种运动的传递或运动形式转换的，即机构是机器中执行某种特定机械运动的装置。图 1-3 所示内燃机中，由活塞、连杆、曲轴和缸体组成了一个曲柄滑块机构，它实现了由活塞的往复直线运动到曲轴整周转动的运动形式变换；由凸轮、推杆和缸体组成了凸轮机构，它实现了由凸轮转动到推杆按一定规律直线移动的运动转换；由一对齿轮和缸体组成了齿轮机构，实现了回转运动的传递。因此，从运动的观点来看，机器是由机构组成，但机构不具备变换或传递能量、物料和信息的功能。从研究角度来看，机器种类繁多，但机构的种类有限，常用机构如齿轮机构、凸轮机构和连杆机构等在各种机器中经常出现。研究机构是研究机器的前提。

机器和机构总称为机械。通常人们将某一类机器统称为机械，如矿山机械、农业机械、轻工机械、纺织机械、建筑机械等。这种分类的范围可大可小，如冶炼机械、轧钢机械又可合称为冶金机械。

机器和机构中独立运动的单元体称为构件。组成机器的不可拆卸的基本单元称为机械零件，简称零件，它是机器中最小的独立制造单元，如曲轴、飞轮、凸轮、齿轮等。构件可以是单独的零件，如图1-4a所示的曲轴；也可以由多个零件刚性连接组成，如图1-4b所示的连杆，由连杆体1、螺栓2、连杆盖3及螺母4等零件组成。由一组协同工作的零件组成的独立制造或独立装配的组合体，称为部件。如车床的床头箱、进给箱、各种机器的减速器、离合器等。零件与部件合称为零部件，可概括地分为两类：一类是各种机器中经常都能用到的零部件，称为通用零部件，如螺钉、齿轮、带轮等零件，联轴器、离合器、滚动轴承等部件；

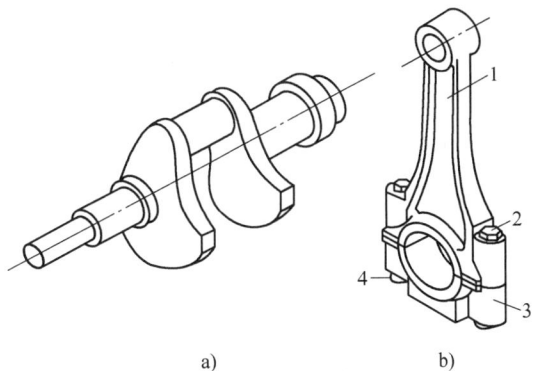

图1-4　构件和零件
1—连杆体　2—螺栓　3—连杆盖　4—螺母

另一类是特定类型机器中才能用到的零部件，称为专用零部件，如内燃机中的曲轴、连杆（部件），船舶中的螺旋桨，纺织机中的织梭、纺锭，离心分离机中的转鼓（部件）等。本课程研究的机械零部件，是指普通条件下工作的常用尺寸及常用参数的通用零部件。

1.2　课程的性质、内容和任务

1.2.1　课程的性质

机械设计基础课程是机械工程类各专业中具有承上启下作用的、介于基础课程与专业课程之间的主干课程，是一门重要技术基础课程。课程要综合应用机械制图、工程力学、互换性与技术测量、工程材料及金属工艺学等先修课程的基础理论和基本知识，且偏重于工程应用，因此要重视生产实践环节，学习时应注重培养工程意识、理论联系实际。本课程将为学生今后学习有关专业课程和掌握新的机械科学技术奠定必要的理论基础。

1.2.2　课程的内容

课程主要内容是机械中常用机构和通用机械零部件设计的基本知识、基本理论和基本方法，同时介绍与课程研究内容相关的标准、规范、手册、图表等技术资料的运用及标准机械零部件的选用。研究的具体内容主要有：

1）研究各种常用机构和机械传动的结构、工作特点、运动和动力特性及其设计计算方法。

2）从强度、刚度、寿命、结构工艺性和材料选择方面，研究通用零部件的设计计算方法。

3）研究机械零部件的工作能力和计算准则，分析机械零部件设计的基本要求和一般步骤。

1.2.3 课程的任务

课程的任务是使学生掌握常用机构和通用零件的基本理论和基本知识，初步具有这方面的分析和设计能力，并获得必要的基本技能训练，同时培养学生正确的设计思想和严谨的工作作风。通过本课程的教学，应使学生达到下列基本要求：

1）熟悉常用机构的工作原理、组成及其特点，掌握通用机构的分析和设计的基本方法。

2）熟悉通用机械零件的工作原理、结构及其特点，掌握通用机械零件的选用和设计的基本方法。

3）具有对机构分析设计和零件计算的能力，并具有运用机械设计手册、图册及标准等有关技术资料的能力。

4）具有综合运用所学知识和实践的技能，设计简单机械和简单传动装置的能力。

1.3 机械设计的基本要求及一般程序

1.3.1 机械设计的基本要求

机械设计的的最终目的是为市场提供高效、物美价廉的机械产品，在市场竞争中赢得优势，取得良好的经济效益。因此，机械设计应满足的基本要求主要有以下几个方面：

（1）使用功能要求　使用功能是指用户提出的并需要机器在使用上满足的特性和功用。它是机械设计最基本出发点。在机械设计过程中，设计者必须正确选择机器的工作原理、机构的类型和机械传动方案，满足机械的运动性能、动力性能、基本技术指标以及外形结构等方面的预定功能要求。

（2）工作可靠性要求　安全可靠是机器正常工作的必要条件，因此设计的机械必须保证在预定的工作期限内能够可靠地工作，防止个别零件的破坏或失效而影响正常运行。为此，应使所设计的机械零件结构合理并满足强度、刚度、耐磨性、振动稳定性及其寿命等方面的要求。

（3）经济性要求　设计机械时，应考虑在实现使用功能和保证工作可靠的前提下，尽可能做到投入的费用少、工作效率高且维修简便等。制造时要求机械及其零部件应具有良好的工艺性，即具有良好的结构工艺性、切削加工性、热处理性和装配性等，设计零部件和机器时，尽可能使其及参数标准化、通用化、系列化，以提高产品的生产效率和质量，减低制造和设计成本。

（4）劳动保护及环境要求　设计机械时，应考虑省时省力，降低操作者的劳动强度，并按照人机工程的观点尽可能减小操作难度。设置完善的安全防护装置，降低机器工作时的振动与噪声，改善机器周围及操作者的工作环境条件。

（5）其他特殊要求　机器由于工作环境和要求的不同，不同的机器对设计提出某些特殊要求。例如机床应在规定的使用期限内保持精度；经常搬动的机器（如塔式起重机、钻探机等）应便于安装、拆卸和运输；食品、药品、纺织等机械应保证一定的清洁度，不得污染产品的要求等。

总之，设计时必须根据机械的实际情况，分清应满足的各项主、次要求，尽量做到结构上可靠、工艺上可能、经济上合理。

1.3.2 机械设计的一般程序

开发性机械产品的设计是一个具有创造性的、复杂细致的劳动过程，从提出任务到投放市场，要经过调查研究、设计、试制、运行考核、定型设计等一系列过程。一般的设计程序如下：

（1）制订产品设计任务书　首先应根据用户的需要与要求，确定所要设计机械的功能和有关指标，研究分析其实现的可能性，然后确定设计课题，制订出产品设计任务书。

（2）总体方案设计　根据设计任务书，进行调查研究，拟订出总体设计方案，进行运动和动力分析，从工作原理上论证设计任务的可行性，必要时对某些技术经济指标作适当修改，然后绘制机构简图。

（3）技术设计　在总体方案设计的基础上，确定机器各部分的结构和尺寸，绘制机器总装配图、部件装配图和零件工作图。为此，必须对标准件合理选用、非标零件进行结构设计，并对主要零件的工作能力进行计算，完成机械零件设计。

机械零件常按以下步骤进行设计：

1）根据零件的使用要求，选择零件的类型与结构。

2）拟订零件的计算简图，计算作用在零件上的载荷。

3）根据零件的工作条件，选择适当材料和热处理方法。

4）根据零件可能的失效形式确定计算准则，并通过计算确定零件的基本尺寸。

5）根据工艺性及标准化等原则进行零件的结构设计。

6）绘制零件工作图，制订技术要求等。

（4）试制和鉴定　设计的机械是否满足使用功能要求，需要进行样机的试制和鉴定。样机制成后，可通过生产运行进行性能测试，然后便可组织鉴定，进行全面的技术评价。这一阶段随时都会因为工艺原因修改原设计，设计完善后才能正式投入产品的生产。

1.4　机械零件的结构工艺性及标准化

1.4.1　机械零件的结构工艺性

机械零件的结构形状与生产规模、生产条件、零件材料、毛坯制作、工艺技术等诸多方面有关，除了要考虑满足功能上的要求外，还应该有利于零件在强度、刚度、加工、装配、调试、维护等方面的要求。在一定的生产条件和生产规模下，花费最少的劳动量和最低的生产成本把零部件制造和装配出来，这样的零部件具有良好的结构工艺性。结构工艺性贯穿于零件的材料选择、毛坯制作、热处理、切削加工、机器装配及维修等生产过程的各个阶段。在整个机械设计中占有很大的比例，应予以足够重视。通常从以下几方面考虑：

（1）零件形状简单合理　零件的结构和形状越复杂，制造、装配和维修将越困难，成本也越高。所以，在满足使用要求的情况下，零件的结构形状应尽量简单，应尽可能采用平面和圆柱面及其组合，各面之间应尽量相互平行或垂直，避免倾斜、突变等不利于制造的形状。在满足使用要求的条件下，力求减少加工表面的数量和加工的面积。

（2）合理选用毛坯类型　根据零件尺寸大小、生产批量的多少和结构的复杂程度来确定毛坯类型。例如选齿轮毛坯时，尺寸小、结构简单、批量大时采用模锻毛坯；结构复杂、批量大时采用铸造毛坯；单件或少量生产时则可采用焊接件或自由锻毛坯。

（3）铸件的结构工艺性　设计铸造毛坯结构时应注意壁厚均匀、过渡平缓，以防产生缩孔和裂纹，保证铸造质量；要有适当的结构斜度及起模斜度，以便于起模；铸件各面的交界处要采用圆角过渡；为增强刚度，应设置必要的加强筋。

（4）锻件的结构工艺性　设计结构时应注意力求零件形状简单，不应有很深的凹坑，要留有适当的锻造斜度及圆角半径，尽量设计成对称形状；对于自由锻件，应避免带有锥形和楔形，不允许有加强筋，不允许在基体上有凸台。

（5）切削加工工艺性　应从三方面考虑：①提高切削效率；②便于切削加工；③减少切削加工量。在设计结构时要有合适的基准面，要便于定位与夹紧，要尽量减少工件的装夹次数。加工面要尽量布置在同一平面或同一母线上；应尽量采用相同的形状和元素，如相同的齿轮模数、螺纹、键、圆角半径、退刀槽等；结构尺寸应便于测量和检查；应选择适当的公差等级和表面粗糙度，过高的公差等级和过低的表面粗糙度要求，将极大地增加加工成本和装配难度。

（6）零部件的装配工艺性　装配工艺性是指零件组装成部件或机器时，相互连接的零件不需要再加工或只需要少量加工就能顺利地装上或拆卸，并达到技术要求。装配工艺性主要应考虑：①尽量避免或减少装配时的切削加工和手工修配；②使装配和拆卸方便；③应有正确的装配基准；④尽可能组成独立部件或装配单元，以便于平行安装。因此，在结构设计时应注意：①要有正确的装配基准面，保证零件间相对位置的固定；②配合面大小要合适；③定位销位置要合理，不致产生错装；④装配端面要有倒角或引导锥；⑤绝对不允许出现装不上或拆不下的现象等。

（7）零部件的维修工艺性　良好的维修工艺性要体现以下几方面：①可达性，指容易接近维修处，并易于观察到维修部位；②易于装拆；③便于更换，为此应尽量采用标准件或采用模块化设计；④便于修理，即对损坏部分容易修配或更换。

评定结构工艺性好坏是随生产规模、生产条件的不同而不同。在单件、小批量生产中被认为工艺性好的结构，在大量生产中却往往显得不好；反之亦然。如外形复杂、尺寸较大的零件，单件或少量生产时，宜采用焊接毛坯，可节省费用；大批量生产时，应该采用铸造毛坯，可提高生产率。同样，不同的生产条件（生产设备、工艺装备、技术力量等）也对结构工艺性产生较大的影响，一般应根据具体的生产条件研究零件的结构工艺性问题。

1.4.2　机械零件设计中的标准化

所谓机械零件的标准化就是对零件尺寸、规格、结构要素、材料性能、检验方法、设计方法、公差与配合、制图规范等制定出各种标准。它的基本特征是统一与简化。贯彻标准化的重要意义在于：①减轻设计工作量，缩短设计周期，提高设计质量，有利于设计人员将主要精力用于关键零部件的设计；②便于建立专门工厂采用最先进的技术大规模地生产标准零部件，有利于合理使用原材料、节约能源、降低成本、提高质量和可靠性、提高劳动生产率；③增大互换性，便于维修；④便于产品改进，增加产品品种；⑤采用与国际标准一致的国家标准，有利于产品走向国际市场。因此，在机械零件的设计中，设计人员必须了解和掌握有关的各项标准并认真地贯彻执行，不断提高设计产品的标准化程度。标准化程度的高低已成为评定设计水平及产品质量的重要指标之一。

标准化包括三方面内容，即标准化、系列化和通用化。系列化是指在同一基本结构下，规定若干个规格尺寸不同的产品，形成产品系列，以满足不同的使用条件。通用化是指在同类型机械系列产品内部或在跨系列的产品之间，采用同一结构和尺寸的零部件，使有关的零部件特别是易损件，最大限度地实现通用互换。

国际标准化组织制定了国际标准（ISO）。我国国家标准化法规规定的标准分国家标准（GB）、行业标准和企业标准三个等级，在设计机械零部件时必须自觉地执行标准。

1.5 机械设计方法

机械设计的方法通常可分为两类：一类是过去长期采用的传统（或常规）设计方法，另一类是近几十年发展起来的现代设计方法。

1.5.1 传统设计方法

传统设计方法是以经验总结为基础，运用力学和数学形成经验公式、图表、设计手册等作为设计的依据，通过经验公式、近似系数或类比等方法进行设计的方法。这是一种以静态分析、近似计算、经验设计、人工劳动为特征的设计方法。传统设计方法分为以下三种。

（1）理论设计 根据长期研究和实践总结出来的传统设计理论及实验数据所进行的设计，称为理论设计。理论设计的计算过程又可分设计计算和校核计算。前者是按照已知的运动要求、载荷情况及零件的材料特性等，运用一定的理论公式设计零件尺寸和形状的计算过程，如按转轴的强度、刚度条件计算转轴的直径等；后者是先根据类比法、实验法等方法初步定出零件的尺寸和形状，再用理论公式进行零件的强度、刚度等校核及精确校核的计算过程，如转轴的弯扭组合强度校核和精确校核等。设计计算多用于能通过简单的力学模型进行设计的零件；校核计算则多用于结构复杂、应力分布较复杂，但又能用现有的分析方法进行计算的场合。理论设计可得到比较精确而可靠的结果，重要的零部件大都应该选择这种设计方法。

（2）经验设计 根据对某类零件归纳出的经验公式或设计者本人的工作经验用类比法所进行的设计，称为经验设计。对一些不重要的零件如不太受力的螺钉等，或者对于一些理论上不够成熟或虽有理论方法但没有必要进行复杂、精确计算的零部件，如机架、箱体等，通常采用经验设计方法。

（3）模型实验设计 将初步设计的零部件或机器制成小模型或小尺寸样机，经过实验手段对其各方面的特性进行检验，再根据实验结果对原设计进行逐步的修改，从而获得尽可能完善的设计结果，这样的设计过程称为模型实验设计。该设计方法费时、昂贵，一般只用于特别重要的设计中。一些尺寸巨大、结构复杂而又十分重要的零部件，如新型重型设备及飞机的机身、新型舰船的船体等的设计，常采用这种设计方法。

1.5.2 现代设计方法简介

随着科学技术的迅速发展以及计算机技术的广泛应用，在机械设计传统设计方法的基础上又发展了一系列新兴的设计理论与方法。现代设计方法的应用将弥补传统设计方法的不足，从而有效地提高设计质量，但它并不能离开或完全取代传统设计方法。现代设计方法还将随着科学技术的飞速发展而不断地完善。现代设计方法种类较多，内容十分丰富，这里仅简略介绍几种国内近年来在机械设计中应用较为成熟、影响较大的方法。

（1）机械优化设计　机械优化设计是将最优化数学理论（主要是数学规划理论）应用于机械设计领域而形成的一种设计方法。该方法先将设计问题的物理模型转化为数学模型，再选用适当的优化方法并借助计算机求解该数学模型，经过对优化方案的评价与决策后，从而求得最佳设计方案。采用优化设计方法可以在多变量、多目标的条件下，获得高效率、高精度的设计结果，极大地提高了设计质量。

（2）机械可靠性设计　机械可靠性设计是将概率论、数理统计、失效物理和机械学相结合而成的一种设计方法。其主要特点是将传统设计方法中视为单值而实际上具有多值性的设计变量（如载荷、应力、强度、寿命等）如实地作为服从某种分布规律的随机变量来对待，用概率统计方法定量设计出符合机械产品可靠性指标要求的零部件和整机的主要参数及结构尺寸。

（3）有限元分析　这是一种随着计算机的发展而迅速发展起来的现代设计方法，其基本思想是：把连续的介质（如零件、结构等）看作由在有限个节点处连接起来的有限个小块（称为元素）所组成，然后对每个元素通过取定的插值函数，将其内每一点的位移（或应力）用元素节点的位移（或应力）来表示。再根据介质整体的协调关系，建立包括所有节点的这些未知量的联立方程组，最后用计算机求解，以获得所需答案。当元素足够"小"时，可以得到十分精确的解答。

（4）机械动态设计　机械动态设计是根据机械产品的动载工况，以及对产品提出的动态性能要求与设计准则，按动力学方法进行分析与计算、优化与试验并反复进行的一种设计方法。它是把机械产品看成是一个内部情况不明的黑箱，通过外部观察，根据其功能对黑箱与周围不同的信息联系进行分析，求出机械产品的动态特性参数，然后进一步寻求它们的机理和结构。关键是建立对象（黑箱）的动态数学模型，并求解数学模型。该设计方法可使机械产品的动态性能在设计时就得到预测和优化。

（5）计算机辅助设计（CAD）　计算机辅助设计就是利用计算机运算快速、准确、存储量大、逻辑判断功能强的特点进行机械设计和信息处理，并通过人机交互作用完成设计工作的一种设计方法。它包括分析计算和自动绘图两部分功能。CAD 系统支持设计过程的各个阶段，即从方案设计入手，使设计对象模型化；依据提供的设计技术参数进行总体设计和总图设计；通过对结构的静态和动态性能分析，最后确定设计参数。在此基础上完成详细设计和技术设计。因此，CAD 设计包括二维工程制图、三维几何造型、有限元分析等技术。通常设计中制图工作量占的比重（50% ~ 60%）较大，因此在实际应用中 CAD 的重点放在了制图自动化方面。目前 AutoCAD、UG、SolidWorks、Pro/E、CATIA 等二维、三维 CAD 软件得到较好的应用，使设计甩掉了图板。计算机辅助设计（CAD）与计算机辅助制造（CAM）可结合成 CAD/CAM 系统，它还可与计算机辅助检测（CAT）、计算机管理自动化结合形成计算机集成制造系统（CIMS），综合进行市场预测、产品设计、生产计划、制造和销售等一系列工作，实现人力、物力、时间等各种资源的有效利用，有效地促进了现代企业生产组织、管理和实施的自动化、无人化，使企业总效益提高。

现代设计方法还有很多，如模糊优化设计、模块化设计、价值分析等等，与传统设计方法相比，现代机械设计方法具有如下一些特点：①以科学设计取代经验设计；②以动态的设计和分析取代静态的设计和分析；③以定量的设计计算取代定性的设计分析；④以变量取代常量进行设计计算；⑤以注重"人—机—环境"大系统的设计准则，如人机工程设计准则、绿色设计准则，取代偏重于结构强度的设计准则；⑥以优化设计取代可行性设计以及以自动化设计取代人工设计。

现代设计方法弥补了传统设计方法的不足，但它并不能脱离或完全取代传统设计方法。现代设计方法还将随着科学技术的飞速发展而不断地完善和发展。

本 章 小 结

本章内容为一些公共问题，与后面各章有密切的联系，主要介绍了机器的组成、机构、构件、零件等基本概念；课程的性质、内容和任务；机械设计的基本要求及一般程序；机械零件的结构工艺性及标准化；机械设计方法。其中机器、机构、构件、零件等基本概念是本章的重点。

思 考 题

1-1 一部完整的机器有哪几部分组成？

1-2 机器的特征是什么？

1-3 机器与机构有何区别？构件与零件又有何区别？

1-4 机械设计的基本要求是什么？请以一种机器为例（如汽车、电风扇或其他机器）说明设计时应考虑的要求。

1-5 机械设计时为什么要考虑零件的结构工艺性问题？主要应从哪些方面考虑零件结构工艺性？

1-6 什么是标准化、系列化和通用化？标准化的重要意义是什么？

1-7 机械设计方法通常分哪两大类？简述两者的区别和联系。

第 2 章 平面机构及其自由度

机构是一个构件系统，为了传递运动和动力，机构中各构件之间应具有确定的相对运动。但任意拼凑的构件系统并不一定能够发生确定的相对运动，所以研究机构的构件间是否具有确定的相对运动的条件，对于分析现有机构和设计新机构都是很重要的。

2.1 运动副及其分类

2.1.1 运动副

要传递运动和动力，各构件之间需通过一定的连接方式组成一个机构，组成机构的各构件之间的连接必须是可动的，且这种相互运动应该是确定的。这种由两个构件组成的可动连接称为运动副，如图 2-1 所示，轴和轴承、滑块与导路以及齿轮与齿轮之间的连接都构成运动副。

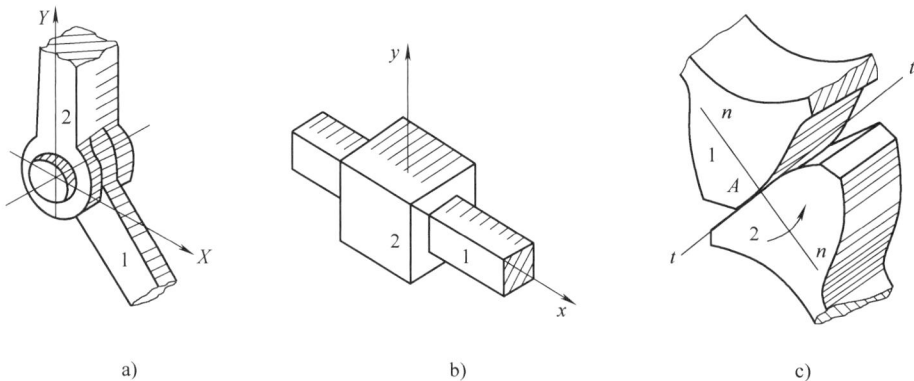

| a) | b) | c) |

图 2-1 运动副

2.1.2 运动副的分类

根据连接的两构件之间的相对运动是平面的还是空间的，运动副可分为平面运动副和空间运动副，这里我们只介绍平面运动副。

两构件通过点、线、面实现接触，根据两构件之间的接触情况，可将运动副分为高副和低副。两构件通过面接触构成的运动副统称为低副，如图 2-1a、b 所示。两构件通过点或线接触构成的运动副统称为高副，如图 2-1c 所示。

根据两构件之间的运动特点，低副又可分为转动副和移动副。两构件之间的相对运动为转动的低副称为转动副或回转副，也称为铰链，如图 2-1a 所示。两构件之间的相对运动为移动的低副称为移动副，如图 2-1b 所示。

2.2 平面机构及其运动简图

所有构件都在同一平面或相互平行平面内运动的机构称为平面机构，反之则称为空间机构。由于常用的机构大多数为平面机构，所以本章仅讨论平面机构的有关问题。

2.2.1 平面机构的组成

在组成机构的各构件中，与参考系固定、相对不动的构件称为机架。一般情况下，机构安装在地面上，那么机架相对于地面是固定不动的；如果机构安装在运动物体（如车、船、飞机等）上，那么机架相对于该运动物体是固定不动的，而相对于地面则可能是运动的，其余的构件均相对于机架而运动。其中，给定独立运动参数的构件称为原动件，由原动件带动而随之运动的构件称为从动件。

由此可知，机构是由机架、原动件及从动件通过运动副连接而成的系统。

2.2.2 平面机构运动简图及其意义

由于设计和研究的需要，人们常通过绘制简图的方式来表示一个机构。另外，通过研究人们发现，机构在运动时，各部分的运动是由其原动件的运动规律、该机构中各运动副的类型（例如是高副还是低副、是转动副还是移动副等）、数目及相对位置决定的，而与构件的外形（高副机构的轮廓形状除外）、断面尺寸、组成构件的零件数目及固定连接方式，以及运动副的实际结构无关。

用简单线条和规定符号表示构件和运动副，并按照一定比例确定运动副的相对位置及与运动有关的尺寸，这种表明机构的组成和各构件间真实运动关系的简单图形称为机构运动简图。有时，只是为了表示机构的组成及其传动原理，也可以不严格按照比例来绘制，通常把这种简图称为机构示意图。

2.2.3 运动副和构件的表示

在机构运动简图中，各平面运动副在不同视图中的表示方法是不同的。图 2-2 所示为两构件用转动副连接的表示方法，其中图 2-2a、b、c 所示为垂直于回转轴线的平面，图 2-2d、e 所示为通过回转轴线的平面，图中画斜线的构件表示机架。

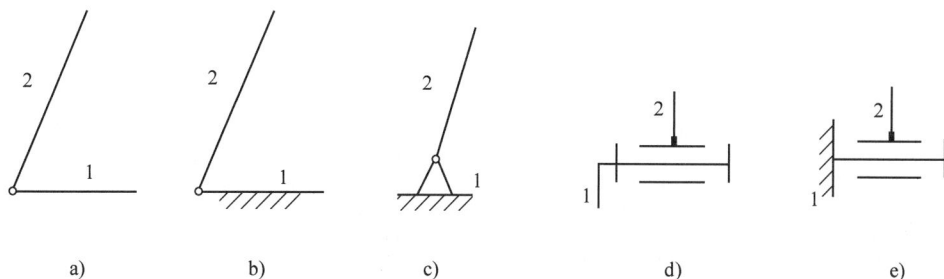

图 2-2　转动副的表示

图 2-3 所示为两构件用移动副连接的表示方法。

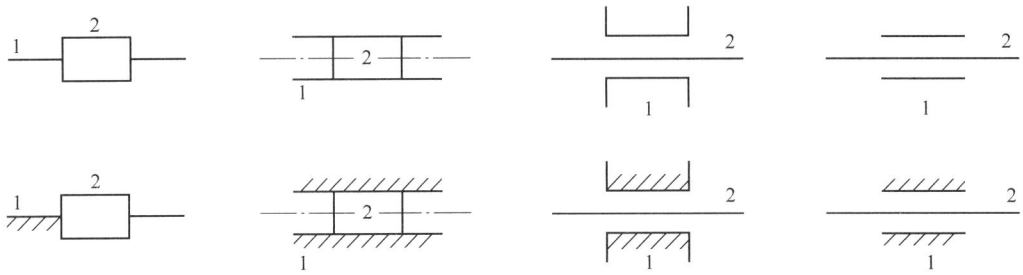

图 2-3　移动副

当两构件用平面高副连接时，在简图中应按比例如实地画出两构件接触处的曲线轮廓（高副元素），如图 2-4 所示。

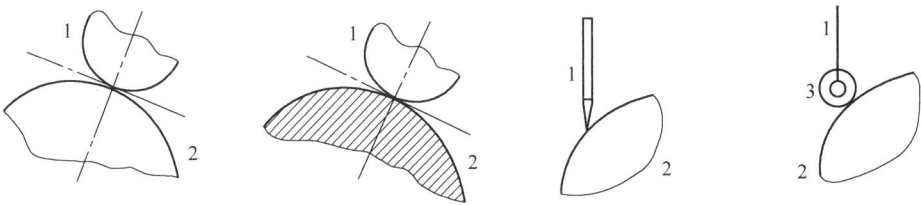

图 2-4　平面高副的表示

由于构件的相对运动主要取决于运动副，因此首先应当用符号画出各运动副元素在构件上的相对位置，然后再用简单线条把它们连接成构件，图 2-5 所示为具有两个运动副元素构件的表示方法。

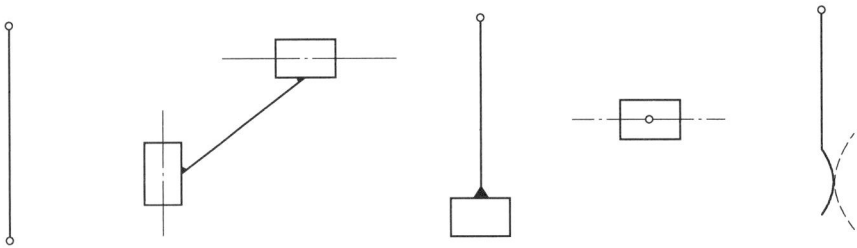

图 2-5　具有两个运动副元素的构件

图 2-6 所示为具有三个或四个运动副元素的构件，此时各运动副元素间的连线形成三角形或多边形。为了表明它们是同一构件，应在三角形、多边形中画上斜线（见图 2-6b），或将两条直线相交的部位画出焊缝符号（见图 2-6c）。如果一个构件上的三个转动副位于一条直线上，则应用半圆跨越连接上下两段直线来表示，而不能用中间的转动副直接连接这两段直线，如图 2-6d 所示。

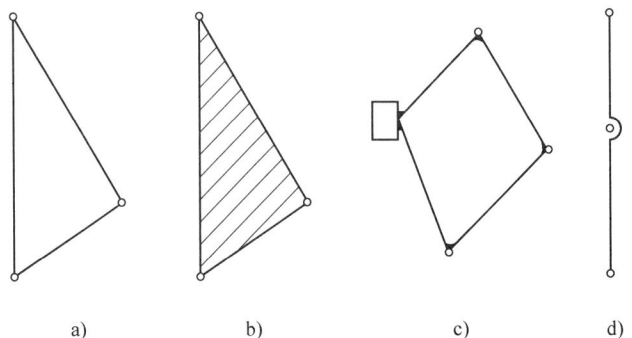

a)　　　　　b)　　　　　c)　　　　　d)

图 2-6　具有三个或四个运动副元素的构件

其他构件和机构的习惯表示方法可参见表 2-1。

表 2-1　机构运动简图规定符号（摘自 GB/T 4460—2013）

名　称	符　号	名　称	符　号
固定构件		外啮合圆柱齿轮机构	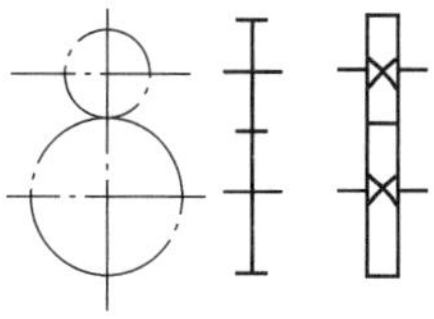
两副元素构件	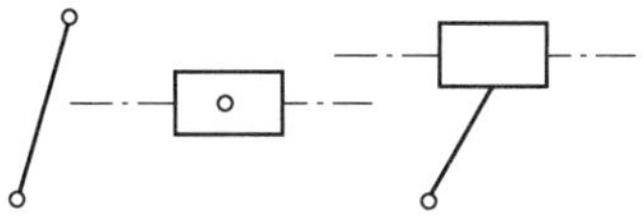	内啮合圆柱齿轮机构	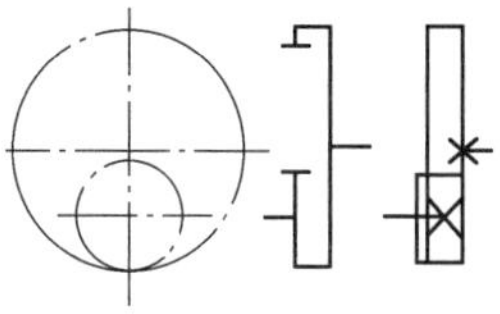
三副元素构件	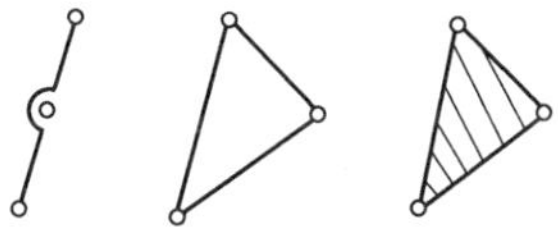	齿轮齿条机构	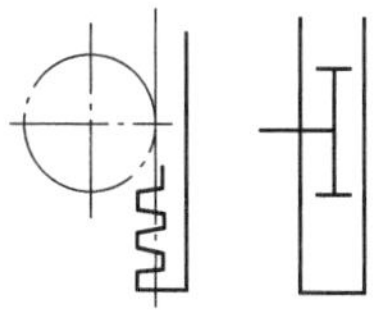
转动副	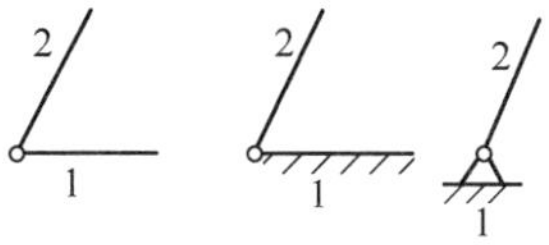	锥齿轮机构	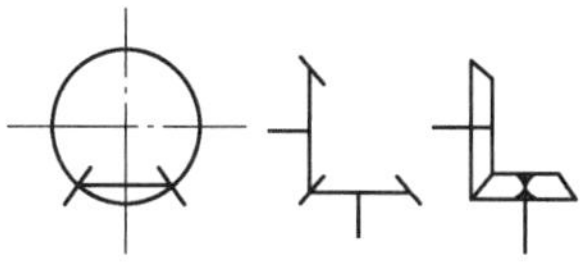
移动副	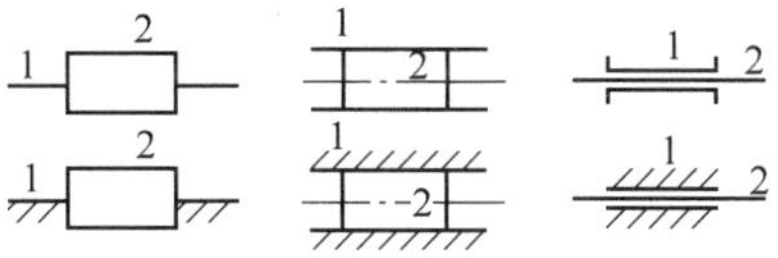	蜗杆蜗轮机构	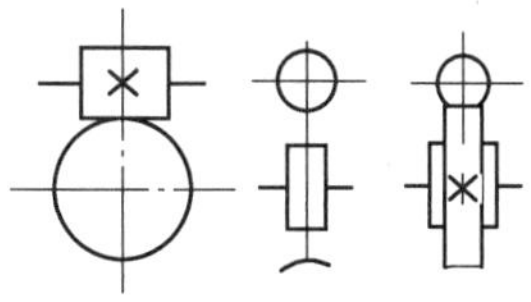
平面高副	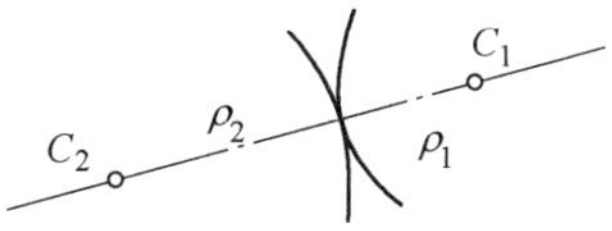	带传动	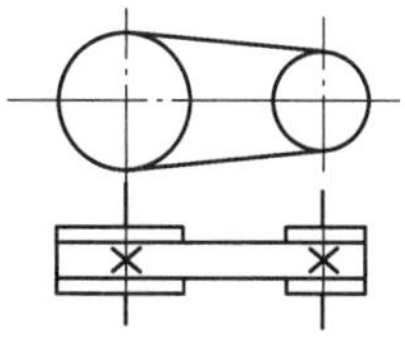
凸轮机构	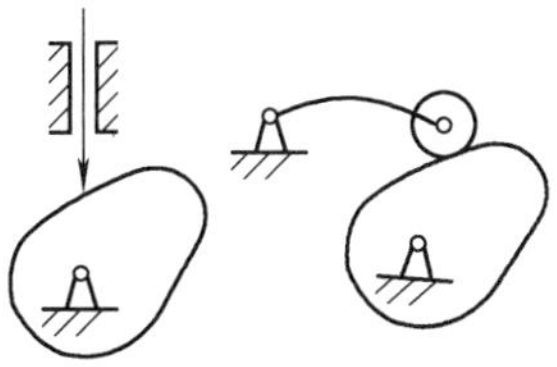	链传动	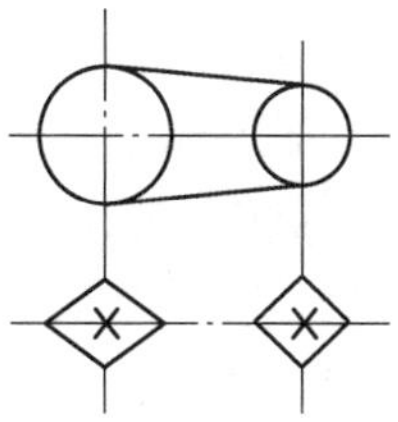
棘轮机构	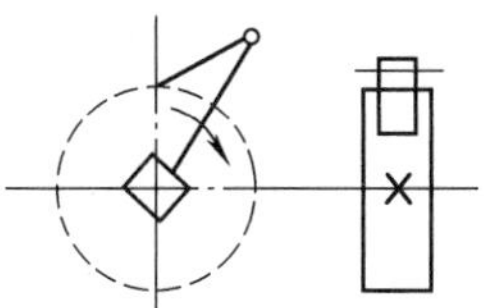		

2.2.4　绘制平面机构运动简图的方法和步骤

机构运动简图是用来描述一个机构或机器的组成及其运动特性的，所以在绘制机构运动简图的过程中，必须抓住机械的运动特性，排除各种与运动无关的因素。只有这样，才能准确地画出既简单明了又符合原有机械运动特性的运动简图。

绘制机构运动简图的大致步骤可归纳为：

1）分析运动机构，找出机架、原动件和从动件。

2）从原动件开始，按照运动的传递顺序，分析各构件之间相对运动的性质，确定活动构件的数目、运动副的类型和数目。

3）选择适当的视图平面和适当的机构运动瞬时位置。

4）选择比例尺 $\mu_l = \dfrac{构件的图样尺寸}{构件的实际尺寸}$（单位：m/mm 或 mm/mm），定出各运动副之间的相对位置，用规定符号绘制机构运动简图。

下面举例说明机构运动简图的绘制方法。

例 2-1　图 2-7a 所示为一颚式破碎机，当偏心轴 2 绕轴心 A 连续回转时，动颚板 3 作往复摆动，从而将矿石轧碎。试绘制此破碎机的机构运动简图。

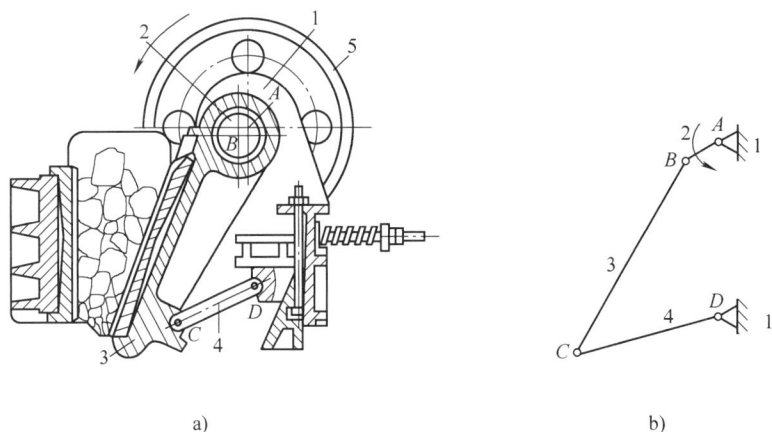

a)　　　　　　　　　　　　　b)

图 2-7　颚式破碎机主体机构及运动简图

1—机架　2—偏心轴　3—动颚板　4—肘板　5—带轮

解　1）由图可知颚式破碎机主体机构由机架 1、偏心轴 2、动颚板 3、肘板 4 组成。机构运动由带轮 5 输入，而带轮与偏心轴固定连接成一体（属于同一构件），绕 A 点转动，故偏心轴 2 为原动件，动颚板 3 和肘板 4 为从动件。

2）偏心轴与机架在 A 点构成转动副，偏心轴与动颚板在 B 点构成转动副、动颚板与肘板在 C 点构成转动副、肘板与机架在 D 点构成转动副。

3）根据机构的组成和运动情况，选择构件的运动平面为视图平面。

4）选择适当的比例尺 μ_l，根据运动副间的尺寸依次确定各转动副的位置 A、B、C、D，然后绘出机构运动简图，如图 2-6b 所示。

2.3 平面机构的自由度

2.3.1 构件的自由度和约束

一个作平面运动的自由构件有三个独立的运动，即沿 X、Y 轴的移动和在 XOY 平面内的转动，如图 2-8 所示，这种作平面运动的构件相对于定参考系所具有的独立运动的数目，称为自由度。

显然，构件组成运动副后，其中的某些独立运动受到限制，自由度也就随之减少，这种对独立运动的限制称为约束。约束增加，自由度就减少，约束数目的多少及其特点决定于运动副的类型。

平面机构中的运动副包括低副（移动副和转动副）和高副。如图 2-1a、b 所示，当两构件组成移动副或转动副后，两构件间相对运动只保留了一个，即相对移动或相对转动。如图 2-1c 所示，当两构件组成高副后，两构件间沿接

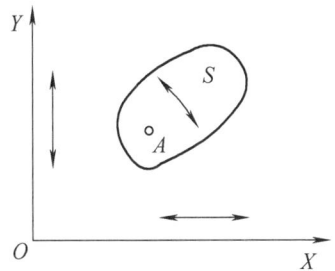

图 2-8 构件的自由度

触点公法线 n—n 方向的移动受到了限制，而沿公切线 t—t 方向的移动和绕接触点 A 的转动仍然保留。因此可以得出结论：一个低副引入两个约束，一个高副引入一个约束。

2.3.2 平面机构的自由度计算

所谓平面机构的自由度，就是指该机构中各构件相对于机架的所有独立运动的数目。显然，平面机构的自由度与组成该机构的活动构件数目、运动副的数目以及运动副的种类有关。

设一个平面机构由 N 个构件组成，若不包括机架，其活动构件数 $n = N - 1$，显然这 n 个活动构件在未用运动副连接之前共有 $3n$ 个自由度。当用 P_L 个低副和 P_H 个高副将它们连接后，由于每个低副引入两个约束，每个高副引入一个约束，则平面机构的自由度 F 的计算公式为

$$F = 3n - 2P_L - P_H \tag{2-1}$$

图 2-7b 所示的机构中构件 1 为机架，则活动构件数为 $n = N - 1 = 4 - 1 = 3$，低副（转动副）数 $P_L = 4$，高副数 $P_H = 0$，则该机构的自由度为

$$F = 3n - 2P_L - P_H = 3 \times 3 - 2 \times 4 - 0 = 1$$

2.3.3 机构具有确定运动的条件

所谓机构具有确定的运动，是指该机构中所有的构件在任一瞬时的运动是完全确定的。这就意味着该机构的自由度一定大于零，即满足 $F > 0$。

如图 2-9 所示，两机构的自由度分别为 $F = 3n - 2P_L - P_H = 3 \times 2 - 2 \times 3 - 0 = 0$ 和 $F = 3n - 2P_L - P_H = 3 \times 3 - 2 \times 5 - 0 = -1$。很明显，这两个机构中的各构件间无论怎样加载都不会存在相对运动，构件系统已成为刚性桁架，自由度也失去原来的意义，其负值大小只表明超静定的次数。

机构的独立运动参数是由原动件提供的，通常原动件和机架相连接，因此一个原动件只能提供一个独立的运动参数，如电动机只能驱使曲柄按给定的运动规律转动，而液压缸可驱

使活塞按给定的运动规律移动,因此机构是否具有确定的运动显然和原动件的数目有关。

图 2-7b 所示的机构自由度为 1,偏心轴 2 作为该机构的原动件,提供一个独立运动参数。显然对于构件 2 的每一个确定的位置,其余构件都有完全确定的相应位置。由此可见,对于自由度为 1 的机构,具有一个原动件,其运动可完全确定。此时,若给构件 4 再提供一个原动力,如图 2-10 所示,则构件 3 必被拉断。

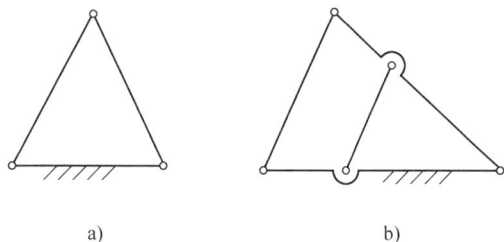

图 2-9 刚性桁架

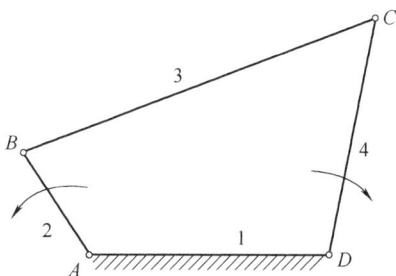

图 2-10 具有两个原动件的四杆机构

如图 2-11 所示,其机构自由度 $F = 3n - 2P_L - P_H = 3 \times 4 - 2 \times 5 - 0 = 2$。如果只给定一个原动件如构件 1,图示情况下,构件 2、3、4 的位置并不确定,例如当构件 1 占据实线位置 AB 时,构件 2、3、4 可能占据实线位置 $BCDE$,也可能占据虚线位置 $BC'D'E$,或者其他位置。但是如果再给定一个原动件如构件 4,则当构件 1、4 都处于实线位置时,构件 2、3 就处在实线位置,不可能有第二种位置。由此可见,对于自由度为 2 的构件组合,在具有两个原动件时,其运动才能唯一确定。

综上所述,一个构件系统能否具有确定的相对运动,与其自由度及给定的原动件数目有直接的关系。

1)当 $F \leqslant 0$ 时,构件系统蜕化为刚性桁架。

2)当 $F > 0$ 时,若原动件数目等于自由度数,各构件便具有确定的相对运动;若原动件数目小于自由度数,则从动件的运动就有随意性,得不到确定的相对运动;若原动件数大于自由度数,从动件将不能同时执行

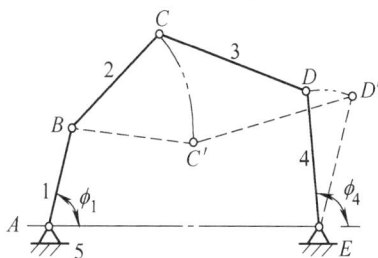

图 2-11 自由度为 2 的构件系统

每个原动件所要求的运动规律,如果强制执行,必然使构件系统中的薄弱环节受到破坏。

所以,机构具有确定的相对运动条件是:机构自由度大于零,且机构的原动件数目与机构的自由度相等。

在设计过程中,对新机器运动特性的考察,通常是考察其机构运动简图,看是否满足机构具有确定运动的条件。图2-12a所示为一构件系统,其自由度 $F = 3 \times 4 - 2 \times 6 = 0$,从动

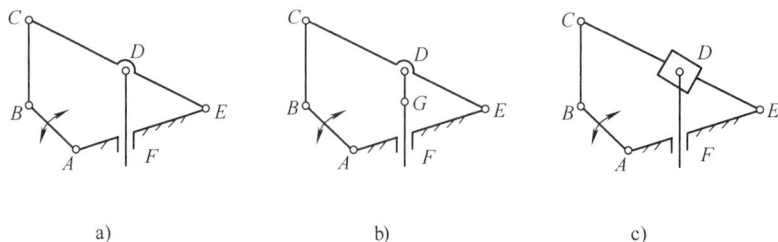

图 2-12 构件系统的运动特性改进

件 *DF* 无法实现其预期的确定运动。现引进一个低副一个构件,则其自由度 $F = 3 \times 5 - 2 \times 7 = 1$,可达到运动设计的要求,图 2-12b、c 所示为改进后的机构。

2.3.4 计算机构自由度时应注意的问题

1. 复合铰链

所谓复合铰链,是指两个以上的构件用转动副在同一轴线上构成的连接。

图 2-13a 所示的直线机构中,*A*、*B*、*C*、*D* 四点均为三构件构成的复合铰链。以 *C* 点为例,构件 2、3、7 在此处共组成两个共轴线的转动副,其侧视图如图 2-13c 所示。因此,该机构中低副的数目 $P_L = 10$,则其自由度为

$$F = 3 \times 7 - 2 \times 10 = 1$$

一般当 *k* 个构件组成复合铰链时,则组成 $(k - 1)$ 个共轴线的转动副。在计算自由度时,应注意是否存在复合铰链,并确定出转动副的正确数目,以免将机构的自由度计算错误,从而导致给定的原动件数目错误。

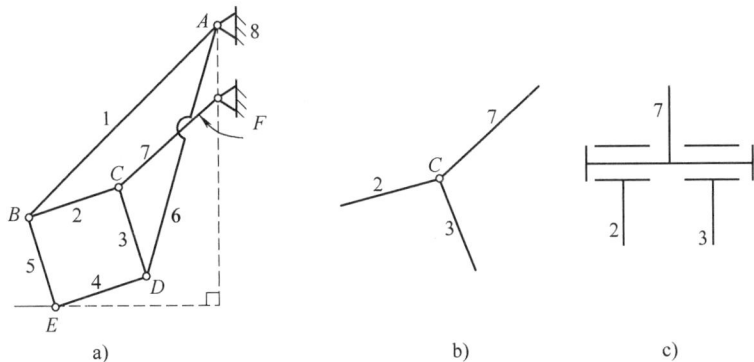

图 2-13　复合铰链

2. 局部自由度

所谓局部自由度,是指某些不影响整个机构运动的自由度。在计算机构自由度时,局部自由度应略去不计。

图 2-14a 所示的凸轮机构,当原动件凸轮 1 逆时针转动时,滚子 3 使从动件 2 在导路中往复移动,但这时滚子的转动并不影响从动件的运动轨迹。滚子的作用是用滚动摩擦代替高副之间的滑动摩擦,以改善高副接触处的受力及磨损状况。在计算自由度时,可将滚子与从动件看成一个整体,如图 2-14b 所示。这时该机构 $n = 2$、$P_L = 2$、$P_H = 1$,则机构的自由度为

$$F = 3n - 2P_L - P_H = 3 \times 2 - 2 \times 2 - 1 = 1$$

3. 虚约束

所谓虚约束,是指机构中与其他约束相重复而不起独立限制运动作用的约束。在计算机构自由度时,这种约束应不予考虑。虚约束常出现在下列几种场合:

1) 两构件在多处构成多个移动副,且各移动副的导路重合或平行。

图 2-14a 所示凸轮机构中的从动件 2 与机架所构成的两个移动副 *A*、*A'* 中有一个是虚约束,图 2-15 所示两平行导路 *A*、*B* 中有一个是虚约束。

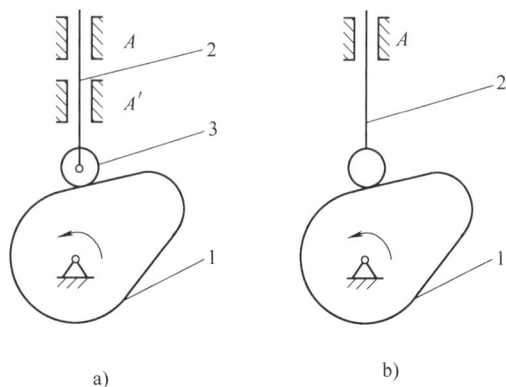

图 2-14 局部自由度

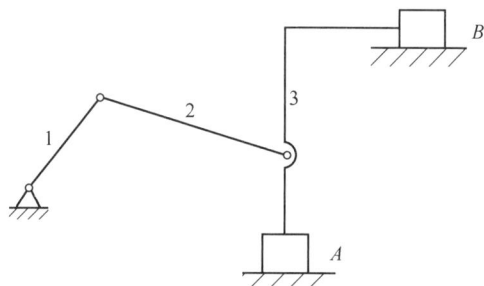

图 2-15 两构件组成的多个移动副导路平行

2）两构件在多处构成多个转动副，且各转动副的轴线重合。

图 2-16 所示为一齿轮传动机构，齿轮 1、2 分别与轴Ⅰ、Ⅱ固定连接，这两根轴又分别通过一对轴承支承于箱体上。为了改善齿轮和轴以及箱体和轴的受力情况，机构中的每根轴都用一对轴承支承于箱体上，这是完全正确和必要的。但从运动关系来看，仅有一个转动副就足以保证该轴绕其自身轴线的转动，所以另一个转动副就是对机构的重复约束，在计算自由度时应去除。这时，该机构的活动构件数为 2，低副数 $P_L = 2$，高副数 $P_H = 1$，故机构的自由度为

$$F = 3n - 2P_L - P_H = 3 \times 2 - 2 \times 2 - 1 = 1$$

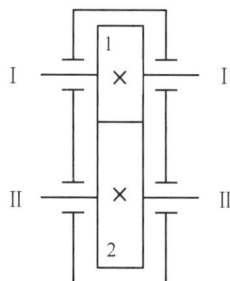

3）两构件之间构成高副，多处接触且公法线重合。

此种情况计算自由度时，只考虑一个高副，其余均为虚约束。如图 2-17 所示，等宽凸轮机构中低副数 $P_L = 2$，高副数 $P_H = 1$，故机构的自由度为

$$F = 3n - 2P_L - P_H = 3 \times 2 - 2 \times 2 - 1 = 1$$

图 2-16 齿轮传动机构

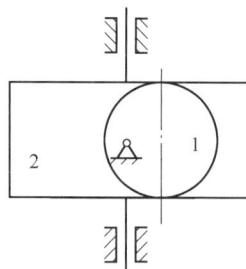

图 2-17 等宽凸轮机构

4）机构中某两构件用转动副相连的连接点，在组成运动副前后，其各自的轨迹重合，则此连接带入的约束为虚约束。

如图 2-18a 所示，平行四边形机构的自由度为

$$F = 3n - 2P_L - P_H = 3 \times 3 - 2 \times 4 - 0 = 1$$

在原动件 1 的作用下，由于 $AB = CD$、$BC = AD$，则连杆 2 作平行于机架的平移运动，所以连杆 2 上各点的轨迹都是以半径等于 AB、圆心位于机架 AD 上相应点的圆弧。现若用一附加构件 5 在 E 和 F 点铰接，且满足 $EF // AB$、$EF = AB$，如图 2-18b 所示。显然，构件 5 对该机构的运动不产生任何影响，这是因为构件 5 上 F 点的运动轨迹与连杆 BC 上 F 点的运动轨迹重合，所以此约束不起独立作用，为虚约束。

这里引入构件 5 形成虚约束的特定条件是 $EF // AB$、$EF = AB$，如果这个条件得不到满足，引入构件 5 所形成的约束就会成为真正的约束，如图 2-18c 所示。

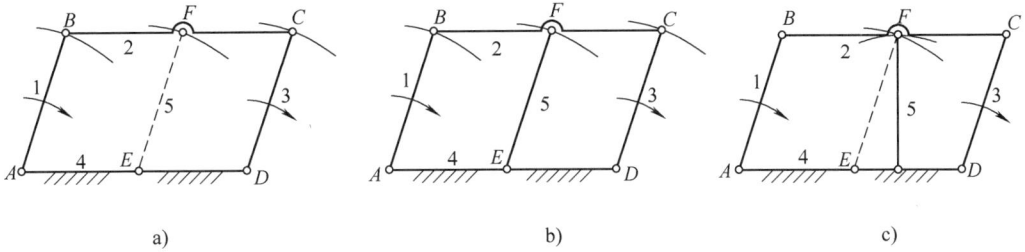

图 2-18　平行四边形机构中的虚约束

5）机构中具有对运动不起独立作用的对称部分。

图 2-19a 所示的行星轮系中，对称安装了 3 个相同的行星轮。从运动特性的角度看，此机构中只需要一个行星轮 2 就可以满足运动要求，如图 2-19b、c 所示，行星轮 2′、2″ 的引入仅仅是为了改善受力情况，使受力均匀，所以形成的是虚约束，在计算自由度时应不考虑，所以该机构的自由度为

$$F = 3n - 2P_{\mathrm{L}} - P_{\mathrm{H}} = 3 \times 3 - 2 \times 3 - 2 = 1$$

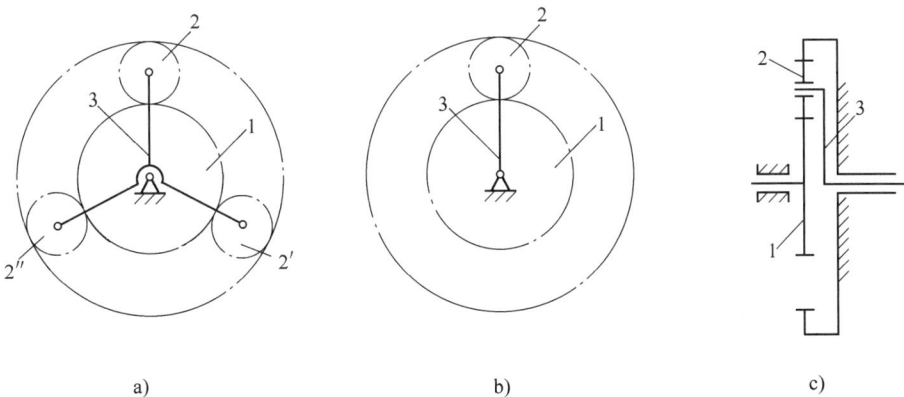

图 2-19　行星轮系中的虚约束

从上面的例子可以看出，虚约束虽然对机构的运动不起独立的约束作用，但它可以改善机构的受力情况，增加构件的刚性。虚约束只有在特定条件下才会产生，这些条件在设计、加工和装配时应当予以保证，否则虚约束便会成为真正的约束，所以在设计过程中应避免不必要的虚约束。

本 章 小 结

本章主要介绍了平面运动副的类型、平面机构运动简图的绘制、平面机构具有确定运动的条件、平面机构自由度的计算以及计算自由度时应注意的问题，其中平面机构运动简图的绘制和平面机构自由度的计算是本章的重点，也是难点。

思 考 题

2-1 何为运动副？运动副是如何分类的？

2-2 机构运动简图有何用处？它能表示机构哪些方面的特征？

2-3 试述绘制机构运动简图的基本步骤，并选择 1~2 例周围所见机构，作出其运动简图。

2-4 机构具有确定运动的条件是什么？当机构的原动件数目少于或多于机构的自由度时，机构的运动将发生什么情况？

习   题

2-1 图 2-20 所示为一具有急回作用的冲床简图，图中绕固定轴心 A 转动的菱形盘 1 为原动件，其与滑块 2 在 B 点铰接，通过滑块 2 推动拨叉 3，拨叉 3 与圆盘 4 为同一构件，当圆盘 4 转动时，通过连杆 5 使冲头 6 实现冲压运动。试绘制其机构运动简图，并计算自由度。

2-2 试绘制图 2-21 所示的液压泵机构的运动简图，并计算其自由度。

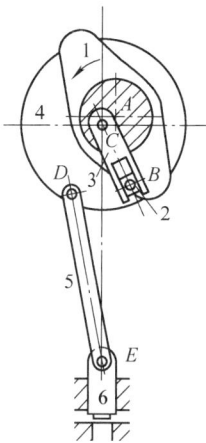

图 2-20 习题 2-1 图
1—菱形盘 2—滑块 3—拨叉
4—圆盘 5—连杆 6—冲头

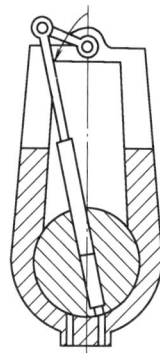

图 2-21 习题 2-2 图

2-3 图 2-22 所示为一刹车机构，刹车时向右拉动操纵杆 1，并通过构件 2、3、4、5、6 使两闸瓦刹住车轮。试分别计算两闸瓦都没抱住车轮、其中一个闸瓦抱住车轮和两个闸瓦同时抱住车轮时，该刹车机构的自由度，并就刹车过程说明此机构自由度的变化情况。

2-4 试计算图 2-23 所示各机构的自由度，并指出所有的复合铰链、局部自由度或虚约束，同时判断它们是否有确定的运动。

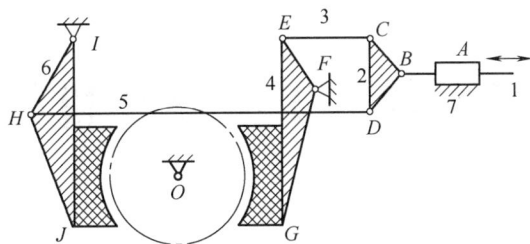

图 2-22　习题 2-3 图

2-5　图 2-24 所示为一简易冲床的初步设计方案，设计者的意图是通过齿轮 1 带动凸轮 2 旋转，经过摆杆 3 带动导杆 4 来实现冲头上下冲压的动作。试分析此方案有无结构组成原理的错误，若有，应如何修改？

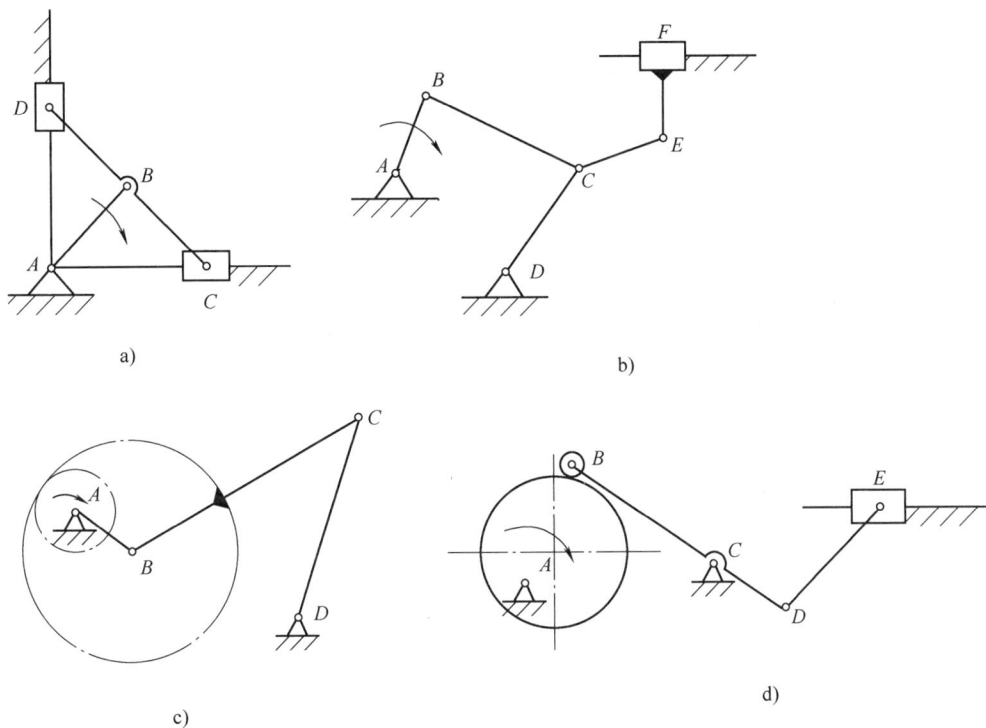

a)

b)

c)

d)

图 2-23　习题 2-4 图

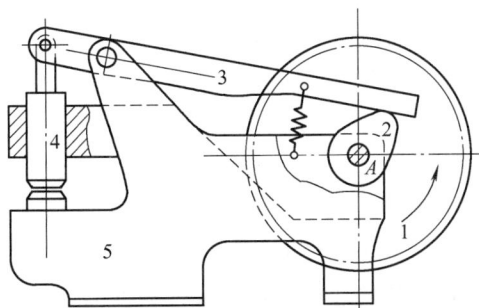

图 2-24　习题 2-5 图

1—齿轮　2—凸轮　3—摆杆　4—导杆　5—底座

第3章 平面连杆机构

连杆机构是由若干个刚性构件通过低副连接而组成的机构，所以又称为低副机构。若连杆机构中所有的构件都在同一平面或平行平面内运动，则称为平面连杆机构，否则称为空间连杆机构。

由于平面连杆机构能够实现多种运动轨迹曲线和运动规律，且低副不易磨损而又易于加工，以及能由本身几何形状保持接触等特点，故得到十分广泛的应用。大至重型机械，小至各种操纵机构和仪表机构，都使用着各种平面连杆机构。

同时，由于连杆机构中作变速运动的构件惯性力及惯性力矩难以完全平衡，且低副中的运动间隙会引起运动误差，难以准确实现预期的运动规律，且设计方法较复杂，使得其应用范围受到一定的限制。

平面四杆机构是平面连杆机构中应用最广泛、结构最简单而且最具代表性的机构，它是研究其他多杆机构的基础。本章只研究平面四杆机构，包括它的类型、特性、应用和设计方法。

3.1 铰链四杆机构的基本类型和应用

构件之间的连接全部是转动副的四杆机构，称为铰链四杆机构。铰链四杆机构是平面四杆机构的基本形式，其他形式的四杆机构可看作是在它的基础上通过演化而成的。图 3-1 所示为一铰链四杆机构，固定不动的杆 4 为机架，与机架相连的杆 1 和杆 3 称为连架杆。能作整周回转的连架杆称为曲柄，只能在小于 360°的一定范围内摆动的连架杆则称为摇杆。连接两连架杆的杆 2 称为连杆。

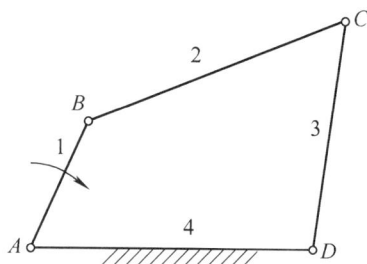

图 3-1 铰链四杆机构

在铰链四杆机构中，各运动副都是转动副。如果组成转动副的两构件能作整周相对转动，则该转动副又被称为整转副，如连接曲柄和机架的运动副就是整转副。如果组成转动副的两构件不能作整周相对转动，则被称为摆转副，如连接摇杆与机架的运动副就是摆转副。

对于铰链四杆机构，按照其连架杆是曲柄还是摇杆，可分为以下三种形式：曲柄摇杆机构、双曲柄机构和双摇杆机构。

3.1.1 曲柄摇杆机构

两连架杆中一个为曲柄另一个为摇杆的铰链四杆机构，称为曲柄摇杆机构。

当曲柄为原动件时，可将曲柄的连续转动转变为摇杆的往复摆动，例如图 3-2 所示雷达天线俯仰机构，这种机构应用最广泛。

当摇杆为原动件时，则可将其摆动转变为从动曲柄的连续转动，例如图 3-3 所示缝纫机踏板机构。

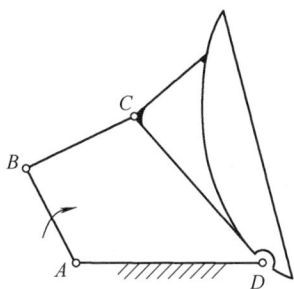

图 3-2　雷达天线俯仰机构

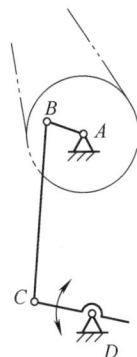

图 3-3　缝纫机踏板机构

3.1.2　双曲柄机构

两个连架杆都是曲柄的铰链四杆机构，称为双曲柄机构。

通常，双曲柄机构中的主动曲柄作匀速回转运动，而从动曲柄作变速运动，图 3-4 所示惯性筛的四杆机构就属于双曲柄机构。在此机构中当原动曲柄 1 作匀速转动时，从动曲柄 3 作变速转动，并通过杆 5 带动筛子 6 作左右往复直线移动，使其具有较大变化的加速度，从而使被筛的材料颗粒能得到很好的筛分。

当双曲柄机构中的四个杆件满足相对两杆平行且长度相等时，称为平行双曲柄机构或平行四边形机构。它的运动特点是：两曲柄以相同的角速度同向转动，而连杆作平移运动。图 3-5 所示的火车联动机构，就利用了两曲柄匀速且同向转动的特性。

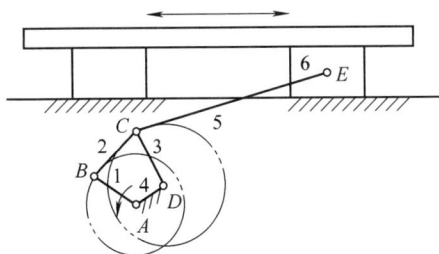

图 3-4　惯性筛

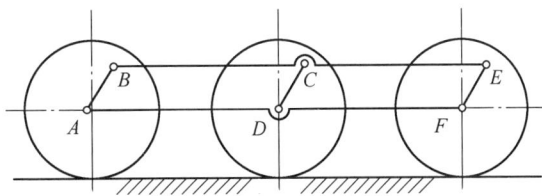

图 3-5　火车联动机构

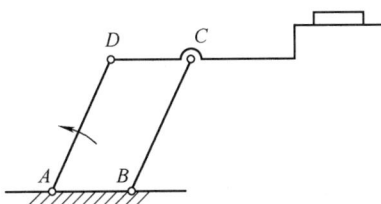

图 3-6　摄影平台升降机构

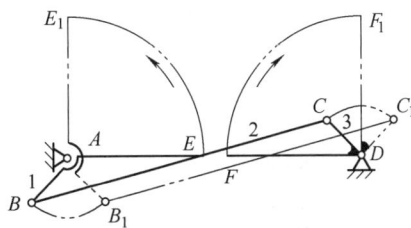

图 3-7　车门开闭机构

图 3-6 所示的摄影平台升降机构，则利用了连杆作平移运动的特性，可使固定连接在连杆上的座椅始终保持水平，从而保证工作人员安全可靠地工作。

如果从动曲柄的转向发生反转，则该机构称为反平行四边形机构。车门开闭机构，就是利用反平行四边形机构的两曲柄转向相反的特性，使两车门同时打开或关闭，如图 3-7 所示。

3.1.3 双摇杆机构

两个连架杆都是摇杆的铰链四杆机构，称为双摇杆机构。它可把一个摇杆的摆动转变为另一个摇杆的摆动。图 3-8 所示的飞机起落架，就是利用摇杆 1 和摇杆 3 的摆动，使装在连杆 2 上的轮子在飞机起飞、降落时放下，而在飞行中收回到机翼下，以满足飞行过程中对安全和减小阻力的要求。

在双摇杆机构中，若两摇杆长度相等，则该机构称为等腰梯形机构。图 3-9 所示的汽车、拖拉机等的前轮转向机构，就采用了等腰梯形机构。在车辆转弯时每一瞬间，它能使与摇杆固定连接的两前轮转过的角度 β、δ 不同，并使得两前轮轴线的交点 P 落在后轮轴线的延长线上，保证车辆的四个轮子都绕 P 点作纯滚动，从而避免轮胎由于滑动而引起磨损，增加了车辆转向的稳定性。

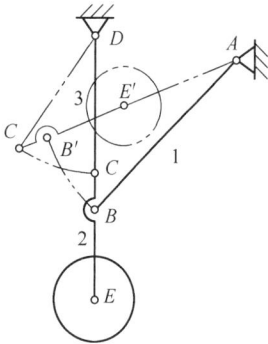

图 3-8 飞机起落架

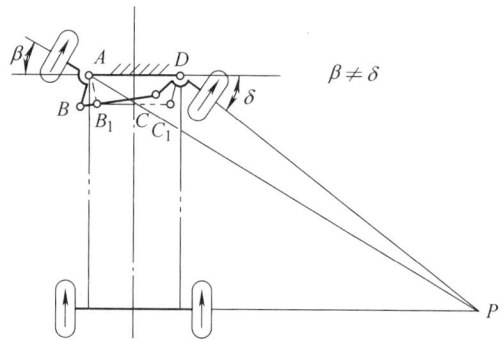

图 3-9 车辆前轮转向机构

3.2 铰链四杆机构的演化

其他形式的四杆机构都可以通过某些方法，由四杆机构的基本形式演化而来。这种演化不仅是为了满足运动方面的要求，还往往是为了改善受力状况以及满足结构设计上的需要等。下面介绍几种常见的演化方式。

3.2.1 将转动副转化为移动副

这种方法是通过改变构件的形状和相对尺寸，把转动副转化为移动副，从而形成滑块机构。

图 3-10a 所示为一曲柄摇杆机构，转动副中心 C 点的运动轨迹是以 D 为圆心，半径为

CD 的圆弧 $\overset{\frown}{mm}$。现将摇杆 3 作成滑块形状，并使它在一个弧形导槽中运动，为使 C 点的轨迹保持不变，该弧形导槽的中心线与圆弧 $\overset{\frown}{mm}$ 重合，如图 3-10b 所示。若将圆弧 $\overset{\frown}{mm}$ 的中心 D 移至无穷远处，则 C 点的运动轨迹就变为直线，弧形导槽也相应地变为直线导槽，如图 3-10c 所示。这样，一个曲柄摇杆机构就演化为一个曲柄滑块机构。

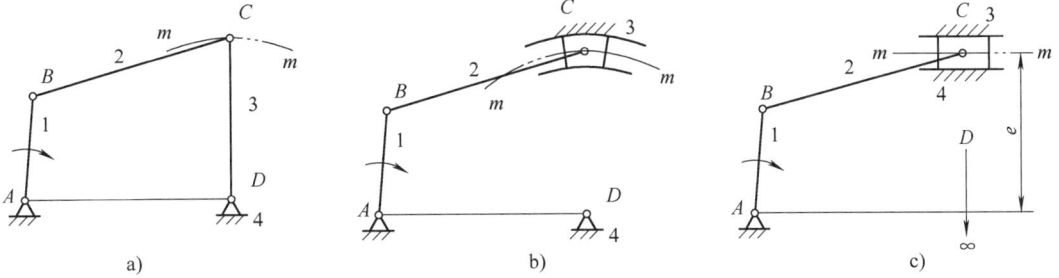

图 3-10 转动副转化为移动副

曲柄回转中心到导槽中心线之间的距离 e 称为偏距。当偏距 $e=0$ 时，称为对心曲柄滑块机构，如图 3-12a 所示；当偏距 $e \neq 0$ 时，称为偏置曲柄滑块机构，如图 3-10c 所示。曲柄滑块机构在冲床、内燃机、空压机等机器中得到广泛的应用。

3.2.2 选取不同构件为机架

一个机构可以通过选取不同的构件作为机架，而演化为不同的机构。

1. 低副的运动可逆性

用低副连接的两构件之间的相对运动关系，不因选取哪个构件为相对固定的构件而改变，这种特性称为低副的运动可逆性。

图 3-11a 所示的曲柄摇杆机构，构件 1 与机架（构件 4）之间以转动副 A 为回转中心作整周转动，若选构件 1 为机架，如图 3-11b 所示，则构件 4 与机架之间仍以转动副 A 为回转中心作整周转动。构件 3 与机架（构件 4）之间以转动副 D 为回转中心作摆动，若选构件 3 为机架，如图 3-11d 所示，则构件 4 与机架之间仍以转动副 D 为回转中心作摆动。

2. 选取不同构件为机架实现机构的演化

以低副运动的可逆性为基础，可提供选取不同构件作为机架实现机构的演化。图 3-11a 所示的曲柄摇杆机构，若选取构件 1 为机架，便演化为双曲柄机构，如图 3-11b 所示；若选取构件 2 为机架，便演化为另一曲柄摇杆机构，如图 3-11c 所示；若选取构件 3 为机架，便演化为双摇杆机构，如图 3-11d 所示。

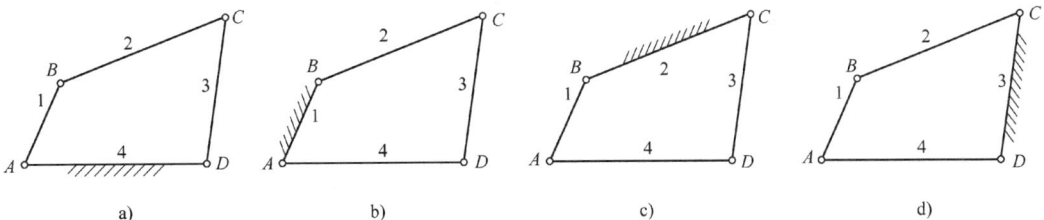

图 3-11 通过选取不同构件实现曲柄摇杆机构的演化

图 3-12a 所示的曲柄滑块机构, 若选构件 1 为机架 (见图 3-12b), 构件 2、4 就成为连架杆, 分别以 B、A 为回转中心作整周转动, 而构件 3 将以构件 4 为导轨并沿着它作相对移动。由于构件 4 是滑块 3 的导轨, 故又称构件 4 为导杆。具有导杆的机构统称为导杆机构, 图 3-12b 所示的机构称为转动导杆机构。

若选构件 2 为机架 (见图 3-12c), 则构件 1、滑块 3 与机架相连, 这时滑块 3 将以 C 点为回转中心作摇摆运动, 所以该机构又称为曲柄摇块机构。

若选构件 3 为机架 (见图 3-12d), 则构件 2、4 与机架相连, 这时机构就演化成为直动导杆机构 (也称定块机构)。

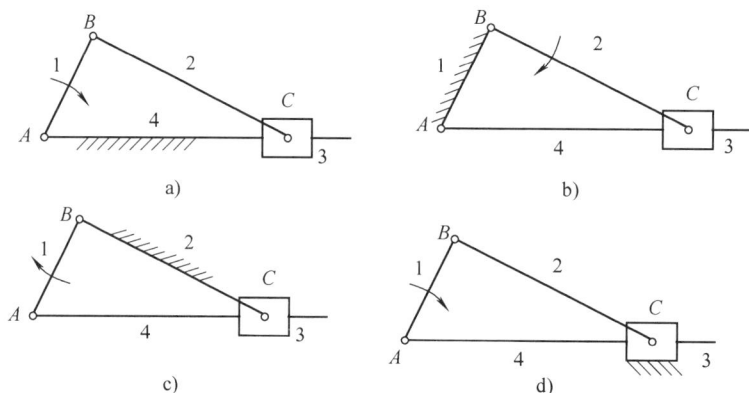

图 3-12   通过选取不同构件实现曲柄滑块机构的演化

3.2.3   扩大转动副尺寸

图 3-13a 所示的曲柄滑块机构, 当曲柄的尺寸很小时, 由于结构和强度的需要, 常通过扩大转动副 B 的尺寸 (见图 3-13b), 将曲柄改作成为一个几何中心与回转中心不重合的圆盘, 如图 3-13c 所示, 此圆盘称为偏心轮, 这种机构称为偏心轮机构。显然, 演化后的偏心轮机构与曲柄滑块机构的运动特性完全一致。这种机构在冲床和剪板机上广泛采用。

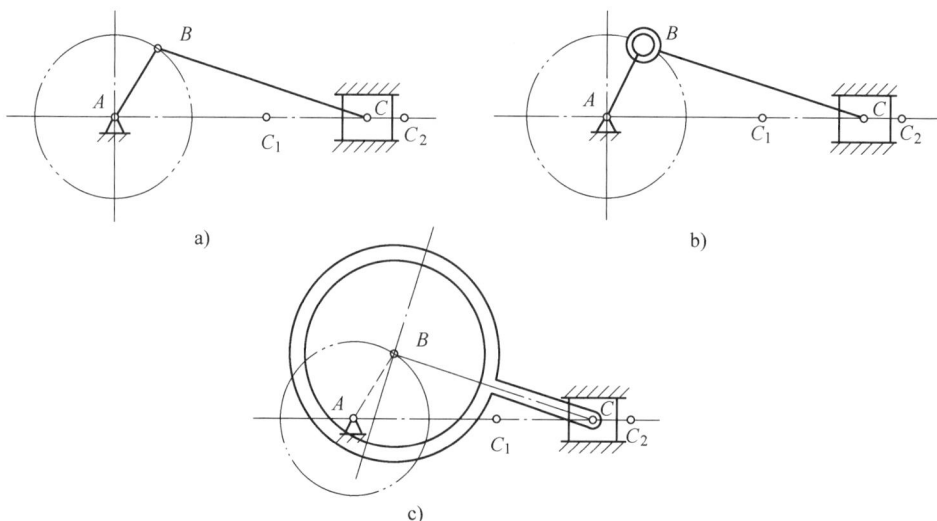

图 3-13   通过扩大转动副尺寸实现曲柄滑块机构的演化

3.3 相邻两构件作整周转动的条件

实际生产和生活中绝大多数机械的动力是由电动机提供的，这就要求机构中的原动件为曲柄，即要求该连接原动件与机架的转动副能作整转运动。下面分析铰链四杆机构中存在整转副和曲柄的条件。

图 3-14 所示的机构 ABCD，设构件 1、2、3、4 的长度分别为 a、b、c、d，现讨论构件 1 相对于构件 4 作整周转动的条件，即 A 为整转副的条件。

当 $d > a$ 时，显然，构件 1 上的 B 点应能通过以 A 为圆心、AB 为半径的圆周上的任意一点，例如图中的 B' 点和 B'' 点，否则 A 就不是整转副。当到达 B' 点时，A、B'、C' 和 D 形成 $\triangle B'C'D$，这时 B 点和 D 点之间的距离达到最大值 $BD_{max} = a + d$。显然，由 $\triangle B'C'D$ 存在的几何条件可知，四杆的长度必然满足

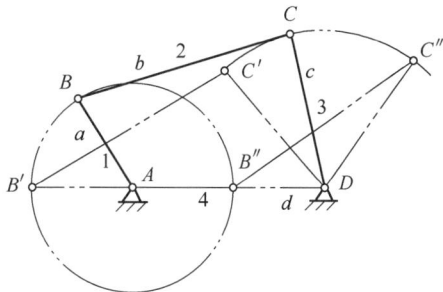

图 3-14 相邻两构件作整周转动的条件

$$a + d \leqslant b + c \tag{3-1}$$

同理，当 AB 处在 AB'' 时，B''、C'' 和 D 形成 $\triangle B''C''D$，这时 B 点和 D 点之间的距离达到最小值 $BD_{min} = d - a$。由 $\triangle B''C''D$ 存在的几何条件可知，四杆的长度必然满足

$$b \leqslant c + (d - a) \text{即} a + b \leqslant c + d \tag{3-2}$$

或

$$c \leqslant b + (d - a) \text{即} a + c \leqslant b + d \tag{3-3}$$

上述各式中的等号表示当 B 处在 B' 点和 B'' 点时，A、B、C、D 四点共线，这时刚好也能形成整转副。

将式（3-1）、式（3-2）、式（3-3）两两相加，得

$$a \leqslant b, \ a \leqslant c, \ a \leqslant d \tag{3-4}$$

对于杆长 $d < a$ 的情况，只要把式（3-2）和式（3-3）中的 $(d - a)$ 改为 $(a - d)$，然后再与式（3-1）两两相加，则可得

$$d \leqslant a, \ d \leqslant b, \ d \leqslant c \tag{3-5}$$

由以上分析结果可知，铰链四杆机构中连接两构件的运动副成为整转副的条件是：

1）被该运动副连接的两构件中必有一构件是四杆中长度最短的构件。

2）最短构件与最长构件长度之和小于或等于其余两构件长度之和。

由整转副存在的条件可知，若铰链四杆机构中最短构件与最长构件长度之和大于其余两构件长度之和时，则此机构中必不存在整转副，这时无论以哪个构件为机架，都是双摇杆机构。

若铰链四杆机构中存在整转副，则：

1）当以最短杆为连架杆时，该机构为曲柄摇杆机构。

2）当以最短杆为机架时，该机构为双曲柄机构。

3）当以最短杆为连杆时，该机构为双摇杆机构。

3.4 四杆机构的工作特性

3.4.1 急回特性

图 3-15 所示的曲柄摇杆机构，曲柄 AB 为原动件，摇杆 CD 为从动件。原动件 AB 在一周的匀速回转过程中，有两次与连杆共线，这时摇杆 CD 分别处于左右两个极限位置 C_1D 和 C_2D，这两个位置称为极位。机构在极位时，原动件 AB 所处两个位置之间所夹锐角 θ 称为极位夹角。

当曲柄 AB 以顺时针方向从 AB_1 匀速转过 Φ_1 $=180°+\theta$ 到达 AB_2 时（工作行程），摇杆由 C_1D 摆到 C_2D，摆角为 ψ，所用时间为 t_1，这时 C 点的平均转速为 $\overline{v}_1 = \psi l_{CD}/t_1$。当曲柄继续等速顺时针转过 $\Phi_2 = 180°-\theta$ 回到 AB_1 时（空回行程），摇杆由 C_2D 摆到 C_1D，摆角仍为 ψ，所用时间为 t_2，C 点的平均转速为 $\overline{v}_2 = \psi l_{CD}/t_2$。由于曲柄 AB 匀速回转，其转角 $\Phi_1 > \Phi_2$，因此 $t_1 > t_2$，故 $\overline{v}_2 > \overline{v}_1$。由此得出：摇杆在空回行程的平均速度大于

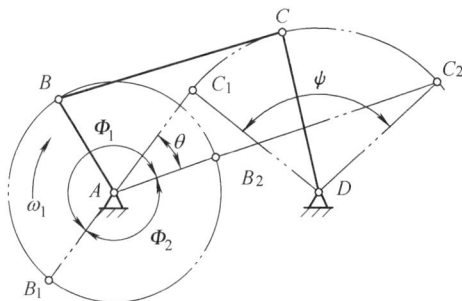

图 3-15 曲柄摇杆机构的急回特性

工作行程的平均速度，这种特性称为机构的急回特性。具有急回特性的机构既可使工作行程中的平均速度较低以减小工作阻力，提高工作质量，又可在空回行程中以较大的平均速度返回以缩短辅助时间，达到提高生产率的目的。

机构急回特性的大小常用行程速比因数 K 来表示。

$$K = \frac{\overline{v}_2}{\overline{v}_1} = \frac{\overline{C_1C_2}/t_2}{\overline{C_1C_2}/t_1} = \frac{t_1}{t_2} = \frac{\Phi_1}{\Phi_2} = \frac{180°+\theta}{180°-\theta} \tag{3-6}$$

可见，只要 $\theta \neq 0$，行程速比因数 K 就满足 $K > 1$，机构就具有急回特性，且 θ 越大，K 值就越大，急回特性就越显著。

对于对心曲柄滑块机构，因其 $\theta = 0$，故无急回特性；而对于偏置曲柄滑块机构，因其 $\theta \neq 0$，故有急回特性，如图 3-16 所示。

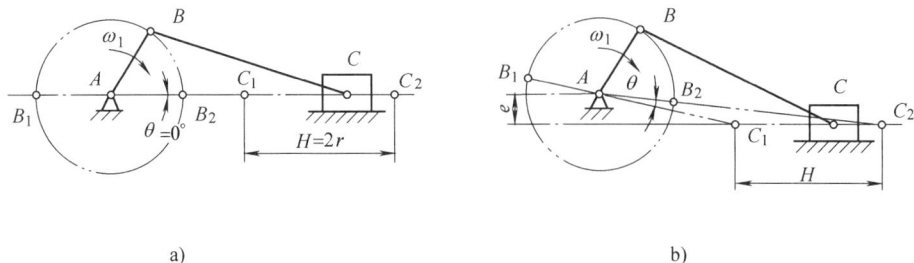

a)

b)

图 3-16 曲柄滑块机构的急回特性

对于摆动导杆机构，如图 3-17 所示，当曲柄 *AC* 两次转到与导杆垂直时，导杆摆到两个极位。由于其极位夹角 θ 不可能等于 0，故恒具有急回特性。

由上述各示例可以看出，急回特性的急回方向与原动件的回转方向有关，故在有急回要求的机器上，为了避免把急回方向弄错，应该明显标志出原动件的正确回转方向。

在设计具有急回运动要求的机械时，通常应根据确定出的行程速比因数 *K*，求出极位夹角 θ，再设计各构件的尺寸。由式（3-6）可推出极位夹角 θ 的计算式

$$\theta = 180° \frac{K-1}{K+1} \tag{3-7}$$

3.4.2 压力角与传动角

在不计摩擦力、惯性力和重力时，从动件上受力点的速度方向与所受作用力方向之间所夹的锐角，称为机构的压力角，用 α 表示。压力角的余角 $\gamma = 90° - \alpha$，称为机构的传动角。压力角 α 或传动角 γ 是衡量传力性能的重要指标。

图 3-18 所示的曲柄摇杆机构，曲柄 *AB* 是原动件，摇杆 *CD* 为从动件。若不计摩擦力、惯性力和重力，连杆 *BC* 为二力构件，原动件曲柄通过连杆 *BC* 作用于从动件上的驱动力 *F*，将沿 *BC* 方向。受力点 *C* 的速度 v_C 的方向垂直于 *CD* 杆，力 *F* 与速度 v_C 之间所夹的锐角 α 就是机构在该位置的压力角。

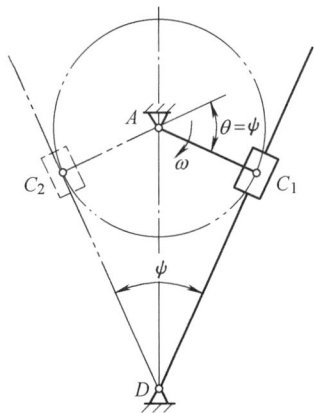

图 3-17　导杆机构的急回特性　　　　图 3-18　曲柄摇杆机构的压力角和传动角

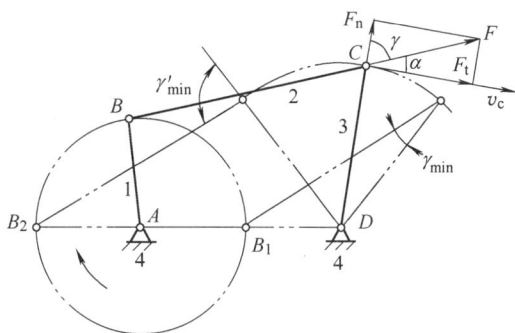

力 *F* 可分解为沿 v_C 方向的有效分力 $F_t = F\cos\alpha$ 和有害分力 $F_n = F\sin\alpha$。显然压力角 α 越小或传动角 γ 越大，有效分力 F_t 越大，对机构传动越有利；反之，当 α 过大或 γ 过小时，就不利于机构的传动，甚至不能运动。所以，为了保证机构具有良好的传动性能，一般应使最小传动角 $\gamma_{min} \geqslant 40° \sim 50°$。机构在运动过程中，压力角 α 和传动角 γ 是随机构位置而变化的，可以证明，γ_{min} 必出现在曲柄 *AB* 与机架 *AD* 两次共线位置之一。

3.4.3 死点位置

图 3-19 所示的曲柄摇杆机构，若以摇杆 *CD* 为原动件，曲柄 *AB* 为从动件。当连杆与曲柄处于共线时的两个位置，压力角 $\alpha = 90°$，传动角 $\gamma = 0°$。这时原动件 *CD* 通过连杆作用于

从动件 AB 上的力恰好通过其回转中心，即与曲柄 AB 的运动方向垂直，所以不能使构件 AB 转动，而出现"卡死"现象，这种机构位置称为死点位置。

显然，死点位置就是作往复运动的构件的极限位置，但只有当 $\gamma = 0°$ 时，极限位置才称为死点位置。所以对于曲柄滑块机构、摆动导杆机构及双摇杆机构中，当作往复运动的构件（滑块、导杆或摇杆）为原动件时，都有可能存在死点位置。图 3-20 所示的曲柄滑块机构，当以滑块为原动件时，若连杆与从动曲柄共线时，机构处于死点位置的情况。

双曲柄机构中由于没有作往复运动的构件，

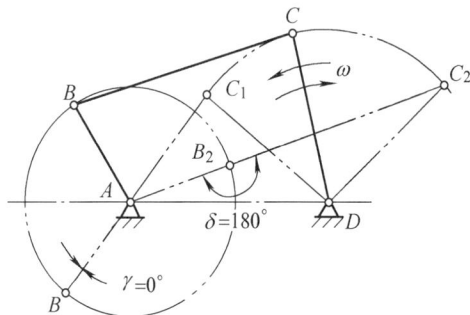

图 3-19　曲柄摇杆机构的死点位置

不存在极限位置，所以不存在死点位置。而对于平行四边形机构，当四杆共线时，$\gamma = 0°$，致使机构受力恶化，造成运动出现不确定性。

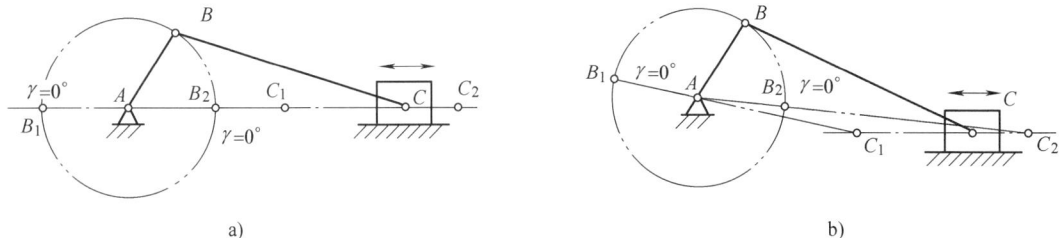

a)　　　　　　　　　　　　　　　　　b)

图 3-20　曲柄滑块机构的死点位置

对于摆动导杆机构，当导杆作为原动件，导杆处于极限位置时，由于 $\gamma = 0°$，所以也会出现死点。

对于传动机构而言死点是不利的，它会使机构处于停顿或运动不确定状态，例如脚踏式缝纫机，有时出现踩不动或倒转现象，就是踏板机构处于死点位置的缘故。为了克服这种现象，使机构正常运转，一般可在从动件上安装飞轮，利用其惯性顺利通过死点位置，如缝纫机上的大带轮即起到飞轮的作用。或者采用多组相同机构错开相位排列的方法，如图 3-5 所示的火车联动机构。

在工程实践中，也常常利用机构的死点位置来实现一些特定的工作要求。图 3-21 所示，钻床夹具就是利用死点位置夹紧工件，并保证在钻削加工时工件不会松脱。图 3-8 所示，飞机起落架机构也是利用死点位置来承受地面很大的作用力，从而保证起落架不会折回，使降落可靠。

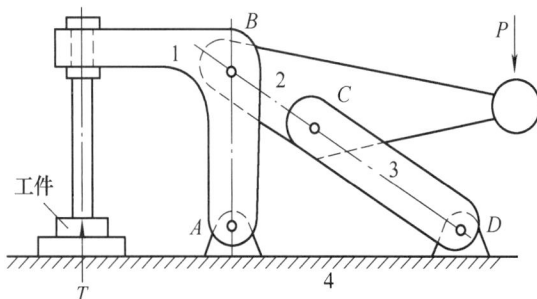

图 3-21　钻床夹具

如果考虑运动副中的摩擦，则不仅处于死点位置时的机构无法运动，而且死点位置附近的一定区域内，机构同样会发生"卡死"现象，这称为自锁现象。

3.5 平面连杆机构的设计

3.5.1 平面连杆机构设计的基本问题

平面连杆机构设计的主要任务是：根据机构的工作要求、运动特性和设计条件选定机构形式，并确定出各构件的尺寸参数。

在生产实践中，平面连杆机构设计的基本问题可归纳为两大类：

（1）实现给定从动件的运动规律 即当原动件运动规律已知时，设计一个机构使其从动件（连杆或连架杆）能按给定的运动规律运动，如要求从动件按照某种速度运动，具有一定的急回特性，或占据几个预定位置等。

（2）实现给定的运动轨迹 即要求机构在运动过程中连杆上某一点能实现给定的运动轨迹，如要求起重机中吊钩的轨迹为一条直线，搅拌机中搅拌杆端能按预定轨迹运动等。

平面连杆机构的设计方法主要有图解法、解析法和实验法三种。图解法是利用机构运动过程中各运动副位置之间的几何关系，通过作图获得有关运动尺寸，因此图解法设计直观，几何关系清晰，对于一些简单设计问题的处理是有效快捷的，但是由于作图误差的存在，设计精度低，因此适合用于简单问题的求解或对位置精度要求不高问题的求解。解析法是将运动设计问题用数学方程加以描述，通过方程的求解获得有关运动尺寸，直观性差，但误差便于控制，设计精度高。随着连杆机构设计方法的发展，电子计算机的普及应用及有关设计软件的开发，解析法已成为各类平面连杆结构运动设计的一种有效方法。设计时针对不同的设计任务和设计要求，应采用不同的设计方法。本章只介绍比较简单、直观的图解法和实验法。

3.5.2 按给定的行程速比因数设计

设计有急回特性的四杆机构时，一般是根据实际运动要求选定行程速比因数 K，然后利用机构在极位时的几何关系，再结合其他辅助条件进行设计。

例 3-1 设已知行程速比因数 K，摇杆长度 l_{CD}，最大摆角 ψ，试设计一曲柄摇杆机构。

解 此问题适宜用图解法设计。由题意可知，设计的关键是确定曲柄的回转中心 A，曲柄和连杆的长度 l_{AB}、l_{BC}。

设计过程如图 3-22 所示，具体设计步骤如下：

1）先按照公式 $\theta = \dfrac{K-1}{K+1} \times 180°$，计算极位夹角 θ。

2）选取适当的比例尺 μ_l，任取一点 D，并以此点为顶点作等腰三角形，使两腰之长等于 $\mu_l l_{CD}$，$\angle C_1 D C_2 = \psi$。

3）连接 C_1、C_2，作 $C_2 M \perp C_1 C_2$，再作

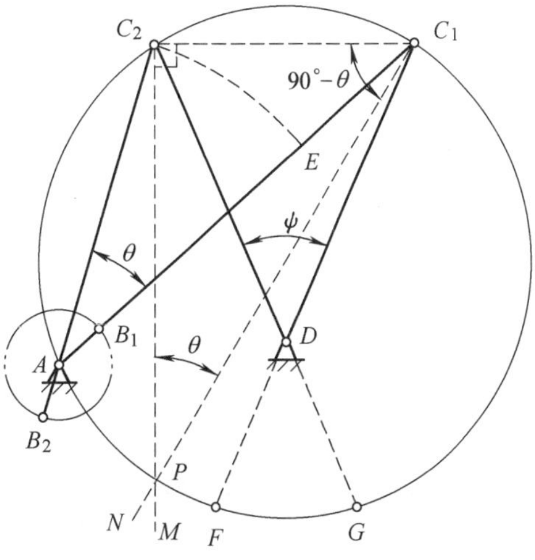

图 3-22 按给定的行程速比因数
设计曲柄摇杆机构

C_1N，使 $\angle C_2C_1N = 90° - \theta$，$C_2M$ 与 C_1N 交于点 P。

4）以 PC_1 为直径作一辅助圆，再在 $\overset{\frown}{C_1PC_2}$ 上任取一点 A，连接 AC_1、AC_2，$\angle C_1AC_2 = \theta$，所以曲柄回转中心 A 应在此圆弧上。

5）由 $l_{AB} = \mu_l(l_{AC1} - l_{AC2})/2$ 和 $l_{BC} = \mu_l(l_{AC1} + l_{AC2})/2$，确定出曲柄长度 l_{AB} 和连杆长度 l_{BC}。

6）由图直接量取 $\overline{AD}$，再按比例计算出实际长度 l_{AD}。

如果再给出其他附加条件，如给定机架尺寸，则点 A 的位置也随之确定。

设计时应注意，曲柄的回转中心 A 不能选在 $\overset{\frown}{FG}$ 上，否则机构将不能满足运动的连续性要求。因为这时机构的两个极位 DC_1 和 DC_2 将分别在两个不连通的可行域内。例如当 A 点选在 F 或 G 时，则传动角为 0，而当 A 点选择 $\overset{\frown}{FG}$ 的中点时，则曲柄长度为 0。

对于偏置曲柄滑块机构，一般已知曲柄滑块机构的行程速比因数 K、冲程 H 和偏距 e，完全可以参照上述方法进行设计。而对于摆动导杆机构，则可根据已知机架长度 l_1 和行程速比因数 K 结合图 3-17 进行设计。

3.5.3 按给定连杆位置设计

在实际生产中，经常要求所设计的四杆机构在运动过程中，连杆能到达某些特殊位置，如飞机起落机构，给定连杆位置设计四杆机构的实质在于确定连架杆与机架组成的回转中心 A 和 D 的位置，所以这种问题用图解法最为合适。

1. 按连杆的两个给定位置设计

实际生产生活中，往往需要根据连杆的两个已知位置设计四杆机构。图 3-23 所示为铸造车间造型机的翻转机构，根据要求砂箱造型时，翻台（连杆）在 B_1C_1 位置，待震实砂型后，需要将砂箱的翻台翻转到 B_2C_2 位置，托台上升接触砂箱而起模。

例 3-2 如图 3-24 所示，设已知连杆的长度 l_{BC} 及机构在运动过程中要求占据的两个给定位置 B_1C_1、B_2C_2，试设计此铰链四杆机构。

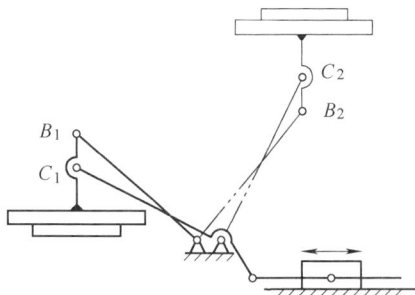

图 3-23 翻转机构

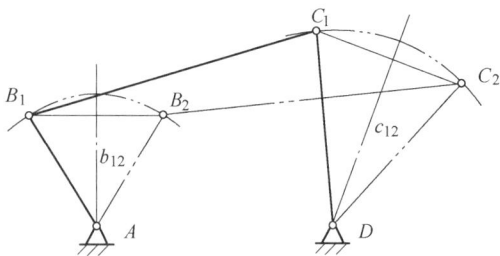

图 3-24 按连杆的两个给定
位置图解设计四杆机构

解 设计这个机构的主要问题是，根据已知条件确定固定铰链中心 A、D 的位置。由于连杆上 B、C 两点的运动轨迹分别是以 A、D 为圆心，以 l_{AB}、l_{CD} 为半径的圆弧，所以 A 和 D 的位置必在线段 B_1B_2 和 C_1C_2 的垂直平分线 b_{12} 和 c_{12} 上，但由于 l_{AB} 和 l_{CD} 未知，故此题有无穷多解。实际在设计时，一般考虑辅助条件，如机架位置、两连架杆所允许的尺寸、最小传动角等，则可得唯一解。

2. 按连杆的三个给定位置设计

例 3-3 如图 3-25 所示，设已知连杆的长度 l_{BC}，若要求连杆占据三个给定位置 B_1C_1、B_2C_2、B_3C_3，试设计此铰链四杆机构。

解 此设计中由于给定了连杆的三个位置，所以确定 A、D 的位置，就转化为已知圆弧上三点确定圆心的问题。具体设计步骤如下：

1）选取适当的比例尺 μ_l，按预定位置画出 B_1C_1、B_2C_2、B_3C_3。

2）连接 B_1B_2、B_2B_3、C_1C_2、C_2C_3，并分别作它们的垂直平分线 b_{12}、b_{23}、c_{12}、c_{23}，b_{12} 和 b_{23} 的交点即为圆心 A，c_{12} 和 c_{23} 的交点即为圆心 D。

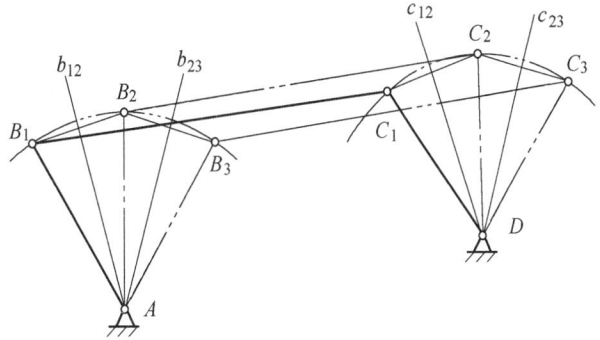

图 3-25　按连杆的三个给定位置图解设计四杆机构

3）以点 A、D 作为两固定铰链的中心，连接 AB_1、B_1C_1、C_1D，则 AB_1C_1D 即为所求四杆机构。

4）按比例计算出各杆长度。

3.5.4　按给定点的运动轨迹设计

通常按给定点的运动轨迹采用实验法设计四杆机构，这里介绍工程上常用的图谱法。

这里所说的给定点指的是连杆上的点。四杆机构在运转时，作平面运动的连杆上任一点都将在平面内描绘出一条复杂的封闭曲线，称为连杆曲线。连杆曲线的形状随连杆上点的位置以及各杆相对尺寸的不同而变化，图 3-26 所示为连杆平面上与 BC 平行的某一排上 11 个点的连杆曲线。为便于设计，工程上已通过实验方法，将不同比例的四杆机构上的连杆曲线整理成册，即连杆曲线图谱。

按给定点的运动轨迹设计四杆机构，可先从图谱中查找出与要求实现的轨迹形状相同或相似的连杆曲线，以及相应的四杆机构各杆长度的比值。

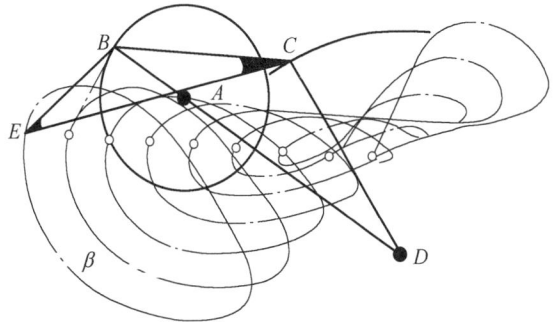

图 3-26　连杆曲线

如图 3-27a 所示的水稻插秧机，为了使秧爪上的 E 点能按 $\beta-\beta$ 轨迹运动，可从图谱中查找与之相同或相似的曲线，我们发现图 3-26 所示的 E 点的运动轨迹与 $\beta-\beta$ 轨迹相似。然后，从图谱中查出机构各杆的相对长度为 $l_{AB}:l_{BC}:l_{CD}:l_{AD}=1:2:2.5:3$，并量得 E 点在连杆上的位置。然后，用缩放仪量出图谱中的连杆曲线和所要求的轨迹之间相差的倍数，进而得到所需要的四杆机构中各杆的真实尺寸，确定所设计的机构运动简图，如图 3-27b 所示。

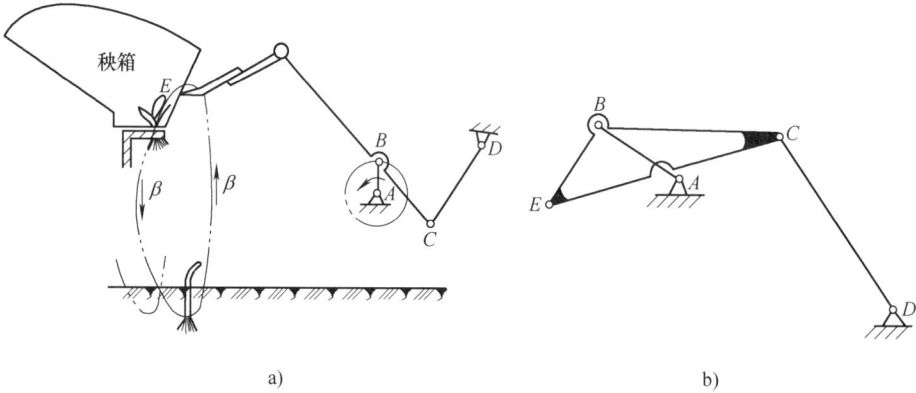

图 3-27　图谱法设计水稻插秧机的四杆机构

本 章 小 结

本章介绍了平面连杆机构的基本类型及其演化类型，相邻两构件作整周转动的条件，四杆机构的运动特性（包括急回特性和传力特性），还详细介绍了四杆机构的设计。通过本章的学习，应了解平面连杆机构的应用及其演化；掌握有关四杆机构的基本知识，如曲柄存在条件、传动角、压力角、死点、极位夹角、行程速比因数等；学会用图解法设计四杆机构。

思 考 题

3-1　在铰链四杆机构中转动副作整周转动的条件是什么？

3-2　在曲柄摇杆机构中，当以曲柄为原动件时，机构是否一定存在急回特性，且一定无死点？为什么？

3-3　在四杆机构中极位和死点有何异同？

3-4　平面四杆机构有哪几种基本形式？何谓曲柄、摇杆、连杆？

3-5　何谓连杆机构的死点？试举出避免死点和利用死点的例子。

3-6　何谓传动中的极位夹角？它与行程速比因数有什么关系？

习 题

3-1　试根据给定的各构件尺寸，判断图 3-28 所示各机构的类型。

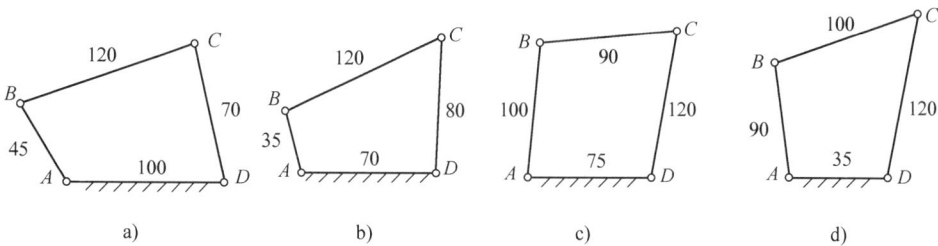

图 3-28　习题 3-1 图

3-2 图 3-29 所示的铰链四杆机构中，设已知 $l_2 = 45\text{mm}$，$l_3 = 40\text{mm}$，$l_4 = 50\text{mm}$，试求当机构分别为曲柄摇杆机构、双摇杆机构时，l_1 的取值范围。

3-3 图 3-29 所示的铰链四杆机构中，已知各杆的长度为 $l_1 = 28\text{mm}$，$l_2 = 52\text{mm}$，$l_3 = 50\text{mm}$，$l_4 = 72\text{mm}$，试求：

（1）当取杆 4 为机架时，该机构的极位夹角 θ、杆 3 的最大摆角 φ、最小传动角 $\gamma_{\min}$ 和行程速比因数 K。

（2）当取杆 1 为机架时，将演化成何种类型的机构？为什么？并说明这时的 C、D 是整转副还是摆转副。

（3）当取构件 3 为机架时，又将演化成何种机构？这时的 A、B 是整转副还是摆转副？

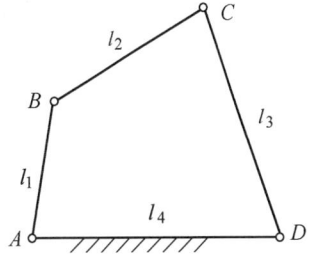

图 3-29 习题 3-2、习题 3-3 图

3-4 图 3-30 所示的机构中，已知 $l_{AB} = 20\text{mm}$，$l_{BC} = 70\text{mm}$，$e = 10\text{mm}$，试判断构件 AB 是否为曲柄？若构件 AB 为曲柄，则用作图法画出：

（1）当曲柄为原动件时，从动滑块的行程 H、极位夹角 θ，以及机构的最大压力角。

（2）当滑块为原动件时机构的死点位置。

3-5 图 3-31 所示为一缝纫机踏板机构，已知 $l_{AD} = 350\text{mm}$，$l_{CD} = 175\text{mm}$，要求踏板在水平位置上下各 15°范围内摆动，用作图法求曲柄 AB 和连杆 BC 的长度。

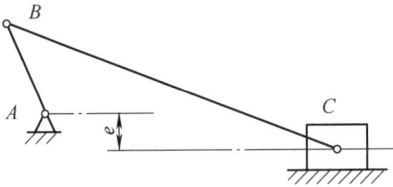

图 3-30 习题 3-4 图

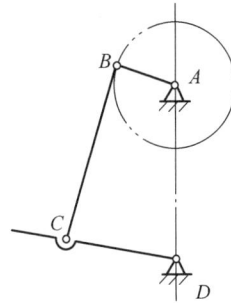

图 3-31 习题 3-5 图

3-6 试用图解法设计一偏置曲柄滑块机构，已知行程速比因数 $K = 1.4$，滑块行程 $H = 50\text{mm}$，偏距 $e = 10\text{mm}$。

3-7 试用图解法设计一摆动导杆机构，已知行程速比因数 $K = 2$，机架长为 60mm。

第4章 凸轮机构

4.1 凸轮机构的应用和分类

凸轮机构是由凸轮、从动件和机架组成的含有高副的传动机构，它广泛应用于各种机器中，下面举例说明其应用。

4.1.1 凸轮机构的应用

图 4-1 所示为内燃机中利用凸轮机构实现进排气门控制的配气机构，当具有一定曲线轮廓的凸轮等速转动时，它的轮廓驱使从动件（气门推杆）上下移动，以便按内燃机的工作循环要求启闭阀门，实现进气和排气。

图 4-2 所示为绕线机中用于排线的凸轮机构。当绕线轴 3 快速转动时，经齿轮带动凸轮 1 缓慢地转动，通过凸轮轮廓与尖顶 A 之间的作用，驱使从动件 2 往复摆动，使线均匀地缠绕在绕线轴上。

图 4-3 所示为自动机床上控制刀架运动的凸轮机构。当圆柱凸轮回转时，凸轮凹槽侧面迫使杆摆动，以驱使刀架运动，凹槽的形状将决定刀架的运动规律。

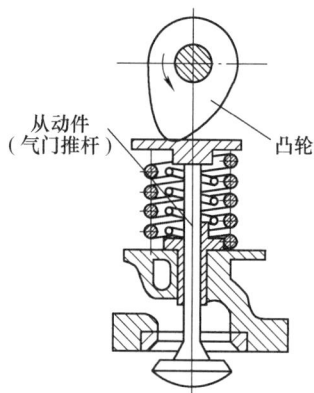

图 4-1　内燃机配气机构

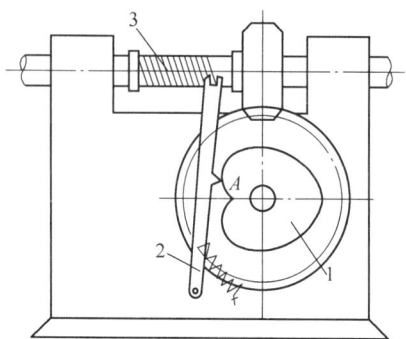

图 4-2　绕线机构

1—凸轮　2—从动件　3—绕线轴

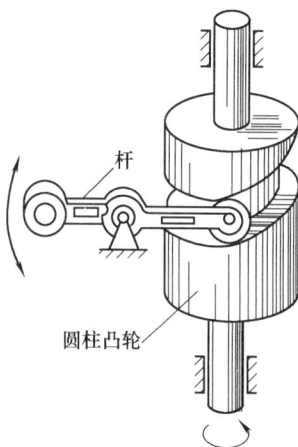

图 4-3　控制刀架机构

图 4-4 所示为利用靠模法车削手柄的移动凸轮机构。凸轮 1 作为靠模被固定在床身上，滚轮 2 在弹簧作用下与凸轮轮廓紧密接触，当拖板 3 横向运动时，和从动件相连的刀头便走

出与凸轮轮廓相同的轨迹，因而切削出工件的复杂形面。

由以上实例可以看出，凸轮机构是由凸轮、从动件和机架组成的含有高副的传动机构。凸轮的曲线轮廓决定从动件的运动规律，为了使从动件与凸轮始终保持接触，可以利用弹簧力、从动件的重力或凸轮与从动件特殊的结构形状（如凹槽）来实现凸轮与从动件的运动锁合。

4.1.2 凸轮机构的分类

凸轮机构可根据凸轮的形状和从动件的运动形式等进行分类。

1. 按凸轮的形状分

（1）盘形凸轮 这种凸轮是一个绕固定轴转动并且具有变化的轮廓向径的盘形构件，它是凸轮的最基本形式，如图4-1所示。

（2）圆柱凸轮 将移动凸轮卷曲成圆柱体即成为圆柱凸轮，一般制成凹槽形状，如图4-3所示。

（3）移动凸轮 当盘形凸轮的回转中心趋于无穷远时，凸轮相对于机架作直线运动，如图4-4所示，这种凸轮称为移动凸轮。

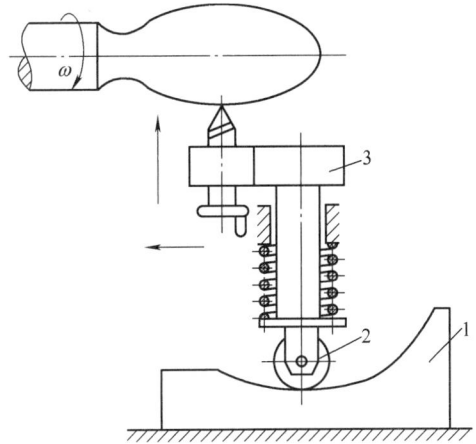

图4-4 靠模加工用的移动凸轮机构
1—凸轮 2—滚轮 3—拖板

2. 按从动件端部结构分

（1）尖顶式从动件 如图4-2、图4-4所示，从动件工作端部为尖顶，工作时与凸轮点接触。其优点是尖顶能与任意复杂的凸轮轮廓保持接触而不失真，因而能实现任意预期的运动规律。但尖顶磨损快，所以只宜用于传力小和低速的场合。

（2）滚子从动件 如图4-3、图4-4所示，在从动件的端部安装一个小滚轮，这样使从动件与凸轮的滑动摩擦变为滚动摩擦，克服了尖顶式从动件易磨损的缺点。滚动从动件耐磨，可以承受较大载荷，是最常用的一种形式。

（3）平底式从动件 如图4-1所示，这种从动件工作部分为一平面或凹曲面，所以它不能与有凹陷轮廓的凸轮轮廓保持接触，否则会运动失真。其优点是：①当不考虑摩擦时，凸轮与从动件之间的作用力始终与从动件的平底相垂直，传力性能最好（压力角恒等于0°）。②由于平面与凸轮为线接触，可用于较大载荷。③接触面上可以储存润滑油，便于润滑，故常用于高速和较大载荷场合，但不能用于有内凹或直线轮廓的凸轮。

3. 按从动件的运动形式分

可以把从动件分为往复直线运动的直动从动件（见图4-1、图4-4）和作往复摆动的摆动从动件（见图4-2和图4-3）。直动从动件又可分为对心式和偏置式，见表4-1。

4. 按锁合方式分

为了使凸轮机构能够正常工作，必须保证凸轮与从动件始终相接触，保持接触的措施称为锁合，锁合方式分为力锁合和形锁合两类。力锁合是利用从动件的重力、弹簧力（见图4-1、图4-2和图4-4）或其他外力使从动件与凸轮保持接触；形锁合是靠凸轮与从动件的特殊结构形状（图4-3的凹槽等）来保持两者接触。

为了便于设计选型，表4-1列出了不同类型的凸轮和从动件组合而成的凸轮机构。

表 4-1　凸轮机构的分类

盘形凸轮机构	尖顶对心直动从动件	尖顶偏置直动从动件	尖顶摆动从动件
	滚子对心直动从动件	滚子偏置直动从动件	滚子摆动从动件
	平底对心直动从动件	平底偏置直动从动件	平底摆动从动件
圆柱凸轮机构	直动从动件	直动从动件	摆动从动件
直动凸轮机构	尖顶直动从动件	滚子直动从动件	滚子摆动从动件
锁合方式	形锁合		力锁合

4.1.3 凸轮机构的特点

凸轮机构的优点：

1）不论从动件要求的运动规律多么复杂，都可以通过设计凸轮轮廓来实现，而且设计很简单。

2）结构简单紧凑、构件少，传动累积误差很小，因此能够准确地实现从动件要求的运动规律。

3）能实现从动件的转动、移动、摆动等多种运动要求，也可以实现间歇运动要求。

4）工作可靠，非常适合用于自动控制中。

凸轮机构的缺点主要有：

1）凸轮与从动件以点或线接触，易磨损，只能用于传力不大的场合。

2）与圆柱面和平面相比，凸轮加工要复杂得多。

4.2 从动件常用运动规律

从动件的运动规律是指从动件在推程或回程时，其位移、速度和加速度随时间或凸轮转角变化的规律。设计凸轮机构时，首先应根据生产实际要求确定凸轮机构的形式和从动件的运动规律，然后再按照其运动规律要求设计凸轮的轮廓曲线。

从动件的运动规律表示方法是运动方程和运动线图。

4.2.1 凸轮机构的工作过程分析

下面以图 4-5 所示的最简单的尖顶式对心直动从动件盘形凸轮机构为例，说明凸轮机构的工作过程和有关基本概念。

在凸轮轮廓上各点的轮廓向径是不相等的，以凸轮轴心为圆心，以凸轮轮廓最小向径为半径所作的圆称为基圆，其半径为基圆半径，用 r_b 表示。当凸轮逆时针方向转动时，图示位置 A 是从动件移动上升的起点。当凸轮从图示位置 A 以匀角速度 ω 逆时针转过角度 δ_t 时，由于凸轮向径的逐渐增大，从动件由最近点上升到最远点，这一过程称为推程，对应凸轮转过的角度 δ_t 称为推程角。为了方便，将从动件在推程中移动的距离定义为升程。接着当凸轮转过 δ_s 时，由于凸轮向径不变，因此从动件停留在最远点不动，这一过程称为远停程，对应凸轮转过的角度 δ_s 称为远休止角。当凸轮转过 δ_h 时，由于凸轮向径逐渐减小，因

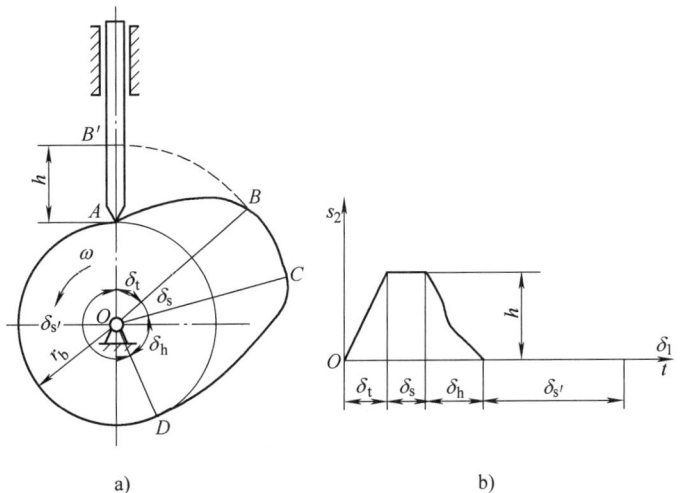

图 4-5 尖顶式直动从动件盘形凸轮机构
a) 凸轮机构示意图　b) 从动件位移线图

而从动件由最远点返回到最近点，这一过程称为回程，对应凸轮转过的角度 δ_h 称为回程角。当凸轮转过 $\delta_\text{s'}$ 时，因凸轮向径不变，因此从动件停留在最近点不动，这一过程称为近停程，对应凸轮转过的角度 $\delta_\text{s'}$ 称为近休止角。

从上述分析可看出，若凸轮逆时针匀角速度转动，从动件会重复"推程—远停程—回程—近停程"的过程，这就是从动件的运动规律。通常，推程为凸轮机构的工作行程，而回程则是其空行程。需要指出的是，远停程和近停程可以根据需要确定，有的凸轮机构可以没有停程或只有某一个停程，但推程和回程是必不可少的。按是否具有停程，凸轮机构可分为单停程凸轮机构、双停程凸轮机构和无停程的凸轮机构。

4.2.2　从动件常用的运动规律及特点

下面介绍几种常用的从动件的运动规律，见表4-2。

表 4-2　从动件常用运动规律

运动规律	推程运动方程	推程运动线图	冲击
匀速运动	$\begin{cases} s = \dfrac{h}{\delta_\text{t}}\delta \\[2mm] v = \dfrac{h}{\delta_\text{t}}\omega \\[2mm] a = 0 \end{cases}$		刚性冲击
匀加速匀减速运动	前半程 $\begin{cases} s = 2h\left(\dfrac{\delta}{\delta_\text{t}}\right)^2 \\[2mm] v = 4h\omega\left(\dfrac{\delta}{\delta_\text{t}^2}\right) \\[2mm] a = 4h\left(\dfrac{\omega}{\delta_\text{t}}\right)^2 \end{cases}$ 后半程 $\begin{cases} s = h - \dfrac{2h}{\delta_\text{t}^2}(\delta_\text{t}-\delta)^2 \\[2mm] v = \dfrac{4h\omega}{\delta_\text{t}^2}(\delta_\text{t}-\delta) \\[2mm] a = -4h\left(\dfrac{\omega}{\delta_\text{t}}\right)^2 \end{cases}$		柔性冲击

（续）

运动规律	推程运动方程	推程运动线图	冲击
简谐运动	$s = \frac{h}{2}\left[1 - \cos\left(\frac{\pi}{\delta_t}\delta\right)\right]$ $v = \frac{\pi h\omega}{2\delta_t}\sin\left(\frac{\pi}{\delta_t}\delta\right)$ $a = \frac{\pi^2 h\omega^2}{2\delta_t^2}\cos\left(\frac{\pi}{\delta_t}\delta\right)$	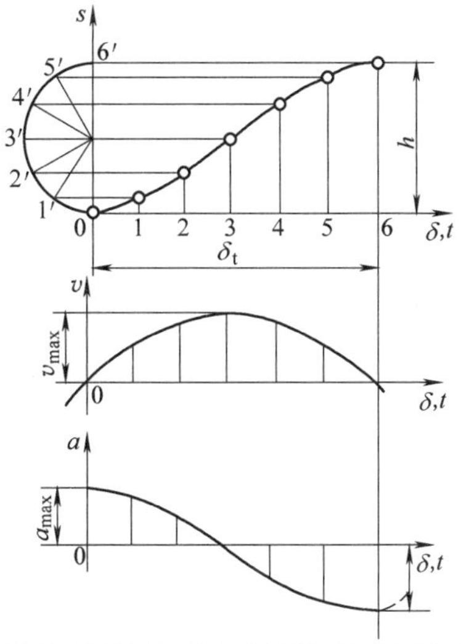	柔性冲击
正弦加速 度运动	$s = h\left[\frac{\delta}{\delta_t} - \frac{1}{2\pi}\cos\left(\frac{2\pi}{\delta_t}\delta\right)\right]$ $v = \frac{h\omega}{\delta_t}\left[1 - \cos\left(\frac{2\pi}{\delta_t}\delta\right)\right]$ $a = \frac{2\pi h\omega^2}{\delta_t^2}\sin\left(\frac{2\pi}{\delta_t}\delta\right)$	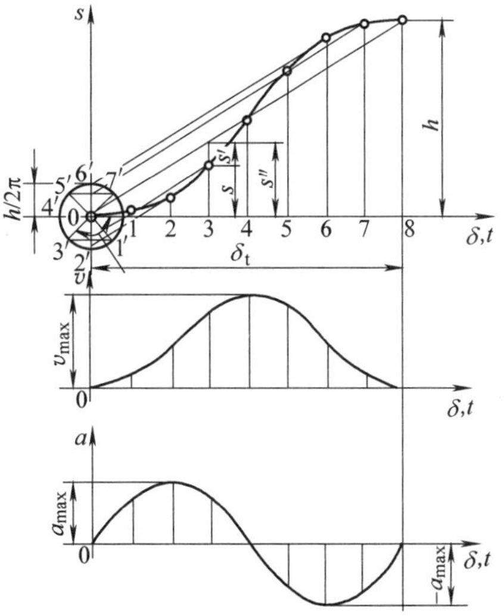	无冲击

1. 匀速运动规律（直线运动规律）

从动件在运动过程中，运动速度为定值的运动规律，称为匀速运动规律。当凸轮以等角速度 ω 转动时，从动件在推程或回程中的速度为常数。

其运动线图见表 4-2，从加速度线图可以看出，在从动件运动的始末两点，理论上加速度为无穷大，致使从动件所受惯性力也为无穷大。而实际上，由于材料有弹性，加速度和惯性力均为有限值，仍将造成巨大的冲击，故称为刚性冲击。

这种刚性冲击对机构传动很不利，因此匀速运动规律很少单独使用，或只能应用于凸轮转速很低的场合。

2. 匀加速匀减速运动规律（抛物线运动规律）

从动件在运动过程的前半程作匀加速运动，后半程作匀减速运动，两部分加速度绝对值相等的运动规律称为匀加速匀减速运动规律。

这种运动规律的运动线图见表4-2。可以看出，其加速度为两条平行于横坐标的直线；速度线图为两条斜率相反的斜直线；而位移线图是两条光滑连接、曲率相反的抛物线，所以又称抛物线运动规律。由此可见，该运动规律在推程的始末两点及前半行程与后半行程的交界处，加速度发生有限值突变，产生的惯性冲击力也是有限的，故称为柔性冲击。但在高速下仍将导致严重的振动、噪声和磨损，因此匀加速匀减速运动规律只适合于中低速场合。

当已知从动件的推程运动角为 δ_t 和行程 h，且为匀加速匀减速运动时，从动件的位移曲线的作法如下：

1）选取横坐标轴代表凸轮转角 δ，纵坐标轴代表从动件位移 s，选取适当的角度比例尺 μ_δ（（°）/mm）和位移比例尺 μ_s（m/mm 或 mm/mm）。

2）在横坐标轴上按所选角度比例尺 μ_δ 截取 δ_t 和 $\delta_t/2$，在纵坐标轴上按位移比例尺 μ_s 截取 h 和 $h/2$。

3）将 $\delta_t/2$ 段和 $h/2$ 段对应等分成相同的份数（如 3 份），分别得等分点 1、2、3 和 1′、2′、3′。

4）将抛物线顶点 O 与各交点 1″、2″、3″相连，与过点 1、2、3 所作的纵轴平行线相交，得交点 1″、2″、3″。

5）以光滑曲线连接顶点 O 与各交点 1″、2″、3″，即得匀加速段的位移曲线。

同理可得推程匀减速段以及回程匀加速、匀减速段的位移曲线。

3. 简谐运动规律（余弦加速度运动规律）

简谐运动规律是指当一个质点沿直径为 h 的圆周作匀速圆周运动时，该点在直径上的投影所作的运动。其加速度按余弦曲线变化，所以又称为余弦加速度运动规律。

简谐位移曲线的作图方法：以从动件的升程 h 为直径作一半圆，并将此半圆分成若干等份（由作图精确度要求确定，本例取 6 等份），得点 1′、2′、3′、4′、5′、6′，然后把凸轮转角 δ 也分为同样等份，得点 1、2、3、4、5、6。分别过点 1′、2′、…、6′做 δ 轴平行线，过点 1、2、…、6 做 S 轴平行线，两线分别相交，最后光滑连接各交点，即得从动件的位移线图。

由加速度图可以看出，对于"停—升—停"型运动，该运动规律在运动的始末两处，从动件的加速度仍有较小的突变，即存在柔性冲击。因此，它只适用于中低速的场合。但对于无停程的"升—降"型运动，加速度无突变，因而也没有冲击，这时可用于高速条件下工作。

4. 正弦加速度运动规律（摆线运动规律）

为了获得无冲击的运动规律，可采用正弦加速度运动规律。

这种运动规律的加速度线图为一正弦曲线，其位移为摆线在纵轴上的投影，所以又称摆线运动运动规律，见表4-2。这种运动规律的加速度曲线光滑连续，所以工作时振动、噪声都比较小，可以用于高速、轻载的场合。

除了上述运动规律外，为了满足特殊工作要求，取长补短，可以采用组合运动规律，比如改进梯形加速度运动规律、改进正弦加速度运动规律等，以获得较理想的动力特性。

从动件运动规律的选择涉及到多方面的问题，首先应满足机器的工作要求，同时还应使凸轮机构具有良好的动力性能以及使设计的凸轮便于加工等，限于篇幅，不再赘述。

4.3 盘形凸轮轮廓曲线设计

根据工作要求选定凸轮机构的形式，并且确定凸轮的基圆半径及选定从动件的运动规律后，在凸轮转向已定的情况下，就可以进行凸轮轮廓曲线的设计，其方法有图解法和解析法。图解法简单，但受到作图精度的限制，适用于一般要求的场合。解析法计算较麻烦，但设计精度较高，如果利用计算机辅助设计能够获得很好的设计效果，目前主要用于运动精度要求较高或直接与数控机床联机自动加工的场合。本书主要介绍图解法。

4.3.1 反转法作图原理

凸轮机构工作时凸轮与从动件都在运动，为了绘制凸轮轮廓，假定凸轮相对静止。根据相对运动原理，假想给整个凸轮机构附加上一个与凸轮转动方向相反（角速度 $-\omega$）的转动，此时各构件的相对运动保持不变，凸轮相对静止，而从动件一方面和机架一起以角速度 $-\omega$ 转动，同时还以原有运动规律相对于机架导路作往复移动，即从动件作复合运动，如图 4-6 所示。可以看出，从动件在作复合运动时其尖点的轨迹就是凸轮的轮廓曲线。

因此，在设计时根据从动件的位移线图和设定的基圆半径及凸轮转向，沿反方向做出从动件的各个位置，则从动件尖点的运动轨迹即

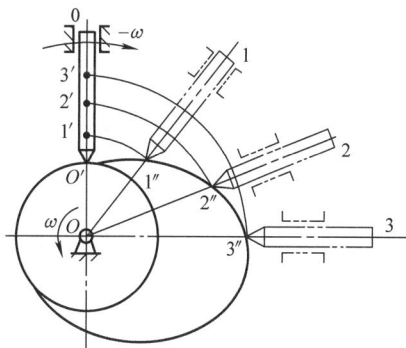

图 4-6 反转法原理

为要设计的凸轮轮廓曲线，利用这种原理绘制凸轮轮廓曲线的方法称为反转法。

4.3.2 尖顶式对心直动从动件盘形凸轮轮廓设计

所谓对心是指从动件移动导路中心线通过凸轮回转中心，直动就是从动件作往复直线移动。由于尖顶式最简单，同时又是其他形式凸轮机构设计的基础，因此下面介绍尖顶式对心直动从动件盘形凸轮的轮廓设计，如图 4-7 所示。

例 4-1 凸轮顺时针方向转动，基圆半径 r_b 已知，从动件的位移线图已知（见图 4-7b），要求设计此凸轮轮廓。

解 设计步骤如下：

1）确定作图比例尺，即长度比例尺 u_l(mm/mm) 和角度比例尺 u_δ((°)/mm)。

2）作基圆，并以通过基圆圆心的任一直线作为从动件中心线，以其与基圆交点 B_0 作为从动件尖点的起始位置。

3）确定推程和回程的等分数，并以 B_0 点为初始点按 $-\omega$ 方向等分基圆圆周。一般先按推程角 δ_t、远休止角 δ_s、回程角 δ_h、近休止角 δ_s' 分大段（本例中 $\delta_s = 0$），再分别将推程角 δ_t 和回程角 δ_h 细分为要求的等分数。如图 4-7a 所示，在基圆上将推程角和回程各 4 等分，得到等分点为 B_1'、B_2'、B_3'、B_4'、B_5'、B_6'、B_7'、B_8。

4）通过基圆圆心向外作各等分点的射线，即作出从动件在各分点的位置。

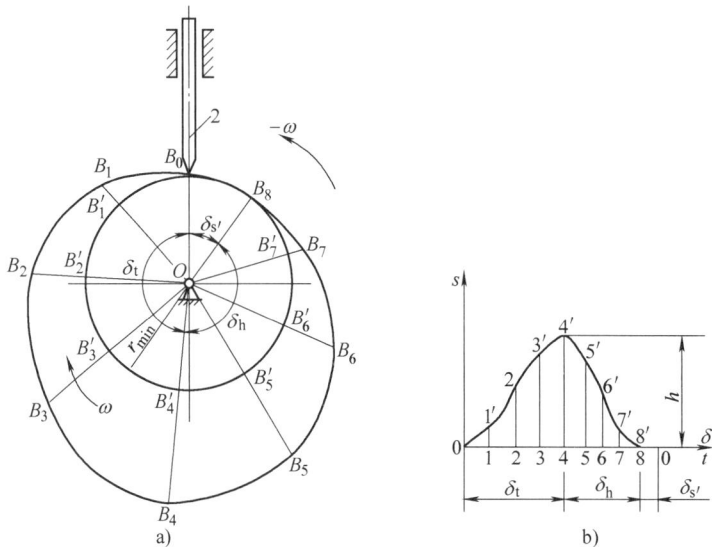

图 4-7 尖顶式对心直动从动件盘形凸轮轮廓设计

5）以各射线与基圆的交点为基点，顺次在各射线上截取对应点的位移（见图 4-7b），得到截取点分别为 B_1、B_2、B_3、B_4、B_5、B_6、B_7、B_8。然后，以光滑曲线顺次连接各截取点，即可得到要设计的凸轮轮廓曲线，如图 4-7a 所示。

4.3.3　滚子式对心直动从动件盘形凸轮的轮廓设计

滚子式与尖顶式的区别在于从动件的尖端变为滚子，如图 4-8 所示。可以设想：以尖点为圆心，以给定的滚子半径 r_T 为半径作一系列圆，然后再作这些圆的内（或外）包络线，则该包络线即为需设计凸轮的工作轮廓。因此，为了叙述方便，规定按尖顶式绘制的凸轮轮廓曲线为凸轮的理论轮廓；把通过滚子圆的内（或外）包络线绘制的凸轮轮廓称为实际轮廓。这样，滚子式对心直动从动件盘形凸轮轮廓曲线的设计方法归纳为：

1）先按尖顶式绘制凸轮的理论轮廓曲线。

2）以理论轮廓曲线上各点为圆心，以滚子半径为半径绘制一系列圆，即滚子圆。

3）作滚子圆的内包络线，即得到要设计凸轮的实际轮廓。

需要指出的是：对于滚子式从动件盘形凸轮，其基圆半径仍然是指凸轮理论轮廓的最小向径，在设计时必须注意这一点。

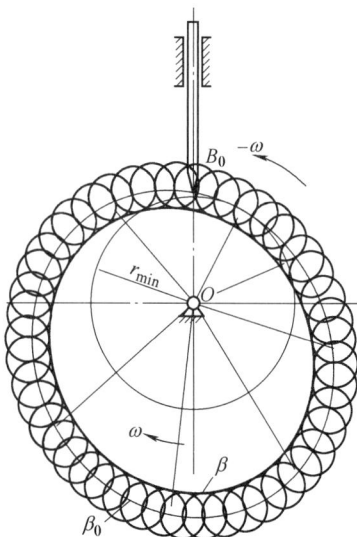

图 4-8　滚子式对心直动从动件盘形凸轮轮廓设计

4.3.4 偏置式直动从动件盘形凸轮轮廓设计

如果从动件的移动中心线偏离凸轮转动中心，称为偏置式从动件凸轮机构，如图4-9所示。由于偏置式从动件凸轮机构具有改善机构传力性能（减小推程压力角）的优点，因此生产中也得到了广泛的应用，下面简单介绍它的凸轮轮廓设计方法。

根据上述反转法，对于偏置式直动从动件盘形凸轮机构，与前面机构相比不同的是：从动件移动中心线与凸轮转动中心有一个偏心距 e，所以，反转后从动件变为始终与以凸轮转动中心 O 为圆心，以偏心距 e 为半径的偏距圆相切，即偏距圆的切线就是各点处从动件导路的中心线，如图4-9所示。这样，与前面讲的尖顶对心式相比，应以偏距圆与导路中心线的切线 K_0C_0 为从动件的初始位置线。凸轮转角的等分应以基圆上初始位置点 C_0 为起点沿 $-\omega$ 方向等分基圆，然后过各等分点 C_1、C_2、$\cdots$、C_n 作偏距圆的切线，再在该射线上顺次量取从动件各个对应点的位移，最后光滑连接各量取点 B_1、B_2、$\cdots$、B_n，即可得到要设计的凸轮轮廓曲线。

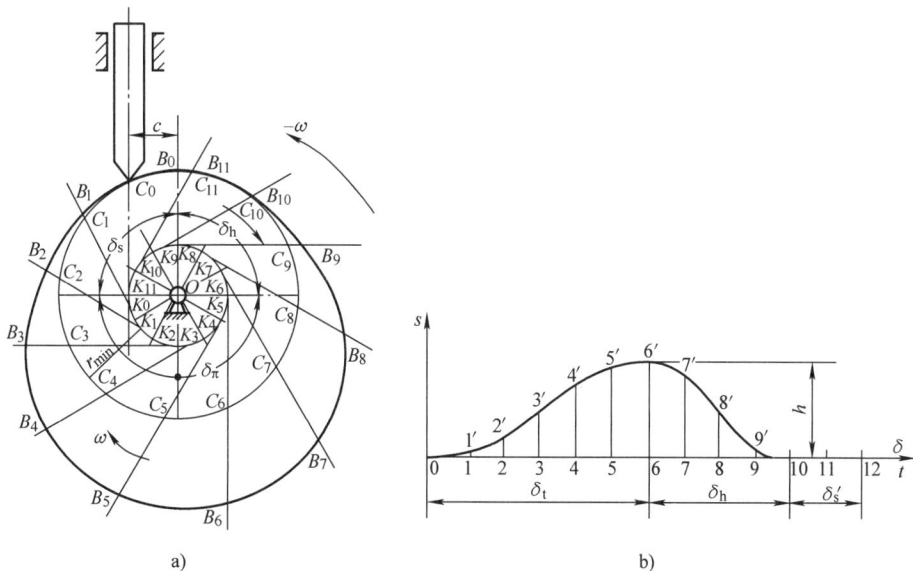

图4-9 偏置式直动从动件盘形凸轮轮廓设计

需要指出的是：从动件偏置方位的选择与机构的传力性能有关。合理地选择偏置方位可以有效地减小机构传动的压力角。当凸轮顺时针转动时，从动件应偏置在转动中心的左上方（见图4-9）；反之，当逆时针转动时，应偏置在右上方。

在用图解法设计凸轮轮廓时，必须注意以下问题：

1）注意"反转"的含义，作图时必须按照 $-\omega$ 方向等分圆周。

2）作图时，位移线图和凸轮轮廓的作图比例必须统一。

3）等分数必须考虑作图制造精度要求，一般推程角和回程角不少于4等分。

4.4 凸轮的加工方法

凸轮轮廓的加工方法通常有两种。

1. 铣、锉削加工

对用于低速轻载场合的凸轮，可以在未淬火的凸轮轮坯上通过图解法绘制出轮廓曲线，采用铣床或手工锉削方法加工，对于大批量生产的还可采用仿形加工。

2. 数控加工

即采用数控线切割机床对淬火凸轮进行加工，此种加工方法是目前常用的一种加工凸轮方法。加工时，用解析法求出凸轮轮廓曲线的极坐标值 (ρ, θ)，应用专用编程软件，由数控线切割机床切割而成，用此方法加工出的凸轮精度高，适用于高速重载的场合。

*4.5 解析法设计盘形凸轮轮廓简介

用图解法绘制凸轮轮廓简便直观，但受作图精度的影响较大，且设计结果难以直接用于数控机床加工编程，所以一般仅应用于低速或精度要求不高的场合。对于高速或精度要求较高以及需要数控加工的凸轮，常采用解析法设计。所谓解析法，就是利用解析式计算出凸轮上各点的位置坐标。常用的坐标系有直角坐标系和极坐标两种。

本节简要介绍在极坐标系用解析法设计偏置式滚子从动件盘形凸轮轮廓的方法。

设 (ρ, θ) 为凸轮理论轮廓上各点的极坐标，(ρ_T, θ_T) 为凸轮实际轮廓上对应点的极坐标。下面以凸轮回转中心为极轴点，给出凸轮轮廓曲线的极坐标方程。

如果已知偏距 e，基圆半径 r_b，滚子半径 r_T，从动件运动规律 $s_2 = s(\delta)$，凸轮以等角速度 ω 顺时针方向转动。根据反转法原理，可确定出相对初始位置反转 δ_1 角时从动件的位置，如图 4-10 所示。此时，从动件滚子中心 B 所在的位置也就是凸轮轮廓上的一点，其极坐标为

$$\rho = \sqrt{(s_2 + s_0)^2 + e^2} \quad (4\text{-}1)$$

$$\theta = \delta_1 + \beta - \beta_0 \quad (4\text{-}2)$$

式中　s_2——与凸轮转角 δ 对应的从动件位移。

且

$$s_0 = \sqrt{r_b^2 - e^2} \quad (4\text{-}3)$$

$$\tan\beta_0 = \frac{e}{s_0} \quad (4\text{-}4)$$

$$\tan\beta = \frac{e}{s_0 + s_2} \quad (4\text{-}5)$$

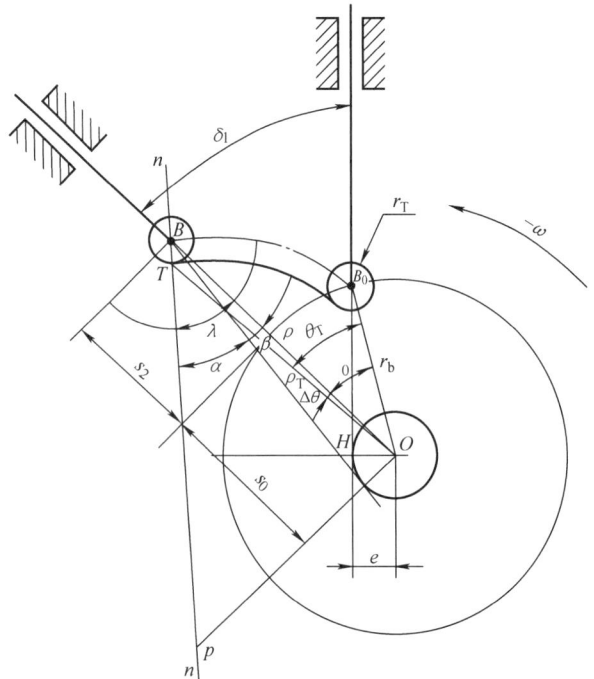

图 4-10　解析法设计凸轮轮廓原理图

由于凸轮实际轮廓曲线是理论轮廓曲线的等距曲线，所以两轮廓曲线对应点具有相同的曲率中心和法线。如图 4-10 所示，过 B 点作理论轮廓的法线交滚子于 T 点，T 点就是实际轮廓上的对应点。同时，法线 n—n 与过凸轮轴心 O 且垂直于从动件导路的直线交于 P 点，P 点就是凸轮与从动件的相对瞬心，且 $l_{OP} = \dfrac{v}{\omega}$。于是，由 $\triangle OPB$ 可得：$\lambda = \alpha + \beta$。

其中

$$\tan\alpha = \frac{\overline{OP} \pm e}{s_2 + s_0} = \frac{v/\omega \pm e}{s_2 + s_0} = \frac{\mathrm{d}s/\mathrm{d}\delta \pm e}{s_2 + s_0} \tag{4-6}$$

式（4-6）中　偏距 e 前面的"$\pm$"，当偏距与瞬心在凸轮回转中心的同一侧时取"$-$"号，反之取"$+$"号。

实际轮廓上对应点 T 的极坐标为

$$\left.\begin{aligned} \rho_T &= \sqrt{\rho^2 + r_T^2 - 2\rho r_T \cos\lambda} \\ \theta_T &= \theta + \Delta\theta \end{aligned}\right\} \tag{4-7}$$

其中

$$\Delta\theta = \arctan\frac{r_T \sin\lambda}{\rho - r_T \cos\lambda} \tag{4-8}$$

在编制出相应的计算程序后，就能方便地计算出凸轮轮廓上各点的坐标，画出凸轮轮廓。用解析法设计可以通过修改设计参数，比较设计结果，选择出好的设计方案。解析法可以方便地应用于数控机床实现编程加工，例如在装有 CAXA 制造工程师软件的数控铣床上，只要利用高级曲线功能分段输入凸轮各段的轮廓曲线的解析式，就可以直接加工出凸轮轮廓。

4.6　凸轮机构设计的其他问题

设计凸轮机构时，不仅要保证从动件能够实现预期的运动规律（由凸轮轮廓保证），还要求传动时力学性能良好、结构紧凑。具体要求：①选择从动件滚子半径时，应考虑其对运动失真的影响。②选择基圆半径时应考虑其对凸轮机构的尺寸、受力性能、磨损和传动效率等的重要影响。下面就这些问题展开讨论。

4.6.1　凸轮机构的压力角及其校核

1. 凸轮机构的压力角

图 4-11 所示为一尖顶式对心直动从动件盘形凸轮机构在推程中的一个位置。如果不考虑摩擦力，把凸轮作用于从动件的法向力 F_n 方向与从动件的运动方向间所夹的锐角 α 称为压力角。法向力可以分解为沿导路方向和垂直于导路方向的两个力，公式为

$$\left.\begin{aligned} F_1 &= F_n \cos\alpha \\ F_2 &= F_n \sin\alpha \end{aligned}\right\} \tag{4-9}$$

显然，F_1 是推动从动件运动的有效力，而 F_2 为垂直于导路方向将使从动件产生摩擦力的有害力。由上述关系可知，压力角 α 越大，有效力 F_1 越小，有害力 F_2 越大，对传动不利。因此，压力角也是凸轮机构传力性能好坏的衡量标准。当压力角 α 增大到一定数值时，有效力 F_1 将无法克服有害力 F_2 产生的摩擦力，这时，无论外力 F_n 多大，从动件都不会运动，这种现象称为自锁。

为了保证凸轮机构的正常工作，必须对凸轮机构的压力角加以限制。能够保证机构正常工作的压力角称为许用压力角，用 $[\alpha]$ 表示。设计时，应满足：$\alpha_{max} \leqslant [\alpha]$。根据工程应用经验推荐推程的许用压力角为

移动从动件：$[\alpha] = 30°$

摆动从动件：$[\alpha] = 45°$

回程时，使从动件返回的力不是凸轮提供的，而是利用凸轮或从动件特殊的形状或外力（如弹簧力）锁合作用，此时不存在自锁问题，但为了使从动件不致产生过大的加速度引起不良后果，通常推荐 $[\alpha] = 70° \sim 80°$。

2. 压力角的检验

在设计或分析凸轮机构传力性能时，需要检验凸轮的压力角，主要是推程压力角。其方法很多，简单的方法是用量角器量取检验，如图 4-12 所示。

检验时，应明确最大压力角可能出现的位置，这样重点检查这些位置的压力角即可。最大压力角 α_{max} 一般出现在速度发生突变、轮廓曲线斜率变化较大的地方，应重点检测这些位置。

检测的最大压力角应满足 $\alpha_{max} \leqslant [\alpha]$。如果 $\alpha_{max} > [\alpha]$，一般可通过增大基圆半径、采用偏置式，或重新选择从动件的运动规律来解决。

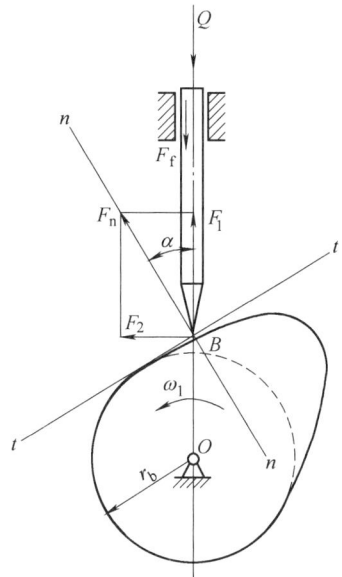

图 4-11　凸轮机构的压力角

4.6.2　基圆半径的确定

凸轮基圆的大小直接影响凸轮机构的尺寸，更重要的是凸轮基圆半径与凸轮机构的受力状况及压力角的大小直接有关。如图 4-13 所示，在相同运动规律条件下，基圆半径 r_b 越大，凸轮机构的压力角就越小，其传力性能越好。因此，从传力性能考虑应选较大的基圆半径，但是，r_b 越大机构所占空间就越大。为了兼顾传力性能和结构紧凑两方面要求，应适当选择 r_b。

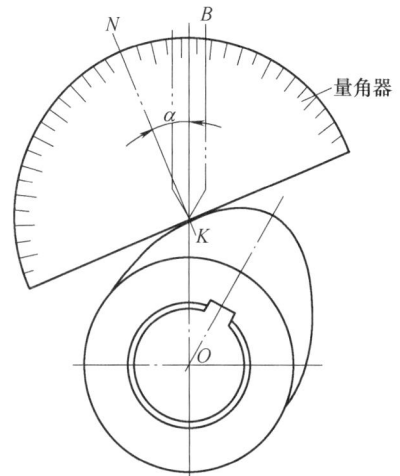

图 4-12　用量角器检验压力角

目前，常采用以下两种方法选取凸轮基圆半径：

（1）根据凸轮的结构确定 r_b　当凸轮与轴做成一个整体（常称为凸轮轴）时，有

$$r_b \geqslant r + r_T + (2 \sim 5)\text{mm} \tag{4-10}$$

当凸轮与轴分开制造时，有

$$r_b \geqslant r_n + r_T + (2 \sim 5)\,\text{mm} \tag{4-11}$$

式中　r——安装凸轮处轴的半径（mm）；

　　　　r_n——凸轮轮毂外圆半径（mm），一般 $r_n = (1.5 \sim 1.7)r$；

　　　　r_T——滚子半径（mm）。若从动件不带滚子，则 $r_T = 0$。

（2）根据 $\alpha_{max} \leqslant [\alpha]$ 确定 r_b　图 4-14 所示为工程上根据从动件运动规律确定最大压力角与基圆半径的诺模图。图中上半圆的标尺代表凸轮的推程角，下半圆的标尺代表最大压力角，直径的标尺代表从动件运动规律的 h/r_b 的值，下面举例说明此方法。

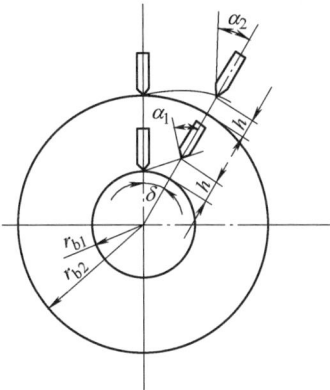

图 4-13　基圆半径与压力角的关系　　　　图 4-14　用诺模图确定基圆半径

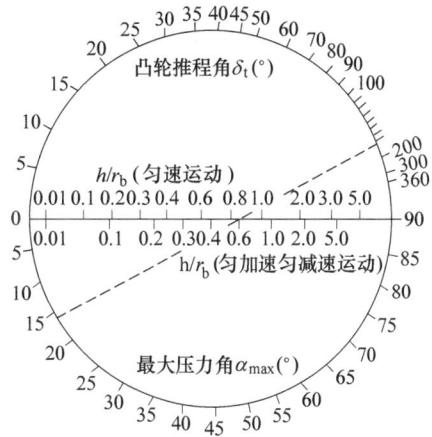

例 4-2　设计一尖顶式直动从动件盘形凸轮机构，要求凸轮推程角 $\delta_t = 175°$，从动件在推程中按照匀加速匀减速规律运动，其升程 $h = 18\text{mm}$，最大压力角 $\alpha_{max} = 16°$，试确定其凸轮的基圆半径。

解　1）根据已知条件将位于圆周上标尺为 $\delta_t = 175°$ 和 $\alpha_{max} = 16°$ 的两点用一直线相连，如图 4-14 中虚线所示。

2）此虚线与直径上等加速等减速运动规律标尺相交，交点为 $h/r_b = 0.6$。

3）由此得最小基圆半径为：$r_{bmin} = h/0.6 = (18/0.6)\text{mm} = 30\text{mm}$。

因此进行机构设计时，基圆半径按 $r_b \geqslant r_{bmin}$ 选取。

4.6.3　滚子半径的选择与运动失真

对于滚子式从动件凸轮机构，如果滚子半径选择不当，从动件的运动规律将与设计预期的运动规律不一致，这称为运动失真，对于凸轮机构这种情况不允许发生的。

滚子半径的选择要考虑机构的空间要求、滚子的结构、强度及凸轮轮廓的形状等诸多因素。从减小滚子尺寸和从动件的接触应力及提高滚子强度等因素考虑，滚子半径取得大些为好；但滚子半径的大小对凸轮的实际轮廓有影响，如果选择不当，从动件会出现运动失真，因此滚子半径的选择要考虑多种因素的限制。

图 4-15a 所示为内凹的凸轮轮廓曲线，a 为实际轮廓线，b 为理论轮廓线。实际轮廓线的曲率半径 ρ_a 等于理论轮廓线的曲率半径 ρ 与滚子半径 r_T 之和，即 $\rho_a = \rho + r_T$。这样，无论

滚子半径大小如何，实际轮廓线都可以根据理论轮廓线作出来。

而对于外凸的凸轮轮廓曲线，如图 4-15b 所示，由于 $\rho_a = \rho - r_T$，故当 $\rho > r_T$ 时，$\rho_a > 0$，实际轮廓线可以正常作出，凸轮能保证正常工作；但若 $\rho_a = r_T$ 时，$\rho_a = 0$，实际轮廓线出现尖点，如图 4-15c 所示，这种情况下凸轮极易磨损，设计时应避免；若 $\rho < r_T$ 时，$\rho_a < 0$，如图 4-15d 所示，实际轮廓线相交，加工时阴影部分将被切去，使从动件无法实现预期的运动规律，出现运动失真。

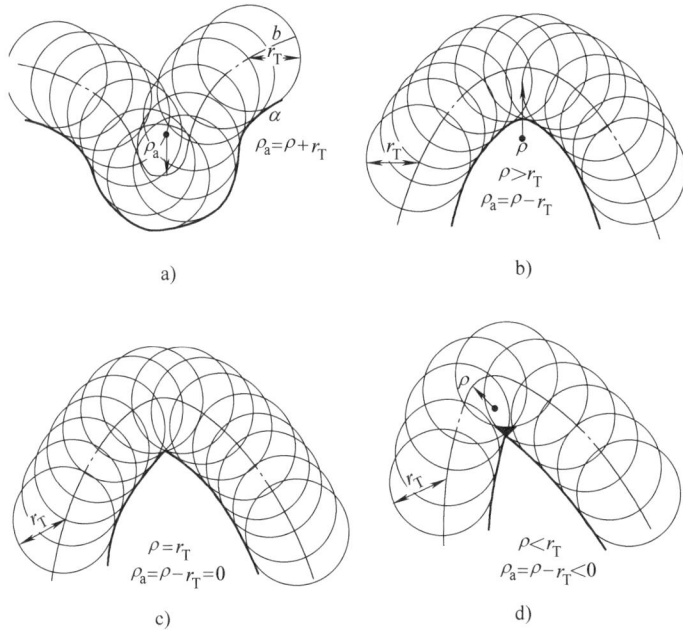

图 4-15 滚子半径的确定
a）内凹的凸轮轮廓线 b）外凸的凸轮轮廓线
c）实际轮廓线变尖 d）实际轮廓线交叉

为了保证滚子式从动件凸轮机构不出现运动失真，设计时应保证：理论轮廓的最小曲率半径 $\rho_{min} \geqslant r_T$。为了不致凸轮过早磨损，一般推荐取 $r_T < 0.8\rho_{min}$。同时，滚子半径的选择还受到结构、强度等因素限制，因而不能取得太小。设计时，常取 $r_T = (0.1 \sim 0.5)r_b$，其中 r_b 为凸轮基圆半径。

4.7 凸轮的结构和材料

1. 凸轮在轴上的固定方式

当凸轮轮廓尺寸接近轴的直径时，凸轮与轴可制作成一体，如图 4-16 所示；当其尺寸相差比较大时，凸轮与轴分开制造，凸轮与轴通过键联接，如图 4-17 所示；或通过圆锥销联接，如图 4-18 所示。当凸轮与轴的相对角度需要自由调节时，采用图 4-19 所示的用弹性锥套和螺母联接。

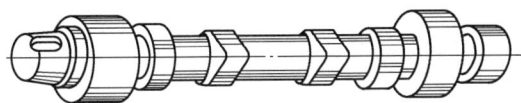

图 4-16 凸轮轴

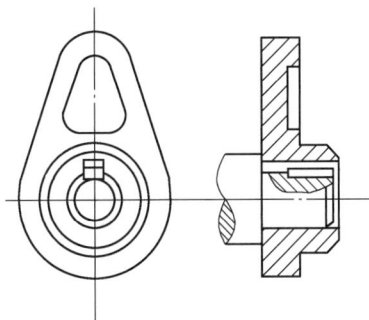

图 4-17 用平键联接

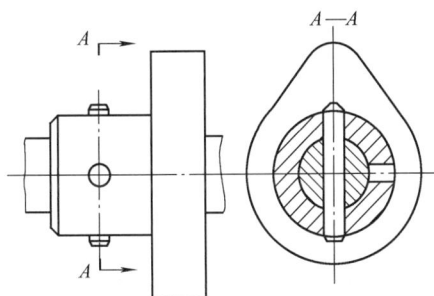

图 4-18 用圆锥销联接

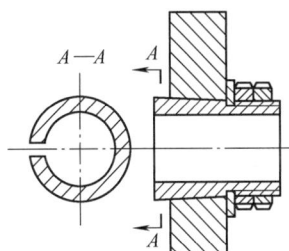

图 4-19 用弹性锥套和螺母联接

2. 滚子及其联接

图 4-20 所示为常见的几种滚子结构。图 4-20a 为专用的圆柱滚子及其联接方式，即滚子与从动件底端用螺栓联接。图 4-20b、c 所示为滚子与从动件底端用销轴联接，其中图 4-20c 为直接采用合适的滚动轴承代替滚子。但无论上述哪种情况，都必须保证滚子能自由转动。

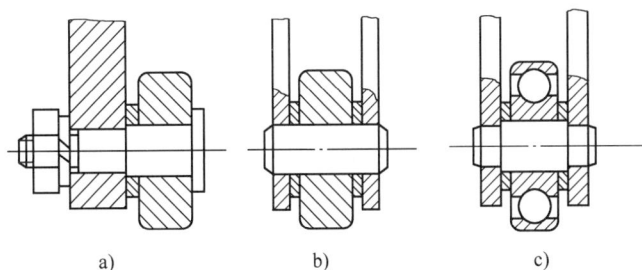

a)   b)   c)

图 4-20 滚子结构

3. 凸轮和滚子的材料

凸轮机构工作时，往往承受冲击载荷，凸轮与从动件接触部分磨损较严重，因此必须合理地选择凸轮与滚子的材料，并进行适当的热处理，使滚子和凸轮的工作表面具有较高的硬度和耐磨性，而心部具有较好的韧性。

常用的材料有 45、20Cr、18CrMnTi 或 T9、T10 等，并经过表面淬火处理。

4. 凸轮的工作图

图 4-21 所示为一个实用机构中凸轮的工作图。

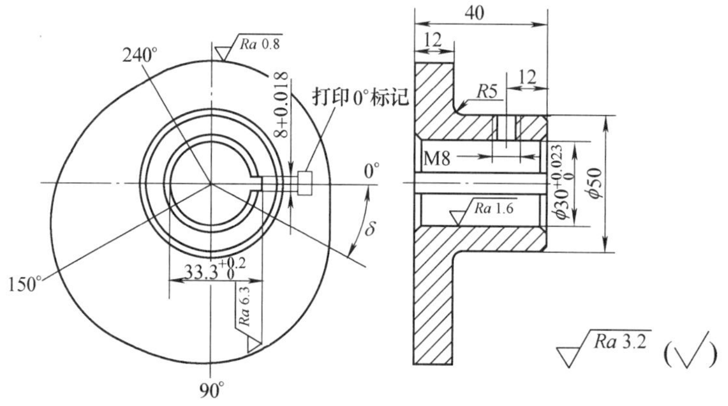

图 4-21　凸轮的工作图

本 章 小 结

本章主要介绍了凸轮机构的组成、特点及其应用，同时讲述了用图解法设计直动从动件盘形凸轮机构的基本方法。凸轮机构结构简单、传动构件少，能够准确地实现从动件所要求的各种运动规律，而且设计过程简单，因此广泛应用于各种机器的控制机构中。建议在学习时，以尖顶式直动从动件盘形凸轮的设计为基础掌握凸轮机构设计的基本方法，并抓住特点类比设计其他类型。凸轮机构的类型、特点是本章的基本知识，凸轮机构的设计是本章的重点和难点。

思 考 题

4-1　凸轮机构主要用于哪些场合？试举例说明。

4-2　凸轮机构由哪些构件组成？与平面连杆机构相比有何特点？

4-3　凸轮机构有哪些分类方法？有哪些锁合方式？

4-4　凸轮机构常用的运动规律有哪些？各有什么特点？

4-5　在凸轮机构设计中如何理解"反转法"原理？在图解法设计时应注意哪些问题？

4-6　与图解法相比，用解析法设计凸轮轮廓有哪些特点？

4-7　设计凸轮轮廓应注意哪些问题？

4-8　什么是凸轮机构的压力角？它与传力性能的关系如何？

4-9　试思考基圆半径与凸轮机构结构紧凑性和压力角大小之间的关系，如何选择？

习 题

4-1　图 4-22 所示为滚子式对心直动从动件盘形凸轮机构，已知圆盘半径 $R = 30\text{mm}$，偏心距 $e = 10\text{mm}$，滚子半径 $r_\text{T} = 10\text{mm}$，试确定凸轮的基圆半径，标出图示位置机构的压力角、凸轮的推程运动角 δ_t，并确定从动件的升程 h。

4-2　图 4-23 所示的偏置式直动从动件盘形凸轮机构，AB 段为凸轮的推程轮廓线，请分别在图上标出：从动件的升程 h、推程运动角 δ_t、远休止角 δ_s、回程运动角 δ_h、近休止角 δ_s'，偏距 e，并画出偏距圆和基圆。

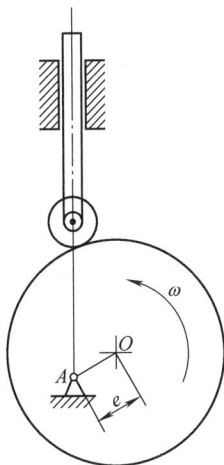

图 4-22 习题 4-1 图

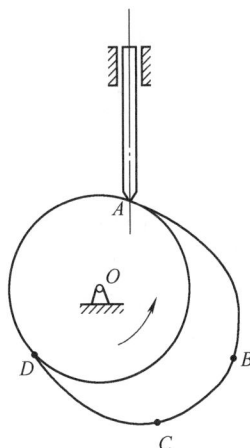

图 4-23 习题 4-2 图

4-3 有一尖顶式对心直动从动件盘形凸轮，其向径的变化如下表所示，试画出其位移线图，指出基圆半径；并根据位移线图，判断从动件的运动规律。

凸轮转角 δ	0°	30°	60°	90°	120°	150°	180°	210°	240°	270°	300°	330°	360°
向径/mm	30	35	40	45	50	55	60	55	50	45	40	35	30

4-4 设计一尖顶式对心直动盘形凸轮机构，已知凸轮逆时针匀速回转，升程为 $h = 32$mm，基圆半径 r_b = 40mm；推程运动角 $\delta_t = 150°$，按余弦加速度运动规律；远休止角 $\delta_s = 30°$，回程运动角 $\delta_h = 120°$，按匀加速匀减速规律运动，近休止角 $\delta_s' = 60°$。

1）试用图解法设计凸轮轮廓曲线。

2）找出最大压力角的位置，量取最大压力角，并判断是否满足 $\alpha_{max} \leq 30°$。

3）当改尖顶式为滚子式，滚子半径 $r_T = 10$mm，试绘制凸轮的实际轮廓。

4-5 设计一滚子式偏置直动从动件盘形凸轮机构。已知凸轮以匀角速度顺时针方向回转，偏距 e = 10mm，基圆半径 $r_b = 40$mm，从动件的行程 $h = 30$mm，滚子半径 $r_T = 10$mm，推程运动角 $\delta_t = 150°$，按匀加速匀减速规律运动上升，远休止角 $\delta_s = 30°$；回程运动角 $\delta_h = 120°$，按匀速规律运动，近休止角 $\delta_s' = 60°$。试问：

1）要使推程的压力角较小，应如何偏置为宜？

2）用图解法或解析法设计此凸轮的轮廓。

第5章　间歇运动机构

前面我们讨论的连杆机构和凸轮机构是组成机械主要的常用机构。除了这些机构外，在有些机械中，还常要求机构的某些构件能产生周期性的停歇运动，如机床和自动机中的间歇进给运动、分度转位运动等。这种主动件作连续运动，从动件作周期性间歇运动的机构称为间歇运动机构。间歇运动机构的种类很多，这里将介绍其中常用的几种。

5.1　棘轮机构

5.1.1　棘轮机构的工作原理及特点

图 5-1 所示为机械中常用的典型棘轮机构。该机构由摇杆 1、棘爪 2、棘轮 3、止动棘爪 4 和机架组成，原动件摇杆 1 空套在棘轮轴上，可绕棘轮轴自由摆动。当摇杆顺时针方向摆动时，棘爪 2 插入棘轮齿槽推动棘轮转过一定角度；当摇杆逆时针方向摆动时，止动棘爪 4 插入棘轮齿槽阻止棘轮转动，铰接在摇杆上的棘爪 2 在棘轮的齿背上滑过，随着摇杆的往复摆动，棘轮作单向间歇运动。为了工作可靠，棘爪 2 和止动棘爪 4 上装有扭簧 5，使棘爪紧贴在棘轮轮齿上。

棘轮机构的优点是结构简单、运动可靠、制造方便，而且棘轮轴每次转过角度的大小可以在较大的范围内调节。

可用下列方法调节棘轮转角的大小：

（1）改变摇杆的摆角　通过改变导杆机构中杆的长度，可改变摇杆的最大摆角 ψ 的大小，从而调节棘轮转角，如图 5-2 所示。

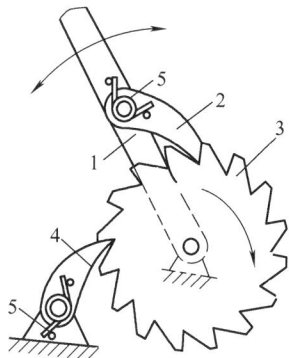

图 5-1　棘轮机构

1—摇杆　2—棘爪　3—棘轮
4—止动棘爪　5—扭簧

（2）用棘轮罩调节转角　在摇杆摆角 ψ 不变的前提下，在棘轮外加装一个棘轮罩用以遮盖部分摇杆摆角范围内的棘齿，也可调节棘轮转角，如图 5-3 所示。

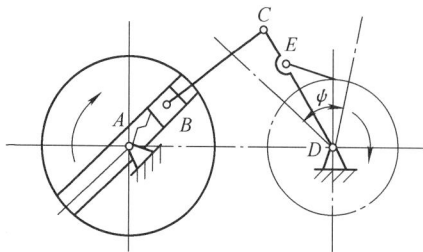

图 5-2　改变曲柄长度调节棘轮转角

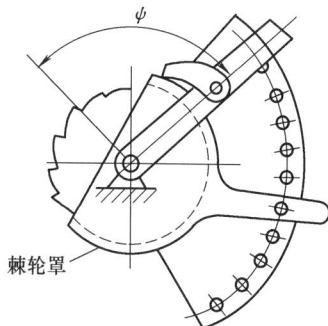

图 5-3　用棘轮罩调节棘轮转角

棘轮机构的缺点是工作时有较大的冲击和噪声，而且运动精度较差，所以棘轮机构常用于速度较低和载荷不大的场合。

5.1.2　棘轮机构的类型及应用

按照棘轮机构的工作原理和结构特点，常用的棘轮机构有下列两大类。

1. 齿式棘轮机构

这类棘轮机构在棘轮的外缘或内缘上具有刚性轮齿，依靠棘爪推动棘轮棘齿使其作单向间歇运动。图 5-1 所示为外棘轮机构（棘轮的齿做在外缘上），图 5-4 所示为内棘轮机构（棘轮的齿做在内缘上）。

根据齿式棘轮机构的运动情况不同，它又可以分为如下几种：

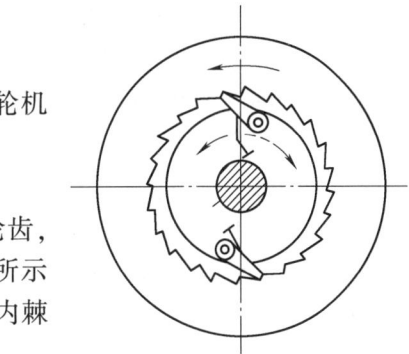

图 5-4　内棘轮机构

（1）单动式棘轮机构　如图 5-1、图 5-4 所示，此种棘轮机构的特点是，棘轮的齿多数为锯齿形，当摇杆向一个方向摆动时，棘轮沿同方向转过某一角度；而当摇杆反向摆动时，棘轮则静止不动，所以棘轮的运动只能是单向间歇运动。

棘轮机构的单向间歇运动特性可用于输送、制动等机构中，图 5-5 所示为浇注自动线的输送装置，图 5-6 所示为提升机中使用的棘轮制动器。

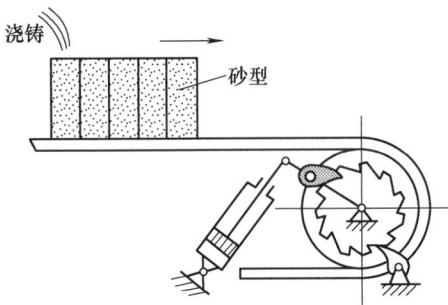

图 5-5　浇注自动线的输送装置

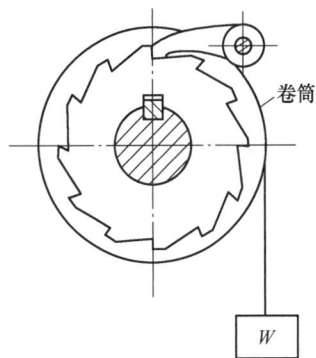

图 5-6　棘轮制动器

（2）双动式棘轮机构　此种棘轮机构的棘轮轮齿仍为锯齿形，它的特点是摇杆来回摆动时都能使棘轮向同一方向转动，如图 5-7 所示，此种棘轮机构的棘爪可制成钩头的或直头的。

（3）可变向的棘轮机构　可变向的棘轮机构，棘轮轮齿常采用对称的矩形或梯形轮齿，如图 5-8a 所示，棘轮齿型采用的是梯形齿，与之配用的棘爪为特殊的对称形状。当棘爪处于实线位置时，棘轮可以实现逆时针单向间歇转动；而当棘爪翻转

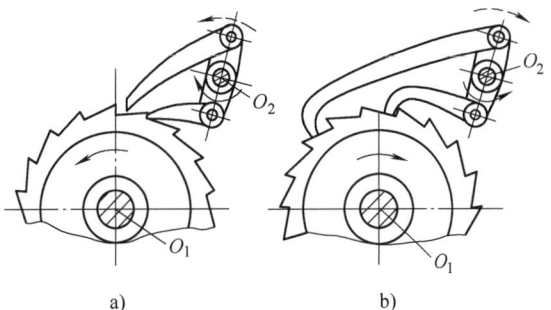

a)　　　b)

图 5-7　双动式棘轮机构

到图示虚线位置时，棘轮可实现顺时针单向间歇运动。图 5-8b 所示也是可变向的棘轮机构。棘轮轮齿为矩形，棘爪齿为楔形斜面。这样，当棘爪安放在图示位置时，棘轮实现的是沿逆时针方向的单向间歇转动；若将棘爪提起并绕自身轴线转过 180°后放下，则棘轮可沿顺时针方向作单向间歇转动；又若将棘爪提起并绕自身轴线转过 90°搁置在壳体的平台上，则棘爪和棘轮脱开，棘爪往复摆动时，棘轮却静止不动。这种棘轮机构常用于实现工作台的间歇进给运动，如用于牛头刨床中实现工作台的横向进给运动。

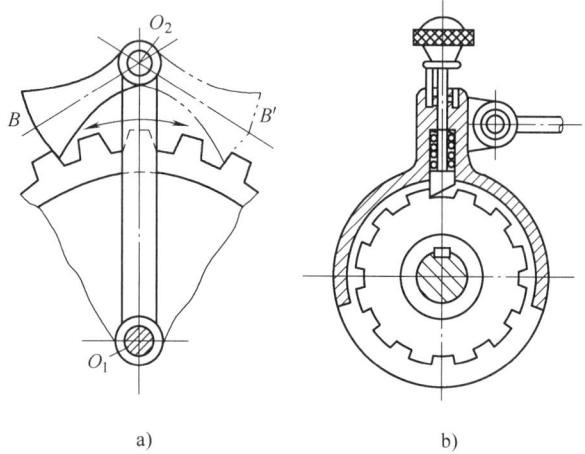

图 5-8　可变向的棘轮机构

棘轮机构还可实现超越运动，如图 5-9 所示，自行车后轴上的飞轮机构就是一种典型的超越机构。当脚踏脚蹬时，链条带动内圈上有棘齿的链轮 1 顺时针转动，再通过棘爪 4 带动后轮轴 2 一起在后轴 3 上转动，自行车前进。在前进过程中，如果脚蹬不动，链轮也就停止转动。这时，由于惯性作用，后轮轴带动棘爪从链轮内缘的齿背上滑过，链轮仍在继续顺时针转动，这就是不蹬踏板自行车仍能自由滑行的原理。

2. 摩擦式棘轮机构

摩擦式棘轮机构的工作原理与齿式棘轮机构相同，所不同的是棘爪为一扇形凸块，棘轮为一摩擦轮。如图 5-10 所示，其中图 5-10a 为外接式，图 5-10b 为内接式，

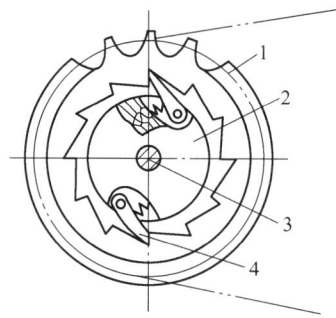

图 5-9　自行车后轴上的飞轮超越机构
1—链轮　2—后轮轴　3—后轴　4—棘爪

通过凸块与从动轮间的摩擦力推动从动轮间歇转动，它的优点是减小了冲击及噪声、棘轮每次转过的角度可实现无级调节，但其运动准确性较差。

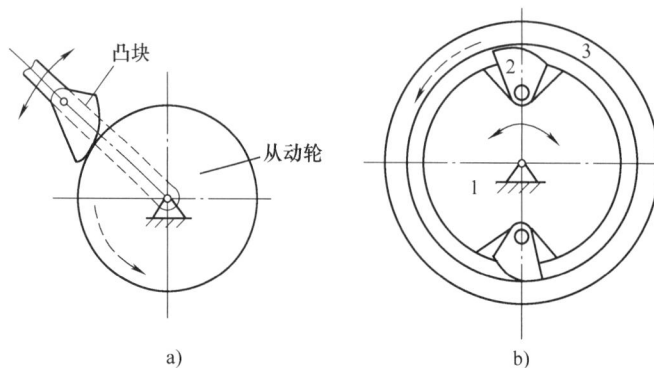

图 5-10　摩擦式棘轮机构

5.2 槽轮机构

5.2.1 槽轮机构的组成和工作原理

图 5-11 所示为外啮合槽轮机构，它由带有圆销的拨盘、具有径向槽的槽轮和机架组成。当拨盘上的圆销 *A* 未进入槽轮的径向槽时，槽轮的内凹锁止弧 efg 被拨盘的外凸圆弧 abc 锁住，因此槽轮静止不动。图示为圆销刚开始进入槽轮径向槽时的位置，这时锁止弧被松开，圆销 *A* 驱动槽轮转动。这样原动件拨盘以等角速度连续转动时，从动件槽轮作反向间歇运动。

槽轮机构结构简单，工作可靠，效率较高，与棘轮机构相比运动平稳，能准确控制转角的大小，但制造与装配精度要求较高，且槽轮转角大小不能调节。

5.2.2 槽轮机构的类型及应用

普通槽轮机构有外啮合槽轮机构（见图 5-11）和内啮合槽轮机构（见图 5-12）两种，它们均用于平行轴间的间歇运动，但前者槽轮与拨盘转向相反，而后者则转向相同。

外啮合槽轮机构应用比较广泛，图 5-13 所示为电影放映机中的卷片机构，它可实现胶片的间歇移动；图 5-14 所示为槽轮机构在转塔车床刀架转位装置中的应用，它可实现刀架的间歇转位。

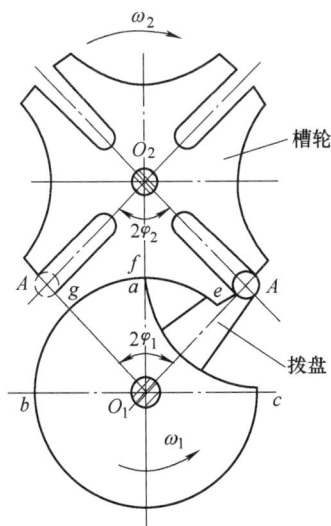

图 5-11 外啮合槽轮机构

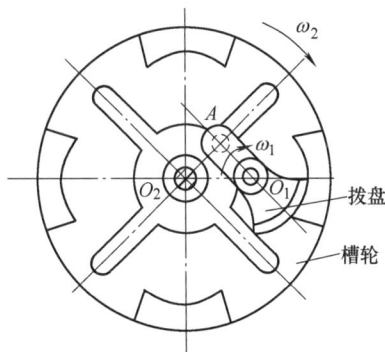

图 5-12 内啮合槽轮机构

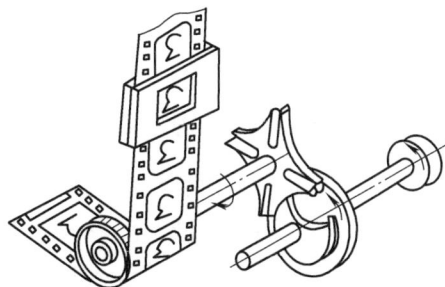

图 5-13 电影放映卷片机构

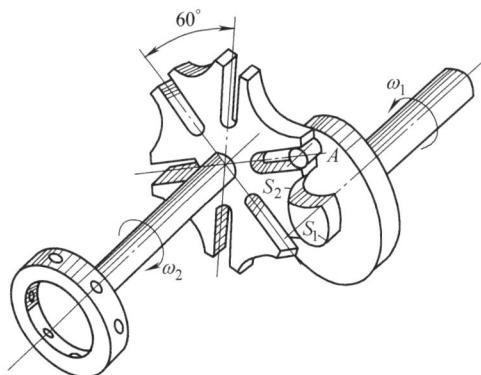

图 5-14　刀架转位机构

5.2.3　槽轮的径向槽数和拨盘的圆销个数

图 5-11 所示的单圆销外啮合槽轮机构中，主动拨盘回转一周的过程中，只有在其转过 $2\varphi_1$ 角时，才拨动槽轮同时转过 $2\varphi_2$，其余时刻则槽轮静止。设槽轮的槽数为 z，则槽轮每次的转角为 $2\varphi_2 = \dfrac{2\pi}{z}$。

根据运动分析可知，槽轮机构运动过程中所产生的冲击随槽数 z 的减少而增大，故槽数 z 不宜取得太少。为保证槽轮强度，常取 $z = 4 \sim 8$。

采用多圆销槽轮机构，可增加槽轮在每个工作循环内转动的次数。设拨盘上均布 k 个圆销，则拨盘每转动一周，槽轮转动 k 次。

由于 z 和 k 都为整数，可以证明槽数与圆销数的关系如表 5-1 所示。

表 5-1　轮槽数 z 与圆销数 n 的关系

轮槽数 z	3	4	5,6	$\geqslant 7$
圆销数 n	1~6	1~4	1~3	1~2

5.3　不完全齿轮机构和凸轮间歇运动机构

5.3.1　不完全齿轮机构

不完全齿轮机构是由齿轮机构演变而成的一种间歇运动机构。在主动轮上只做出一个齿或几个齿，并根据运动时间与停歇时间的要求，在从动轮上做出与主动轮轮齿相啮合的轮齿。在从动轮停歇期内，两轮轮缘备有锁止弧，可防止从动轮的游动，并起定位作用。如图 5-15 所示，当主动轮的有齿部分与从动轮轮齿啮合时，推动从动轮转动；当主动轮的有齿部分与从动轮脱离啮合时，从动轮停歇不动。因此，当主动轮连续转动时，从动轮作间歇运动。图 5-15a 所示为外啮合不完全齿轮机构，图 5-15b 所示为内啮合不完全齿轮机构。与普通渐开线齿轮机构一样，外啮合的不完全齿轮机构两轮转向相反，内啮合不完全齿轮机构两轮转向相同。图 5-15c 所示为不完全齿轮齿条机构，齿条作往复移动。

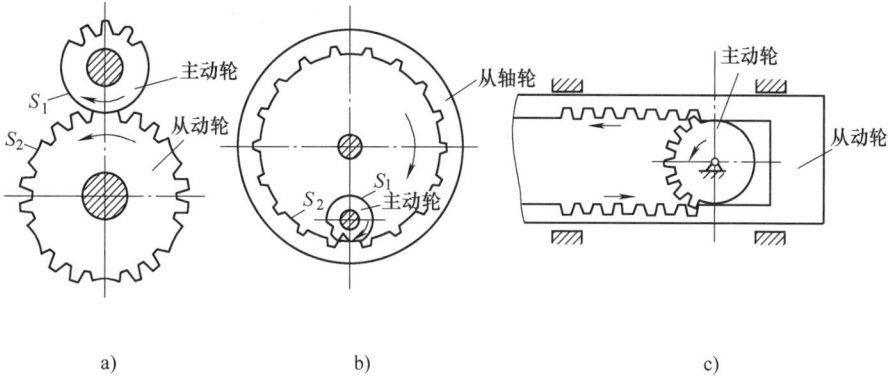

图 5-15　不完全齿轮机构

a）外啮合不完全齿轮机构　b）内啮合不完全齿轮机构　c）不完全齿轮齿条机构

　　与其他间歇运动机构相比，不完全齿轮机构的结构更为简单，工作更为可靠，且从动轮每转一周的停歇时间、运动时间及每次转动的角度变化范围比较大，设计较灵活。但由于其存在一定的冲击，故多用于低速轻载的场合。

5.3.2　凸轮间歇运动机构

　　凸轮间歇运动机构由主动凸轮和从动盘组成（见图 5-16、图 5-17），主动凸轮作连续转动，从动盘作间歇运动。由于从动盘的运动完全取决于主动凸轮的轮廓曲线形状，故只要适当设计出凸轮的轮廓，就可使从动盘获得所预期的运动规律。

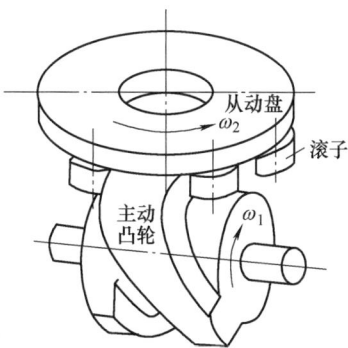

图 5-16　圆柱凸轮式间歇运动机构

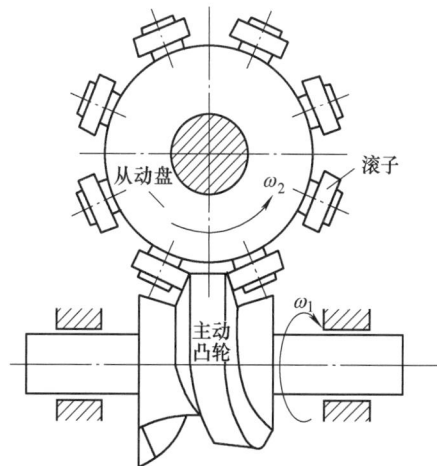

图 5-17　蜗杆凸轮式间歇运动机构

　　凸轮间歇运动机构通常有两种形式，图 5-16 所示为圆柱凸轮式间歇运动机构，主动凸轮是具有曲线凸脊（或为曲线沟槽）的圆柱凸轮，从动盘的端面上固定有沿周向均布的滚子。图 5-17 所示为蜗杆凸轮式间歇运动机构，凸轮上有一条突脊犹如蜗杆，滚子则均匀分布在转盘的圆柱面上，犹如蜗轮的齿。这两种凸轮间歇运动机构都是由于凸轮轮廓曲线在某一段内有变化，从而拨动滚子，使从动盘旋转，并且凸轮轮廓曲线在另一段内保持不变，使转盘静止不动，因此实现凸轮连续转动时，从动转盘作单向间歇运动。

凸轮间歇运动机构运动可靠，传动平稳，且其定位精度高，机构结构紧凑；其缺点是加工成本较高，对装配、调整要求严格。

本 章 小 结

本章主要介绍棘轮机构、槽轮机构、不完全齿轮机构和凸轮式间歇运动机构的工作原理、类型、特点及应用。学习的重点是掌握常用的一些间歇运动机构的工作原理、运动特点和功能，并了解其适用场合；在进行机械系统方案设计时，能够根据工作要求，正确选择间歇运动机构的类型。

思 考 题

5-1 什么叫间歇运动机构？常用的间歇运动机构有哪几种，各有何运动特性？

5-2 棘轮机构中调节从动棘轮转角大小的方法有哪几种？

5-3 对外啮合槽轮机构，决定槽轮每次转动角度的是什么参数？主动拨盘转动一周，决定从动槽轮运动次数的是什么参数？

第 6 章 联 接

机械是由各种零部件通过不同联接方式组合而成。常用的机械联接有两大类：一种是在机器工作时，被联接的零部件之间可以有相对位置的变化，这种联接常称为机械"动联接"，也就是在前面章节中所讲的运动副；另一种是在机器工作时，被联接的零部件之间的相对位置固定不变，不允许产生相对运动，这种联接常称为机械"静联接"，这是本章讨论的内容。

"联接"又分为"可拆联接"与"不可拆联接"两种。可拆联接在拆开时，不需破坏其中任何一个零件。常用的有螺纹联接、轴毂联接等。不可拆联接又称为永久联接，在拆开这些联接时，一般至少要损坏联接中的一个零件。常用的有铆接、焊接、粘接等。

此外，还有过盈联接，其配合面大多为圆柱面。采用不同的过盈量，可以得到可拆或不可拆联接。过盈联接结构简单，对中性好，承载能力高，应用广泛。

6.1 螺纹

6.1.1 螺纹的形成和主要参数

1. 螺纹的形成

如图 6-1 所示，底边为 πd_2、高为 P_h 的直角三角形，其底边所在的平面垂直于母体的轴线，将此三角形绕于母体上，三角形的斜边在母体表面就形成了一条连续的螺旋线。用不同形状的车刀沿螺旋线可切制出不同形状的螺纹，如图 6-2 所示。

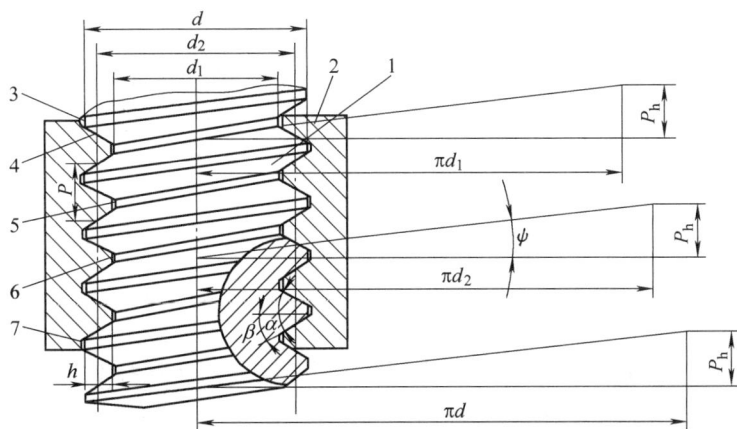

图 6-1 圆柱螺纹基本参数

1—外螺纹 2—内螺纹 3—外螺纹牙顶 4—螺纹牙侧 5—外螺纹牙底
6—内螺纹牙顶 7—内螺纹牙底

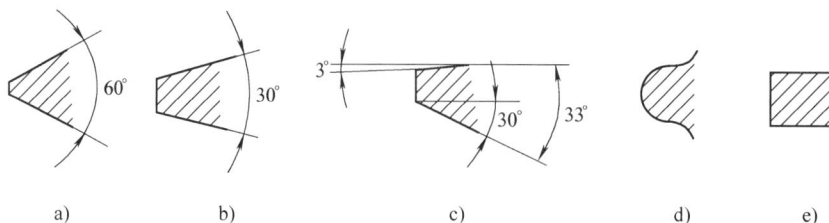

图 6-2　螺纹牙型

a）三角形　b）梯形　c）锯齿形　d）圆弧形　e）矩形

2. 圆柱螺纹的主要参数

下面以图 6-1 所示圆柱普通螺纹为例说明螺纹的主要参数。

（1）大径 d　与外螺纹牙顶或内螺纹牙底相切的假想圆柱体的直径，是螺纹的最大直径，在标准中称为公称直径。

（2）小径 d_1　与外螺纹牙底或内螺纹牙顶相切的假想圆柱体的直径，是螺纹的最小直径，常作为强度计算直径。

（3）中径 d_2　假想圆柱的母线通过牙型上沟槽和凸起宽度相等处假想圆柱的直径。

（4）螺距 P　螺纹相邻两牙在中径线上对应两点间的轴向距离。

（5）导程 P_h　同一条螺旋线上相邻两牙在中径线上对应两点间的轴向距离。设螺纹线数为 n ，则对于单线螺纹有 $P_h = P$ ；对于多线螺纹则有 $P_h = nP$ ，如图 6-3 所示。

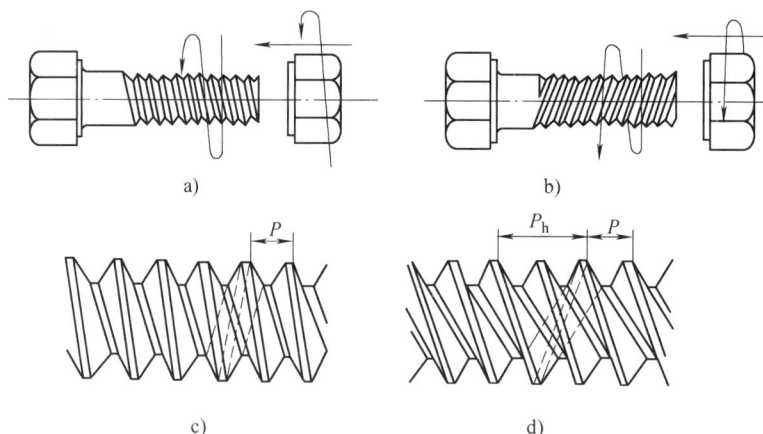

图 6-3　螺纹的旋向和线数

a）右旋螺纹　b）左旋螺纹　c）单线 $n=1$　d）双线 $n=2$

（6）升角 φ　在中径 d_2 的圆柱面上，螺旋线的切线与垂直于螺纹轴线的平面间的夹角是螺纹的升角，如图 6-1 所示，即

$$\varphi = \arctan \frac{nP}{\pi d_2} = \arctan \frac{P_h}{\pi d_2}$$

（7）牙型角 α 、牙型斜角 β　在螺纹的轴向剖面内，螺纹牙型相邻两侧边的夹角称为牙

型角 α。牙型侧边与螺纹轴线的垂线间的夹角称为牙型斜角 β，对称牙型的 $\beta = \dfrac{\alpha}{2}$。

（8）螺纹牙的高度 h 内外螺纹旋合后，螺纹接触面在垂直于螺纹轴线方向上的距离。

6.1.2　螺纹的类型

（1）根据母体形状分类 螺纹分为圆柱螺纹和圆锥螺纹。

（2）根据牙型分类 如图 6-2 所示，螺纹分为三角形螺纹、梯形螺纹、锯齿形螺纹、圆弧形螺纹和矩形螺纹。其中三角形螺纹主要用于联接，梯形、锯齿形和矩形螺纹主要用于传动，圆弧形螺纹多用于排污设备、水闸闸门等的传动螺旋及玻璃器皿的瓶口螺旋。而矩形螺纹因牙根强度低，精度制造困难，对中性差，已逐渐被淘汰。

（3）根据螺旋线的绕行方向分类 螺纹分为右旋螺纹和左旋螺纹（见图 6-3a、b），其中右旋螺纹应用较为广泛，左旋螺纹只用于有特殊要求的场合。

（4）根据螺旋线的线数分类 螺纹分为单线螺纹、双线螺纹和多线螺纹（见图 6-3c、d），联接中多用单线螺纹。

（5）根据螺纹所处位置分类 螺纹分为内螺纹和外螺纹。

（6）根据用途分类 螺纹分为联接螺纹和传动螺纹。

6.1.3　机械制造中常用的螺纹

1. 普通螺纹

普通螺纹为米制三角形螺纹，其牙型角 $\alpha = 60°$，螺纹大径为公称直径，以 mm 为单位。同一公称直径下有多种螺距，其中螺距最大的称为粗牙普通螺纹，其余的称为细牙普通螺纹。粗牙普通螺纹螺距大，螺纹牙强度高，应用广泛。公称直径相同时，细牙普通螺纹的螺距小，因而内径较大，抗拉强度高，螺纹升角和导程较小，自锁性强。但牙型细小易滑扣，多用于薄壁零件、切制粗牙时对强度影响较大的零件，也用于微调机构的调整螺纹。

2. 管螺纹

用于管件联接的螺纹称为管螺纹，是寸制螺纹，牙型角 $\alpha = 55°$，公称直径为管子的内径。根据螺纹是制作在柱面上还是锥面上，可将管螺纹分为圆柱管螺纹和圆锥管螺纹。前者用于低压场合，后者适用于高温、高压或密封性要求较高的管联接。

3. 矩形螺纹

牙型为正方形，牙型角 $\alpha = 0°$。其传动效率最高，但精加工较困难，牙根强度低，且螺旋副磨损后的间隙难以补偿，使传动精度降低，常用于传力或传导螺旋。矩形螺纹未标准化，已逐渐被梯形螺纹所替代。

4. 梯形螺纹

牙型为等腰梯形，牙型角 $\alpha = 30°$。梯形螺纹的传动效率略低于矩形螺纹，但其工艺性好，牙根强度高，螺旋副对中性好，可以调整间隙，故广泛用于传力或传导螺旋，如机床的丝杠、螺旋举重器等。

5. 锯齿形螺纹

工作面的牙型斜角为 3°，非工作面的牙型斜角为 30°。它综合了矩形螺纹效率高和梯形螺纹牙根强度高的特点，但仅能用于单向受力的传力螺旋。

6.2　螺纹联接

6.2.1　螺纹联接的基本类型

1. 螺栓联接

螺栓联接是将螺栓穿过两个被联接件的通孔，套上垫圈，再用螺母拧紧，使两个零件联接在一起的一种联接方式。

（1）普通螺栓联接　如图6-4a所示，将螺栓穿过被联接件的通孔，拧紧螺母即可完成联接。这种联接用于被联接件厚度不大可以加工通孔，通孔和螺栓杆之间留有间隙的场合。由于被联接件的孔为光孔，无须切制内螺纹，所以结构简单，装拆方便，且可经常拆装，应用范围较广。

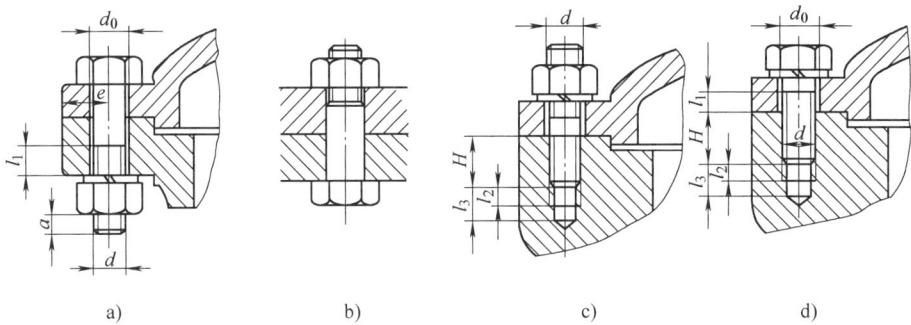

a)　　　　　　　　b)　　　　　　　　c)　　　　　　　　d)

螺纹余留长度 l_1
　普通螺栓联接
　　静载荷 $l_1 \geqslant (0.3 \sim 0.5)d$
　　变载荷 $l_1 \geqslant 0.75d$
　　冲击、弯曲载荷 $l_1 \geqslant d$
　铰制孔用螺栓联接
　　l_3 尽可能小
螺纹伸出长度 a
　　$a \approx (0.2 \sim 0.3)d$
螺栓轴线到边缘的距离
　　$e = d + (3 \sim 6)\text{mm}$

拧入被联接件深度 H
　当螺纹孔材料为：
　　钢或表铜 $H \approx d$
　　铸铁 $H \approx (1.25 \sim 1.5)d$
　　铝合金 $H \approx (1.5 \sim 2.5)d$
　螺纹孔余留深度 l_2
　　$l_2 \approx (2 \sim 2.5)P$（$P$ 为螺距）
　光孔余留深度
　　$l_3 \approx (0.5 \sim 1.0)d$

图6-4　螺纹联接的基本类型

a）普通螺栓联接　b）铰制孔用螺栓联接　c）双头螺柱联接　d）螺钉联接

（2）铰制孔用螺栓联接　如图6-4b所示，与普通螺栓联接的不同点在于，铰制孔用螺栓联接的被联接件上为铰制孔，螺栓杆和通孔之间为过渡配合，可对被联接件进行准确的定位，主要用于传递横向载荷。其安装条件要求和适用场合与普通螺栓联接相似。

2. 双头螺柱联接

如图6-4c所示，将螺栓一端旋入被联接件的螺纹孔中，另一端穿过另一被联接件的通孔后，再与螺母配合来完成联接。其特点是两被联接件中，有一个被联接件上需切制螺纹孔，另一被联接件上加工通孔。它适用于一个被联接件很厚不易加工通孔，或一端无足够的安装操作空间又需经常拆卸的场合。

3. 螺钉联接

如图6-4d所示，螺钉联接的特点与双头螺柱相似，只是不需要螺母。螺钉直接穿过一个被联接件的通孔，旋入另一个被联接件的螺纹孔中，外观较整齐美观。适用场合与双头螺柱相似，但不宜经常拆卸。

4. 紧定螺钉联接

利用紧定螺钉的螺纹部分旋入一个被联接件的螺纹孔中，以尾部顶在另外一个被联接件的表面上或凹坑中，来固定两个被联接件之间的位置，这种联接可以传递较小的轴向或周向载荷，如图6-5所示。

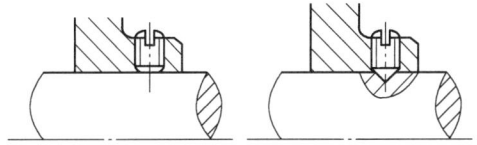

图6-5　紧定螺钉联接

6.2.2　标准螺纹联接件

1. 螺栓和螺钉

螺栓和螺钉由杆部和头部组成，杆部制有全螺纹或半螺纹，如图6-6所示。头部形状很多，常见的有六角头、方头、圆头、内六角头、沉头、一字槽头和十字槽头等，其中以六角头应用最为广泛。

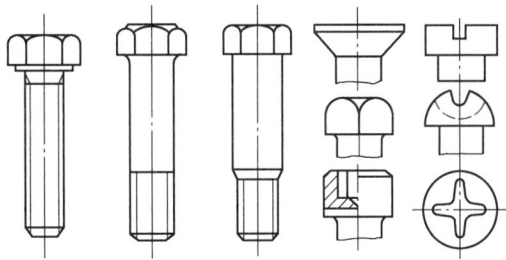

图6-6　螺栓和螺钉

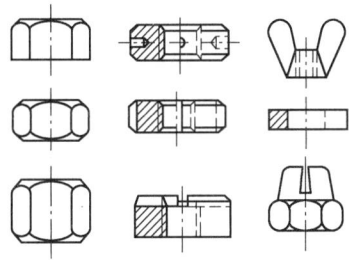

图6-7　螺母

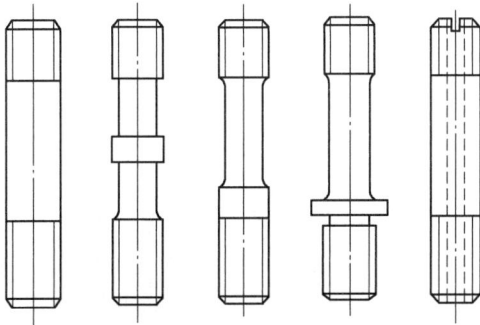

图6-8　双头螺柱

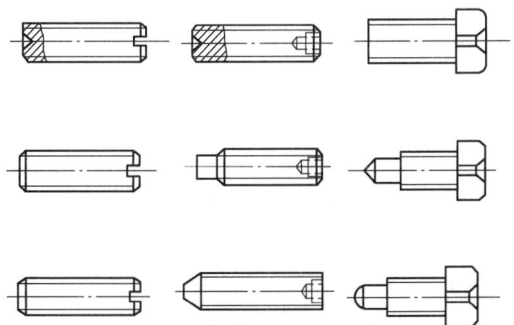

图6-9　紧定螺钉

2. 螺母

螺母是带有内螺纹的联接件，如图 6-7 所示，形状有普通六角、薄六角、厚六角、小六角、圆形、蝶形、槽形、环形、方形等。

3. 双头螺柱

双头螺柱是螺杆两端均切有螺纹的联接件，如图 6-8 所示，与螺母配合的一端称为螺母端，与被联接件的螺纹孔相配合的一端称为座端。

4. 紧定螺钉

紧定螺钉的头部形状有方形、六角形、内六角形及开槽等，尾部形状有平端、圆柱端、尖端、锥端、凹端等，如图 6-9 所示，每一种头部形状均对应有不同的尾部形状。

5. 垫圈

垫圈为中间有圆孔或方孔的薄板状零件，是螺纹联接中不可缺少的附件，常放置在螺母和被联接件之间，以增大支承面，在拧紧螺母时防止被联接件光洁的加工表面受损伤。当被联接件表面不够平整时，平垫圈也可以起垫平接触面的作用。当螺栓轴线与被联接件的接触表面不垂直时，即被联接表面为斜面时，需要用斜垫圈垫平接触面，防止螺栓承受附加弯矩，如图 6-10 所示。

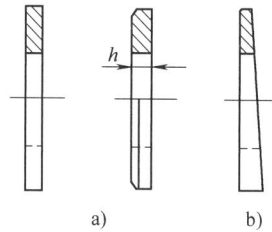

图 6-10 垫圈
a）平垫圈 b）斜垫圈

6.2.3 螺纹联接的预紧和防松

1. 螺纹联接的预紧

绝大多数螺纹联接在装配时都需要预先拧紧，称为预紧。预紧可夹紧被联接件，使联接接合面产生压紧力，这个力即为预紧力，它能防止被联接件分离、相对滑移或接合面开缝。适当选用较大的预紧力可以提高联接的可靠性、紧密性，但过大的预紧力会在装配或偶然过载时拉断联接件。因此，既要保证联接所需的预紧力，又不能使联接件过载。对于一般的联接，可凭经验来控制预紧力 F_p 的大小，但对重要的联接就要严格控制其预紧力。

如图 6-11 所示，扳动螺母拧紧螺栓联接时，拧紧力矩 T 要克服螺纹副间的螺纹力矩 T_1 和螺母与被联接件（或垫片）支承面间的摩擦力矩 T_2，即 $T = T_1 + T_2$。螺母传给螺栓的螺纹力矩 T_1，由施加在螺栓头部的夹持力矩 T_4 和螺栓头支承面摩擦力矩 T_3 平衡，即 $T_1 = T_4 + T_3$，因此螺栓受扭。拧紧螺母使螺栓受轴向力 F_p，而被联接件则由螺栓头和螺母以力 F_p 夹紧，此力即为预紧力。

控制预紧力的方法很多，如借助指针式扭力扳手或定力矩扳手通过拧紧力矩控制预紧力（见图6-12），但准确性较差，且不适合大型螺栓联接；通过控制拧紧圈数或螺母转角控制预紧力，精度略高于前者

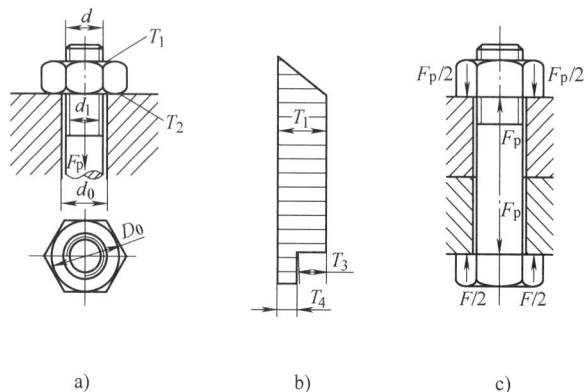

图 6-11 螺纹的拧紧力矩

但仍不能高精度控制预紧力；通过测量预紧前后螺栓的伸长量或测量应变控制预紧力，适合精确控制预紧力的联接或大型螺栓联接；另外，也可以借助液力来拉伸螺栓或将螺栓加热使其伸长到要求的变形量后再拧上螺母来控制预紧力。

重要联接常采用控制预紧力的方法，而一般联接是靠经验和感觉来控制预紧力的，导致螺栓实际承受的预紧力与设计值误差较大。因此，对于不控制预紧力的螺栓联接，设计时应选取较大的安全因数。另一方面也要注意，由于摩擦因数不稳定和加在扳手上的力有时难以准确控制，也可能使螺栓拧得过紧，甚至拧断。因此，对于重要联接，通常不宜选用小于M12~M16 的螺栓。

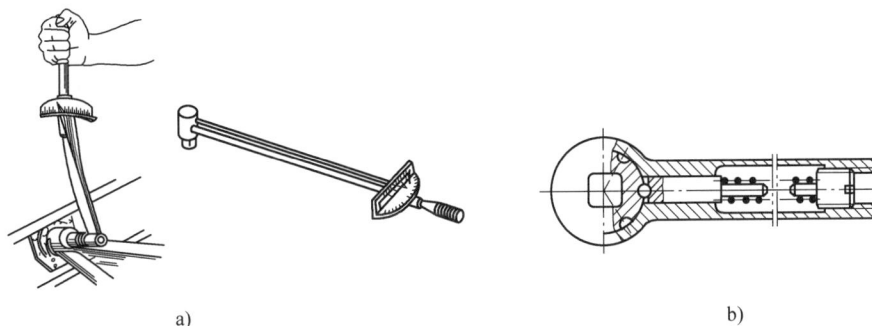

a)   b)

图 6-12   力矩扳手
a）指针式扭力扳手   b）定力扭力扳手

2. 螺栓联接的防松

联接中常用的单线普通螺纹和管螺纹都能满足自锁条件：升角小于等于当量磨擦角（$\varphi \leqslant \rho_v$），在静载荷或冲击振动不大、温度变化不大时不会自行松脱，但在冲击、振动或变载荷的作用下，或当温度变化较大时，螺纹联接会产生自动松脱现象，因此设计螺纹联接时必须考虑防松问题。

防松的目的在于防止螺纹副间的相对运动。就工作原理不同，防松方法可分为三种基本类型，见表 6-1。

表 6-1   螺纹联接常用的防松方法

防松方法	结 构 形 式			原理和应用
摩擦防松	 对顶双螺母	普通弹簧垫圈	开缝收口螺母	使螺纹副中存在不随外载荷变化的摩擦力，以摩擦力矩防止螺纹副的相对转动。产生摩擦力的压力可由螺纹副轴向或横向压紧而产生 结构简单，使用方便，但效果较差，常用于不重要的联接
	特制锁紧螺纹	锥形面锁紧螺母	尼龙圈 尼龙圈锁紧螺母	

（续）

防松方法	结 构 形 式	原理和应用
机械防松	开槽螺母配开口销　带翘止动垫片　单耳止动垫片 双联止动垫片　　　　穿金属丝	利用便于更换的附加防松零件，防止螺纹副的相对转动。结构简单，使用方便，防松可靠 开槽螺母配开口销适用于较大冲击、振动的高速运动部件 穿金属丝适用于螺钉组联接，防松可靠，但拆装不便
永久防松	冲点　　　　　　　　铆合	用冲点、铆合、焊合或粘合的方法，破坏螺纹副的运动关系，使其转化为非运动副 工作可靠，但拆卸后的联接件不能重复使用

6.3　螺栓联接的强度计算

常见的螺栓失效形式有：①静载荷作用下螺纹部分出现塑性变形和断裂。②在变载荷作用下，螺栓在有应力集中部位（如螺纹部分、螺栓头与螺杆过渡处）易发生疲劳断裂，图6-13所示为易发生断裂部位的破坏概率。③经常装拆而发生滑扣等。

螺栓联接可分为单个螺栓联接（包括双头螺柱和螺钉）与螺栓组联接两种。在进行螺栓组联接强度计算时，一般先根据联接的工作情况，找出受力最大的螺栓和其工作载荷，然后计算这个螺栓的直径，其他受力较小的螺栓也都采用与其相同的尺寸。所以，单个螺栓联接的强度计算是螺纹联接设计的基础。

大多数情况下，螺栓的尺寸都是按经验和规范来确定的。对于那些重要的螺栓联接，如发动机中的连杆螺栓、气缸上受载的双头螺柱、高温高压容

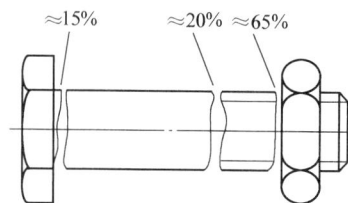

≈15%　　≈20%　≈65%

图6-13　普通螺栓失效部位概率统计

器盖的联接螺栓、重载法兰联接螺栓等，则必须进行强度计算。螺纹的强度计算主要是确定螺纹的小径 d_1，然后按标准选取螺纹的公称直径 d 等。

6.3.1 松螺栓联接

如图 6-14 所示，松螺栓联接在装配时不拧紧螺母，螺栓不受预紧力的作用，工作时螺纹只受轴向工作载荷 F 作用，这种联接在拉杆装置、起重吊钩、定滑轮等装置中应用。其强度计算条件为

$$\sigma = \frac{4F}{\pi d_1^2} \leqslant [\sigma] \qquad (6\text{-}1)$$

$$[\sigma] = \sigma_s / S$$

式中　$[\sigma]$——松螺栓联接的许用拉应力（MPa）；

　　　σ_s——螺栓材料的屈服强度（MPa）；

　　　S——安全因数，一般取 $S = 1.2 \sim 1.7$；

　　　F——工作载荷（N）。

由上式求得满足强度条件的螺纹小径 d_1，再根据螺纹标准和紧固件标准可选出适用的标准联接件（螺母、垫圈等）。

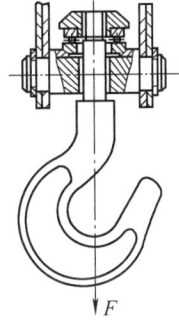

图 6-14　起重吊钩

6.3.2 受横向外载荷作用的紧螺栓联接

1. 普通紧螺栓联接

由于螺栓杆与通孔之间有间隙，横向载荷由被联接件接合面之间的摩擦力来传递，螺纹联接件只受预紧力 F_p 作用，如图 6-15a 所示，其设计原则为接合面间不允许产生滑移。

假设螺栓处产生的摩擦力为 $F_f = F_p f$，则螺栓联接力平衡条件为

$$F_p f m \geqslant K_f F$$

要保证联接接合面不滑移，则单个螺栓所受的预紧力 F_p 为

$$F_p \geqslant \frac{K_f F}{mf} \qquad (6\text{-}2)$$

式中　F——外载荷（N）；

　　　f——接合面摩擦因数；

　　　m——摩擦面数目；

　　　K_f——可靠性因数，一般取 $K_f = 1.1 \sim 1.3$。

图 6-15　受横向载荷作用的紧螺栓联接

a) 普通螺栓联接　b) 铰制孔螺栓联接

拧紧螺母时，螺栓受到预紧力 F_p 产生的拉应力和螺纹副摩擦力矩产生的扭转切应力的同时作用，根据材料力学的第四强度理论，可知相当应力 $\sigma_{ca} \approx 1.3\sigma$，所以受横向载荷作用的普通螺栓联接的强度校核与设计计算公式分别为

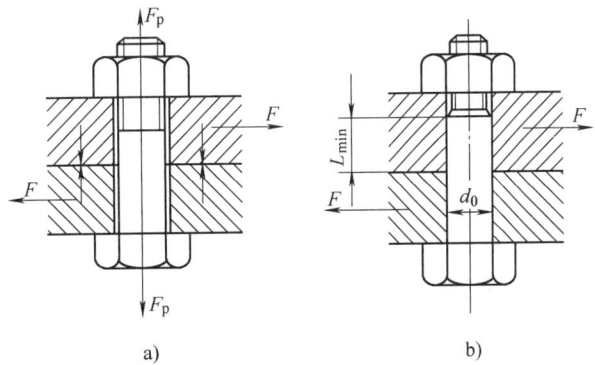

$$\sigma_{\text{ca}} = \frac{4 \times 1.3 F_{\text{p}}}{\pi d_1^2} \leqslant [\sigma] \tag{6-3}$$

$$d_1 \geqslant \sqrt{\frac{4 \times 1.3 F_{\text{p}}}{\pi [\sigma]}} \tag{6-4}$$

式中　F_{p}——螺栓所受预紧力（N）；

$　[\sigma]$——紧螺栓联接的许用拉应力（MPa）；

$　\sigma_{\text{ca}}$——相当应力（MPa）；

$　d_1$——螺栓小径（mm）。

由上式可知，普通紧螺栓联接可以只按拉伸强度计算，但须将拉力增大 30% 来考虑扭转力矩的影响。

2. 铰制孔螺栓联接

如图 6-15b 所示，铰制孔（或称配合）螺栓联接受横向外载荷 F 作用的情况下，螺栓杆与孔壁间采用过渡配合、没有间隙，螺母不必拧得很紧。横向外载荷 F 靠螺栓杆与孔壁间的挤压力和螺栓杆所受剪切力来平衡，因此应分别按挤压和剪切强度条件计算。

螺栓杆与孔壁间挤压强度条件为

$$\sigma_{\text{p}} = \frac{F}{d_0 L_{\min}} \leqslant [\sigma_{\text{p}}] \tag{6-5}$$

式中　d_0——铰制孔用螺栓光杆部分的直径（mm）；

$　L_{\min}$——螺杆与孔壁之间最小挤压高度（mm），建议 $L_{\min} \geqslant 1.25d$；

$　[\sigma_{\text{p}}]$——螺栓的许用挤压应力（MPa）。

螺栓杆剪切强度条件为

$$\tau = \frac{4F}{m\pi d_0^2} \leqslant [\tau] \tag{6-6}$$

式中　m——螺栓受剪工作面数（图 6-11 中 $m = 1$）；

$　[\tau]$——螺栓的许用切应力（MPa）。

6.3.3　受轴向外载荷作用的紧螺栓联接

如图 6-16 所示，螺栓所受外载荷作用线与螺栓轴线平行。螺栓工作前受预紧力拉力 F_{p} 作用，工作时又受到联接件传来的工作载荷 F 的作用，即螺栓同时受预紧力和工作载荷作用。

由于螺栓和被联接件为相互约束的弹性体，工作时螺栓所受总载荷 $F_0 \neq F_{\text{p}} + F$，应根据静力平衡和变形协调条件求出。图 6-17 所示为紧螺栓联接的受力与变形分析。

图 6-17a 所示为螺栓联接件还未拧紧的情况。图 6-17b 所示为螺栓拧紧后未加载的情况，螺栓受预紧力 F_{p} 而被拉伸，其拉伸变形量为 λ_1；被联接件受预紧力 F_{p} 而被压缩，其压缩变形量为 λ_2。图 6-17c 所示为工

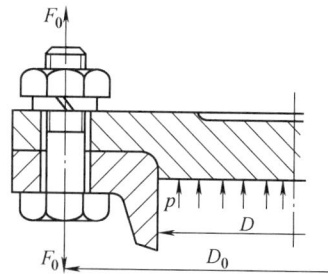

图 6-16　受轴向外载荷
作用的螺栓联接

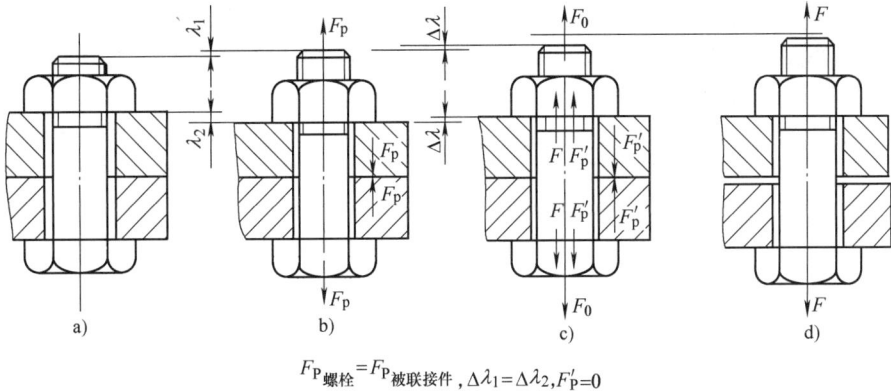

$$F_{P螺栓} = F_{P被联接件}, \Delta\lambda_1 = \Delta\lambda_2, F'_p = 0$$

图 6-17 紧螺栓联接的受力和变形分析

a）未拧紧，$F_P = 0$　b）已拧紧未加载　c）加工作载荷 F　d）被联接件分离

作时的情况，螺栓又受到由被联接件传来的轴向工作载荷 F 作用，继续被拉伸，伸长增量为 $\Delta\lambda = \Delta\lambda_1 = \Delta\lambda_2$，螺栓所受总拉力增大为 F_0，总变形量为 $\lambda_1 + \Delta\lambda$；而被联接件随之被放松，变形减量为 $\Delta\lambda$，所受的压力减小为残余预紧力 F'_p，总变形量为 $\lambda_2 - \Delta\lambda$，此时螺栓所受轴向总拉力 F_0 应为其所受的工作载荷与残余预紧力之和，即

$$F_0 = F + F'_p \tag{6-7}$$

显然，为了保证被联接件间密封可靠，防止联接接合面出现缝隙，应使 $\lambda_2 - \Delta\lambda > 0$，即残余预紧力 $F'_p > 0$，否则会出现图 6-17d 所示被联接件分离的情况。残余预紧力 F'_p 通常按以下推荐值选用：一般联接，工作拉力 F 稳定时，$F'_p = (0.2 \sim 0.6)F$，工作拉力 F 为变载荷时，$F'_p = (0.6 \sim 1.0)F$；工作拉力 F 为冲击载荷时，$F'_p = (1.0 \sim 1.5)F$；压力容器或重要联接，$F'_p = (1.5 \sim 1.8)F$。

求出单个螺栓所受的总拉力 F_0 后，即可进行强度计算。考虑拧紧螺母时螺纹副中的转矩影响，同样将总拉力增加 30% 来考虑扭转切应力的影响，则螺栓危险截面的强度条件为

$$\sigma = \frac{4 \times 1.3 F_0}{\pi d_1^2} \leqslant [\sigma] \tag{6-8}$$

设计计算公式为

$$d_1 \geqslant \sqrt{\frac{4 \times 1.3 F_0}{\pi [\sigma]}} \tag{6-9}$$

由上式求出的最小螺纹直径 d_1 后，按螺纹标准和紧固件标准可选出相应的螺纹标准件。

6.4　螺纹联接件的材料和许用应力

6.4.1　螺纹联接件的材料

一般条件下工作的螺纹联接件的常用材料为低碳钢和中碳钢，如 Q215、Q235、15 钢、35 钢和 45 钢等；受冲击、振动和变载荷作用的螺纹联接件可采用合金钢，如 15Cr、40Cr、

30CrMnSi 和 15CrVB 等；有防腐、防磁、导电、耐高温等特殊要求时，采用 1Cr13、2Cr13、CrNi2、1Cr18Ni9Ti，黄铜 H62、HPb62 及铝合金 2B11（原 LY8）、2A10（原 LY10）等。螺纹联接件常用材料的力学性能见表 6-2。

表 6-2　螺纹联接件常用材料的力学性能　　　　　　　　　（单位：MPa）

钢　　号	Q215	Q235	35	45	40Cr
抗拉强度 σ_b	335 ~ 410	375 ~ 460	530	600	980
屈服强度 σ_s （$d \leqslant 6 \sim 100mm$）	185 ~ 215	205 ~ 235	315	355	785

注：螺栓直径 d 较小时，取偏高值。

国家标准规定螺纹联接件按材料的力学性能分级。螺栓、螺钉、双头螺柱及相配螺母的性能等级、推荐材料见表 6-3。

表 6-3　螺纹联接件的性能等级及推荐材料

螺栓 双头螺柱 螺钉	性能 等级	3.6	4.0	4.8	5.6	5.8	6.8	8.8	9.8	10.9	12.9
	推荐 材料	Q215 10 钢	Q235 15 钢	Q235 15 钢	25 15 钢	Q235 35 钢	45 钢	45 钢	35 钢 45 钢	40Cr 15MnVB	30CrMnSi 15MnVB
相配 螺母	性能 等级	（4d>M16） （5d≤M16）			5	5	6	8 或 9 （M16<d ≤M39）	9（d≤M39）	10	12（d≤M39）
	推荐 材料	Q215 10 钢	Q215 10 钢	Q215 10 钢	Q215 10 钢	Q215 10 钢	Q235 10 钢	35 钢	35 钢	40Cr 15MnVB	30CrMnSi 15MnVB

注：1. 螺栓、双头螺柱、螺钉的性能等级代号中，点前数字为 $\sigma_{blim}/100$，点前后数相乘的 10 倍为 σ_{smin} 值，如表中的"5.8"表示 $\sigma_{blim}=500$MPa，$\sigma_{smin}=400$MPa；螺母性能等级代号为 $\sigma_{blim}/100$。

　　2. 同一材料通过不同工艺可制成不同等级的联接件。

　　3. 大于 8.8 级的联接件材料要经淬火并回火。

普通垫圈材料常用 Q235、15 钢、35 钢，弹簧垫圈用 65Mn 钢。

选材料时，应使螺母材料的强度低于螺栓材料的强度级别，以减少磨损及避免螺旋副咬死，同时更换螺母比较方便。

6.4.2　螺栓联接的许用应力和安全因数

螺栓联接的许用应力和安全因数与载荷性质、装配情况以及螺纹联接件的材料、结构尺寸、使用条件等因素有关，设计时可参考表 6-4 和表 6-5。

表 6-4　螺栓联接的许用应力和安全因数

联接情况	受载情况	许用应力 $[\sigma]$ 和安全因数 S
松联接	轴向静载荷	$[\sigma] = \dfrac{\sigma_s}{S}$ $S = 1.2 \sim 1.7$（未淬火钢取小值）
紧联接	轴向静载荷 横向静载荷	$[\sigma] = \dfrac{\sigma_s}{S}$ 控制预紧力时，$S = 1.2 \sim 1.5$ 不控制预紧力时，S 见表 6-5

（续）

联接情况	受载情况	许用应力[σ]和安全因数 S
铰制孔用 螺栓联接	横向静载荷	[τ] = $\sigma_s/2.5$ 被联接件为钢时，[σ_p] = $\sigma_s/1.25$ 被联接件为铸铁时，[σ_p] = $\sigma_b/(2 \sim 2.5)$
	横向变载荷	[τ] = $\sigma_s/(3.5 \sim 5)$ [σ_p]按静载荷的[σ_p]值的70%~80%计算

表 6-5　紧螺栓联接的安全因数 S（不控制预紧力时）

材料	静 载 荷			变 载 荷	
	M6~M16	M16~M30	M30~M60	M6~M16	M16~M30
碳素钢	4~3	3~2	2~1.3	10~6.5	6.5
合金钢	5~4	4~2.5	2.5	7.5~5	5

6.5　螺纹联接设计时应注意的问题

机器中螺纹联接件都是成组使用的，下面讨论螺栓组联接的设计问题，其基本结论也适用于双头螺柱组和螺钉组联接等。

螺栓组联接机构设计的目的是根据载荷情况确定联接接合面的几何形状和螺栓组布置形式，力争使各螺栓受力均匀，避免螺栓产生附加载荷，便于加工和装配。设计时应遵循的原则如下：

（1）形状简单　联接接合面尽量采用轴对称的简单几何形状，如圆形、矩形、环形、三角形等，螺栓组的中心与联接接合面的形心重合，并与整台机器的外形协调一致，这样便于对称布置螺栓。

（2）便于分度　同一圆周上的螺栓数目应采用3、4、6、8、12、…，以便于分度，如图 6-18a 所示。

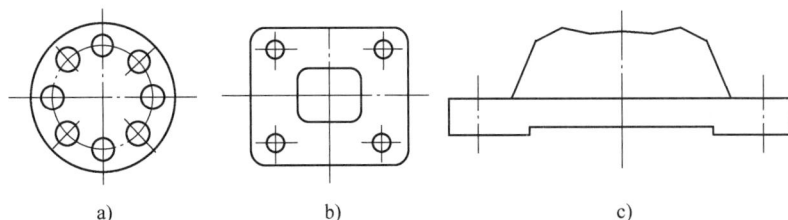

图 6-18　联接接合面形状

a) 圆形布置　b) 环状结构　c) 条状结构

（3）尽量减少加工面　接合面较大时应采用环状结构，如图 6-18b 所示。条状结构（见图 6-18c）或凸台结构可以减少加工面，且提高联接平稳性和联接刚度。

（4）各螺栓受力均匀

1) 受转矩和翻转力矩作用的螺栓组，螺栓布置应尽量远离回转中心或对称轴线，如图 6-19 所示，以使各螺栓受力较小。

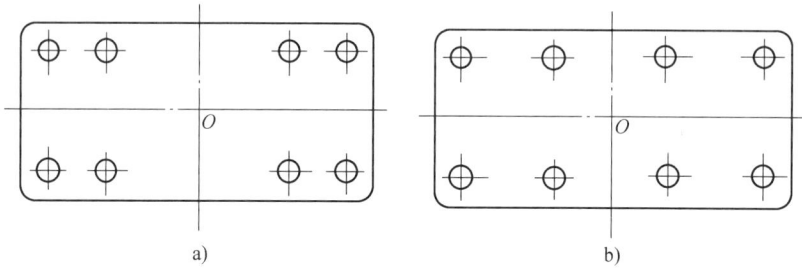

图6-19　受转矩和翻转力矩作用的螺栓组
a）合理布置　b）不合理布置

2) 受横向载荷作用的普通螺栓组，可以采用图 6-20 所示的减载措施，或采用铰制孔用螺栓。当采用铰制孔用螺栓组联接承受横向载荷时，由于被联接件为弹性体，在载荷作用方向上，其两端螺栓所受载荷大于中间螺栓所受载荷，因此沿载荷方向布置的螺栓数目每列不宜超过 6~8 个。

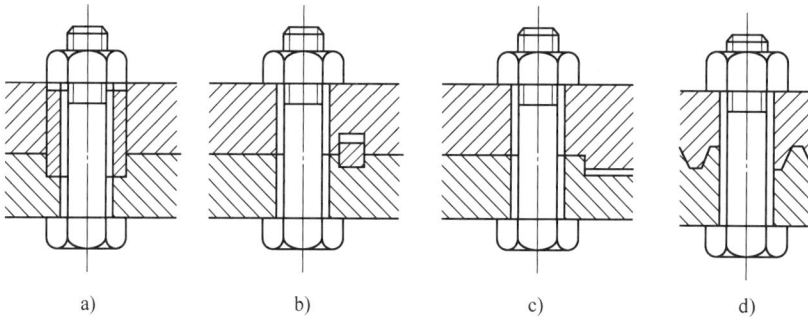

图 6-20　减载措施
a）套筒减载　b）平键减载　c）楔口减载　d）联接件切齿

（5）螺栓的排列应有合理的间距和边距　为了装配方便和保证支承强度，螺栓的各轴线之间以及螺栓轴线和机体壁之间应有合理的间距和边距，根据扳手空间确定间距和边距的最小尺寸，如图 6-21 所示，其尺寸见表 6-6。

表6-6　扳手空间尺寸　（单位：mm）

螺纹直径 d	S	A	A_1	A_2	E	E_1	M	L	L_1	R	D
6	10	26	18	18	8	12	15	46	38	20	24
8	13	32	24	22	11	14	18	55	44	25	28
10	16	38	28	26	13	16	22	62	50	30	30
12	18	42	—	30	14	18	24	70	55	32	—
14	21	48	36	34	15	20	26	80	65	36	40
16	24	55	38	38	16	24	30	85	70	42	45
18	27	62	45	42	19	25	32	95	75	46	52

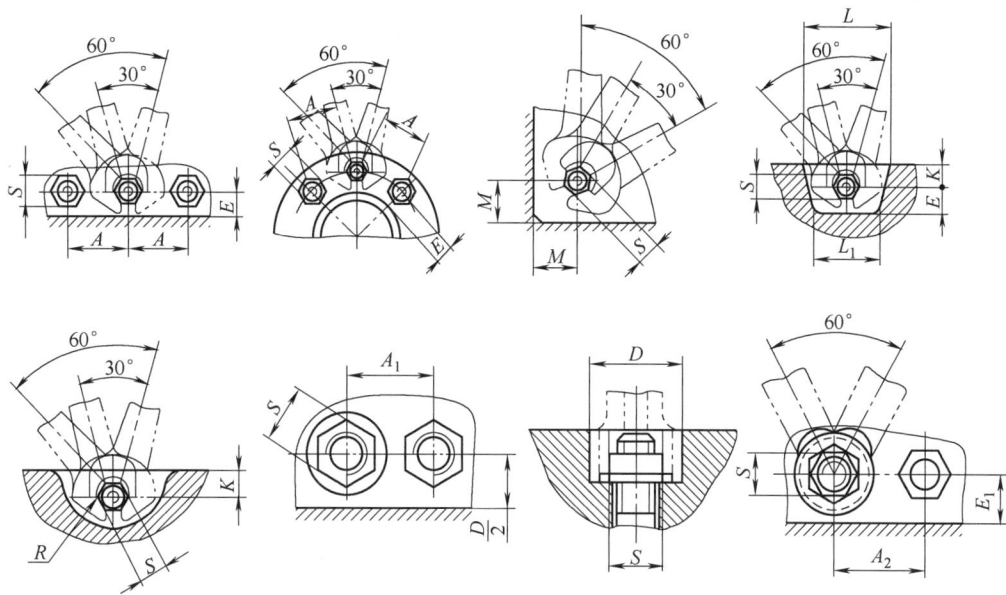

图 6-21 扳手空间

对于压力容器等紧密性要求较高的重要联接，螺栓间距 A 不得大于表 6-7 所推荐的数值。

表 6-7 螺栓间距 A

	工作压力/MPa					
	≤1.6	>1.6～4	>4～10	>10～16	>16～20	>20～30
	t_p/mm					
	7d	5.5d	4.5d	4d	3.5d	3d

注：表中 d 为螺纹公称直径。

（6）其他

1）为减少螺纹联接件的规格种类，以便加工和装配，同一组螺纹联接件除非受结构限制或受力相差过大，其材料、直径、长度、结构形状等应尽量一致。

2）与螺栓头部或螺母接触的被联接件表面应平整，螺纹孔轴线应垂直于螺母或螺栓头部支承面，以避免螺栓受附加载荷，如图 6-22 所示。

下面通过两个例题说明普通螺栓联接和铰制孔用螺栓联接，在受不同载荷作用时螺栓的材料、强度级别、数量和直径的确定。

例 6-1 如图 6-16 所示，气缸盖与气缸体的凸缘厚度均为 $b=30\text{mm}$，采用普通螺栓联接。已知气体压强 $p=1.5\text{MPa}$，气缸内径 $D=250\text{mm}$，$D_0=350\text{mm}$ 采用测力矩扳手装配，试选择螺栓的材料和强度级别，并确定螺栓的数量和直径。

解：设计计算步骤如表 6-8 所示。

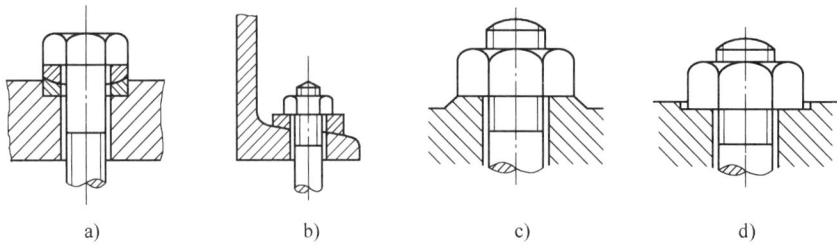

图 6-22 避免附加载荷的结构设计

a）球面垫圈　b）斜垫圈　c）凸台　d）沉头座

表 6-8　设计计算步骤

设计项目	计算内容和依据	计算结果
1. 选择螺栓材料和性能级别	该螺栓联接受轴向工作载荷的紧螺栓联接，属于较重要的联接，根据表 6-3 选 45 钢，性能等级 6.8 级。其中 $\sigma_b = 6 \times 100 MPa$，$\sigma_s = 8 \times 6 \times 10 MPa = 480 MPa$	材料：45 钢 性能等级：6.8 级
2. 计算螺栓所受的总拉力	每个所受的工作载荷为 $$F = \frac{p\pi D^2}{4z} = \frac{1.5 \times 3.14 \times 250^2}{4z}N = \frac{73594}{z}N$$ 由于压力容器或重要联接 $F'_p = (1.5 - 1.8)F$，取 $F'_p = 1.6F$。由式 (6-7) 可知，每个螺栓所受总拉力 $$F_0 = F + F'_p = \frac{2.6 \times 73594}{z}N = \frac{192344}{z}N$$	$F_0 = \dfrac{192344}{z}N$
3. 计算所需螺栓直径和数量	由表 6-5，查得 $S = 2$，则 $\sigma = \sigma_s / S = (480/2) MPa = 240 MPa$ $$d_1 \geqslant \sqrt{\frac{4 \times 1.3 F_0}{\pi[\sigma]}} = \sqrt{\frac{5.2 \times 192344}{3.14 \times 240z}}mm = \frac{36.43}{\sqrt{z}}mm$$ 初选 $z = 8$，求得 $d_1 = 12.85mm$，查国家国家标准选取 M16 螺栓	$d_1 = 12.85mm$ 选取螺栓 M16
4. 校核螺栓分布间距	$A_{max} = 7d = 112mm$，$A = \pi D_0 / z = (\pi \times 350 / 8) mm = 137mm > t_{max}$ 为了保证联接的紧密性，螺栓数 z 取 12，$A = \pi D_0 / z = (\pi \times 350 / 12) mm = 92mm$，能满足间距要求	强度满足，取螺栓数 $z = 12$ $A = 92mm$

例 6-2　如图 6-23 所示，钢制凸缘联轴器用均布在直径 $D_0 = 250mm$ 圆周上的 z 个螺栓将两个半凸缘联轴器紧固在一起，凸缘的厚度均为 $b = 30mm$。联轴器需要传递的转矩 $T = 10^6 N \cdot mm$，接合面间摩擦因数 $f = 0.15$，可靠性因数 $K_f = 1.2$。试求：(1) 若采用 6 个普通螺栓联接，计算螺栓的直径；(2) 若采用与上相同公称直径的 3 个铰制孔用螺栓联接，强度可否满足要求？

解：设计计算步骤如表 6-9 所示。

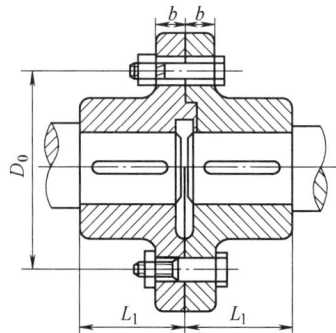

图 6-23　凸缘联轴器中的螺栓

表 6-9　设计计算步骤

设计项目	计算内容和依据	计算结果
1. 求普通螺栓的直径 1）求螺栓所受的预紧力	该联接属于受横向工作载荷的紧螺栓联接，每个螺栓所受横向载荷 $F = \dfrac{2T}{D_0 z}$ 由式(6-2)，得 $$F_p \geqslant \frac{K_f F}{mf} = \frac{K_f}{mf} \frac{2T}{D_0 z} = \frac{1.2 \times 2 \times 10^6}{1 \times 0.15 \times 250 \times 6}\text{N} = 10677\text{N}$$	$F_p = 10677\text{N}$
2）选择螺栓的材料，确定需用应力	由表 6-3，选用 Q235，性能等级为 4.6 级，其中 $\sigma_b = 400\text{MPa}$，$\sigma_s = 240\text{MPa}$。由表 6-5，当不控制预紧力时，对碳素钢取安全系数 $S = 4$，则 $$[\sigma] = \frac{\sigma_s}{S} = \frac{240}{4}\text{MPa} = 60\text{MPa}$$	$[\sigma] = 60\text{MPa}$
3）计算螺栓直径	由式(6-4)，得 $$d_1 = \sqrt{\frac{4 \times 1.3 F_p}{\pi[\sigma]}} = \sqrt{\frac{5.2 \times 10667}{3.14 \times 60}}\text{mm} = 17.159\text{mm}$$ 查普通螺栓基本尺寸，取 $d = 20\text{mm}$，$d_1 = 17.294\text{mm}$，螺距 $P = 2.5\text{mm}$	$d = 20\text{mm}$ $d_1 = 17.294\text{mm}$ $P = 2.5\text{mm}$
2. 校核铰制孔用螺栓强度 1）求每个螺栓强度所受横向载荷	$$F = \frac{2T}{D_0 z} = \frac{2 \times 10^6}{250 \times 3}\text{N} = 2667\text{N}$$	$F = 2667\text{N}$
2）选用螺栓材料，确定许用应力	由表 6-3，选用 Q235，性能等级为 4.6 级，其 $\sigma_b = 400\text{MPa}$，$\sigma_s = 240\text{MPa}$，由表 6-4，有 $$[\tau] = \sigma_s/2.5 = 240\text{MPa}/2.5 = 96\text{MPa}$$ $$[\sigma_p] = \sigma_s/1.25 = 240\text{MPa}/1.25 = 192\text{MPa}$$	$[\tau] = 96\text{MPa}$ $[\sigma_p] = 192\text{MPa}$
3）校核螺栓强度	对 M20 铰制孔用螺栓，由标准中查得 $d_0 = 21\text{mm}$，螺栓长度 $l = b + b + h + l_2 = (30 + 30 + 18 + 0.3 \times 20)\text{mm} = 84\text{mm}$ 取公称长度 $l = 85\text{mm}$ 其中非螺纹段长度可查得为 53mm，分析可知 $\delta = 53\text{mm} - b = (53 - 30)\text{mm} = 23\text{mm}$ 则 $$\tau = \frac{4F}{\pi d_0^2} = \frac{4 \times 2667}{3.14 \times 21^2}\text{MPa} = 7.7\text{MPa}$$ $$\sigma_p = \frac{F}{d_0 \delta_{\min}} = \frac{2667}{21 \times 23}\text{MPa} = 5.5\text{MPa}$$	$l = 85\text{mm}$ $\tau < [\tau]$ $\sigma_p < [\sigma_p]$ 强度符合要求

6.6　键联接

键是一种主要的轴毂联接件，已标准化。主要用于轴上零件的周向固定并传递转矩，有时兼用于轴上零件的轴向固定，还有时能构成轴向动联接。

键与键槽的形状和尺寸已经标准化。键的材料通常用抗拉强度极限不低于 600MPa 的精拔钢制造，通常用 45 钢。

6.6.1　键联接的类型、结构和特点

根据键联接的结构特点和工作原理，键联接可分为平键联接、半圆键联接、楔键联接、切向键联接和花键联接等几类。

1. 平键联接

平键联接的断面结构如图 6-24a 所示，平键的上下两面和两个侧面都互相平行，平键的下面与轴上键槽贴紧，上面与轮毂键槽顶面留有间隙。工作时靠键与键槽侧面的挤压来传递转矩，故平键的两个侧面是工作面。因此，平键联接结构简单、加工容易、装拆方便、对中性好。但它不能承受轴向力，对轴上零件不能起到轴向固定的作用。

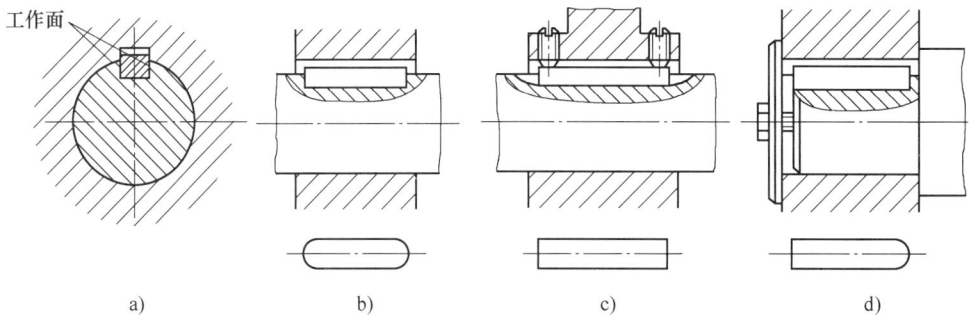

图 6-24　普通平键联接

a) 平键联接的断面结构　b) 圆头 A 型　c) 方头 B 型　d) 单圆头 C 型

按用途，平键联接分为普通平键联接、导向平键联接和滑键联接三种。

（1）普通平键联接　普通平键联接用于静联接，根据键头部形状不同，可分为圆头 A 型、方头 B 型和单圆头 C 型键三种，如图 6-24b、c、d 所示。圆头普通平键键槽由面铣刀加工，如图 6-25a 所示，键在槽中轴向固定较好，但键的头部侧面与轮毂上的键槽并不接触，因此键的圆头部分不能充分利用，而且轴上键槽端部的应力集中较大。方头普通平键键槽用圆盘铣刀加工，如图 6-25b 所示，键槽两端的应力集中较小，但键在槽中的轴向固定不好，常用紧定螺钉紧固，以防松动。单圆头的平键用于轴端联接。轮毂上的键槽一般用插刀或拉刀加工。

（2）导向平键和滑键联接　导向平键和滑键联接用于动联接，如图 6-26 所示，导向平键利用螺钉固定在轴上而轮毂可以沿着键移动，滑键（见图 6-27）固定在轮毂上而随轮毂一同沿着轴上键槽移动。键与其相对滑动的键槽之间的配合为间隙配合。为了使键拆卸方

便，在键的中部制有起键螺孔。当轴向移动距离较大时，宜采用滑键，因为如果用导向平键，键将很长，会增加制造的困难。

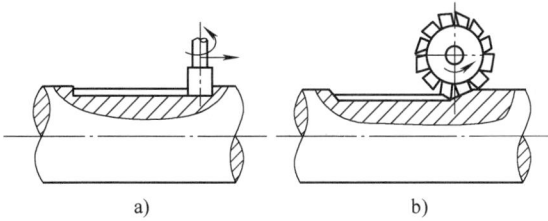

图 6-25　轴上键槽的加工
a）面铣刀加工键槽　b）圆盘铣刀加工键槽

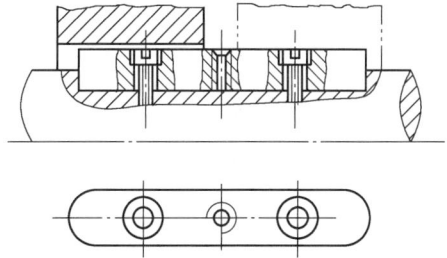

图 6-26　导向平键联接

2. 半圆键联接

半圆键的上表面为一平面，下表面为半圆形弧面，两侧面互相平行，如图 6-28 所示。半圆键联接的工作原理与平键联接相同。轴上键槽用与半圆键半径相同的圆盘状铣刀铣出，因而键在键槽中可绕其几何中心摆动，以适应轮毂键槽底面的倾斜。装配时，半圆键放在轴上半圆形的键槽内，然后推上轮毂。

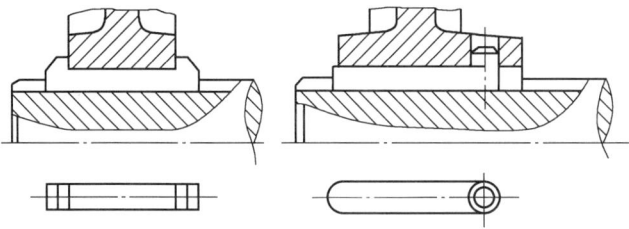

图 6-27　滑键联接

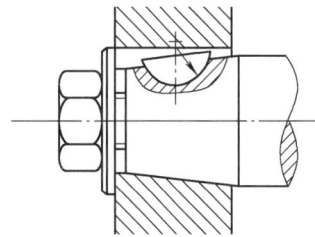

图 6-28　半圆键联接

半圆键结构紧凑，装拆方便，但轴上键槽较深，降低了轴的强度。故半圆键联接适用于轻载、轮毂宽度较窄和轴端处的联接，尤其适用于圆锥形轴端的联接。

3. 楔键联接和切向键联接

如图 6-29a 所示，楔键的上、下面是工作面，键的上表面和轮毂键槽的底面均有 1∶100 的斜度，两侧面互相平行。装配时需将键打入轴和轮毂的键槽内，工作时依靠键与轴及轮毂的槽底之间、轴与毂孔之间的摩擦力传递转矩，并能轴向固定零件和传递小部分单向轴向力。

由于楔键的楔入作用，所以造成轴和轴上零件的中心线不重合，即产生偏心。另外，当受到冲击、变载荷作用时楔键联接容易松动。因此，楔键联接只适用于对中性要求不高、转速较低的场合，如农业机械、建筑机械等。

楔键多用于轴端的联接，以便零件装拆。如果楔键用于轴的中段，为了便于拆卸，轴上键槽的长度应为键长的两倍以上。按楔键端部形状的不同，可将其分为普通楔键和钩头楔键，如图 6-29b 所示，后者拆卸较方便。

切向键由两个斜度为 1∶100 的普通楔键组成，如图 6-30 所示，其上、下两面为工作面，

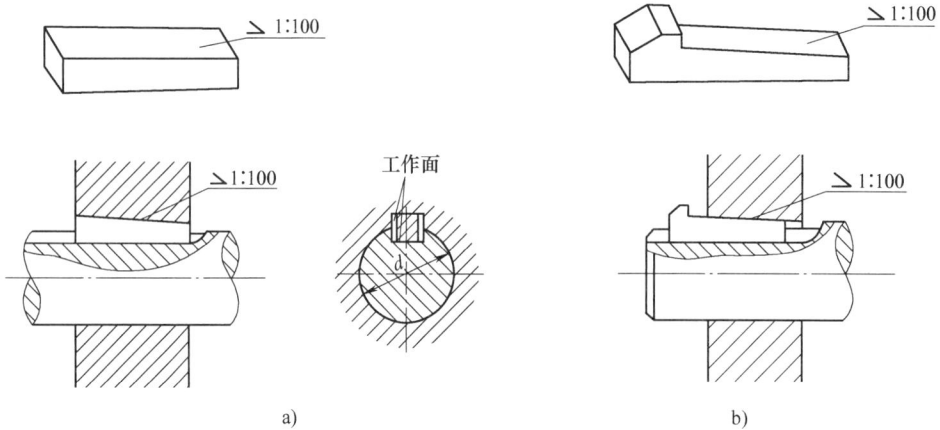

图 6-29　楔键联接

a）普通楔键联接　b）钩头楔键联接

其中一个工作面在通过轴心线的平面内，使工作面上的压力沿轴的切向作用，因而能传递很大的转矩。装配时两个楔键从轮毂两侧打入，一个切向键只能传递单向转矩，若要传递双向转矩则须用两个切向键，并使两键互成 120°～135°。切向键主要用于轴径大于 100mm、对中性要求不高且载荷很大的重型机械中。

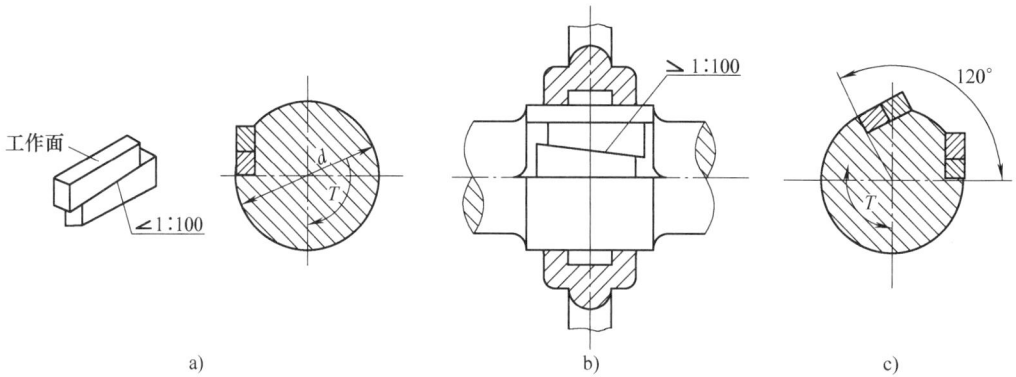

图 6-30　切向键联接

6.6.2　平键联接的尺寸选择及强度校核

平键联接的尺寸选择是在轴和轮毂的尺寸确定之后进行的。因为键是标准件，所以首先根据工作要求和轴径选择键的类型和尺寸，然后再进行强度校核。

1. 尺寸选择

平键的主要尺寸为宽度 b、高度 h 和键长 L，设计时其断面尺寸 $b \times h$ 通常是根据轴的直径从标准中选取，平键的长度 L 则按轮毂的长度 L_1 从标准中选取，一般取 $L = L_1 - (5 \sim 10)$mm，但必须符合键长 L 的长度系列。轴和轮毂的键槽尺寸也可参考表 6-10 查取。

表 6-10 普通平键和键槽的尺寸

平键 键槽的剖面尺寸 GB/T 1095—2003

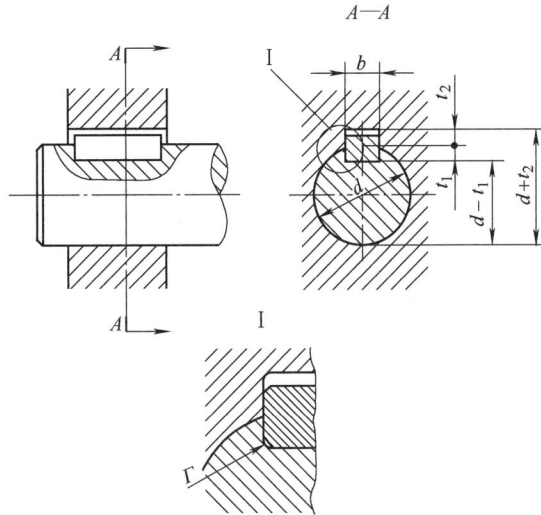

普通型 平键 GB/T 1096—2003

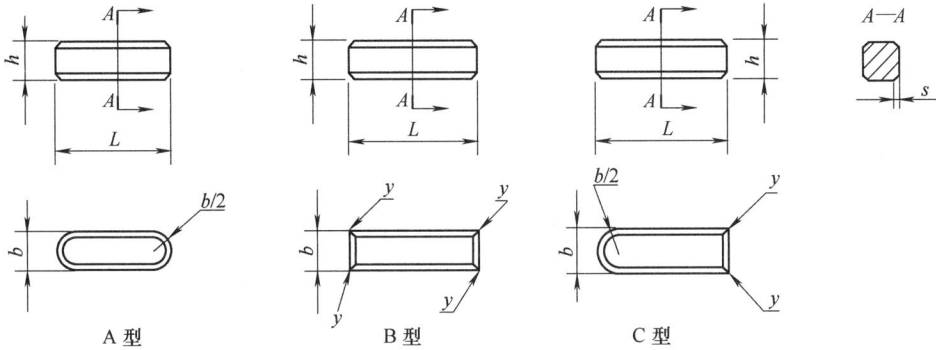

A 型　　　　　　　　B 型　　　　　　　　C 型

标记示例

圆头普通平键（A 型），b=18mm，h=11mm，L=100mm，其标记为：GB/T 1096 键 18×11×100

方头普通平键（B 型），b=18mm，h=11mm，L=100mm，其标记为：GB/T 1096 键 B 18×11×100

单圆头普通平键（C 型），b=18mm，h=11mm，L=100mm，其标记为：GB/T 1096 键 C 18×11×100

轴径 d	键的尺寸				每 100mm 的质量 /kg	键槽尺寸						
	b(h9)	h(h11)	倒角或倒圆 s	L(h14)		轴槽深度 t_1		毂槽深度 t_2		h	圆角半径 r	
						公称尺寸	极限偏差	公称尺寸	极限偏差		min	max
6 ~ 8	2	2		6 ~ 20	0.003	1.2		1.0		公称尺寸同键	0.08	0.16
>8 ~ 10	3	3	0.16 ~ 0.25	6 ~ 36	0.007	1.8	+0.1 0	1.4	+0.1 0			
>10 ~ 12	4	4		8 ~ 45	0.013	2.5		1.8				

（续）

轴径 d	键的尺寸				每100mm 的质量 /kg	键槽尺寸						
	b(h9)	h(h11)	倒角或 倒圆 s	L(h14)		轴槽深度 t_1		毂槽深度 t_2		h	圆角半径 r	
						公称 尺寸	极限 偏差	公称 尺寸	极限 偏差		min	max
>12~17	5	5		14~56	0.02	3.0	+0.1 0	2.3	+0.1 0		0.16	0.25
>17~22	6	6	0.25~0.4	14~70	0.028	3.5		2.8				
>22~30	8	7		18~90	0.044	4.0		3.3				
>30~38	10	8		22~110	0.063	5.0		3.3			0.25	0.40
>38~44	12	8		28~140	0.075	5.0		3.3				
>44~50	14	9	0.4~0.6	36~160	0.099	5.5		3.8				
>50~58	16	10		45~180	0.126	6.0	+0.2 0	4.3	+0.2 0			
>58~65	18	11		50~200	0.155	7.0		4.4				
>65~75	20	12		56~220	0.188	7.5		4.9		公称尺寸同键	0.40	0.60
>75~85	22	14		63~250	0.242	9.0		5.4				
>85~95	25	14	0.6~0.8	70~280	0.275	9.0		5.4				
>95~110	28	16		80~320	0.352	10.0		6.4				
>110~130	32	18		90~360	0.452	11.0		7.4				
>130~150	36	20		100~400	0.565	12.0		8.4			0.70	1.00
>150~170	40	22		100~400	0.691	13.0		9.4				
>170~200	45	25	1~1.2	110~450	0.883	15.0		10.4				
>200~230	50	28		125~500	1.1	17.0		11.4				
>230~260	56	32		140~500	1.407	20.0	+0.3 0	12.4	+0.3 0		1.20	1.60
>260~290	63	32	1.6~2.0	160~500	1.583	20.0		12.4				
>290~330	70	36		180~500	1.978	22.0		12.4				
>330~380	80	40		200~500	2.512	25.0		15.4			2.00	2.50
>380~440	90	45	2.5~3	220~500	3.179	28.0		17.4				
>440~500	100	50		250~500	3.925	31.0		19.5				
L 系列	6、8、10、12、14、16、18、20、22、25、28、32、36、40、45、50、56、63、70、80、90、100、110、125、140、160、180、200、220、 250、280、320、360、400、450、500											

注：1. 在工作图中，轴槽深用 $d-t_1$ 或 t_1 标注，毂槽深用 $d+t_2$ 标注，（$d-t_1$）和（$d+t_2$）尺寸偏差按相应的 t_1 和 t_2 的偏差选取，但（$d-t_1$）偏差取" - "。

2. 当键长大于500mm时，其长度应按 GB/T 321—1980 优先数和优先数系的 R20 系列选取。

3. 表中每100mm长的质量是指 B 型键。

4. 键高偏差对于 B 型键应为 h9。

2. 强度校核

普通平键联接的受力情况如图6-31所示。普通平键联接的主要失效形式是联接中材料强度较弱的工作表面被挤压破坏，其次是键的剪切破坏。在通常情况下，强度校核按挤压强度条件进行。

设轴传递的转矩为 $T(\text{N} \cdot \text{mm})$，轴径为 $d(\text{mm})$，则键联接的挤压面上所承受的力为

$$F_t = \frac{2T}{d}$$

设载荷 F_t 沿键的工作长度均匀分布，则挤压强度条件为

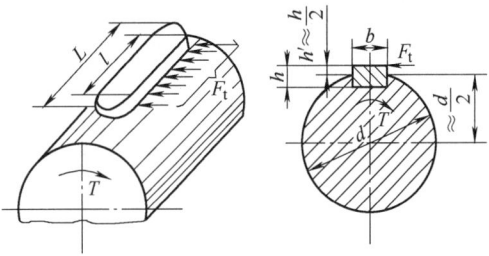

$$\sigma_p = \frac{F_t}{h'l} = \frac{2T}{h'ld} = \frac{4T}{hld} \leqslant [\sigma_p] \qquad (6\text{-}10)$$

式中　σ_p——工作表面的挤压应力（MPa）；

　　　h'——键与轮毂的接触高度，$h' \approx \frac{h}{2}(\text{mm})$；

图 6-31　普通平键联接的受力情况

　　　l——键的工作长度（mm），A 型键 $l = L - b$，B 型键 $l = L$，C 型键 $l = L - \dfrac{b}{2}$；

　　$[\sigma_p]$——联接中较弱材料的许用应力（MPa），其值见表 6-11。

表 6-11　键联接的许用挤压应力 $[\sigma_p]$ 和许用压强 $[p]$ 　　　　　（单位：MPa）

许用值	联接工作方式	零件材料	载荷性质		
			静	轻微冲击	冲击
$[\sigma_p]$	静联接	钢	125 ~ 150	100	50
		铸铁	70 ~ 80	53	27
$[P]$	动联接	钢	50	40	30

注：1. 动联接是指有相对滑动的导向联接。

　　2. 如与键有相对滑动的被联接件表面经过淬火，则动联接的许用压强 $[p]$ 可提高 2 ~ 3 倍。

经校核普通平键联接的强度不够时，可以采取下列措施：

1）适当增加键和轮毂的长度，但通常键长不得超过 $(1.6 ~ 1.8)d$，否则挤压应力沿键长分布的不均匀性将增大。

2）采用双键，在轴上相隔 180° 配置。考虑载荷分布的不均匀性，双键联接按 1.5 个键进行强度校核。

导向平键联接的主要失效形式为组成键联接的轴或轮毂工作面部分的磨损，须按工作面上的压强进行强度计算，强度条件为

$$p = \frac{F_t}{h'l} = \frac{4T}{dlh} \leqslant [p] \qquad (6\text{-}11)$$

式中　$[p]$——较弱材料的许用压强（MPa），查表 6-10。

例 6-3　选择如图 6-32 所示减速器输出轴与齿轮轴的普通平键联接。已知传递的转矩 $T = 600\text{N} \cdot \text{m}$，齿轮的材料为铸钢，载荷有轻微冲击。

解：设计计算步骤如表 6-12 所示。

表 6-12　设计计算步骤

设计项目	计算内容和依据	计算结果
1. 尺寸选择	根据轴的直径 $d = 75\text{mm}$ 及轮毂长度 80mm，按表 6-9 选择圆头普通平键，其 $b = 20\text{mm}$，$h = 12\text{mm}$，$L = 70\text{mm}$，标记　GB/T 1096　键 $20 \times 12 \times 70$	键 $20 \times 12 \times 70$

（续）

设计项目	计算内容和依据	计算结果
2. 强度校核	确定许用挤压应力 $[\sigma_p]$，按结构的材料（钢）和工作载荷（有轻微冲击），查表 6-10 得 $\sigma_p = 100\text{MPa}$。键的工作长度 $l = L - b$ $= (70 - 20)\text{mm} = 50\text{mm}$。由式（6-10）得 $$\sigma_p = \frac{4T}{hld} = \frac{4 \times 600 \times 1000}{12 \times 50 \times 75}\text{MPa} = 53.3\text{MPa} < [\sigma_p] = 100\text{MPa}$$ 键的强度够	$[\sigma_p] = 53.3\text{MPa}$
3. 键槽的尺寸	由表 6-9 查得键槽、毂槽的尺寸及公差如图 6-33 所示	

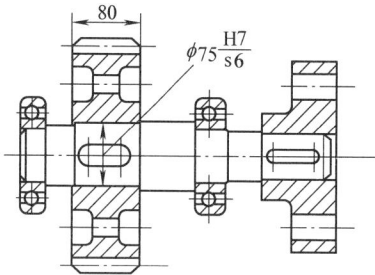

图 6-32　减速器输出轴

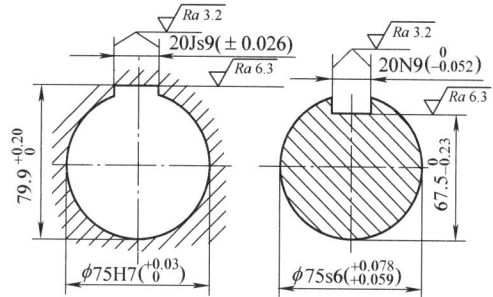

图 6-33　键槽尺寸

*6.7　其他联接

6.7.1　花键联接

　　花键也是一种主要的轴毂联接件，轴和轮毂孔沿圆周方向均布的多个键齿构成的联接称为花键联接，如图 6-34 所示。工作时靠键齿的侧面互相挤压传递转矩。由于是多齿传递载荷，花键联接比平键联接的承载能力大，且定心性和导向性较好。又因为键齿浅、应力集中小，所以对轴的强度削弱小，适用于载荷较大、定心精度要求较高的静联接和动联接中，例如在飞机、汽车、机床中得到广泛应用，但花键联接的加工需专用设备，因而成本较高。

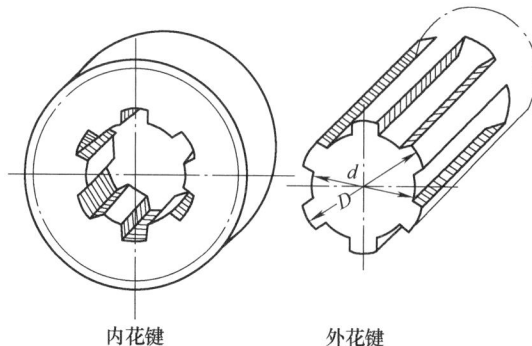

内花键　　　　　　　外花键

图 6-34　内花键和外花键

花键已标准化，按齿型的不同，花键可分为矩形花键（见图 6-35）和渐开线花键（见图 6-36）。

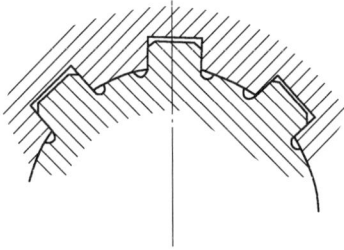

图 6-35　矩形花键联接

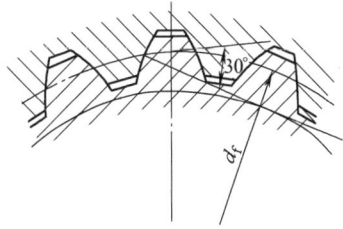

图 6-36　渐开线花键联接

6.7.2　型面联接和胀紧联接

型面联接和胀紧联接也是轴毂联接一种常用形式。

型面联接是利用非圆截面的轴与形状截面相同的毂孔所构成的轴毂联接，见图 6-37。型面联接的特点：装拆方便、良好的对中性，型面上没有应力集中源，但加工困难。

使用时，轴和毂孔联接表面常做成柱形或锥形。柱形表面只能传递转矩，而锥形表面既可以传递转矩又可以传递轴向力。

型面联接时型面的轮廓形状有三角形、方形及正凸多边形等。

胀紧联接是在毂孔与轴之间装配一个或几个胀套，在外加轴向压力的作用下，内套缩小，外套胀大，形成过盈配合，靠摩擦力传递力和转矩，见图 6-38a。

胀紧联接作为一种新的轴毂联接方式，应用越来越广泛，其特点为：定心性好，装拆方便，承载能力高，不削弱

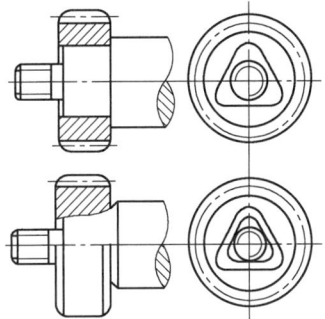

图 6-37　型面联接

被联接件的强度，且有密封保护作用等。胀套是胀紧联接的主要零件，已标准化，安装时可以用螺母压紧（图 6-38b），也可以在轴端或毂端用多个螺钉压紧（图 6-38c）。组合安装时，串联的轴套越多承载能力越强，一般不宜超过 3 ~ 4 对。

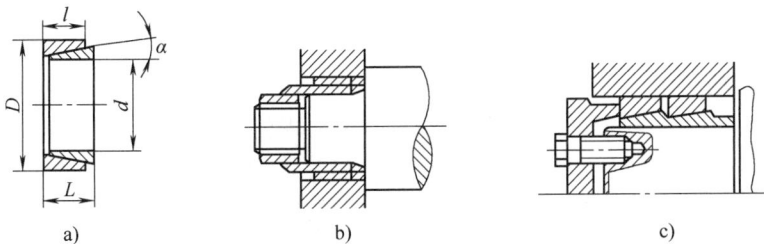

a)　　　　　　　　b)　　　　　　　　c)

图 6-38　胀紧联接

6.7.3 销联接

销联接通常用于固定零件之间的相对位置（定位销），也用于轴毂间或其他零件间的联接（联接销），还可充当过载剪断元件（安全销）。

销是标准件，其基本形式有圆柱销、圆锥销（见图6-39）和开口销等。销的材料多为35钢、45钢。圆柱销靠过盈与销孔配合，为保证定位精度和联接紧固性，不宜经常装拆，主要用作定位销，也用作联接销和安全销。圆锥销具有1:50的锥度，小端直径为标准值，自锁性能好，定位精度高，主要用作定位销，也可作为联接销。圆柱销和圆锥销的销孔均需铰制。开口销常用截面为半圆形的低碳钢丝制成，工作可靠、拆卸方便，常与槽形螺母合用，锁定螺纹联接件。通常按工作要求选择销的类型。

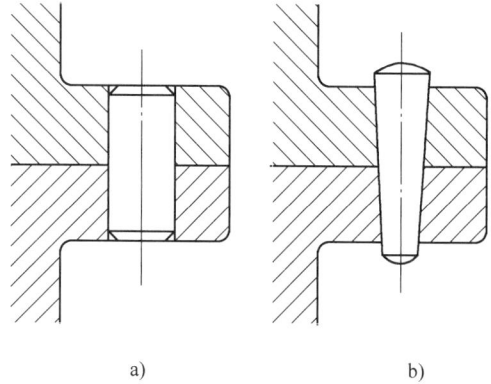

a)   b)

图6-39　圆柱销和圆锥销
a）圆柱销　b）圆锥销

对于销联接，可根据联接的结构特点按经验确定直径，必要时再进行强度校核。定位销一般不受载荷或载荷很小，其直径按结构确定，数量不得少于两个；安全销直径按销的剪切强度进行计算。

6.7.4 粘接、焊接简介

粘接是利用粘结剂把被联接件粘接在一起，成为不可拆联接。粘接具有疲劳强度高、密封性能好、防电化学腐蚀、重量轻、外表平整等特点。因此，粘接在金属零件联接上的应用发展很快，是很有发展前途的一种联接形式。

借助加热或加压，使两个以上的金属件在联接处形成原子间结合而构成的不可拆联接，称为焊接。在焊接时，必须使所要焊接的表面达到焊接温度使彼此紧密接触，金属间的结合通过相互加压（压焊）或相互熔化（熔焊）来实现。

焊接的用途非常广泛，对钢、铸钢和一定条件下的铸铁等材料都可以进行焊接，对铜合金、铝合金和镁合金，镍、锌、铅以及热塑料也可以进行焊接。

6.7.5 螺旋传动简介

1. 螺旋传动的应用

螺旋传动是利用由螺杆和螺母组成的螺旋副来实现传动要求的，它主要用于将回转运动转变为直线运动，同时传递运动和动力的场合。螺旋传动中螺母和螺杆的运动方式有移动、转动、静止及转动加移动。螺杆与螺母的相对运动是确定的，但通过固定不同的构件，螺旋传动可以得到四种不同的运动方式，即螺杆转动螺杆移动、螺母静止螺杆转动并移动、螺母转动螺杆移动及螺杆静止螺母转动并移动等，如图6-40所示。通过附加其他装置，即可得到不同用途的螺旋传动机械。

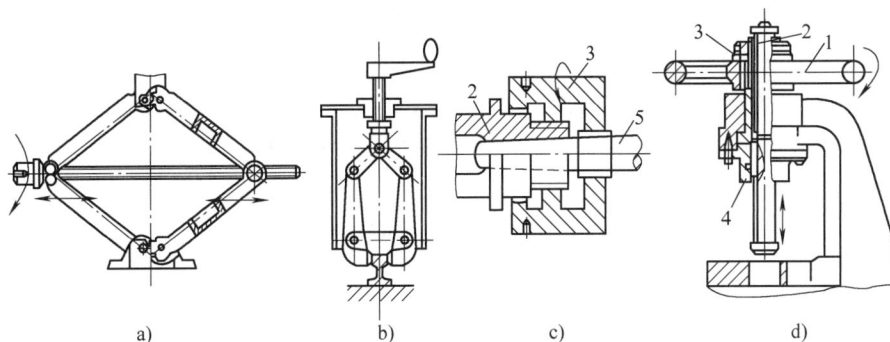

图 6-40　螺旋传动的应用

1—手轮　2—螺杆　3—螺母　4—防转装置　5—刀杆

2. 螺旋传动的类型

（1）按用途分类　螺旋传动按其用途不同，可分为传力螺旋、传导螺旋和调整螺旋。

1）传力螺旋，以传递动力为主，能以较小的转矩产生较大的轴向力，间歇性工作，工作速度不高，通常要求自锁，如起重螺旋等。

2）传导螺旋，以传递运动为主，能够实现精确的直线移动，如金属切削机床的螺旋进给机构，一般为连续工作，工作速度较高。

3）调整螺旋，主要用于调整或固定零部件之间的相对位置，如各种仪器仪表及测量装置中的测量螺旋等，不经常转动，并在空载下进行。

（2）按摩擦性质分类　螺旋按其螺旋副的摩擦性质不同，可分为普通滑动螺旋、滚动螺旋和静压螺旋。

普通滑动螺旋结构简单，容易制造，但其主要缺点是摩擦阻力大，易磨损，低速时还可能出现爬行，传动精度和传动效率较低，尤其是逆行程效率更低，甚至发生自锁，所以滑动螺旋传动一般只用于将旋转运动变为直线运动。滚动螺旋和静压螺旋（流体摩擦）的摩擦阻力小，传动精度高，且正反传动均有较高的效率，可用于将直线运动转变为旋转运动，但其结构复杂，成本高。

3. 滚动螺旋和静压螺旋简介

（1）滚动螺旋传动　滚动螺旋传动是指将螺杆和螺母的螺纹制成滚道，在滚道中布置适量的滚动体，螺杆和螺母转动时，滚动体沿滚道滚动，使螺杆和螺母之间的摩擦成为滚动摩擦。其特点为：①摩擦阻力小，传动效率高达 90% 以上。②磨损小，寿命长，传动和定位精度高。③可将旋转运动转变为直线运动，也可将直线运动转变为旋转运动，在同样载荷的条件下，所需驱动转矩较滑动螺旋降低 65% ~ 75%。④在航空、汽车、机床等制造业中应用较广泛，但结构复杂，制造困难，成本较高。⑤滚动螺旋传动不能自锁，对有自锁要求的场

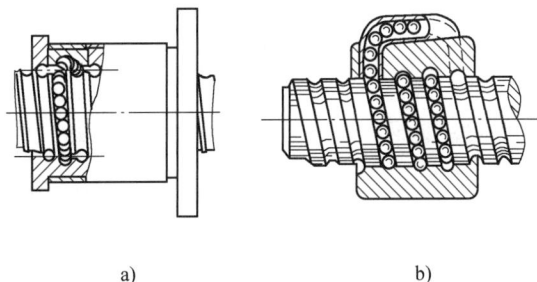

图 6-41　滚动螺旋传动

a）内循环式　b）外循环式

合，必须采用制动装置。⑥承载能力、刚性和抗振性低于滑动螺旋。

滚动螺旋的滚动体多为球状，其循环方式如图 6-41 所示。

1）内循环式，在螺母上开有侧向孔，孔内装有反向器，将相邻的两螺纹滚道联接起来，滚珠从螺纹滚道进入反向器再进入相邻螺纹滚道。这种循环方式下，每一圈螺纹有一个反向器，滚珠在本圈内循环运动，称为内循环。

2）外循环式，在螺母的外圆柱面上制有螺旋形回球槽或外接弯管，与螺母的螺纹滚道相切，形成滚珠通道，称为外循环。

多数情况下滚动螺旋传动能按要求找到成套生产的标准件，其设计计算请查阅有关设计手册或螺旋生产公司的产品样本。

（2）静压螺旋传动　静压螺旋的螺杆仍为普通螺杆，但螺母每圈螺纹牙的两个侧面上都开有 3～4 个油腔，通过一套附加的供油系统给油腔内供油，靠压力油的油压来承受外载荷，从而使得静压螺旋传动在工作时，螺旋副之间转化为液体摩擦，如图 6-42 所示。

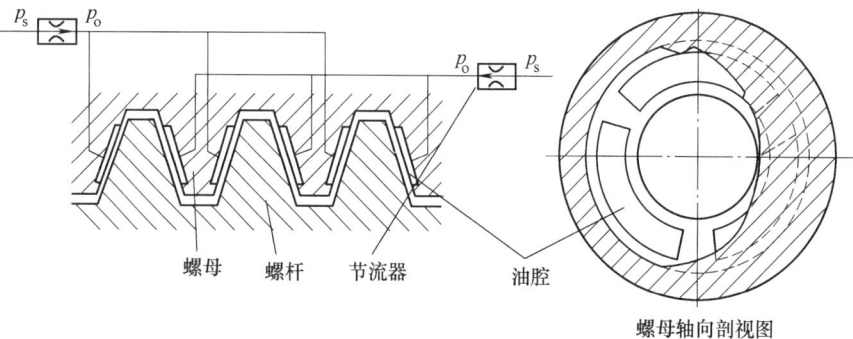

图 6-42　静压螺旋传动示意图

本 章 小 结

本章主要介绍了机械上常用联接（如螺纹联接、键联接、销联接等）的类型、特点、应用及设计计算，其中应用最多的是螺纹联接和键联接。

螺纹联接包括螺栓（普通螺栓、铰制孔螺栓）联接、双头螺柱联接、螺钉联接和紧定螺钉联接。要求掌握螺纹联接的类型、应用、预紧和防松以及螺栓联接的强度计算，学习时以螺栓联接为基础，并抓住特点类比学习其他类型。

键主要用于轴和轮毂的联接，均已标准化。设计和使用时应根据定心要求、载荷大小、使用要求和工作条件等合理选择，要求掌握各类键联接的工作原理、结构形式和适用场合，掌握平键联接的剖面尺寸和长度确定的方法，掌握平键联接的失效形式及强度校核的方法。

思 考 题

6-1　螺纹有哪些类型？试说明常用螺纹的主要特点和用途？

6-2　螺纹主要参数有哪些？螺距和导程的区别在哪里？

6-3　常用螺纹的基本类型有哪些？各有何特点？适用于什么场合？

6-4　螺纹防松的基本原理有哪些？列举出几种常用的防松措施。

6-5 键联接有哪些类型？它们是怎样工作的？

6-6 圆头、平头及单圆头普通平键分别用于什么场合？各自的键槽是怎样加工的？

6-7 平键联接的主要失效形式是什么？

6-8 装配楔键时都是打入的吗？试述几种楔键的装配方法。

6-9 花键联接的优缺点是什么？

6-10 销联接都有哪些类型？其功能有哪些？

习　题

6-1 图 6-43 所示为起重吊钩，要吊起 $F = 10000$N 的工作载荷，吊钩螺杆材料为 45 钢，试确定吊钩螺杆的螺纹直径。

6-2 图 6-44 所示为一受横向载荷作用的普通紧螺栓组联接（被联接件为钢件），4 个普通螺栓传递载荷 $F_\Sigma = 2$kN，联接接合面摩擦因数 $f = 0.15$，可靠性因数 $K_f = 1.2$，试设计此联接。

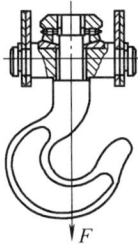

图 6-43　习题 6-1 图

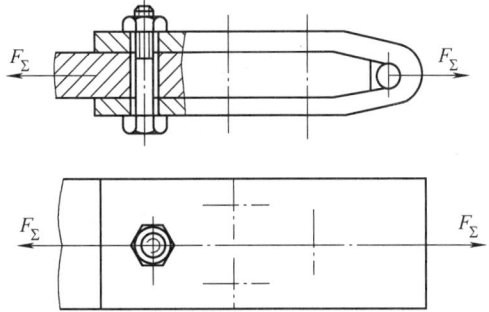

图 6-44　习题 6-2 图

6-3 请指出图 6-45 所示结构的错误或设计不合理的地方，并改正。

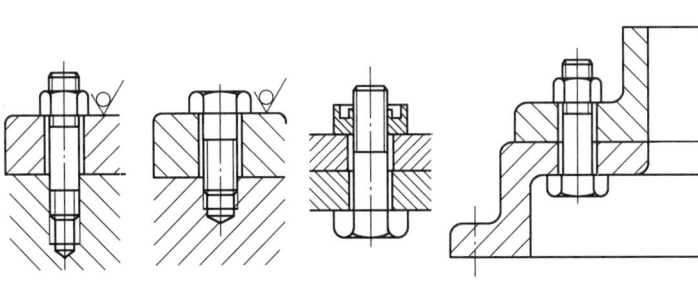

图 6-45　习题 6-3 图

6-4 一减速器的输出轴与铸钢齿轮拟用平键联接，已知配合直径 $d = 65$mm，齿轮轮毂长 $L_1 = 70$mm，传递的转矩 $T = 900$N·m，载荷有轻微冲击，试选择合适的平键。

第7章 齿轮传动

齿轮传动是机械传动中最主要的一种传动,其历史悠久、形式多样,广泛应用于现代机械中。

齿轮传动的类型很多,本章以平行轴间的渐开线圆柱齿轮、相交轴间的渐开线直齿锥齿轮传动为重点,介绍齿轮传动的啮合原理、强度计算及几何尺寸计算。

7.1 齿轮传动的特点和类型

7.1.1 齿轮传动的特点

齿轮传动主要依靠主动齿轮与从动齿轮的啮合传递运动和动力。与其他传动相比,齿轮传动具有以下特点:

(1) 传动准确可靠 齿轮传动能保持瞬时传动比恒定不变,因而传动平稳,冲击、振动和噪声较小。

(2) 传动效率高、工作寿命长 齿轮传动的机械效率可达 $0.95 \sim 0.99$,且能可靠地连续工作几年甚至几十年。

(3) 可实现任意布置的两轴间的传动 齿轮传动可传递两轴平行、相交和交错的运动和动力。

(4) 结构紧凑、功率和速度范围广 与其他传动相比,齿轮传动所占的空间位置较小,而且齿轮传动所传递的功率范围为 $1W \sim 10^6 kW$,传递的速度可达 $300m/s$。

(5) 成本较高、不适于两轴中心距过大的传动 齿轮的制造和安装精度要求较高,维护费用较高,因而成本也较高。另外,当两轴中心距过大时,齿轮的径向尺寸会很大,或者齿轮的数量要多,致使机构庞大,这是齿轮传动的主要缺点。

7.1.2 齿轮传动的类型

按照一对齿轮两轴线的相对位置,齿轮传动分为两轴平行的齿轮传动(称为平面齿轮传动)、两轴相交和交错的齿轮传动(称为空间齿轮传动)。

1. 平面齿轮传动

平面齿轮传动是两齿轮轴线相互平行的传动。常见的类型有:

(1) 直齿圆柱齿轮传动(简称直齿轮传动) 直齿轮传动按其相对运动情况又可分为外啮合齿轮传动(见图 7-1a)、内啮合齿轮传动(见图 7-1b)和齿轮齿条传动(见图 7-1c)。

(2) 斜齿圆柱齿轮传动(简称斜齿轮传动) 这种齿轮的齿线相对于轴线倾斜了一个螺旋角,斜齿轮传动按其两轮相对运动情况也可分为外啮合(见图 7-1d)、内啮合及齿轮齿条传动三种。

（3）人字齿轮传动 这种齿轮的齿线呈人字形，可以看成是由两个螺旋角大小相等、旋向相反的斜齿轮合并而成，如图 7-1e 所示。

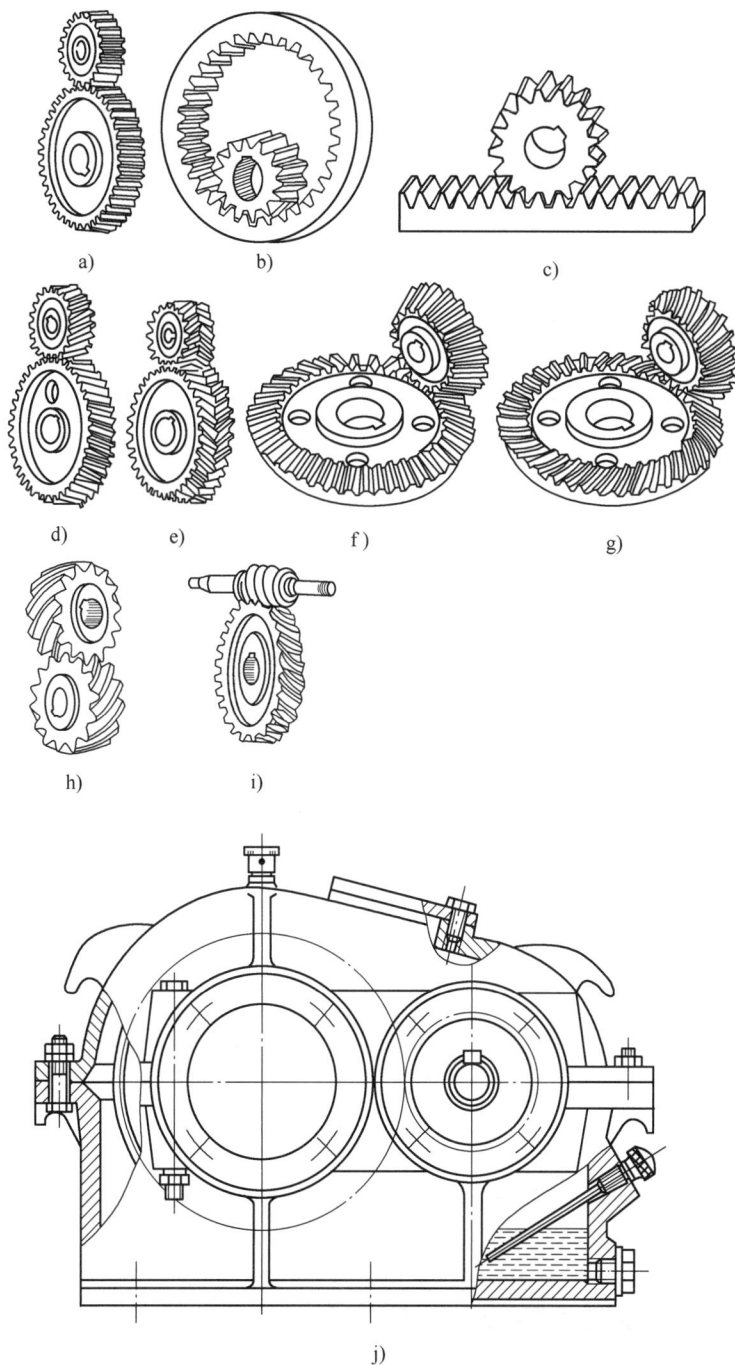

图 7-1 齿轮传动的类型

a）外啮合直齿轮传动 b）内啮合直齿轮传动 c）齿轮齿条传动 d）外啮合斜齿轮传动

e）人字齿轮传动 f）直齿锥齿轮传动 g）斜齿锥齿轮传动 h）交错轴斜齿轮传动

i）蜗杆蜗轮传动 j）闭式齿轮传动

2. 空间齿轮传动

空间齿轮传动是两齿轮轴线不平行的传动，按两轴线的相对位置可分为：

（1）锥齿轮传动　这种齿轮传动的两齿轮轴线相交，其轴交角为90°，锥齿轮又可分为直齿、斜齿和曲齿三种，如图7-1f、g所示，直齿锥齿轮传动应用较普遍。

（2）交错轴斜齿轮传动　这种齿轮传动的两齿轮轴线在空间交错，如图7-1h所示。

（3）蜗杆蜗轮传动　这种齿轮传动的两齿轮轴线在空间成90°角，如图7-1i所示。

按照齿轮的工作条件，齿轮传动可分为：

（1）闭式齿轮传动　闭式齿轮传动是指在润滑条件良好、刚性足够的封闭箱体内工作的齿轮传动，如图7-1j所示。

（2）开式齿轮传动　开式齿轮传动是指无箱体封闭、外露的齿轮传动。其轴承支座的刚性较差，这样的齿轮传动不能保证良好的润滑，它主要依靠定时、手工加油。

（3）半开式齿轮传动　半开式齿轮传动是齿轮传动部分上装有简单防护罩，但仍不能保证良好润滑。

重要的齿轮传动均采用闭式传动，如机床主轴箱、进给箱和溜板箱中的齿轮传动、齿轮减速器等。低速或不重要的齿轮传动机构可采用开式、半开式传动，如机床的交换齿轮传动、冲床和搅拌机的齿轮传动。

按照齿轮齿面硬度，齿轮传动可分为：

（1）软齿面齿轮传动　两齿轮之一或两齿轮齿面硬度≤350HBW的齿轮传动。

（2）硬齿面齿轮传动　齿面硬度>350HBW的齿轮传动。

还有按照齿轮齿廓曲线的形状，齿轮传动可分为渐开线、摆线和圆弧齿轮三种，其中渐开线齿轮应用最广泛。

7.1.3　齿轮传动的基本要求

工程上对齿轮传动的要求是多方面的，在传递运动和动力的过程中，可归纳为以下两个基本要求：

（1）传动准确、平稳　即要求齿轮在传动过程中瞬时角速度比恒定不变，以免发生冲击、振动和噪声，这与齿轮的齿廓形状、制造安装精度等有关。

（2）承载能力强、使用寿命长　即要求齿轮在传动过程中有足够的强度，能传递较大的动力，而且要有较长的使用寿命。

要使齿轮传动满足传动准确平稳的要求，必须研究轮齿的齿廓形状、啮合原理、加工方法等问题；要使齿轮传动有足够的承载能力和较长的使用寿命，则必须研究轮齿的强度、材料、热处理方式及结构等问题。本章将围绕上述两方面问题进行分析讨论。

7.2　齿廓啮合基本定律及渐开线齿廓

7.2.1　齿廓啮合基本定律

齿轮传动的基本要求之一是定传动比，即瞬时角速度之比必须为一定值，否则当主动轮等角速度回转时，从动轮的角速度为变化的，从而产生惯性力。这种惯性力不仅影响齿轮的寿命，而且还会引起机器的振动和噪声，影响其工作精度。为了阐明一对齿廓实现定传动比（即角速度比）的条件，有必要先探讨角速度比与齿廓间的一般规律。

如图 7-2 所示，相互啮合的齿廓 E_1 和 E_2 在 K 点接触，过 K 点作两齿廓的公法线 n—n，它与连心线 O_1O_2 的交点 P 称为节点。由瞬心位置确定的方法 "三心定理" 可知，P 点也是齿轮 1、2 的相对速度瞬心，故

$$v_P = \omega_1 \overline{O_1P} = \omega_2 \overline{O_2P}$$

得

$$i_{12} = \frac{\omega_1}{\omega_2} = \frac{\overline{O_2P}}{\overline{O_1P}} \tag{7-1}$$

上式表明，一对传动齿轮的瞬时角速度比等于两轮连心线被齿廓接触点的公法线所分割两段长度之比的倒数。

可以推论，欲使齿轮保持定传动比，无论齿廓在何位置接触，过接触点的齿廓公法线都必须与两轮连心线交于一固定点，这就是齿廓啮合基本定律。

满足齿廓啮合基本定律的一对齿廓称为共轭齿廓，目前最常用的齿廓曲线是渐开线，其次是摆线和变态摆线，近年来还出现了圆弧齿廓和抛物线齿廓等。

由于渐开线齿廓具有良好的传动性能，而且便于制造、安装、测量和互换使用，因此在各种齿廓中，它的应用最广泛。本章仅讨论渐开线齿轮传动。

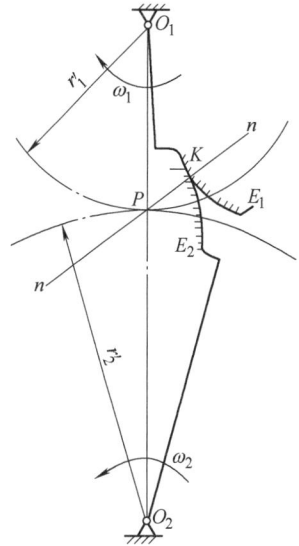

图 7-2　齿廓啮合基本定律

7.2.2　渐开线的形成及性质

1. 渐开线的形成

如图 7-3 所示，当一直线 L 沿半径为 r_b 的圆周作纯滚动时，其上任一点 K 在平面上的轨迹称为该圆的渐开线。这个圆称为渐开线的基圆，直线 L 称为渐开线的发生线，角 θ_K 称为渐开线 AK 段的展角。

2. 渐开线的性质

1）发生线沿基圆滚过的长度等于基圆上被滚过的弧长，即 $\overline{KN} = \overset{\frown}{AN}$。

2）发生线是渐开线在点 K 的法线，即渐开线上任意点的法线始终与其基圆相切。

3）发生线与基圆的切点 N 为渐开线上 K 点的曲率中心，而线段 $\overline{NK}$ 为其曲率半径。渐开线越接近于其基圆的部分，其曲率半径越小，在基圆上（即 A 点处）其曲率半径为零。

4）渐开线的形状取决于基圆的大小，如图 7-4 所示，基圆越大，渐开线越平直，当基圆半径为无穷大时，其渐开线就变成一条直线。

5）如图 7-3 所示，若以 O 为齿轮轴心，AK 为齿廓曲线，F_n 为作用于任意点 K 的正压力，v_K 为 K 点的速度，则 F_n 的方向与 v_K 方向所夹的锐角 α_K 称为渐开线上任意点 K 的压力角。由图可知 $\angle KON = \alpha_K$，故

$$\cos\alpha_K = \frac{r_b}{r_K} \tag{7-2}$$

上式说明渐开线上各点的压力角是不相同的，离基圆越远的点其压力角越大，基圆上的

压力角等于零。

　　6）基圆内无渐开线。

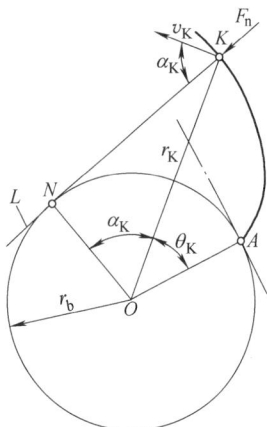

图 7-3　渐开线的形成

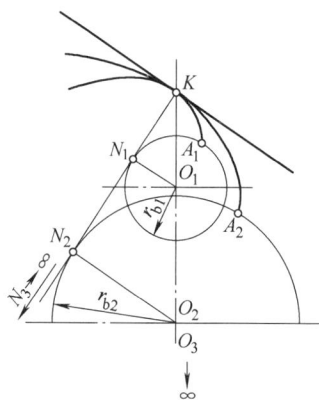

图 7-4　不同基圆形成的渐开线

7.2.3　渐开线齿廓满足齿廓啮合基本定律

　　图 7-5 所示为一对互相啮合的渐开线齿廓在任意位置 K 点处的啮合情况。r_{b1}、r_{b2} 为两轮齿廓的基圆半径。过 K 点作两轮齿廓的公法线 N_1N_2，根据渐开线的性质可知，该公法线必与两基圆相切，即为两基圆的内公切线，N_1、N_2 分别为切点。又因两轮中心连线和两轮基圆半径为定值，所以两齿廓无论在任何位置接触，过接触点所作的两齿廓的公法线 N_1N_2 都为同一固定直线，它与中心连线 O_1O_2 相交于一固定点 P，所以渐开线齿廓满足齿廓啮合基本定律。

　　如图 7-5 所示，$\triangle O_1PN_1 \backsim \triangle O_2PN_2$，因此传动比可写成

$$i = \frac{\omega_1}{\omega_2} = \frac{\overline{O_2P}}{\overline{O_1P}} = \frac{r_2'}{r_1'} = \frac{r_{b2}}{r_{b1}} \qquad (7\text{-}3)$$

　　上式表明：一对渐开线齿轮的传动比为一定值，且与两齿轮的基圆半径成反比。

　　过两啮合齿廓接触点所作的两齿廓公法线与两轮连心线 O_1O_2 的交点 P 称为两轮的啮合节点（简称为节点）。

　　分别以 O_1、O_2 为圆心，以 O_1P、O_2P 为半径所作的两个相切的圆称为节圆，节圆半径分别用 r_1' 和 r_2' 表示。由于 $v_{P1} = v_{P2}$，因此齿轮传动时，可以看成是这对齿轮的节圆在作纯滚动。

　　需强调说明一点：节点 P 是一对齿轮在啮合传动时产生的，单个齿轮无节点和节圆的概念。

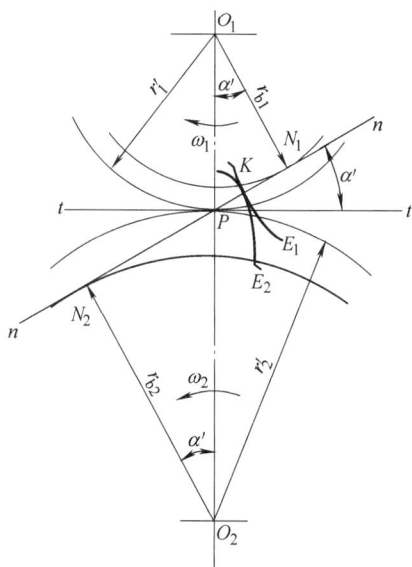

图 7-5　渐开线齿廓的啮合传动

7.2.4 渐开线齿廓啮合特点

渐开线齿廓的啮合特点如下：

（1）啮合线为一条不变的直线　一对齿轮啮合传动时，两齿轮齿廓接触点的轨迹称为啮合线。由于啮合点都在公法线上，而公法线为一条固定直线，且与两轮基圆的内公切线重合，因此渐开线齿廓的啮合线也为一固定直线，即渐开线齿廓的啮合线、公法线、两基圆的内公切线为同一条固定直线。

（2）传力方向不变　如图 7-5 所示，啮合线 $N_1 N_2$ 与过节点 P 所作两节圆的公切线 $t—t$ 所夹的锐角 α' 称为啮合角。由于一对渐开线齿廓的啮合线为一固定直线，故其啮合角为一定值，且等于渐开线齿廓在节圆上的压力角。

若不计齿廓间摩擦力的影响，齿廓间的压力总是沿接触点的公法线方向作用。由于渐开线齿廓各接触点的公法线为固定直线 $N_1 N_2$，所以齿廓间的压力作用线方向恒定不变。当齿轮传递的转矩一定时，齿廓之间的作用力也为定值。

（3）渐开线齿轮中心距可变性　由式（7-3）可知，渐开线齿轮的传动比等于两齿轮基圆半径的反比。当一对齿轮加工完成后，两齿轮的基圆半径就完全确定了，其传动比也随之确定。若因制造和安装误差等引起中心距变化时，由于基圆不变，故传动比不变。渐开线齿轮中心距变化而传动比保持不变的特性称为中心距的可变性。这一特性使渐开线齿轮具有因加工、安装和轴承磨损导致中心距改变时仍能保持传动比恒定的良好传动性能，这也是渐开线齿轮被广泛采用的主要原因之一。

7.3　渐开线标准直齿圆柱齿轮的基本参数和几何尺寸计算

7.3.1　渐开线齿轮各部分的名称、代号

图 7-6a 所示为一标准直齿圆柱齿轮的一部分，齿轮的轮齿均匀分布在圆柱面上。每个轮齿两侧的齿廓都是由形状相同、方向相反的渐开线曲面组成。轮齿之间的空间部分称为齿槽。齿轮各部分的名称及代号如下：

1. 齿数

齿轮整个圆周上的轮齿总数，用 z 表示。

2. 齿顶圆

过齿轮各齿顶所作的圆，分别用 d_a 和 r_a 表示其直径和半径。

3. 齿根圆

过齿轮各齿槽底面所作的圆，其直径和半径分别用 d_f 和 r_f 表示。

4. 基圆

发生渐开线的圆，其直径和半径分别用 d_b 和 r_b 表示。

5. 齿距、齿厚、齿槽宽

在直径为 d_K 的任意圆周上相邻两齿同侧齿廓之间的弧长称为该圆周上的齿距，用 p_K 表示；在该圆周上一个轮齿两侧齿廓之间的弧长称为该圆的齿厚，用 s_K 表示；在该圆周上齿槽两侧齿廓之间的弧长称为齿槽宽，用 e_K 表示，显然 $p_K = s_K + e_K$。

6. 分度圆、模数和压力角

为计算方便，在齿顶圆和齿根圆之间规定一个圆作为计算齿轮各部分尺寸的基准，称之为分度圆，用 d 和 r 表示其直径和半径。分度圆上的齿厚、齿槽宽和齿距通称为齿厚、齿槽宽和齿距，并分别用 s、e 和 p 表示，因此 $p = s + e$。对于标准齿轮而言，分度圆上的齿厚和齿槽宽相等，即 $s = e$。

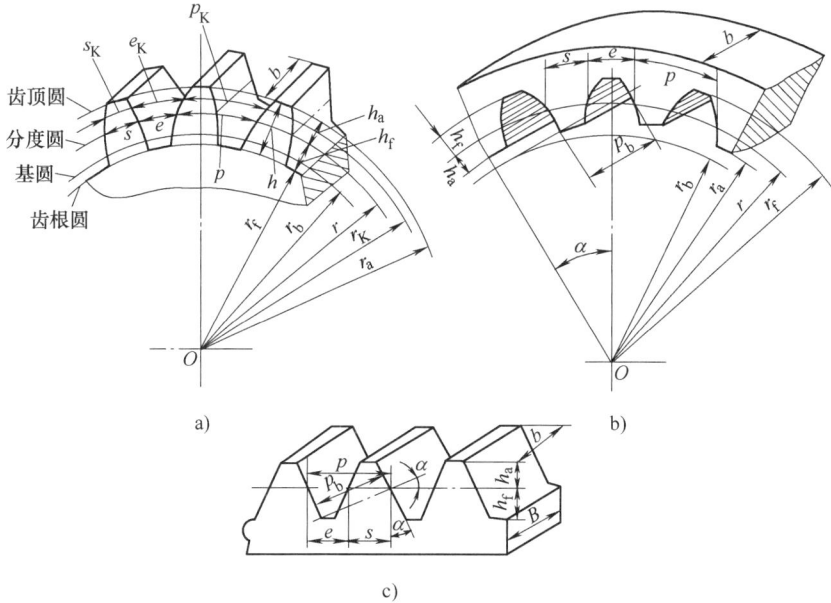

图 7-6 齿轮各部分名称

a) 外齿轮 b) 内齿轮 c) 齿条

如果已知一个齿轮的齿数和齿距，则分度圆的大小就可以确定：

$$d = \frac{p}{\pi}z$$

显然，为了便于计算、制造和检测和互换使用，d 的数值应为有理数。由于式中包含了无理数 π，故规定 p/π 为一简单的有理数值，并把它称为模数，用 m 表示，单位为 mm。即

$$m = \frac{p}{\pi} \tag{7-4}$$

于是得到：

$$d = mz$$

模数是决定齿轮尺寸的一个基本参数，我国已规定了标准模数系列。设计齿轮时，应采用我国规定的标准模数系列，如表 7-1 所示。

表 7-1　渐开线圆柱齿轮标准模数（摘自 GB/T 1357—2008）　　（单位：mm）

第一系列	0.1, 0.12, 0.15, 0.2, 0.25, 0.3, 0.4, 0.5, 0.6, 0.8, 1, 1.25, 1.5, 2, 2.5, 3, 4, 5, 6, 8, 10, 12, 16, 20, 25, 32, 40, 50
第二系列	0.35, 0.7, 0.9, 1.75, 2.25, 2.75, (3.25), 3.5, (3.75), 4.5, 5.5, (6.5), 7, 9, (11), 14, 18, 22, 28, (30), 36, 45

注：1. 本表适用于渐开线圆柱齿轮，对斜齿轮是指法向模数。

　　2. 优先采用第一系列，括号内的模数尽可能不用。

由模数的定义 $m = p/\pi$ 可知，模数越大，轮齿尺寸越大，反之则越小，如图 7-7 所示。

分度圆半径 r 确定后，由于渐开线的形状取决于基圆半径的大小，故其齿廓的形状并不能确定。由 $r_b = r\cos\alpha$ 可知，基圆半径随分度圆压力角的变化而变化，所以分度圆压力角也是决定渐开线齿廓形状的一个重要参数。通常称分度圆压力角为齿轮压力角，用 α 表示。我国规定分度圆上的压力角 α 为标准值，其值为 20°，此外在某些场合也采用 $\alpha = 14.5°$、15°、22.5°、25°。

综上所述，分度圆是齿轮上具有标准模数和标准压力角的圆。

目前世界上除少数国家（如英国、美国）采用径节（*DP*）制齿轮外，我国及其他多数国家采用模数制齿轮。模数与径节的换算关系为

图 7-7　不同模数的轮齿大小

$$m = \frac{25.4}{DP}$$

注意：模数制齿轮和径节制齿轮不能相互啮合使用。

7. 全齿高、齿顶高、齿根高

轮齿的齿顶圆和齿根圆之间的径向尺寸称为全齿高，用 h 表示；而分度圆以上的齿高称为齿顶高，用 h_a 表示；分度圆以下的齿高称为齿根高，用 h_f 表示。有 $h = h_a + h_f$。

8. 齿顶高系数和顶隙系数

对于标准齿轮，其各部分尺寸都与模数有关，且都与模数成正比。规定齿顶高 $h_a = h_a^* m$，齿根高 $h_f = h_a^* m + c^* m$，h_a^* 和 c^* 分别称为齿顶高系数和顶隙系数。正常齿制齿轮 $h_a^* = 1$，$c^* = 0.25$，有时也采用短齿制，其 $h_a^* = 0.8$，$c^* = 0.3$。

7.3.2　渐开线标准直齿圆柱齿轮的基本参数及几何尺寸计算

标准直齿圆柱齿轮的基本参数及几何尺寸计算公式见表 7-2。

表 7-2　标准直齿圆柱齿轮的基本参数及几何尺寸计算公式

名称		符号	计 算 公 式	
			外齿轮	内齿轮
基本参数	齿数	z	$z_{\min} = 17$，通常小齿轮齿数 z_1 在 20～28 范围内选取，$z_2 = iz_1$	
	模数	m	根据强度计算决定，并按表 7-1 选取标准值。动力传动中 $m \geqslant 2\text{mm}$	
	压力角	α	取标准值，$\alpha = 20°$	
	齿顶高系数	h_a^*	取标准值，对于正常齿 $h_a^* = 1$，对于短齿 $h_a^* = 0.8$	
	顶隙系数	c^*	取标准值，对于正常齿 $c^* = 0.25$，对于短齿 $c^* = 0.3$	
几何尺寸	齿槽宽	e	$e = p/2 = \pi m/2$	
	齿厚	s	$s = p/2 = \pi m/2$	
	齿距	p	$p = \pi m$	
	全齿高	h	$h = h_a + h_f = (2h_a^* + c^*)m$	
	齿顶高	h_a	$h_a = h_a^* m$	

（续）

名称		符号	计 算 公 式	
			外齿轮	内齿轮
几何尺寸	齿根高	h_f	$h_f = (h_a^* + c^*)m$	
	分度圆直径	d	$d = mz$	
	基圆直径	d_b	$d_b = d\cos\alpha = mz\cos\alpha$	
	齿顶圆直径	d_a	$d_a = d + 2h_a = (z + 2h_a^*)m$	$d_a = d - 2h_a = (z - 2h_a^*)m$
	齿根圆直径	d_f	$d_f = d - 2h_f = (z - 2h_a^* - 2c^*)m$	$d_f = d + 2h_f = (z + 2h_a^* + 2c^*)m$
	中心距	a	$a = m(z_1 + z_2)/2$	$a = m(z_2 - z_1)/2$

7.3.3　公法线长度和分度圆弦齿厚

齿轮在加工、检验时，常用测量公法线长度或分度圆弦齿厚的方法来保证齿轮加工的尺寸精度。

1. 公法线长度

用卡尺在齿轮上跨过若干齿数 k 所量得的齿廓法向距离称为公法线长度，用 W_k 表示。如图 7-8 所示，卡尺跨测三个齿时，与齿轮相切于 A、B 两点，则线段 $\overline{AB}$ 的长度就是跨三个齿的公法线长度。根据渐开线性质可得

$$W_k = (k-1)p_b + s_b$$

式中　p_b——基圆齿距；

　　　s_b——基圆齿厚。

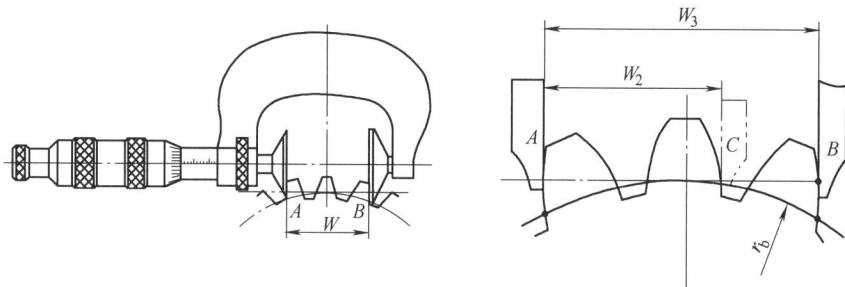

图 7-8　齿轮的公法线长度及测量

测量公法线长度只需普通的卡尺或专用的公法线千分尺，测量方法简便，结果准确，在齿轮加工中应用较广。标准齿轮的公法线长度的具体计算公式为

$$W = m[2.9521(k-0.5) + 0.014z] \tag{7-5}$$

式中　W——公法线长度（mm）；

　　　m——模数（mm）；

　　　k——跨齿数；

　　　z——所测齿轮齿数。

实践证明，公法线长度的测量精度与跨齿数 k 有关，当跨齿数 k 按下式确定时，测量出

的公法线尺寸精度最高。

$$k = \frac{\alpha}{180°}z + 0.5 \approx 0.111z + 0.5 \tag{7-6}$$

计算出的跨齿数 k 应四舍五入取整数，再代入式（7-5）计算 W。

2. 分度圆弦齿厚

公法线长度的测量，对于斜齿圆柱齿轮将受到齿宽条件的限制，对于大模数直齿圆柱齿轮，测量也有困难，此外还不能用于检测锥齿轮和蜗轮。在这几种情况下，通常改测齿轮的分度圆弦齿厚。

分度圆上的齿厚对应的弦长 $\overline{AB}$ 称为分度圆弦齿厚，用 $\bar{s}$ 表示，如图 7-9 所示。为了确定测量位置，把齿顶到分度圆弦齿厚的径向距离称为分度圆弦齿高，用 $\bar{h}$ 表示，标准齿轮分度圆弦齿厚和弦齿高的计算公式分别为

$$\bar{s} = mz\sin\frac{90°}{z} \tag{7-7}$$

$$\bar{h} = m\left[h_a^* + \frac{z}{2}\left(1 - \cos\frac{90°}{z} \right) \right] \tag{7-8}$$

由于测量分度圆弦齿厚是以齿顶圆为基准的，测量结果必然受到齿顶圆误差的影响，而公法线长度测量与齿顶圆无关。

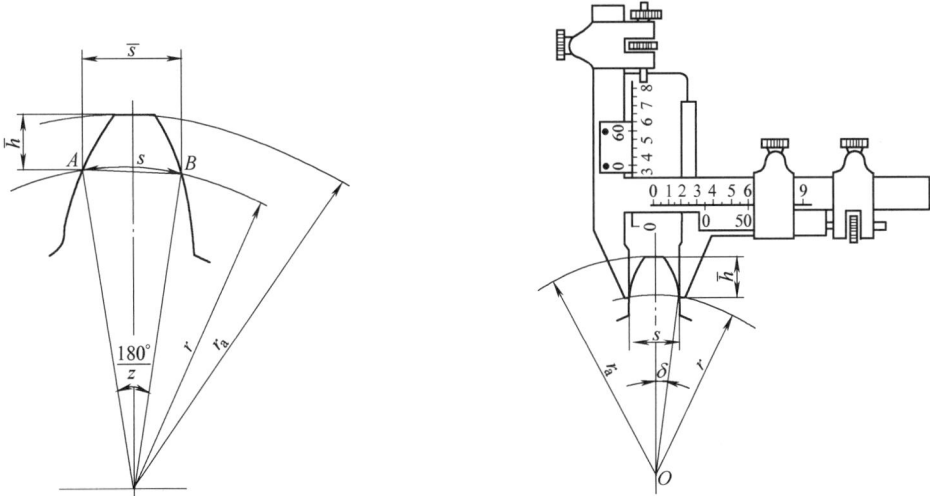

图 7-9　齿轮的分度圆弦齿厚及测量

7.4　渐开线标准直齿圆柱齿轮的啮合传动

7.4.1　正确啮合条件

图 7-10 所示为一对渐开线齿轮啮合的情况。如前所述，一对渐开线齿廓在任何位置啮合时，其接触点都应在啮合线 N_1N_2 上。因此，当前一对轮齿在啮合线上 K 点接触时，若要

使后一对轮齿也处于啮合状态，则其接触点 M 也应位于啮合线 N_1N_2 上。要使两对轮齿能同时进行正确啮合，则两齿轮相邻两齿同侧齿廓的法线齿距必须相等，即

$$\overline{K_1M_1} = \overline{K_2M_2}$$

根据渐开线的性质可知，齿轮的法线齿距等于基圆齿距 p_b。因此，一对渐开线齿轮正确啮合的条件为两齿轮基圆齿距相等，即

$$p_{b1} = p_{b2} \qquad (7\text{-}9)$$

齿轮 1 和齿轮 2 的基圆齿距分别为

$$p_{b1} = p_1\cos\alpha_1 = \pi m_1\cos\alpha_1$$

$$p_{b2} = p_2\cos\alpha_2 = \pi m_2\cos\alpha_2$$

将 p_{b1} 和 p_{b2} 代入式（7-9）中，得两齿轮正确啮合的条件为

$$m_1\cos\alpha_1 = m_2\cos\alpha_2 \qquad (7\text{-}10)$$

式中 m_1、m_2、α_1、α_2——两齿轮的模数和压力角。

由于模数和压力角均已标准化，所以要满足上式，只有使

$$\begin{cases} m_1 = m_2 = m \\ \alpha_1 = \alpha_2 = \alpha \end{cases} \qquad (7\text{-}11)$$

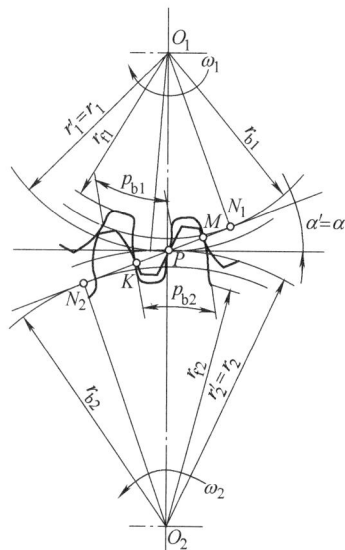

图 7-10 渐开线齿轮的正确啮合

由此得出一对渐开线齿轮的正确啮合条件是：两齿轮的模数和压力角应分别相等。这样，一对齿轮的传动比可写成

$$i_{12} = \frac{\omega_1}{\omega_2} = \frac{r_2'}{r_1'} = \frac{r_{b2}}{r_{b1}} = \frac{z_2}{z_1} \qquad (7\text{-}12)$$

7.4.2 标准安装和标准中心距

要使一对齿轮传动平稳，应保证相啮合的两轮齿的齿侧无间隙。由于一对齿轮啮合传动时，两齿轮的节圆作纯滚动，且其中心距等于两轮节圆半径之和。当要求两齿轮的齿侧无间隙时，则一轮齿的节圆齿厚必须等于另一齿轮节圆的齿槽宽，即 $s_1' = e_2'$，$s_2' = e_1'$。当一对模数相等的标准齿轮相啮合时，由于两齿轮分度圆上的齿厚与齿槽宽相等，即 $s_1 = e_1 = s_2 = e_2 = \pi m/2$，因此两齿轮在无齿侧间隙的条件下进行传动时，则分度圆必与节圆重合，压力角等于啮合角，这时两齿轮的安装称为标准安装。此时的中心距称为标准中心距，用 a 表示，如图 7-11 所示。

$$a = r_1' + r_2' = r_1 + r_2 = \frac{m}{2}(z_1 + z_2) \qquad (7\text{-}13)$$

对内啮合圆柱齿轮传动，当标准安装时，其标准中心距计算公式为

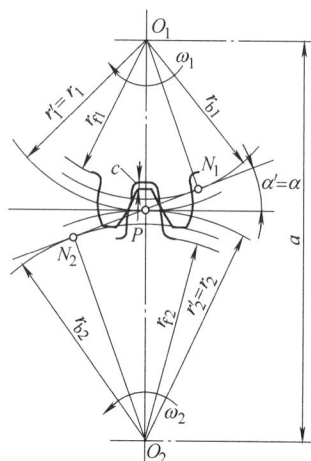

图 7-11 标准中心距

$$a = r_2' - r_1' = r_2 - r_1 = \frac{m}{2}(z_2 - z_1) \qquad (7\text{-}14)$$

当两齿轮标准安装（标准中心距）时，理论上在齿侧间没有间隙。但实际上，考虑到轮齿变形及保证齿轮运转正常等因素，应保证有一定侧隙，而侧隙一般由齿厚及齿槽宽的尺寸公差产生。

如图 7-11 所示，一齿轮的齿顶圆至另一齿轮的齿根圆之间沿中心连线的径向间隙称为顶隙，用 c 表示。由于两分度圆相切，故顶隙为

$$c = h_f - h_a = c^* m \qquad (7\text{-}15)$$

顶隙的作用是为了避免一齿轮的齿顶与另一齿轮的齿根相抵触，同时也便于储存润滑油。

7.4.3 重合度及连续传动条件

1. 一对渐开线齿轮的啮合过程

如图 7-12 所示，一对渐开线齿轮传动中齿轮 1 为主动轮，齿轮 2 为从动轮，转动方向如图所示。一对轮齿进行啮合传动时，首先是主动轮的齿根部分与从动轮的齿顶部分相接触。随着两轮的传动，两轮齿的啮合点沿着啮合线 $N_1 N_2$ 移动，当移至主动轮的齿顶部分与从动轮的齿根部分相接触时，该对轮齿即将脱离啮合。因此，从动轮的齿顶圆与啮合线 $N_1 N_2$ 交点 B_2 为一对轮齿啮合的起始点，而主动轮的齿顶圆与啮合线 $N_1 N_2$ 的交点 B_1 为该对轮齿啮合的终止点。一对轮齿由 B_2 点开始啮合，而由 B_1 点结束啮合，故线段 $B_2 B_1$ 为一对轮齿啮合点的实际轨迹，称为实际啮合线。当两轮的齿顶圆增大时，实际啮合线将随之增长，点 B_1、B_2 将分别趋近于 N_1、N_2，但由于基圆以内没有渐开线，所以两轮的齿顶圆与啮合线 $N_1 N_2$ 的交点不得超过点 N_1、N_2，因此啮合线 $N_1 N_2$ 是理论上可能的最长啮合线段，故称为理论啮合线，而点 N_1、N_2 则称为啮合极限点。

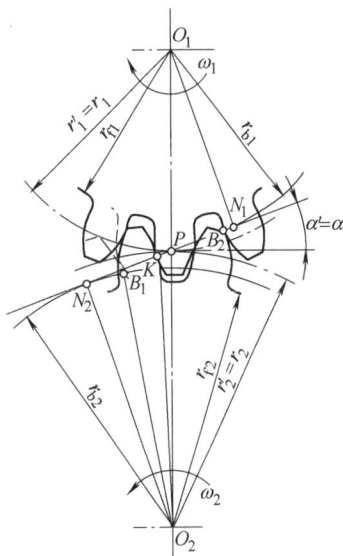

图 7-12　渐开线齿轮的连续传动

2. 渐开线齿轮连续传动条件

由上述一对齿轮的啮合过程可知，为了使两齿轮能连续传动，必须在前一对轮齿尚未终止啮合之前，后一对轮齿就已进入啮合。如图 7-12 所示，当前一对轮齿啮合到 K 点时，其后一对轮齿已在 B_2 点开始进入啮合，这表明传动是连续的。若前一对轮齿已啮合到 B_1 点，而后一对轮齿还未到达 B_2 点，即未进入啮合，则表明传动不能连续。因此，由图 7-12 可知，渐开线齿轮连续传动条件为 $\overline{B_2 B_1} \geqslant \overline{B_2 K}$，而 $\overline{B_2 K} = p_b$，故连续传动的条件可用下式表示

$$\overline{B_2 B_1} \geqslant p_b \quad \text{或} \quad \frac{\overline{B_2 B_1}}{p_b} \geqslant 1$$

通常比值 $\dfrac{\overline{B_2 B_1}}{p_b}$ 称为重合度，用 ε 表示，即

$$\varepsilon = \frac{\overline{B_2 B_1}}{p_b} \geqslant 1 \tag{7-16}$$

重合度越大，表示同时啮合的轮齿的对数越多，传动越平稳，承载能力越大。理论上，当 $\varepsilon = 1$ 时就能保证连续传动。但由于齿轮制造、安装等都会有误差，所以实际中要满足 $\varepsilon \geqslant 1$。当一对标准齿轮的齿数大于 17、且标准安装时，其重合度总是大于 1，所以一般都能满足连续传动的要求。

例 7-1 一对渐开线标准直齿圆柱齿轮（正常齿）传动，已知传动比 $i_{12} = 3$，小齿轮齿数 $z_1 = 30$，模数 $m = 3$mm，求两齿轮的几何尺寸及传动中心距。

解

1）大齿轮齿数

由 $i_{12} = z_2 / z_1$ 得 $z_2 = i_{12} z_1 = 3 \times 30 = 90$

2）两齿轮几何尺寸

由正确啮合条件知：两轮模数、压力角相等，两轮几何尺寸计算如下：

$$d_1 = m z_1 = 3 \times 30\text{mm} = 90\text{mm}$$

$$d_{a1} = d_1 + 2 h_a^* m = (90 + 2 \times 1 \times 3)\text{mm} = 96\text{mm}$$

$$d_{f1} = d_1 - 2(h_a^* + c^*)m = 90\text{mm} - 2 \times (1 + 0.25) \times 3\text{mm} = 82.5\text{mm}$$

$$d_{b1} = d_1 \cos\alpha = 90\text{mm} \times \cos 20° = 90 \times 0.9396\text{mm} = 84.56\text{mm}$$

$$d_2 = m z_2 = 3 \times 90\text{mm} = 270\text{mm}$$

$$d_{a2} = d_2 + 2 h_a^* m = 270\text{mm} + 2 \times 1 \times 3\text{mm} = 276\text{mm}$$

$$d_{f2} = d_2 - 2(h_a^* + c^*)m = 270\text{mm} - 2 \times (1 + 0.25) \times 3\text{mm} = 262.5\text{mm}$$

$$d_{b2} = d_2 \cos\alpha = 270\text{mm} \times \cos 20° = 270 \times 0.9396\text{mm} = 253.69\text{mm}$$

3）传动中心距

$$a = \frac{1}{2}m(z_1 + z_2) = \frac{1}{2} \times 3 \times (30 + 90)\text{mm} = 180\text{mm}$$

例 7-2 现有一正常齿制标准直齿圆柱齿轮，已知 $m = 2$mm，$z = 42$，求公法线长度 W。

解 先求跨齿数 k，由式（7-6）得

$$k = 0.111z + 0.5 = 0.111 \times 42 + 0.5 = 5.2$$

故 $k = 5$

求公法线长度 W

$$W = m[2.9521(k - 0.5) + 0.014z]$$
$$= 2\text{mm} \times [2.9521 \times (5 - 0.5) + 0.014 \times 42]$$
$$= 27.745\text{mm}$$

7.5 渐开线齿轮的切齿原理和根切现象

7.5.1 渐开线齿轮的加工原理

齿轮可通过铸造、冲压、锻造、热轧和切削等方法加工而成，其中切削加工方法使用最

普遍。切削加工法按其加工原理可分为仿形法和展成法两种。

1. 仿形法

在普通铣床上使用成形刀具，将齿轮轮坯逐一铣削出齿槽而形成齿廓的方法称为仿形法。这种方法所使用的刀具的切削刃形状和被切齿轮的齿槽形状相同，常用的成形刀具有盘状铣刀（见图7-13a）和指状铣刀（见图7-13b）。

铣齿时，铣刀绕自身轴线转动，轮坯沿自身轴线方向进给。待切出一个齿槽后，将毛坯退回到原来的位置，然后由分度机构将轮坯转过 $360°/z$，再铣下一个齿槽，直至切制出所有的齿槽。由于渐开线齿廓形状取决于基圆大小，而 $d_b = mz\cos\alpha$，故其齿廓形状与齿轮的模数、压力角、齿数有关。采用仿形法加工齿轮，当 m 和 α 一定时，渐开线的形状将随齿轮的齿数而变化。换句话说，在加工 m 和 α 相同而 z

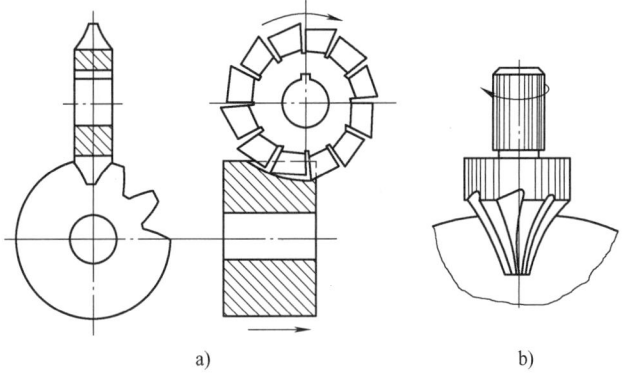

图7-13 仿形法加工齿轮
a) 盘状铣刀 b) 指状铣刀

不同的齿轮时，每一种齿数的齿轮就需要配一把铣刀，这是不经济也是不现实的。所以在实际生产中，为减少刀具数量，对于同一模数和标准压力角的铣刀，一般采用8把或15把为一套。每把铣刀切制一定范围齿数的齿轮，以适应加工不同齿数齿轮的需要。表7-3为8把一组各号齿轮铣刀切制齿轮的齿数范围。

表7-3 8把一组各号铣刀切制齿轮的齿数范围

刀号	1	2	3	4	5	6	7	8
齿数范围	12~13	14~16	17~20	21~25	26~34	35~54	55~134	≥135

由于一把铣刀加工几种齿数的齿轮，其加工出的齿轮齿廓是有一定误差的。因此，用仿形法加工的齿轮精度较低，又因切齿不能连续进行，故生产率低，不宜成批生产，但因切齿方法简单，不需专用机床，所以适用于单件生产及精度要求不高的齿轮加工。

2. 展成法

展成法是目前齿轮加工中最常用的一种方法，如插齿、滚齿、剃齿和磨齿等都属于这种方法。它是根据一对齿轮啮合传动时，其共轭齿廓互为包络线的原理来加工齿轮的，这时刀具与轮坯如同一对相互啮合的齿轮传动。用展成法加工齿轮时，常用的刀具有齿轮型刀具（如齿轮插刀）和齿条型刀具（如齿条插刀、滚刀）两大类。

（1）齿轮插刀加工 图7-14a所示为用齿轮插刀加工齿轮的情况。齿轮插刀的外形像一个具有切削刃的渐开线外齿轮，插齿时，插刀与轮坯以恒定传动比（由机床传动系统来保证）作展成运动，同时插刀沿轮坯轴线方向作上下往复的切削运动。为了防止插刀退刀时擦伤已加工好的齿廓表面，在插刀退刀时，轮坯还需作让开一小段距离（在插刀向下切削时，轮坯又恢复到原来位置）的让刀运动。另外，为了切出轮齿的高度，插刀还需要向轮坯中心移动，即作进给运动。

（2）齿条插刀加工 图 7-14b 所示为用齿条插刀加工齿轮的情况。切制齿廓时，刀具与轮坯的展成运动相当于齿条与齿轮啮合传动，其切齿原理与用齿轮插刀加工齿轮的原理相同。

（3）齿轮滚刀加工 用以上两种方法加工齿轮，其切削都不是连续的，这就影响了生产率的提高。因此，在生产中更广泛地采用齿轮滚刀来切制齿轮，图 7-14c 所示为用齿轮滚刀切制齿轮的情况。滚刀的形状像一个螺旋杆，它的轴向剖面为一齿条，所以它属于齿条型刀具。当滚刀转动时，就相当于一个齿条在移动，所以滚刀切制齿轮的原理和齿条插刀切制齿轮的原理基本相同。滚刀除了旋转之外，还沿着轮坯的轴线缓慢移动，以便切出整个齿宽。

标准齿轮刀具、标准齿条刀具及标准的齿轮滚刀的齿顶高与齿根高相同，即比普通标准齿轮的齿顶高高出一个顶隙（$c = c^* m$）部分，目的是用于加工齿轮的齿根部分，其他部分均与标准齿轮相同，如图 7-15 所示。

用展成法加工齿轮时，只要刀具和被加工齿轮的模数 m 和压力角 α 相同，则不管被加工齿轮的齿数多少，都可以用同一把刀具来加工，而且加工效率高，所以在大批量生产中广泛采用这种方法。

a)

b)

c)

图 7-14 展成法加工齿轮

a）齿轮插刀 b）齿条插刀 c）齿轮滚刀

7.5.2 根切现象及最少齿数

当用展成法加工齿轮时，如果被加工齿轮的齿数太少，则齿轮坯的渐开线齿廓根部会被

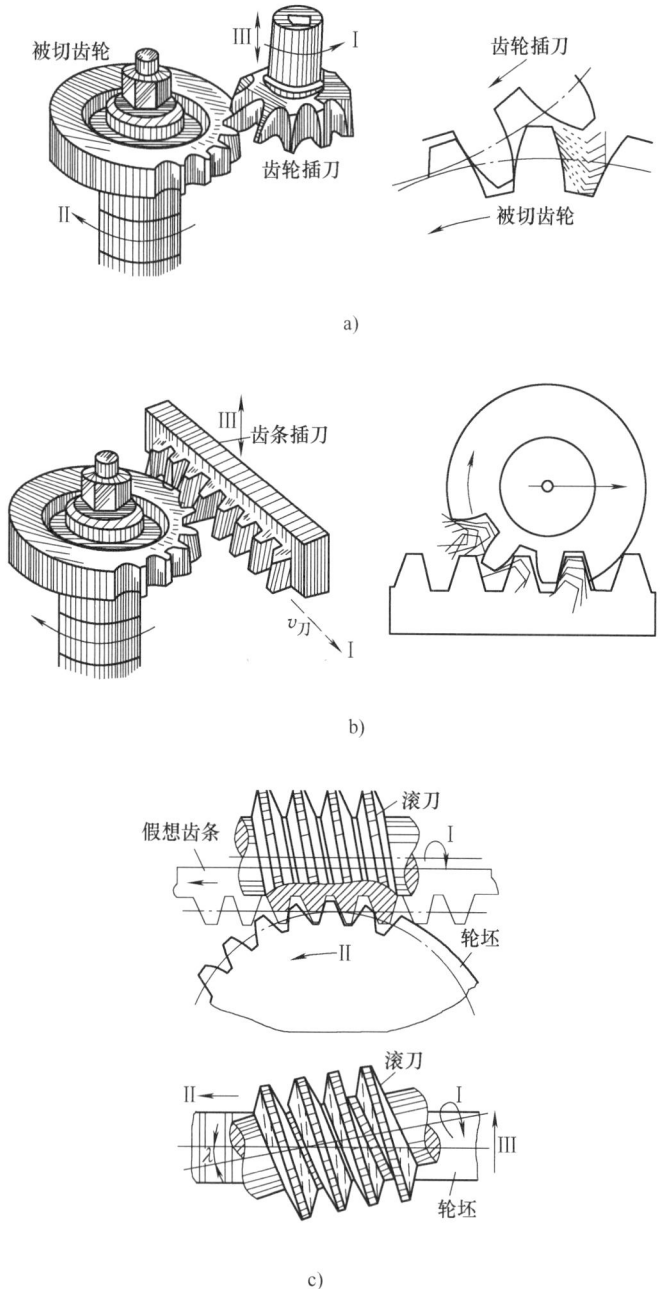

刀具过多地切削掉，如图 7-16 所示，这种现象称为根切。发生根切的轮齿不仅削弱了轮齿的抗弯强度，影响轮齿的承载能力，而且使一对轮齿的啮合过程缩短，重合度下降，传动平稳性变差。为保证齿轮传动质量，一般不允许齿轮发生根切现象。

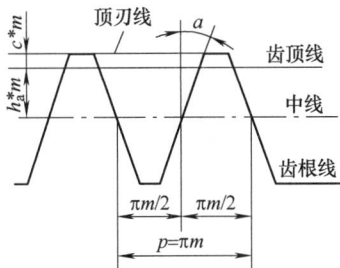

图 7-15　标准齿条刀具　　　　　　　　　　　图 7-16　轮齿根切现象

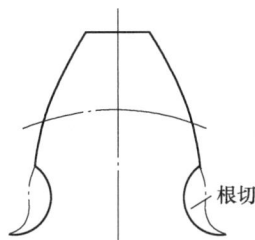

　　标准齿轮是否发生根切，取决于啮合线上 N_1 的位置是否在齿条顶线之内。如图 7-17 所示，N_1 点的位置与轮坯基圆半径 r_b 有关，由于

$r_b = r\cos\alpha = \dfrac{mz}{2}\cos\alpha$，而被切齿轮的模数 m 及压力角 α 均与刀具相同，所以 N_1 点的位置将取决于被切齿轮的齿数 z。由图可知，要避免根切，应使

$$\overline{PN_1} \geqslant \overline{PB_2}$$

由 $\triangle PN_1O$ 知，$\overline{PN_1} = r\sin\alpha = \dfrac{mz}{2}\sin\alpha$，又 $\overline{PB_2} =$

$\dfrac{h_a}{\sin\alpha}$

图 7-17　避免根切的条件

所以

$$\frac{mz}{2}\sin\alpha \geqslant \frac{h_a^* m}{\sin\alpha}$$

由此可推导出，标准齿轮不发生根切时齿数应满足的条件

$$z \geqslant \frac{2h_a^*}{\sin^2\alpha}$$

其最少齿数则为

$$z_{\min} = \frac{2h_a^*}{\sin^2\alpha} \tag{7-17}$$

当 $\alpha = 20°$，$h_a^* = 1$ 时，$z_{\min} = 17$。

实际应用中，为了使齿轮传动装置结构紧凑，允许有少量根切，在传递功率不大时可选用 $z_{\min} = 14$ 的标准齿轮。当 $z < 17$，不允许有根切时可采用变位齿轮。

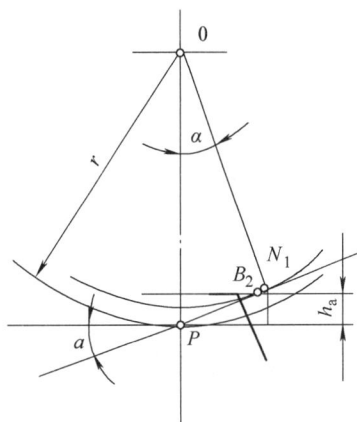

7.6 渐开线变位直齿圆柱齿轮传动简介

7.6.1 变位齿轮概念

标准齿轮由于设计计算比较简单、互换性较好等优点，得到了广泛的应用。但标准齿轮有许多不足之处，如最少齿数受限制，中心距必须取标准值，大小齿轮强度差较大等。为了改善和克服这些不足，就必须对标准齿轮进行修正，即采用变位齿轮。

用齿条型刀具加工齿轮，若对刀时齿条刀具的中线与被加工齿轮分度圆相切，加工出来的齿轮即为标准齿轮（$s=e$）（见图 7-18a），否则，加工出来的齿轮称变位齿轮（$s \neq e$）（见图 7-18b、c）。以切削标准齿轮的位置为基准，刀具所移动的距离称为变位量，用 xm 表示，x 称为变位因数，m 为齿轮模数。规定刀具远离轮坯的变位为正变位（$x>0$），切出的齿轮称为正变位齿轮；刀具移近轮坯的变位为负变位（$x<0$），相应切出的齿轮称为负变位齿轮。

由于齿条在不同高度上的齿距 p、压力角 α 都是相同的，所以无论齿条刀具位置如何变化，切出的变位齿轮模数、压力角都与在齿条中线上切出的相同，为标准值。它的分度圆直径、基圆直径与标准齿轮也相同，其齿廓曲线和标准齿轮的齿廓曲线为同一基圆形成的渐开线，如图 7-19 所示，但变位齿轮的某些尺寸是非标准的，例如正变位齿轮的齿厚和齿顶高变大，齿槽宽和齿根高变小等。

7.6.2 变位齿轮传动的类型

根据一对变位齿轮变位因数之和（$x_{\Sigma} = x_1 + x_2$）不同，变位齿轮传动可分为以下三种类型：

（1）零传动　$x_{\Sigma} = x_1 + x_2 = 0$，称为零传动。零传动又分为两种情况：若 $x_1 = x_2 = 0$，即为标准齿轮传动；若 $x_1 = -x_2 \neq 0$，称为高度变位齿轮，其安装中心距 $a' = a$，啮合角 $\alpha' = \alpha$，但两个齿轮的齿顶高、齿根高都发生了变化，全齿高不变，这种变位传动又称为高度变位齿轮传动。

（2）正传动　$x_{\Sigma} = x_1 + x_2 > 0$ 时，称为正传动，此时 $a' > a$，$\alpha' > \alpha$，故又称为正角度变位齿轮传动。变位因数适当分配的正传动有利于提高其强度和使用寿命，因此在机械中被广泛应用。

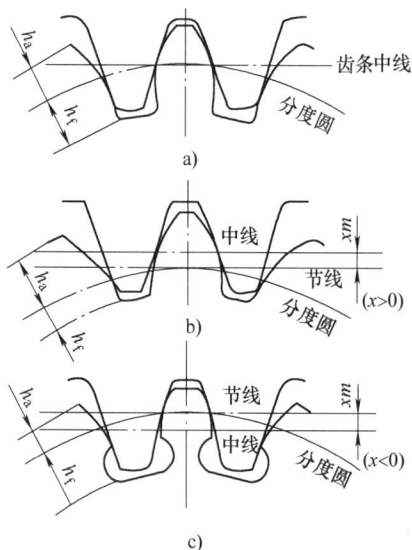

图 7-18　标准齿轮与变位齿轮

a）标准齿轮　b）正变位齿轮　c）负变位齿轮

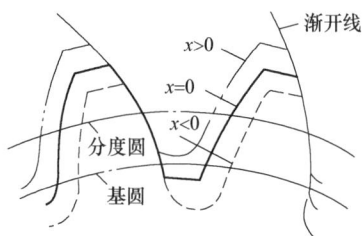

图 7-19　齿廓曲线的比较

（3）负传动 $x_\Sigma = x_1 + x_2 < 0$ 时，称为负传动，此时 $a' < a$，$\alpha' < \alpha$，故又称为负角度变位齿轮传动。这种传动对齿轮根部强度有削弱作用，一般只在需要调整中心距时才应用。

7.7 齿轮传动的失效形式与设计准则

7.7.1 齿轮传动的失效形式

齿轮传动是由轮齿来传递运动和动力的，因此其失效形式一般是指传动齿轮轮齿的失效。齿轮轮齿的失效形式主要有以下五种。

1. 轮齿折断

一对轮齿进入啮合时，在载荷作用下，轮齿相当于悬臂梁，齿根处弯曲应力最大，而且在齿根过渡处常有应力集中现象，故轮齿折断一般发生在齿根部分。

轮齿折断有两种情况：一种是疲劳折断，它是由于轮齿齿根部分受到较大交变弯曲应力的多次重复作用，在齿根受拉的一侧产生疲劳裂纹，随着裂纹不断扩展，最后导致轮齿折断，如图 7-20 所示。另一种是过载折断，即轮齿受到短时严重过载或冲击载荷作用引起的突然折断，用淬火钢或铸铁等脆性材料制造的齿轮容易发生过载折断。

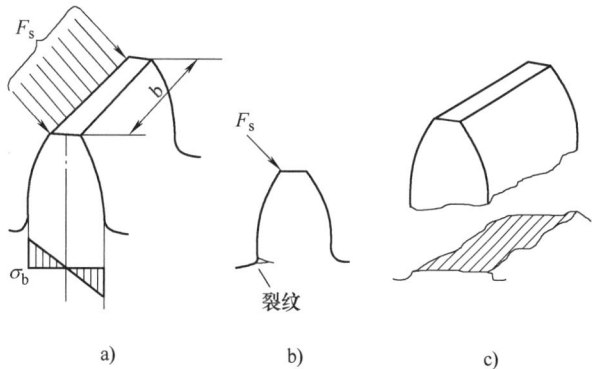

图 7-20 轮齿折断

齿宽较小的直齿圆柱齿轮往往会产生全齿折断。齿宽较大的直齿圆柱齿轮，由于制造安装的误差，使其局部受载过大时，则产生局部折断。对于斜齿圆柱齿轮，由于齿面接触线倾斜的缘故，其轮齿通常也产生局部折断。

轮齿折断是轮齿最严重的失效形式，它会导致停机甚至造成严重事故。为提高轮齿抗折断的能力，可采用限制齿根弯曲应力、降低齿根处的应力集中、选择合适的模数和齿宽、采用齿面强化处理和降低齿面粗糙度等办法。

2. 齿面点蚀

轮齿工作时，两齿面在理论上是线接触，由于齿面的弹性变形，实际上形成微小的接触面积，其表层的局部应力很大，此应力称为接触应力。在传动过程中，齿面上各点依次进入和退出啮合，接触应力按脉动规律循环变化，当齿面的接触应力超过材料的接触疲劳极限时，在载荷多次重复作用下，首先在靠近节线的齿根表面处产生微小的疲劳裂纹，随着裂纹扩展，最后导致齿面上金属小块剥落下来，形成一些小坑，这种现象称为疲劳点蚀又称点蚀，如图 7-21 所示。

齿面点蚀常出现在润滑良好、齿面硬度较低（≤350HBW）的闭式齿轮传动中。开式齿轮传动由于润滑不良，灰尘、金属杂质较多，致使磨损较快，难以形成点蚀。

齿面点蚀破坏了齿轮的正常工作，并引起振动和噪声。为防止出现点蚀，可采用限制齿面接触应力，表面强化处理，提高齿面硬度，降低齿面粗糙度，选用粘度较高的润滑油及适当的添加剂等办法。

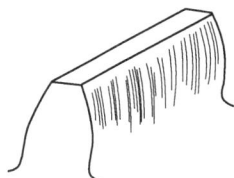

图 7-21 齿面点蚀

3. 齿面胶合

在高速重载的齿轮传动中，常因啮合处的高压接触使温升过高，破坏了齿面的润滑油膜，造成润滑失效，使两齿轮齿面金属直接接触，导致局部金属粘结在一起，随着传动过程的继续，较硬金属齿面将较软金属表层沿滑动方向撕划出沟痕，这种现象称为齿面胶合，如图 7-22 所示。在低速重载情况下，由于油膜不易形成，也可能发生胶合。

为防止齿面胶合，可采用选用抗胶合的添加剂或特殊高粘度合成齿轮油；加强冷却，限制齿面的温度；选用不同材料制造配对齿轮；一对齿轮可采用同种材料不同硬度以及降低齿面粗糙度等方法。

4. 齿面磨损

齿面磨损主要有两种情况：一种是由于轮齿接触表面间的相对滑动而引起的磨损；另一种是由于灰尘、金属杂物等进入齿面间而引起的磨料磨损，一般这两种磨损往往同时发生并互相促进。严重的磨损将使齿廓很快失去正确形状，齿侧间隙增大，导致传动的冲击和噪声增大，甚至因齿厚减薄而发生轮齿折断，如图 7-23 所示。

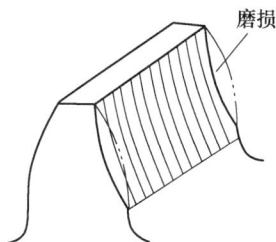

图 7-22 齿面胶合

图 7-23 齿面磨损

在闭式齿轮传动中，如果润滑油中混有金属屑或其他较硬的颗粒时，就可能引起磨料磨损，因此要经常注意清洗或更换润滑油。对于开式齿轮传动，特别是在多灰尘的场合下，磨料磨损是主要的失效形式，为此可采用适当防护装置减小这种磨损。

5. 齿面塑性变形

对于齿面硬度较低的齿轮，在低速重载时，轮齿齿面在啮合时因屈服强度不足而产生的局部金属流动现象，称为齿面塑性变形，如图 7-24 所示。齿面塑性变形一般发生于齿面硬度较低、重载及频繁起动的场合。

齿面塑性变形过大时，会使啮合平稳性急剧降低，产生较大的振动和噪声，导致传动失效。提高齿面硬度、增加润滑油黏度等措施，可有效防止齿面塑性变形。

轮齿的失效形式很多，除上述五种主要形式外，还可能出现齿面融化、齿面烧伤、电蚀、异物啮入和由于不同原因产生

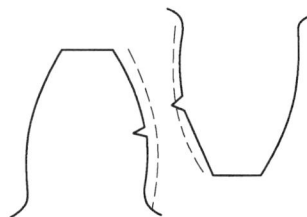

图 7-24 齿面塑性变形

的多种腐蚀和裂纹等。

7.7.2　设计准则

齿轮的设计准则应根据齿轮的失效形式来确定，但是对于齿轮的磨损、塑性变形等，由于尚未建立起广为工程实际使用而且行之有效的计算方法及设计数据，所以目前设计一般使用的齿轮传动时，通常只按保证齿根弯曲疲劳强度以避免轮齿折断，及保证齿面接触疲劳强度以避免齿面点蚀两准则进行设计计算。至于抵抗其他失效形式的能力，目前一般不进行计算，但应采用相应的措施增强轮齿抵抗这些失效的能力。

在工程实际中，对于软齿面（两齿面或两齿面之一≤350HBW）闭式齿轮传动，其主要失效形式是齿面点蚀，应按齿面接触疲劳强度进行设计计算，再校核齿根弯曲疲劳强度。

对于硬齿面（>350HBW）闭式齿轮传动，齿面抗点蚀能力强，其主要失效形式是齿根疲劳折断，故应按齿根弯曲疲劳强度进行设计计算，然后校核齿面接触疲劳强度。

对于开式齿轮传动或铸铁齿轮，仅按齿根弯曲疲劳强度设计计算，考虑磨损的影响可将模数加大 10% ~ 20%。

对齿轮的其他部分（如轮缘、轮辐、轮毂等）的尺寸，通常仅按经验公式作结构设计，不进行强度计算。

7.8　齿轮常用材料、热处理方法及传动精度

由齿轮的失效形式可知，设计齿轮传动时，应使齿面具有较高的耐磨损、抗点蚀、抗胶合及抗塑性变形的能力，而齿根要有较高的抗折断的能力，因此对轮齿材料性能的基本要求为：齿面要硬、齿心要韧。

7.8.1　常用的齿轮材料、热处理方法

1. 钢

钢材的韧性好，耐冲击，还可以通过热处理或化学热处理改善其力学性能及提高齿面硬度，故最适于用来制造齿轮。

（1）锻钢　除尺寸过大或者是结构形状复杂只宜铸造者外，一般都用锻钢制造齿轮，常用的是 $w_C = 0.15\% \sim 0.6\%$ 的碳钢或合金钢。制造齿轮的锻钢可分为：

1）软齿面（硬度≤350HBW），经热处理后切齿齿轮所用的锻钢。对于强度、速度及精度都要求不高的齿轮，应便于切齿，并使刀具不致迅速磨损变钝。因此，应将齿轮毛坯经过正火或调质处理后切齿，切制后即为成品，成品精度一般为 8 级，精切时可达 7 级，这类齿轮制造简便、经济、生产效率高。

2）硬齿面（硬度>350HBW），需进行精加工的齿轮所用的锻钢。高速、重载及精密机器（如精密机床、航空发动机）所用的主要齿轮传动，除要求材料性能优良，轮齿具有高强度及齿面具有高硬度（如 58 ~ 65HRC）外，还应进行磨齿等精加工。需精加工的齿轮目前多是先切齿，再进行表面硬化处理，最后进行精加工，精度可达 5 级或 4 级。这类齿轮精度高，价格较贵，所以热处理方法有表面淬火、渗碳、氮化、碳氮共渗及氰化等，材料视具体要求及热处理方法而定。

合金钢根据所含金属的成分及性能，可分别使材料的韧性、耐冲击、耐磨及抗胶合的性能等获得提高，也可通过热处理或化学热处理改善材料的力学性能及提高齿面的硬度，所以对于既是高速、重载又要求尺寸小、质量小的航空用齿轮，常用性能优良的合金钢（如20CrMnTi，20Cr2Ni4 等）来制造。

（2）铸钢　铸钢的耐磨性及强度均较好，但应经退火及正火处理，必要时也可进行调质，常用于尺寸较大和形状复杂的齿轮。

2. 铸铁

灰铸铁性质较脆，抗冲击及耐磨性都较差，但抗胶合及抗点蚀的能力较好，主要用于制造直径较大、工作平稳、速度较低、传递功率不大的齿轮。

3. 非金属材料

对高速轻载及精度不高的齿轮传动，为了降低噪声，常用非金属材料（如夹布胶木、尼龙等）做小齿轮，大齿轮仍用钢或铸铁制造。为使大齿轮具有足够的抗磨损及抗点蚀的能力，齿面的硬度应为 $250 \sim 350HBW$。

常用的齿轮材料及其力学性能见表7-4。

表7-4　常用齿轮材料的性能及应用范围

材　料	牌　号	热 处 理	硬　度	应 用 范 围
优质碳素钢	45	正火	$169 \sim 217HBW$	低速轻载
		调质	$217 \sim 255HBW$	低速中载
		表面淬火	$48 \sim 55HRC$	高速中载或低速重载，冲击很小
	50	正火	$180 \sim 220HBW$	低速轻载
合金钢	20Cr	渗碳淬火	$56 \sim 62HRC$	高速中载，承受冲击
	40Cr	调质	$240 \sim 260HBW$	中速中载
		表面淬火	$48 \sim 55HRC$	高速中载，无剧烈冲击
	42SiMn	调质	$217 \sim 269HBW$	高速中载，无剧烈冲击
		表面淬火	$45 \sim 55HRC$	
	20CrMnTi	渗碳淬火	$56 \sim 62HRC$	高速中载，承受冲击
铸钢	ZG310-570	正火	160-210HBW	中速中载，大直径
		表面淬火	$40 \sim 50HRC$	
	ZG340-640	正火	$170 \sim 230HBW$	
		调质	$240 \sim 270HBW$	
球墨铸铁	QT500-5	正火	$147 \sim 241HBW$	低、中速轻载，有小的冲击
	QT600-3		$220 \sim 280HBW$	
灰铸铁	HT200	人工时效	$170 \sim 230HBW$	低速轻载，有小的冲击
	HT300	（低温退火）	$187 \sim 235HBW$	

7.8.2　齿轮材料的选择原则

齿轮材料的种类很多，在选择时应考虑的因素也很多，下述几点可供选择材料时参考：

1）齿轮材料必须满足工作条件的要求，例如用于飞行器上的齿轮，要满足尺寸小、重量轻、传递功率大和可靠性高的要求，因此必须选择力学性能高的合金钢；矿山机械中的齿轮传动，一般功率很大、工作速度较低、周围环境中粉尘含量极高，因此往往选择铸钢或铸铁等材料；家用及办公用机械的功率很小，但要求传动平稳、低噪声或无噪声，以及能在少润滑状态下正常工作，因此常选用工程塑料作为齿轮材料。总之，工作条件的要求是选择齿轮材料时首先应考虑的因素。

2）应考虑齿轮尺寸的大小、毛坯成形方法及热处理和制造工艺。大尺寸的齿轮一般采用铸造毛坯，可选用铸钢或铸铁作为齿轮材料；中等或中等以下尺寸要求较高的齿轮常选用锻造毛坯，可选择锻钢制作；尺寸较小而又要求不高的齿轮，可选用圆钢作毛坯。齿轮表面硬化的方法有：渗碳、氮化和表面淬火。采用渗碳工艺时，应选用低碳钢或低碳合金钢作齿轮材料；氮化钢和调质钢能采用氮化工艺；采用表面淬火时，对材料没有特别的要求。

3）不论毛坯的制作方法如何，正火碳钢只能用于制作在载荷平稳和轻度冲击下工作的齿轮，不能承受大的冲击载荷；调质碳钢可用于制作在中等冲击载荷下工作的齿轮。

4）合金钢常用于制作高速、重载并在冲击载荷下工作的齿轮。

5）金属制的软齿面齿轮，配对两轮齿面的硬度差应保持为 30～50HBW 或更多。当小齿轮与大齿轮的齿面具有较大的硬度差（如小齿轮齿面为淬火并磨制，大齿轮齿面为正火或调质），且速度又较高时，较硬的小齿轮齿面对较软的大齿轮齿面会起较显著的冷作硬化效应，从而提高了大齿轮齿面的疲劳极限。因此，当配对的两齿轮齿面具有较大的硬度差时，大齿轮的接触疲劳许用应力可提高约 20%，但应注意硬度高的齿面，表面粗糙度值也要相应地减小。

7.8.3 圆柱齿轮精度简介

齿轮在加工过程中，由于刀具和机床本身等原因，使加工的齿轮不可避免地产生一定误差，齿轮精度就是用制造公差加以区别齿轮的制造精确程度。

齿轮精度标准是齿轮设计、制造、检验的依据，也是产品销售和采购的技术依据。

1. 相关国家标准

国家质量监督检验检疫总局批准发布的渐开线圆柱齿轮精度最新国家标准是由 2 项标准和 4 项国家标准化指导性技术文件组成的体系，见表 7-5。

表 7-5　齿轮精度的标准体系

序号	标　准　号	内　　容
1	GB/T 10095.1—2008	渐开线圆柱齿轮　精度制　第 1 部分： 轮齿同侧齿面偏差的定义和允许值
2	GB/T 10095.2—2008	渐开线圆柱齿轮　精度制　第 2 部分： 径向综合偏差与径向跳动的定义和允许值
3	GB/Z 18620.1—2002	圆柱齿轮　检验实施规范　第 1 部分： 轮齿同侧齿面的检验
4	GB/Z 18620.2—2002	圆柱齿轮　检验实施规范　第 2 部分： 径向综合偏差、径向跳动、齿厚和侧隙的检验
5	GB/Z 18620.3—2002	圆柱齿轮　检验实施规范　第 3 部分： 齿轮坯、轴中心距和轴线平行度
6	GB/Z 18620.4—2002	圆柱齿轮　检验实施规范　第 4 部分： 表面结构和轮齿接触斑点的检验

2. 齿轮的精度等级及其选择

（1）精度等级 GB/T 10095.1—2008 对轮齿同侧齿面偏差规定了 13 个精度等级，按 0 ~ 12 级顺序排列，其中 0 级精度最高，12 级精度最低。

GB/T 10095.2—2008 对齿轮的径向综合偏差规定了 4 ~ 12 级共 9 个精度等级，其中 4 级精度最高，12 级精度最低。

0 ~ 2 级精度的齿轮各项偏差很小，精度很高，属于将来发展的精度级，一般 3 ~ 5 级精度称为高精度等级，6 ~ 9 级称为中等精度等级，10 ~ 12 级称为低精度等级。标准中的 5 级精度是 13 个精度等级中的基础级，也是确定齿轮各项偏差的公差计算式的精度等级。

（2）检验项目 圆柱齿轮的检验项目见表 7-6。

表 7-6 圆柱齿轮的检验项目

单个检验项目	综合检验项目	
	单面综合检验项目	双面综合检验项目
齿距偏差 f_{Pt}、F_{Pk}、F_P	切向综合总偏差 F_i'	径向综合总偏差 F_i''
齿廓总偏差 F_α		
螺旋线总偏差 F_β		
齿厚偏差	一齿切向综合总偏差 f_i'	一齿径向综合偏差 f_i''

新标准中没有将上列检验项目分组，实际齿轮检测时，不必单项及综合项目均检验，只需将这些检验项目分成若干检验组，选其中某一组进行检验。具体选择请查阅相关设计手册。

（3）精度等级的选择 齿轮精度等级的选择，必须根据用途、工作条件、使用要求、传动功率和圆周速度以及其他技术条件来决定。一般情况下，若选定某个精度等级，则齿轮的各项偏差均应按该精度等级，但也可对不同的偏差项目选定不同的精度等级。

目前选择齿轮精度等级，用得最多的还是经验比较法，即根据现有设备或已设计过的同类设备所采用的齿轮精度等级进行比较。表 7-7 为各类工作机械所用的齿轮精度等级，以及各精度等级在工作机械中的适用范围和采用的加工方法，供设计时参考。

表 7-7 圆柱齿轮转动各级精度的应用范围

要　素	分　级					
	精度等级					
	4	5	6	7	8	9
切齿方法	在周期误差很小的精密机床上用展成法加工	在周期误差小的精密机床上用展成法加工	在精密机床上用展成法加工	在较精密机床上用展成法加工	在展成法机床上加工	在展成法机床上或分度法精细加工
齿面最后加工	精密磨齿；对软或硬齿面的大齿轮，精密滚齿后研齿或剃齿		磨齿、精密滚齿或剃齿	高精度滚齿、插齿和剃齿对渗碳淬火齿轮必须作最后加工（磨齿、精刮齿、有修正能力的珩齿等）	滚齿、插齿，必要时剃齿或刮齿或珩齿	一般滚、插齿工艺

（续）

要素		分级 — 精度等级					
		4	5	6	7	8	9
齿面粗糙度	齿面 Ra/μm	硬化　调质 ≤0.4	硬化 ≤0.8 调质 ≤1.6	硬化 ≤0.8 调质 ≤1.6	硬化　调质 ≤3.2	硬化　调质 ≤6.3	硬化 ≤3.2 调质 ≤6.3
工作条件及应用范围	机床	高精度和精密的分度链末端齿轮 圆周速度 v>30m/s 的直齿轮 圆周速度 v>50m/s 的斜齿轮	一般精度的分度链末端齿轮 高精度和精密的分度链的中间齿轮 圆周速度 v>15~30m/s 的直齿轮 圆周速度 v>30~50m/s 的斜齿轮	V 级机床主传动的重要齿轮 一般精度的分度链的中间齿轮 Ⅲ级和Ⅲ级以上精度等级机床的进给齿轮 油泵齿轮 圆周速度 v>10~15m/s 的直齿轮 圆周速度 v>15~30m/s 的斜齿轮	Ⅳ级和Ⅳ级以上精度等级机床的进给齿轮 圆周速度 v>6~10m/s 的直齿轮 圆周速度 v>8~15m/s 的斜齿轮	一般精度的机床齿轮 圆周速度 v<6m/s 的直齿轮 圆周速度 v<8m/s 的斜齿轮	没有传动精度要求的手动齿轮
	航空、船舶和车辆	需要很高的平稳性、低噪声的船用和航空齿轮 圆周速度 v>35m/s 的直齿轮 圆周速度 v>70m/s 的斜齿轮	需要高的平稳性、低噪声的船用和航空齿轮 圆周速度 v>20m/s 的直齿轮 圆周速度 v>35m/s 的斜齿轮	用于高速传动有平稳性、低噪声要求的机车、航空、船舶和轿车的齿轮 圆周速度 v≤20m/s 的直齿轮 圆周速度 v≤35m/s 的斜齿轮	用于有平稳性和噪声要求的航空、船舶和车辆的齿轮 圆周速度 v≤15m/s 的直齿轮 圆周速度 v≤25m/s 的斜齿轮	用于中等速度较平稳传动的载重汽车和拖拉机的齿轮 圆周速度 v≤10m/s 的直齿轮 圆周速度 v≤15m/s 的斜齿轮	用于较低速和噪声要求不高的载重汽车第一档与倒档拖拉机和联合收割机齿轮 圆周速度 v≤4m/s 的直齿轮 圆周速度 v≤6m/s 的斜齿轮
	动力传动	用于很高速度的透平传动齿轮 圆周速度 v>70m/s 的斜齿轮	用于高速的透平传动齿轮重型机械进给机构和高速重载齿轮 圆周速度 v>30m/s 的斜齿轮	用于高速传动的齿轮，工业机器有高可靠性要求的齿轮，重型机械的功率传动齿轮，作业率很高的起重运输机械齿轮 圆周速度 v<30m/s 的斜齿轮 圆周速度 v<15m/s 的直齿轮	用于高速和适度功率或大功率和适度速度条件下的齿轮，冶金、矿山、石油、林业、轻工、工程机械和小型工业齿轮箱（普通减速器）有可靠性要求的齿轮 圆周速度 v<25m/s 的斜齿轮 圆周速度 v<10m/s 的直齿轮	用于中等速度较平稳传动的齿轮，冶金、矿山、石油、林业、轻工、工程机械、起重运输机械和小型工业齿轮箱（普通减速器）的齿轮 圆周速度 v<15m/s 的斜齿轮	用于一般工作和噪声要求不高的齿轮，受载低于计算载荷的传动齿轮，速度大于 1m/s 的开式齿轮传动和转盘的齿轮 圆周速度 v≤4m/s 的直齿轮 圆周速度 v≤6m/s 的斜齿轮

（续）

要　素		分　级					
		精度等级					
		4	5	6	7	8	9
工作条件及应用范围	其他	检验 7 级精度齿轮的测量齿轮	检验 8～9 级精度齿轮的测量齿轮、印刷机刷辊子用的齿轮	读数装置中的特别精密传动的齿轮	读数装置的传动及具有非直齿的速度传动齿轮、印刷机传动齿轮	普通印刷机传动齿轮	
单级传动效率		不低于 0.99（包括轴承不低于 0.985）			不低于 0.98（包括轴承不低于 0.975）	不低于 0.97（包括轴承不低于 0.965）	不低于 0.96（包括轴承不低于 0.95）

3. 齿轮精度等级在图样上的标注

新的国家标准 GB/T 10095 规定了在文件需叙述齿轮精度要求时，应注明 GB/T 10095.1 或 GB/T 10095.2。为此，关于齿轮精度等级和齿厚偏差的标注建议如下：

（1）齿轮精度等级的标注

1）若齿轮的检验项目同为某一精度等级时，可标注精度等级和标准号，如齿轮检验项目同为 7 级，则标注为

$$7 \quad \text{GB/T 10095.1} \quad \text{或} \quad 7 \quad \text{GB/T 10095.2}$$

2）若齿轮检验项目的精度等级不同时，如齿廓总偏差 F_α 为 6 级，而齿距累积总偏差 F_p 和螺旋线总偏差 F_β 均为 7 级时，则标注为

$$6（F_\alpha）、7（F_P、F_\beta） \quad \text{GB/T 10095.1}$$

（2）齿厚偏差的标注　按照 GB/T 6443—1986《渐开线圆柱齿轮图样上应注明的尺寸数据》的规定，应将齿厚的极限偏差数值注在图样右上角的参数表中。

7.9　直齿圆柱齿轮传动的受力分析及强度计算

7.9.1　受力分析及计算载荷

1. 受力分析

进行齿轮的强度计算时，首先要知道齿轮上所受的力，这就需要对齿轮传动作受力分析，对齿轮传动进行受力分析也是计算安装齿轮的轴及轴承时所必需的。

齿轮传动一般均加以润滑，所以啮合轮齿间的摩擦力通常很小，计算轮齿受力时可不予考虑。

沿啮合线作用在齿面上的法向载荷 F_n 垂直于齿面，为了计算方便，将法向载荷 F_n 在节点 P 处分解为两个相互垂直的分力，即圆周力 F_t 与径向力 F_r，如图 7-25 所示。由此得

$$F_t = \frac{2T_1}{d_1} \left.\vphantom{\begin{array}{c}1\\2\\3\end{array}}\right\}$$

$$F_r = F_t \tan\alpha$$

$$F_n = \frac{F_t}{\cos\alpha} = \frac{2T_1}{d_1 \cos\alpha}$$

(7-18)

式中　d_1——小齿轮分度圆直径（mm）；

　　　　α——压力角，对标准齿轮 $\alpha = 20°$；

　　　　T_1——小齿轮传递的转矩（N·mm）。

通常已知主动轮传动的功率 P_1（kW）及其转速 n_1（r/min），所以主动轮上的理论转矩 T_1（N·mm）为

$$T_1 = 9.55 \times 10^6 \times \frac{P_1}{n_1}$$

(7-19)

作用在主动轮上的圆周力 F_{t1} 的方向与啮合点的线速度方向相反，从动轮上的圆周力 F_{t2} 与啮合点的线速度方向相同；径向力 F_{r1} 与 F_{r2} 的方向分别指向各自的轮心，如图 7-26 所示。

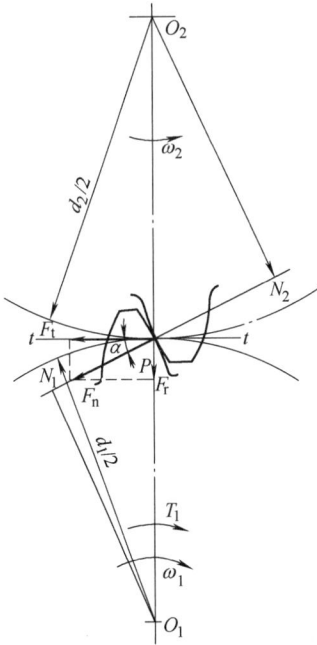

图 7-25　轮齿受力分析

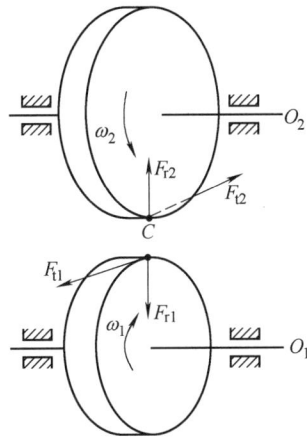

图 7-26　轮齿的受力方向

2. 计算载荷

上述轮齿受力分析中，法向载荷 F_n 是理想状况下作用在轮齿上的载荷，称为名义载荷。实际上，由于原动机和工作机的载荷特性不同，会产生附加载荷，由于齿轮、轴和支承装置加工、安装的误差及受载后产生的弹性变形，使载荷沿齿宽分布不均匀造成载荷集中等原因，使实际载荷比名义载荷大。因此，在齿轮传动的强度计算时，考虑到上述各种因素的影

响，采用计算载荷 F_{nc} 代替名义载荷 F_n，载荷的大小由下式确定

$$F_{nc} = KF_n \qquad (7-20)$$

式中　K——考虑到实际传动中各种影响载荷因素的载荷因数，查表7-8取值。

表 7-8　载荷因数

原动机工作情况	工作机械的载荷特性		
	平稳、轻微冲击	中等冲击	严重冲击
工作平稳（如电动机、汽轮机）	$1 \sim 1.2$	$1.2 \sim 1.6$	$1.6 \sim 1.8$
轻度冲击（如多缸内燃机）	$1.2 \sim 1.6$	$1.6 \sim 1.8$	$1.9 \sim 2.1$
中等冲击（如单缸内燃机）	$1.6 \sim 1.8$	$1.8 \sim 2.0$	$2.2 \sim 2.4$

注：斜齿圆柱齿轮、圆周速度较低、精度高、齿宽较小时，取较小值；齿轮在两轴之间并且对称布置时，取较小值；齿轮在两轴承之间不对称布置时，取较大值。

7.9.2　齿轮强度计算

1. 齿面接触疲劳强度计算

进行齿面接触疲劳强度计算是为了避免齿轮齿面发生点蚀失效。两齿轮啮合时，疲劳点蚀一般发生在节线附近，因此应使齿面接触处所产生的最大接触应力小于齿轮的许用接触应力。齿轮齿面的最大应力计算公式可由弹性力学中的赫兹公式推导得出，经一系列简化，渐开线标准直齿圆柱齿轮传动的齿面接触疲劳强度计算公式为

校核公式
$$\sigma_H = 3.53 Z_E \sqrt{\frac{KT_1}{bd_1^2} \times \frac{\mu \pm 1}{\mu}} \leqslant [\sigma_H] \qquad (7-21)$$

设计公式
$$d_1 \geqslant \sqrt[3]{\left(\frac{3.53 Z_E}{[\sigma_H]}\right)^2 \times \frac{KT_1}{\psi_d} \times \frac{\mu \pm 1}{\mu}} \qquad (7-22)$$

式中　$\pm$——"+"用于外啮合，"−"用于内啮合；

　　Z_E——材料的弹性因数（$\sqrt{MPa}$），见表7-9；

　　σ_H——齿面的实际最大接触应力（MPa）；

　　K——载荷因数，见表7-8；

　　T_1——主动轮上的理论转矩（N·mm）；

　　μ——齿数比（大齿轮的齿数比小齿轮的齿数）；

　　b——轮齿的工作宽度（mm）；

　　d_1——主动轮的分度圆直径（mm）；

　　ψ_d——齿宽因数，$\psi_d = \dfrac{b}{d_1}$，见表7-12；

　$[\sigma_H]$——齿轮的许用接触应力（MPa）。

$$[\sigma_H] = \frac{Z_N \sigma_{Hlim}}{S_H} \qquad (7-23)$$

式中　Z_N——接触疲劳寿命因数（如图7-27所示，图中的 N 为应力循环次数，$N = 60njL_h$，

其中 n 为齿轮转速（r/min）；j 为齿轮转一周时同侧齿面的啮合次数；L_h 为齿轮工作寿命（h）；

σ_{Hlim}——试验齿轮在持久寿命内失效概率为 1% 的接触疲劳极限，如图 7-28 所示；

S_H——接触疲劳强度安全因数，见表 7-10。

表 7-9 材料的弹性因数 Z_E （单位：$\sqrt{MPa}$）

两齿轮材料	均为钢	钢与铸铁	均为铸铁
Z_E	189.8	165.4	144

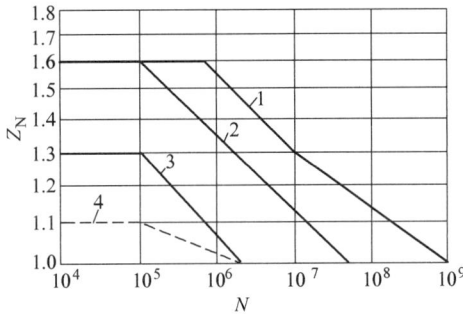

图 7-27 接触疲劳寿命因数 Z_N

1—碳钢经正火、调质、表面淬火及渗碳，球墨铸铁（允许一定的点蚀）
2—碳钢经正火、调质、表面淬火及渗碳，球墨铸铁（不允许出现点蚀）
3—碳钢调质后气体氮化、氮化钢气体氮化，灰铸铁
4—碳钢调质后液体氮化。

表 7-10 安全因数 S_H、S_F

安全因数	软齿面（≤350HBW）	硬齿面（>350HBW）	重要的传动、渗碳淬火或铸造齿轮
S_H	1.0~1.1	1.1~1.2	1.3
S_F	1.3~1.4	1.4~1.6	1.6~2.2

可见，当一对齿轮的材料、齿宽因数、齿数比一定时，由齿面接触强度所决定的承载能力仅与齿轮的直径或中心距有关，即与 m、z 的乘积有关，而与 m 的单项值无关。

一对啮合齿轮的齿面接触应力 σ_{H1} 与 σ_{H2} 大小相同，但两齿轮的材料不一样，则二者的许用接触应力 $[\sigma_{H1}]$ 与 $[\sigma_{H2}]$ 一般不相等，因此利用式（7-22）计算主动轮分度圆直径时，应代入较小的值。

2. 齿根弯曲疲劳强度计算

计算齿根弯曲疲劳强度是为了防止轮齿根部的疲劳折断，轮齿的疲劳折断主要与齿根弯曲应力的大小有关。当一对齿开始啮合时，载荷 F_n 作用在齿顶，此时弯曲力臂 h_F 最长，齿根部分所产生的弯曲应力最大，但其前对齿尚未脱离啮合（因重合度 $\varepsilon>1$），载荷由两对齿来承受。考虑到加工和安装误差的影响，为了安全起见，对精度不很高的齿轮传动，进行强度计算时仍假设载荷全部作用于单对齿上。

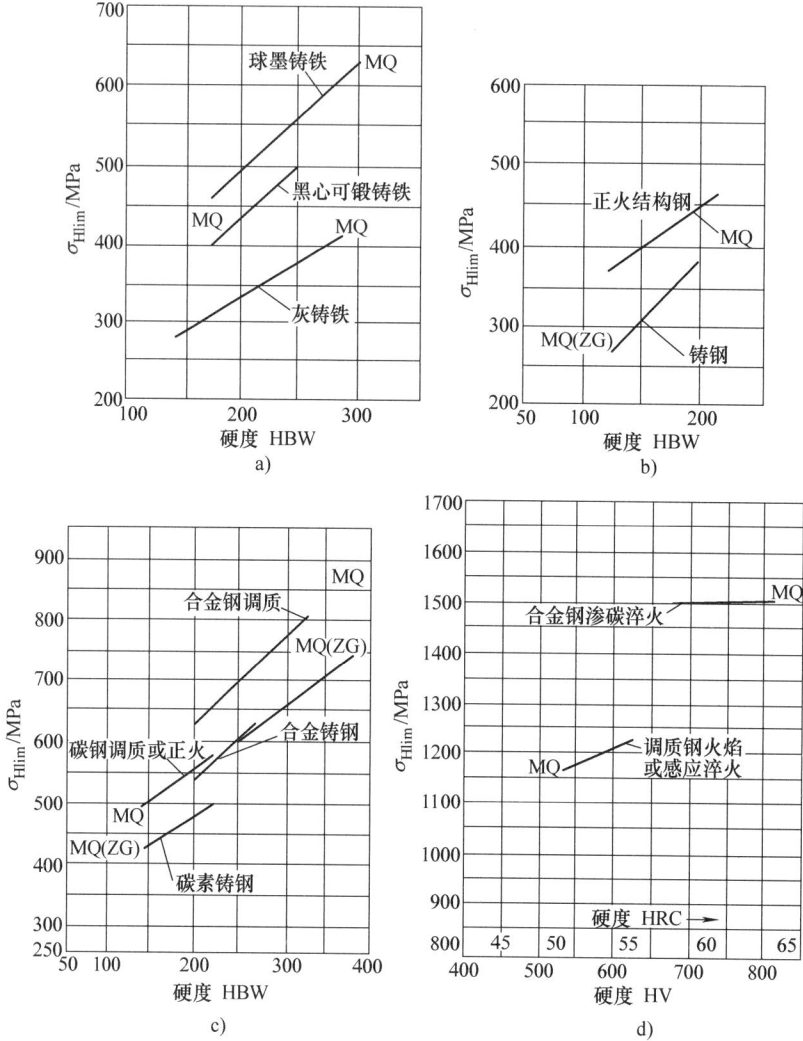

图 7-28 试验齿轮的接触疲劳极限 σ_{Hlim}

在计算单对齿的齿根弯曲应力时（见图 7-29），将齿轮看作宽度为 b（齿宽）的悬臂梁。确定其危险的简便方法为：作两条斜线与轮齿对称中心线成 30°夹角，并与齿根过渡曲线相切，此两切点的连线即为其危险截面位置。此时齿根部分产生的弯曲应力最大，经推导可得轮齿齿根弯曲疲劳强度的相关计算公式为

校核公式
$$\sigma_F = \frac{2KT_1}{bm^2z_1}Y_FY_S \leqslant [\sigma_F] \tag{7-24}$$

设计公式
$$m \geqslant \sqrt[3]{\frac{2KT_1}{\psi_d z_1^2} \cdot \frac{Y_FY_S}{[\sigma_F]}} \tag{7-25}$$

式中 K、T_1、b、ψ_d——符号的意义同前；

σ_F——齿根实际最大弯曲应力（MPa）；

m——模数（mm）；

Y_F——齿形修正因数，见表 7-11；

Y_S——应力修正因数，见表 7-11；

$[\sigma_F]$——轮齿的许用弯曲应力（MPa）。

又
$$[\sigma_F] = \frac{Y_N \sigma_{Flim}}{S_F} \qquad (7\text{-}26)$$

式中 Y_N——弯曲疲劳寿命因数，如图 7-30 所示；

σ_{Flim}——试验齿轮在持久寿命内失效概率为 1% 的弯曲疲劳极限，如图 7-31 所示；

S_F——弯曲疲劳强度安全因数，见表 7-10。

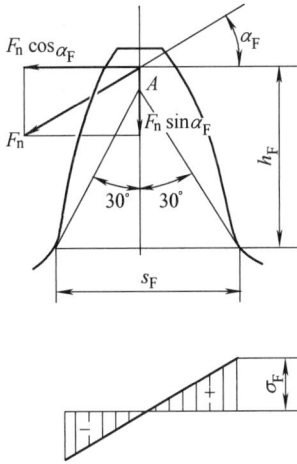

图 7-29 轮齿弯曲疲劳强度计算

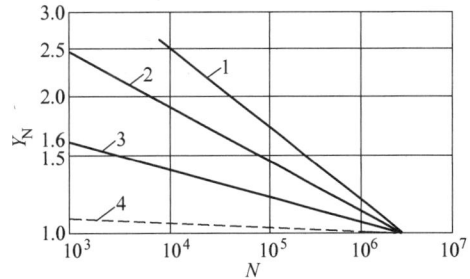

图 7-30 弯曲疲劳寿命因数 Y_N

1—碳钢正火、调质，球墨铸铁 2—碳钢经表面淬火、渗碳 3—氮化钢气体氮化，灰铸铁 4—碳钢调质后液体氮化

表 7-11 正常齿标准外齿轮的齿形修正因数 Y_F 与应力修正因数 Y_S

z (z_v)	12	14	16	17	18	19	20	22	25	28	30
Y_F	3.47	3.22	3.03	2.97	2.91	2.85	2.81	2.75	2.65	2.58	2.54
Y_S	1.44	1.47	1.51	1.53	1.54	1.55	1.56	1.58	1.59	1.61	1.63

z (z_v)	35	40	45	50	60	80	100	$\geqslant 200$
Y_F	2.47	2.41	2.37	2.35	2.30	2.25	2.18	2.14
Y_S	1.65	1.67	1.69	1.71	1.73	1.77	1.80	1.88

由于通常两个相啮合齿轮的齿数不相同，故齿形因数 Y_F 和应力修正因数 Y_S 都不相等，而且齿轮的许用弯曲应力 $[\sigma_F]$ 也不一定相等，因此必须分别校核两齿轮的齿根弯曲强度。在设计计算时，应将两齿轮的 $\dfrac{Y_F Y_S}{[\sigma_F]}$ 值进行比较，取其中较大者代入式（7-25）中计算，计算所得模数圆整成标准值。

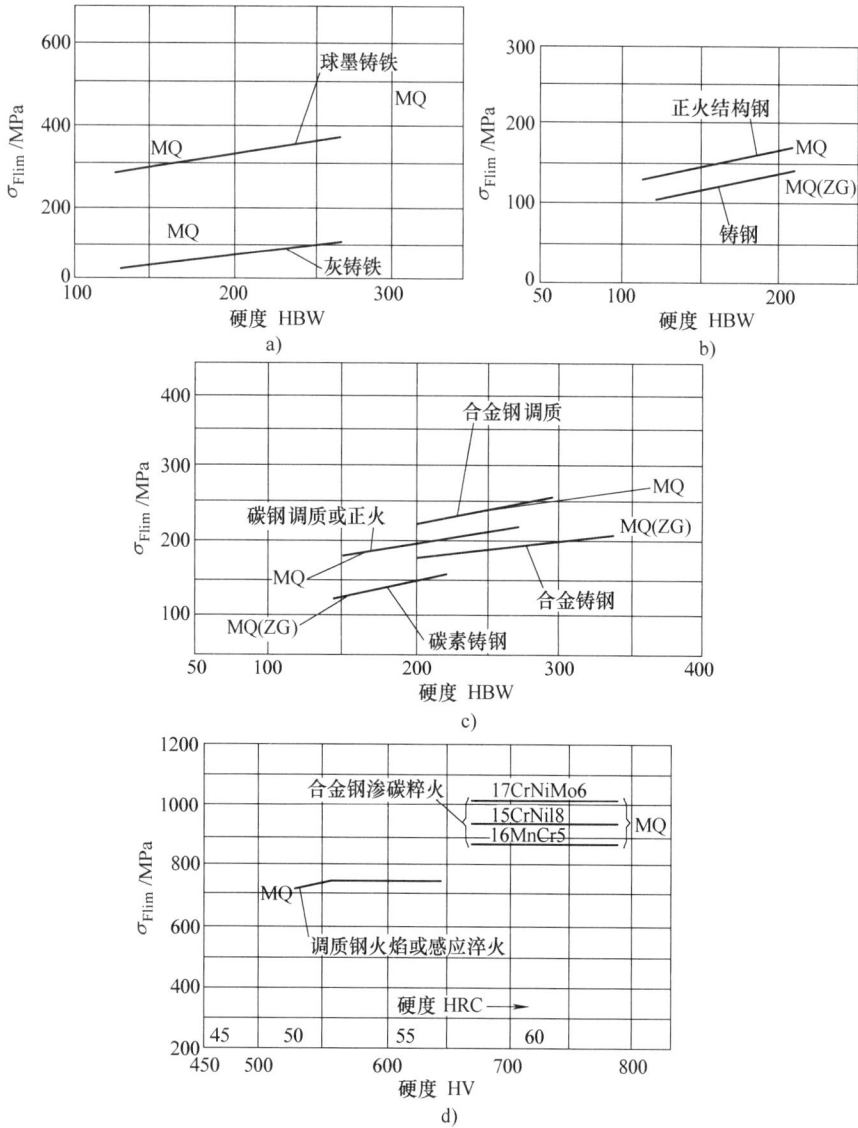

图 7-31　试验齿轮弯曲疲劳极限 σ_{Flim}

图中的弯曲疲劳极限 σ_{Flim}，其值已计入应力集中的影响，

若齿轮受对称循环弯曲应力，应将其值乘以 0.7

3. 主要参数的选择

（1）传动比 i　减速传动 $i = \mu$，单级直齿圆柱齿轮传动比 $i \leqslant 8$，为避免使齿轮传动的外廓尺寸太大，推荐值为 $i = 3 \sim 5$。

（2）齿数 z　一般设计中取 $z_1 \geqslant z_{min}$，齿数多则重合度大，传动平稳，且能改善传动质量、减少磨损。若分度圆直径不变，增加齿数使模数减少，可以减少切齿的加工量，节约工时。但模数减少会导致轮齿的弯曲强度降低。具体设计时，在保证弯曲强度足够的前提下，宜取较多的齿数。

闭式软齿面齿轮传动的主要失效形式是齿面点蚀，推荐 $z_1 = 24 \sim 40$。闭式硬齿面齿轮、铸铁齿轮及开式传动，容易断齿，因此应减少齿数、增大模数，为避免根切，对标准齿轮推荐 $z_1 = 17 \sim 20$。

对于周期性变化的载荷，为避免最大载荷总是作用在某一对或某几对轮齿上而使磨损过于集中，z_1、z_2 应互为质数。这样实际传动比可能与要求的传动比有差异，因此通常要验算传动比，一般情况下应保证传动比误差在 ±5% 以内。

（3）模数 m 模数的大小影响轮齿的弯曲强度，设计时应在保证弯曲强度的条件下取较小的模数，但对传递动力的齿轮 $m \geqslant 2\text{mm}$。

（4）齿宽因数 ψ_d 齿宽因数 $\psi_d = \dfrac{b}{d_1}$，当 d_1 一定时，增大齿宽因数必然加大齿宽，可提高轮齿的承载能力。但齿宽越大，载荷沿齿宽的分布越不均匀，造成偏载反而降低传动能力，因此应合理选择 ψ_d，齿宽因数 ψ_d 的选择可参见表7-12。

表 7-12　齿宽因数 ψ_d

齿轮相对于轴承的位置	齿面硬度	
	软齿面（≤350HBW）	硬齿面（>350HBW）
对称布置	0.8 ~ 1.4	0.4 ~ 0.9
不对称布置	0.6 ~ 1.2	0.3 ~ 0.6
悬臂布置	0.3 ~ 0.4	0.2 ~ 0.25

由齿宽因数 ψ_d 计算出的圆柱齿轮齿宽 b，应加以圆整。为了防止两齿轮因装配后轴向稍有错位而导致啮合齿宽减小，常把小齿轮的齿宽在计算齿宽 b 的基础上人为地加宽 5 ~ 10mm。

7.9.3　齿轮传动设计的一般步骤

齿轮传动设计的一般步骤为：

1）根据给定的工作条件，选取合适的齿轮材料、热处理方法及精度等级，确定齿轮的接触疲劳许用应力和弯曲疲劳许用应力。

2）根据设计准则进行设计计算，确定小齿轮分度圆直径 d_1 或模数。

3）选择齿轮的基本参数并计算主要几何尺寸。

4）校核齿轮齿根弯曲疲劳强度或齿面接触疲劳强度。

5）确定出齿轮结构尺寸，绘制齿轮工作图。

例 7-3 已知某单级直齿圆柱齿轮减速器的传递功率 $P = 7.5\text{kW}$，小齿轮转速 $n_1 = 970\text{r/min}$，传动比 $i = 3.6$，原动机为电动机，单向转动，载荷平稳。工作时间为 10 年，一年 260 个工作日，单班制工作，每班 8h，试设计该减速器中的齿轮传动。

解 设计计算步骤列于表7-13中。

表 7-13　设计计算步骤

设计项目	计算内容和依据	计算结果
1. 选择齿轮材料及精度等级	见表7-4，小齿轮选用45钢调质，硬度为220HBW；大齿轮选用45钢正火，硬度为170HBW。初步估计齿轮线速度 $v < 10\text{m/s}$，见表7-7，选择8级精度	小齿轮 45 钢调质，硬度 220HBW，大齿轮 45 钢正火，170HBW，8 级精度

（续）

设计项目	计算内容和依据	计算结果
	如图 7-28、图 7-31 所示，查得 $\sigma_{Hlim1} = 570MPa$ $\sigma_{Hlim2} = 530MPa$ $\sigma_{Flim1} = 200MPa$ $\sigma_{Flim2} = 190MPa$ 由表 7-10，查得 $S_H = 1$ $S_F = 1.3$ 根据题意，齿轮工作年限为 10 年，每年 52 周，每周工作日为 5 天，单班制，每天工作 8h，所以 应力循环数： $L_h = 10 \times 52 \times 5 \times 8h = 20800h$ $N_1 = 60n_1jL_h = 60 \times 970 \times 1 \times 20800 = 1.21 \times 10^9$ $N_2 = N_1/i = 1.21 \times 10^9/3.6 = 3.36 \times 10^8$ 如图 7-27、图 7-30 所示，查得 $Z_{N1} = 1$ $Z_{N2} = 1.07$ $Y_{N1} = Y_{N2} = 1$ 由式（7-23）、式（7-26），求得许用应力 $[\sigma_{H1}] = \dfrac{Z_{N1}\sigma_{Hlim1}}{S_H} = \dfrac{1 \times 570}{1}MPa = 570MPa$ $[\sigma_{H2}] = \dfrac{Z_{N2}\sigma_{Hlim2}}{S_H} = \dfrac{1.07 \times 530}{1}MPa = 567MPa$ $[\sigma_{F1}] = \dfrac{Y_{N1}\sigma_{Flim1}}{S_F} = \dfrac{1 \times 200}{1.3}MPa = 154MPa$ $[\sigma_{F2}] = \dfrac{Y_{N2}\sigma_{Flim2}}{S_F} = \dfrac{1 \times 190}{1.3}MPa = 146MPa$	$[\sigma_{H1}] = 570MPa$ $[\sigma_{H2}] = 567MPa$ $[\sigma_{F1}] = 154MPa$ $[\sigma_{F2}] = 146MPa$
3. 按齿面接触疲劳强度设计 1）小齿轮所传递的转矩	$T_1 = 9.55 \times 10^6 \dfrac{P}{n_1} = 9.55 \times 10^6 \times \dfrac{7.5}{970}N \cdot mm = 73840N \cdot mm$	$T_1 = 73840N \cdot mm$
2）载荷因数 K	查表 7-8，选取 $K = 1.1$	$K = 1.1$
3）齿数 z_1 和齿宽因数 ψ_d	选择小齿轮的齿数 $z_1 = 25$，则大齿轮齿数 $z_2 = 25 \times 3.6 = 90$，因是单级齿轮传动减速器，故为对称布置，查表 7-12，选取 $\psi_d = 1$	$z_1 = 25$，$z_2 = 90$ $\psi_d = 1$
4）齿数比 μ	$\mu = z_2/z_1 = 90/25 = 3.6$	$\mu = 3.6$
5）材料弹性因数 Z_E	因为两齿轮材料均为钢，由表 7-9，查得 $Z_E = 189.8 \sqrt{MPa}$	$Z_E = 189.8 \sqrt{MPa}$
6）计算小齿轮直径 d_1 及模数 m	因是软齿面，由齿面接触强度公式（7-22）计算 $d_1 \geqslant \sqrt[3]{\left(\dfrac{3.53Z_E}{[\sigma_H]}\right)^2 \dfrac{KT_1(\mu+1)}{\psi_d\mu}} =$ $\sqrt[3]{\left(\dfrac{3.53 \times 189.8}{567}\right)^2 \dfrac{1.1 \times 73840 \times (3.6+1)}{1 \times 3.6}}mm = 52.53mm$ $m = \dfrac{d_1}{z_1} = \dfrac{52.53}{25}mm = 2.10mm$ 查表 7-1，取标准模数 $m = 2.5mm$	$d_1 = 52.53mm$ $m = 2.5mm$

设计项目	计算内容和依据	计算结果
4. 计算大、小齿轮的几何尺寸	$d_1 = mz_1 = 2.5 \times 25\text{mm} = 62.5\text{mm}$ $d_{a1} = m(z_1 + 2h_a^*) = 2.5 \times (25 + 2 \times 1)\text{mm} = 67.5\text{mm}$ $d_{f1} = m(z_1 - 2h_a^* - 2c^*) = 2.5 \times (25 - 2 \times 1 - 2 \times 0.25)\text{mm}$ $\qquad = 56.25\text{mm}$ $d_2 = mz_2 = 2.5 \times 90\text{mm} = 225\text{mm}$ $d_{a2} = m(z_2 + 2h_a^*) = 2.5 \times (90 + 2 \times 1)\text{mm} = 230\text{mm}$ $d_{f2} = m(z_2 - 2h_a^* - 2c^*) = 2.5 \times (90 - 2 \times 1 - 2 \times 0.25)\text{mm}$ $\qquad = 218.75\text{mm}$ $h_1 = h_2 = m(2h_a^* + c^*) = 2.5 \times (2 \times 1 + 0.25)\text{mm} = 5.625\text{mm}$ $a = \dfrac{m(z_1 + z_2)}{2} = \dfrac{2.5 \times (25 + 90)}{2}\text{mm} = 143.75\text{mm}$ $b = \psi_d d_1 = 1 \times 62.5\text{mm} = 62.5\text{mm}$ 取 $b_1 = 70\text{mm}$、$b_2 = 65\text{mm}$	$d_1 = 62.5\text{mm}$ $d_{a1} = 67.5\text{mm}$ $d_{f1} = 56.25\text{mm}$ $d_2 = 225\text{mm}$ $d_{a2} = 230\text{mm}$ $d_{f2} = 218.75\text{mm}$ $h_1 = h_2 = 5.625\text{mm}$ $a = 143.75\text{mm}$ $b = 62.5\text{mm}$ $b_1 = 70\text{mm}$ $b_2 = 65\text{mm}$
5. 校核齿根弯曲疲劳强度	由表 7-11，查得 $Y_{F1} = 2.65$，$Y_{F2} = 2.215$ $Y_{S1} = 1.59$，$Y_{S2} = 1.785$ $\sigma_{F1} = \dfrac{2KT_1}{bm^2 z_1} Y_{F1} Y_{S1} = \dfrac{2 \times 1.1 \times 73840}{62.5 \times 2.5^2 \times 25} \times 2.65 \times 1.59\text{MPa} = 70.09\text{MPa}$ $\sigma_{F2} = \sigma_{F1} \dfrac{Y_{F2} Y_{S2}}{Y_{F1} Y_{S1}} = 70.09 \times \dfrac{2.215 \times 1.785}{2.65 \times 1.59}\text{MPa} = 65.77\text{MPa}$	$\sigma_{F1} = 70.09\text{MPa}$ $< [\sigma_{F1}] = 154\text{MPa}$ $\sigma_{F2} = 65.77\text{MPa}$ $< [\sigma_{F2}] = 146\text{MPa}$
6. 验算齿轮圆周速度	$v = \dfrac{\pi d_1 n_1}{60 \times 1000} = \dfrac{3.14 \times 62.5 \times 970}{60 \times 1000}\text{m/s} = 3.17\text{m/s}$	$v = 3.17\text{m/s} < 10\text{m/s}$ 合适

7.10 斜齿圆柱齿轮传动

7.10.1 齿廓曲面的形成及啮合特点

1. 齿廓曲面的形成

由于直齿圆柱齿轮的齿线与其轴线方向平行，所以垂直于轴线的各平面与其端面完全一样，出于方便，基于端面来研究直齿圆柱齿轮的齿廓形成及啮合特点。实际上齿轮有一定宽度，所以直齿圆柱齿轮渐开线齿廓的形成是发生面 S 与基圆柱相切于母线 NN，当发生面沿基圆柱作纯滚动时，其上与母线平行的直线 KK 在空间的轨迹即为渐开线直齿圆柱齿轮的齿廓曲面，如图 7-32a 所

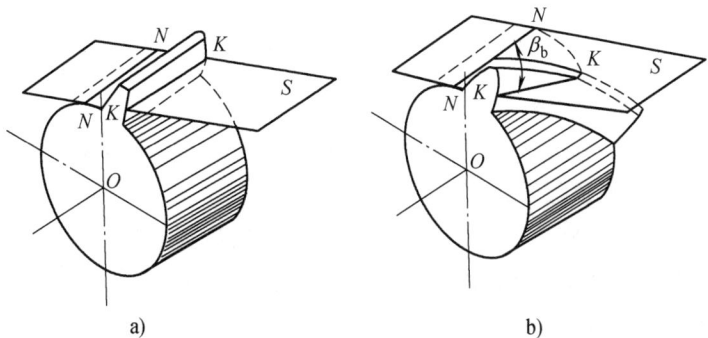

图 7-32 渐开线曲面的形成

a）直齿轮 b）斜齿轮

示。

斜齿圆柱齿轮齿廓曲面的形成和直齿相似，区别在于发生面上所取 KK 直线不与基面柱母线 NN 平行，而是与 NN 成一交角 β_b，β_b 称为基圆柱上的螺旋角。直线 KK 在发生面 S 和基圆柱作纯滚动时所形成的是一渐开螺旋面，斜齿轮就是以这种渐开螺旋面作为齿廓曲面的，如图 7-32b 所示。

2. 啮合特点

与直齿轮传动相比，斜齿轮传动有如下特点：

（1）传动平稳 一对直齿圆柱齿轮在啮合时，两齿廓总是全齿宽的啮入和啮出，故这种传动容易发生冲击、振动和噪声，影响传动平稳性。一对斜齿圆柱齿轮在啮合时，两齿廓是逐渐进入啮合和逐渐退出啮合的，如图 7-33 所示，当斜齿轮前端面的齿廓脱离啮合时，齿廓的后端面仍处于啮合状态，所以斜齿轮的啮合过程比直齿轮的长，同时参加啮合的齿数也多于直齿轮，重合度较大，所以斜齿轮传动平稳。

（2）承载能力大 斜齿轮的齿相当于螺旋曲面梁，其强度高；斜齿轮同时参加啮合的齿数多，而单齿受力较小，所以斜齿轮的承载能力大。

（3）在传动中产生轴向力 由于斜齿轮轮齿倾斜，工作时要产生轴向力 F_a，如图 7-34a 所示，对工作不利，因而需采用人字齿齿轮使轴向力抵消，如图 7-34b 所示。

（4）斜齿轮不能作滑移齿轮使用 根据斜齿的传动特点，斜齿轮一般多应用于高速或传递大转矩的场合。

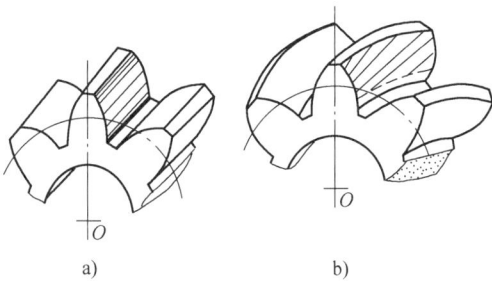

图 7-33　齿形示意

a）直齿　b）斜齿

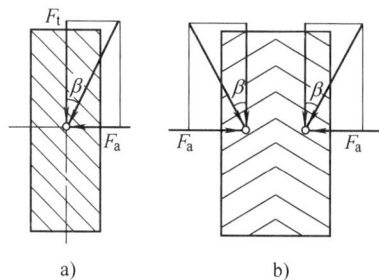

图 7-34　轴向力

a）斜齿轮　b）人字齿齿轮

7.10.2　斜齿圆柱齿轮的基本参数及几何尺寸计算

1. 基本参数

渐开线斜齿圆柱齿轮的基本参数有六个：螺旋角 β、齿数 z、模数 m、压力角 α、齿顶高系数 h_a^* 和顶隙系数 c^*。

（1）螺旋角 β 如图 7-35 所示，将斜齿圆柱齿轮沿分度圆柱面展开，分度圆柱面与齿廓曲面的交线，称为齿线。齿线与齿轮轴线间所形成的夹角称为分度圆柱上的螺旋角，简称螺旋角，用 β 表示。对直齿圆柱齿轮，可认为 $\beta = 0°$。

当斜齿轮的螺旋角 β 增大时，其重合度 ε 也增大，传动更平稳，但其所产生的轴向力也随着增大，所以螺旋角 β 的取值不能过大。一般斜齿轮取 $\beta = 8° \sim 20°$，人字齿齿轮取 $\beta =$

$25° \sim 45°$。

斜齿轮按轮齿的旋向分为左旋和右旋两种，其旋向的判定与螺旋相同：顺着齿轮的轴线看，螺旋线由左向右上升为右旋，由右向左上升为左旋，如图 7-36 所示。

（2）模数和压力角　由于斜齿轮的齿线倾斜，故圆柱斜齿轮的参数分端面参数（加下标 t）和法向参数（加下标 n）两种。

如图 7-35 所示，垂直于齿轮轴线的平面 t—t 称为端面，该面上的参数称为端面参数；垂直于齿线的平面 n—n 称为法面，其上的参数称为法向参数。从图中几何关系可知端面齿距 p_t 与法向齿距 p_n 间关系为：$p_n = p_t\cos\beta$。

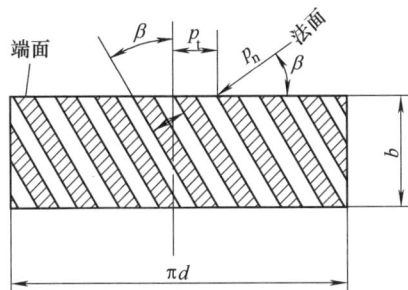

图 7-35　斜齿轮沿分度圆柱面的展开图　　　　图 7-36　斜齿轮的旋向

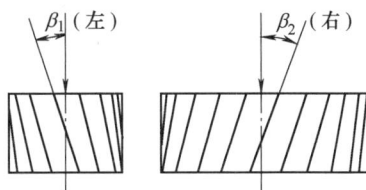

因为端面模数 $m_t = p_t/\pi$，法向模数 $m_n = p_n/\pi$，故端面模数 m_t 和法向模数 m_n 有如下关系

$$m_n = m_t\cos\beta \tag{7-27}$$

端面压力角 α_t 与法向压力角 α_n 间关系（见图 7-37）为

$$\tan\alpha_n = \tan\alpha_t\cos\beta \tag{7-28}$$

切制斜齿轮时，刀具沿齿线方向进刀，故刀具的齿形参数与轮齿的法向齿形参数相同。因此，斜齿轮以法向参数为标准值，即法向模数 m_n，法向压力角 α_n、法向齿顶高系数 h_{an}^* 和法向顶隙系数 c_n^* 为标准值，斜齿轮的端面参数主要用于尺寸计算。

2. 斜齿轮的几何尺寸计算

斜齿轮传动在端面上相当于直齿轮传动，其几何尺寸计算公式见表 7-14。

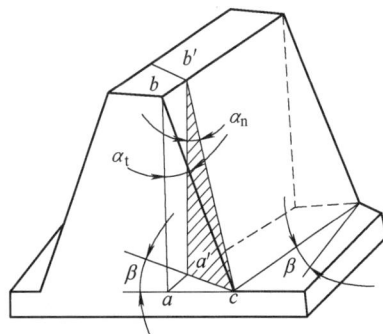

图 7-37　斜齿轮压力角

7.10.3　斜齿圆柱齿轮传动的重合度

图 7-38a、b 所示分别为端面尺寸相同的直齿圆柱齿轮和斜齿圆柱齿轮在分度圆柱啮合面上的展开图。由于斜齿轮轮齿的方向与齿轮的轴线成一螺旋角 β，从而使斜齿轮传动的啮合线段增长 $\Delta L = b\tan\beta$。若相应的直齿圆柱传动的重合度为 ε_a，则斜齿圆柱齿轮的重合度 ε 表达式为

$$\varepsilon = \varepsilon_a + \varepsilon_\beta = \varepsilon_a + b\tan\beta/P_t \tag{7-29}$$

式中　ε——斜齿圆柱齿轮重合度；

ε_a——端面重合度，其值等于与斜齿轮端面齿廓及尺寸相同的直齿圆柱齿轮的重合度；

ε_β——纵向重合度，由轮齿倾斜而产生的附加重合度，其值随齿宽 b 和螺旋角 β 的增大而增大。

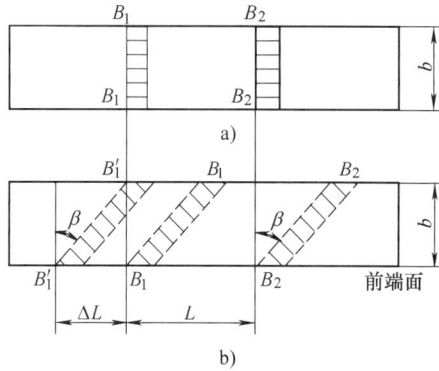

图 7-38　斜齿轮传动的重合度

a）直齿轮分度圆柱展开图　b）斜齿轮分度圆柱展开图

表 7-14　标准斜齿圆柱齿轮主要几何尺寸的计算公式

名　　称	符号	计　算　公　式
模数	m_n	根据强度计算决定，并按表 7-1 选取标准值。动力计算中，$m_n \geqslant 2\text{mm}$
压力角	α_n	取标准值 $\alpha_n = 20°$
螺旋角	β	取标准值 $\beta = 8° \sim 20°$
齿顶高系数	h_{an}^*	取标准值，对于正常齿 $h_{an}^* = 1$，对于短齿 $h_{an}^* = 0.8$
顶隙系数	c_n^*	取标准值，对于正常齿 $c_n^* = 0.25$，对于短齿 $c_n^* = 0.3$
齿全高	h	$h = h_{an} + h_{fn} = (2h_{an}^* + c_n^*) m_n$
齿顶高	h_a	$h_a = h_{an}^* m_n$
齿根高	h_f	$h_f = (h_{an}^* + c_n^*) m_n$
分度圆直径	d	$d = m_t z = m_n z / \cos\beta$
齿顶圆直径	d_a	$d_a = d + 2h_a = m_n(z/\cos\beta + 2h_{an}^*)$
齿根圆直径	d_f	$d_f = d - 2h_f = m_n(z/\cos\beta - 2h_{an}^* - 2c_n^*)$
中心距	a	$a = m_t(z_1 + z_2)/2 = m_n(z_1 + z_2)/2\cos\beta$

7.10.4　斜齿圆柱齿轮的当量齿轮和最少齿数

1. 当量齿轮和当量齿数

用铣刀加工斜齿轮时，铣刀是沿着螺旋线方向进刀的，故按齿轮的法向齿形来选择铣刀。此外，因力是作用在法面内，强度计算时也需要知道法向齿形，所以需要用一个与斜齿轮法面齿形相当的假想直齿轮的齿形来替代计算，该假想直齿轮称为斜齿轮的当量齿轮，它的齿数就是当量齿数，用 z_v 表示。

设斜齿轮的实际齿数为 z，过分度圆柱轮齿螺旋线上的一点 P 作轮齿螺旋线的法面，它与分度圆柱的剖面为一个椭圆。由于 P 点附近的一段椭圆和以该椭圆在 P 点处的曲率半径 ρ 为半径所作的圆弧十分接近，故 P 点附近的齿形可近似视为斜齿圆柱齿轮的法向齿形，如图 7-39 所示。显然，将以 ρ 为半径所作的圆假想为直齿圆柱齿轮的分度圆时，不仅齿形与该斜齿轮的法向齿形十分接近，而且其上的模数和压力角也与该斜齿轮的法向模数和法向压力角相等。

椭圆剖面上 P 点的曲率半径为

$$\rho = \frac{a^2}{b} = \left(\frac{r}{\cos\beta}\right)^2 \frac{1}{r} = \frac{r}{\cos^2\beta}$$

式中　a、b——椭圆的长半轴和短半轴。

将 ρ 作为假想直齿轮的分度圆半径，设假想直齿轮的模数和压力角分别等于斜齿轮的法向模数和法向压力角，则当量齿轮的分度圆半径可以表示为 $\rho = m_n z_v/2$。又知斜齿轮的分度圆半径为 $r = m_n z/2\cos\beta$，将此两式代入上式，经整理后得到斜齿轮的当量齿数为

$$z_v = \frac{z}{\cos^3\beta} \tag{7-30}$$

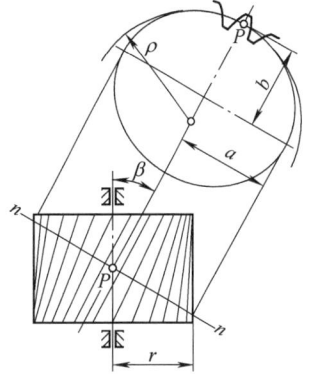

图 7-39　斜齿轮的当量齿轮

由上式可知，斜齿圆柱齿轮的当量齿数总是大于实际齿数。

另外，在选择铣刀号码或进行强度计算时要用到当量齿数 z_v，用式（7-30）求出的当量齿数往往不是整数，但使用时不需要圆整。

2. 斜齿圆柱齿轮不发生根切的最少齿数

根据上述分析可知，因斜齿圆柱齿轮的当量齿轮为一假想的直齿圆柱齿轮，其不发生根切的最少齿数 $z_{vmin} = 17$，故斜齿圆柱齿轮不发生根切的最少齿数要比直齿圆柱齿轮少。例如 $\alpha_n = 20°$，$\beta = 15°$ 时，斜齿轮的最少齿数 $z_{min} = z_{vmin} \cos^3\beta = 17 \times \cos^3 15° = 15$。

7.10.5　斜齿圆柱齿轮传动的正确啮合条件

一对平行轴啮合斜齿轮传动时，除了与直齿轮传动一样，两轮的模数和压力角应分别相等以外，两轮的螺旋角还要匹配，因此一对啮合斜齿圆柱轮的正确啮合条件为

$$\begin{cases} m_{n1} = m_{n2} = m_n \\ \alpha_{n1} = \alpha_{n2} = \alpha_n \\ \beta_1 = \pm\beta_2 \, (\text{外啮合时取"} - \text{"，内啮合时取"} + \text{"}) \end{cases} \tag{7-31}$$

即两齿轮的法向模数和法向压力角分别相等，两齿轮分度圆上的螺旋角大小相等，外啮合时旋向相反，内啮合时旋向相同。

7.10.6　受力分析

1. 力的方向

图 7-40 所示为斜齿圆柱齿轮传动的受力情况。忽略摩擦力，作用在主动轮齿上法向力 F_n（垂直于齿廓）可分解为相互垂直的三个分力：圆周力 F_t、径向力 F_r 和轴向力 F_a。

圆周力的方向在主动轮上与啮合点的线速度方向相反，在从动轮上与啮合点的线速度方向相同；径向力的方向都分别指向回转中心；主动轮轴向力的方向决定于齿轮的回转方向和轮齿的旋向，可根据"左、右手定则"来判定。

如图 7-41 所示，当主动轮是左旋时，用左手环握齿轮轴线，四指表示主动轮的回转方向，拇指的指向即为主动轮上的轴向力方向。当主动轮为右旋时，则应以右手来判断轴向力，从动轮上的轴向力方向与主动轮方向相反。图 7-42 所示为一对斜齿轮传动中，主、从

动齿轮上各力的关系。

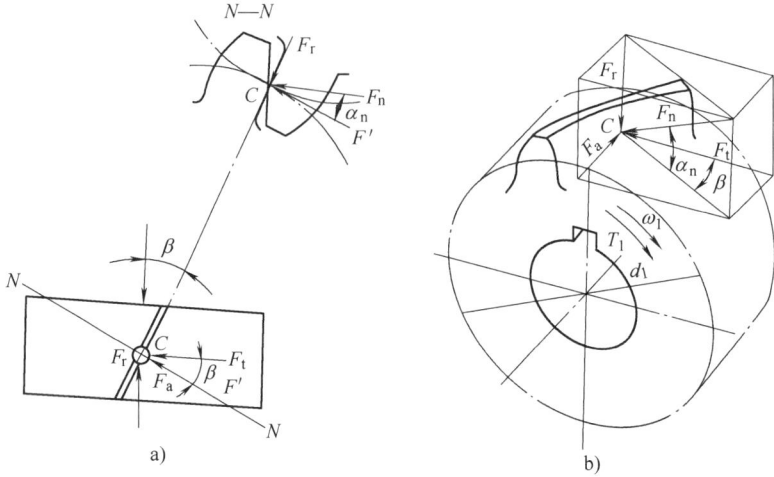

图 7-40　斜齿轮的受力分析

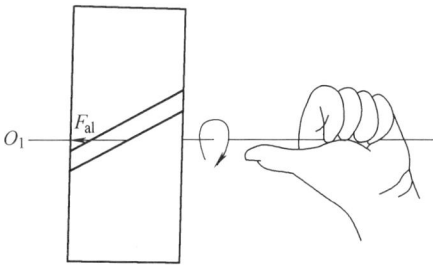

图 7-41　轴向力方向判定

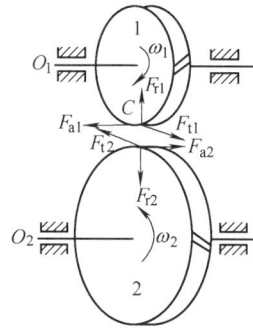

图 7-42　主、从动斜齿轮各分力关系

2. 力的大小

图 7-40b 所示为斜齿轮受力分析的立体图，指向工作面的法向力 F_n 可分解为互成垂直的三个分力，各分力大小的计算公式为

$$
\left.
\begin{aligned}
&\text{圆周力}\quad F_t = \frac{2T_1}{d_1} \\
&\text{径向力}\quad F_r = \frac{F_t \tan\alpha_n}{\cos\beta} \\
&\text{轴向力}\quad F_a = F_t \tan\beta
\end{aligned}
\right\}
\tag{7-32}
$$

式中　T_1——主动齿轮上的理论转矩（N·mm）；

　　　d_1——主动齿轮分度圆直径（mm）；

　　　β——螺旋角；

　　　α_n——法向压力角，标准齿轮 $\alpha_n = 20°$。

7.10.7　强度计算

斜齿圆柱齿轮传动的强度计算方法与直齿圆柱齿轮相似。由于斜齿轮齿面接触线是倾斜的及重合度较大，因而斜齿轮的接触强度和弯曲强度都比直齿轮高，其齿面接触疲劳强度的

相关计算公式为

校核公式
$$\sigma_H = 3.17 Z_E \sqrt{\frac{KT_1}{bd_1^2} \frac{\mu \pm 1}{\mu}} \leqslant [\sigma_H] \qquad (7\text{-}33)$$

设计公式
$$d_1 \geqslant \sqrt[3]{\left(\frac{3.17 Z_E}{[\sigma_H]}\right)^2 \frac{KT_1}{\psi_d} \frac{\mu \pm 1}{\mu}} \qquad (7\text{-}34)$$

齿根弯曲强度相关计算公式为

校核公式
$$\sigma_F = \frac{1.6 KT_1 \cos\beta}{bm_n^2 z_1} Y_F Y_S \leqslant [\sigma_F] \qquad (7\text{-}35)$$

设计公式
$$m_n \geqslant \sqrt[3]{\frac{1.6 KT_1 \cos^2\beta}{\psi_d z_1^2} \frac{Y_F Y_S}{[\sigma_F]}} \qquad (7\text{-}36)$$

斜齿轮传动的设计方法和参数选择原则与直齿轮传动基本上相同,值得注意的是:齿形因数 Y_F、应力修正因数 Y_S 应按斜齿轮的当量齿数由表 7-11 选取。

例7-4 试设计一用于重型机械中的单级斜齿圆柱齿轮减速器,该减速器由电动机驱动,已知传动功率 $P = 70\text{kW}$,小齿轮转速 $n_1 = 960\text{r/min}$,齿轮传动比 $i = 3$,中等冲击,单向运转,工作寿命 10 年,一年 260 个工作日,单班制工作每班 8h。已知与大齿轮轮毂相配合的轴头尺寸为 $d_s = 60\text{mm}$,$L = 88\text{mm}$。

解 设计计算步骤列于表 7-15 中。

表 7-15 设计计算步骤

设计项目	计算内容和依据	计 算 结 果
1. 选择齿轮材料及精度等级	因传递功率较大,故选择硬齿面齿轮。查表 7-4,小、大齿轮均选用 40Cr,表面淬火,硬度为 48~55HRC。初步估计齿轮线速度 $v < 10\text{m/s}$,由表 7-7 选择 8 级精度	
2. 确定齿轮许用应力	如图 7-28、图 7-31 所示,查得 $\sigma_{Hlim} = 1220\text{MPa}$ $\sigma_{Flim} = 740\text{MPa}$ 由表 7-10,查得 $S_H = 1.2, S_F = 1.5$ 应力循环次数: $L_h = 10 \times 260 \times 8\text{h} = 20800\text{h}$ $N_1 = 60njL_h = 60 \times 960 \times 1 \times 20800 = 1.198 \times 10^9$ $N_2 = N_1/i = 1.198 \times 10^9/3 = 3.99 \times 10^8$ 由图 7-27、图 7-30 查得 $Z_{N1} = 1, Z_{N2} = 1.05$ $Y_N = Y_{N1} = Y_{N2} = 1$ 由式(7-23)、式(7-26),求得许用应力 $[\sigma_{H1}] = \dfrac{Z_{N1}\sigma_{Hlim}}{S_H} = \dfrac{1 \times 1220}{1.2}\text{MPa} = 1017\text{MPa}$ $[\sigma_{H2}] = \dfrac{Z_{N2}\sigma_{Hlim}}{S_H} = \dfrac{1.05 \times 1220}{1.2}\text{MPa} = 1068\text{MPa}$ $[\sigma_F] = \dfrac{Y_N\sigma_{Flim}}{S_F} = \dfrac{1 \times 740}{1.5}\text{MPa} = 493\text{MPa}$	 $[\sigma_{H1}] = 1017\text{MPa}$ $[\sigma_{H2}] = 1068\text{MPa}$ $[\sigma_F] = 493\text{MPa}$
3. 按弯曲疲劳强度进行设计 1) 小齿轮传递的转矩	$T_1 = 9.55 \times 10^6 \dfrac{P}{n_1} = 9.55 \times 10^6 \times \dfrac{70}{960}\text{N} \cdot \text{mm} = 6.96 \times 10^5 \text{N} \cdot \text{mm}$	$T_1 = 6.96 \times 10^5 \text{N} \cdot \text{mm}$

（续）

设计项目	计算内容和依据	计 算 结 果
2）载荷因数 K	查表 7-8，选取 $K = 1.4$	$K = 1.4$
3）齿数 z、齿宽因数 ψ_d 和螺旋角 β	选择小齿轮的齿数 $z_1 = 20$，则大齿轮的齿数 $z_2 = 20 \times 3 = 60$ 考虑到单级齿轮传动为对称布置及硬齿面，查表 7-12，选取 $\psi_d = 0.8$ 初选螺旋角 $\beta = 14°$，小齿轮采用左旋 当量齿数 $z_{v1} = \dfrac{z_1}{\cos^3\beta} = \dfrac{20}{\cos^3 14°} = 21.89$ $z_{v2} = \dfrac{z_2}{\cos^3\beta} = \dfrac{60}{\cos^3 14°} = 65.68$ 查表 7-11，得 $Y_{F1} = 2.75，Y_{F2} = 2.286$ $Y_{S1} = 1.58，Y_{S2} = 1.741$	$z_1 = 20，z_2 = 60$ $\psi_d = 0.8$
4）计算齿轮模数	$\dfrac{Y_{F1} Y_{S1}}{[\sigma_{F1}]} = \dfrac{2.75 \times 1.58}{493} = 0.0088$ $\dfrac{Y_{F2} Y_{S2}}{[\sigma_{F2}]} = \dfrac{2.286 \times 1.741}{493} = 0.0081$ 将上两式中大值 0.0088 代入式(7-36)，得 $m_n \geqslant \sqrt[3]{\dfrac{1.6 K T_1 \cos^2\beta}{\psi_d z_1^2} \cdot \dfrac{Y_F Y_S}{[\sigma_F]}}$ $= \sqrt[3]{\dfrac{1.6 \times 1.4 \times 6.96 \times 10^5 \times \cos^2 14°}{0.8 \times 20^2} \times 0.0088}\,\text{mm} = 3.43\,\text{mm}$ 查表 7-1，选取齿轮标准模数 $m_n = 4\,\text{mm}$	$m_n = 4\,\text{mm}$
5）确定中心距 a 和螺旋角 β	$a = \dfrac{m_n(z_1 + z_2)}{2\cos\beta} = \dfrac{4 \times (20 + 60)}{2 \times \cos 14°}\,\text{mm} = 164.898\,\text{mm}$ 圆整中心距，取 $a = 165\,\text{mm}$，则 $\beta = \arccos \dfrac{m_n(z_1 + z_2)}{2a} = \arccos \dfrac{4 \times (20 + 60)}{2 \times 165} = 14.1411°$	$a = 164.898\,\text{mm}$ $\beta = 14.1411° = 14°8'28''$
6）齿轮几何尺寸	$d_1 = \dfrac{m_n z_1}{\cos\beta} = \dfrac{4 \times 20}{\cos 14.1411°}\,\text{mm} = 82.5\,\text{mm}$ $d_2 = \dfrac{m_n z_2}{\cos\beta} = \dfrac{4 \times 60}{\cos 14.1411°}\,\text{mm} = 247.5\,\text{mm}$ $b = \psi_d d_1 = 0.8 \times 82.5\,\text{mm} = 66\,\text{mm}$ 取 $b_1 = 75\,\text{mm}，b_2 = 70\,\text{mm}$	$d_1 = 82.5\,\text{mm}$ $d_2 = 247.5\,\text{mm}$ $b_1 = 75\,\text{mm}，b_2 = 70\,\text{mm}$
4. 校核齿面接触疲劳强度	$\mu = i = 3$ 查表 7-9，得 $Z_E = 189.8\ \sqrt{\text{MPa}}$ $\sigma_H = 3.17 Z_E \sqrt{\dfrac{K T_1}{b d_1^2} \times \dfrac{\mu + 1}{\mu}}$ $= 3.17 \times 189.8 \times \sqrt{\dfrac{1.4 \times 6.96 \times 10^5}{70 \times 82.5^2} \times \dfrac{3 + 1}{3}}\,\text{MPa} = 993\,\text{MPa}$	$\sigma_H = 993\,\text{MPa} \leqslant [\sigma_{H1}] = 1017\,\text{MPa}$
5. 验算齿轮圆周速度	$v = \dfrac{\pi d_1 n_1}{60 \times 1000} = \dfrac{3.14 \times 82.5 \times 960}{60 \times 1000}\,\text{m/s} = 4.14\,\text{m/s}$	$v = 4.15\,\text{m/s} < 10\,\text{m/s}$ 合适
6. 绘制大齿轮工作图	图 7-43 所示为大齿轮工作图	

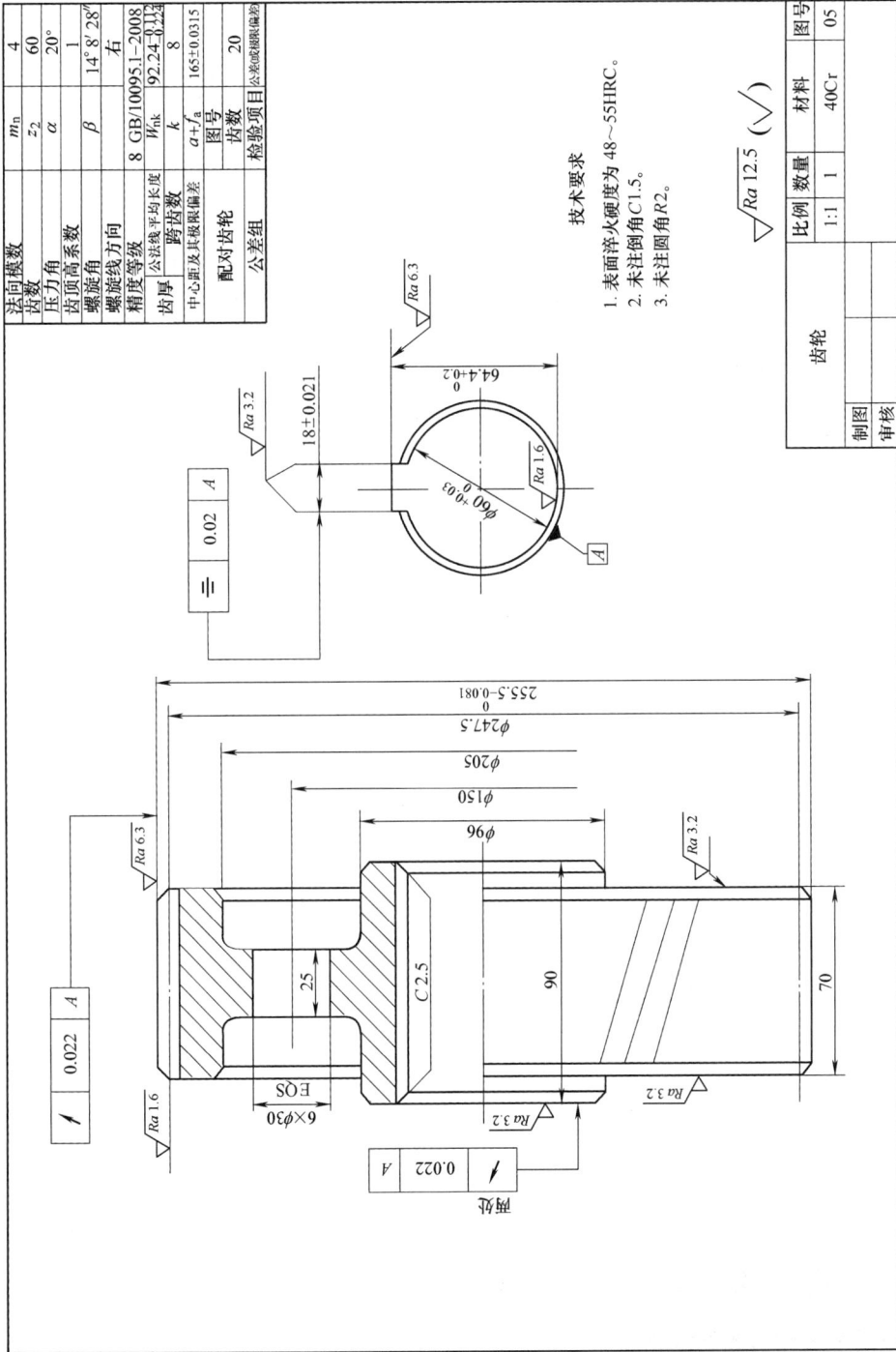

图7-43 大齿轮工作图

法向模数	m_n	4
齿数	z_2	60
压力角	α	20°
齿顶高系数		1
螺旋角	β	14°8′28″
螺旋线方向		右
精度等级	8 GB/10095.1—2008	
齿厚	公法线平均长度	W_{nk}	92.24$_{-0.112}^{-0.212}$
	跨齿数	k	8
中心距及其极限偏差	$a+f_a$	165±0.0315
	图号		
配对齿轮	齿数		20
公差组	检验项目	公差或极限偏差

技术要求
1. 表面淬火硬度为48~55HRC。
2. 未注倒角C1.5。
3. 未注圆角R2。

$\sqrt{Ra\,12.5}$ $(\sqrt{})$

比例	数量	材料
1:1	1	40Cr

齿轮

图号 05

制图
审核

7.11 直齿锥齿轮传动

锥齿轮传动用于传递两相交轴的运动和动力。如图 7-44 所示，一对锥齿轮的传动可以看成是两个锥顶共点的圆锥体相互作纯滚动，这两个锥顶共点的圆锥体就是节圆锥。此外，与圆柱齿轮相似，锥齿轮也有基圆锥、分度圆锥、齿顶圆锥、齿根圆锥。对于正确安装的标准锥齿轮传动，其节圆锥与分度圆锥重合。

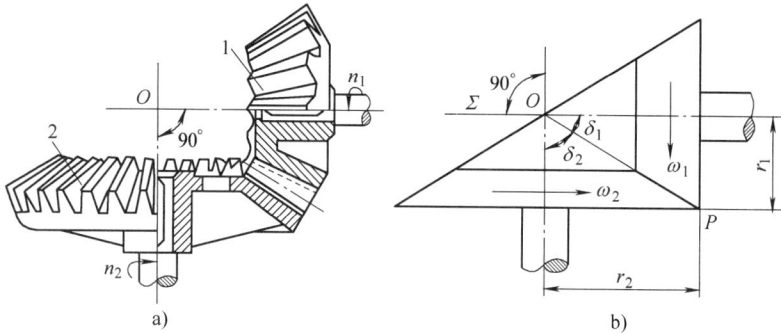

图 7-44 直齿锥齿轮传动

锥齿轮有直齿、斜齿和曲线齿三种类型。其中直齿锥齿轮易于制造安装，应用广泛。图 7-45 所示为一直齿锥齿轮，其轮齿沿圆锥母线朝锥顶方向逐渐减小。本节只讨论应用最广的轴交角为 90°的直齿锥齿轮传动。

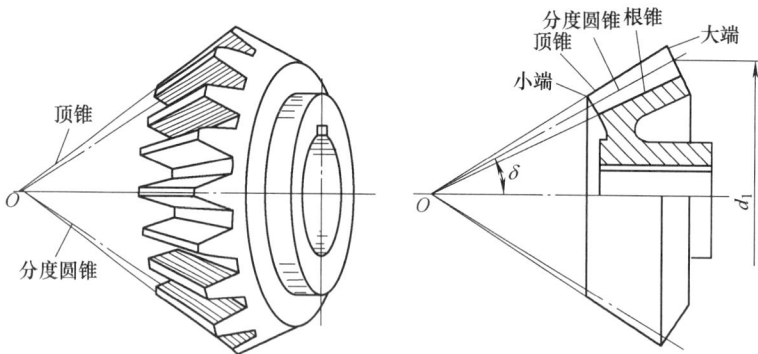

图 7-45 直齿锥齿轮

7.11.1 直齿锥齿轮齿廓曲面的形成及当量齿数

1. 直齿锥齿轮齿廓的形成

如图 7-46 所示，当一个与基圆锥切于直线 AO，且半径 R 等于基圆锥锥距的扇形平面 S 沿基圆锥作纯滚动时，该平面上的任意一点 K 在空间展出一条球面渐开线 AK。直齿锥齿轮齿廓曲面就是由以锥顶 O 为球心、半径逐渐变大的一系列球面渐开线组成的球面渐开面。

2. 背锥与当量齿数

由于球面渐开线不能展开成平面曲线，这给设计、制造带来不便，为此人们采用一种近似的方法来处理这一问题。

图 7-47 所示为一标准直齿锥齿轮的轴向半剖示图，$\triangle OAB$ 表示锥齿轮的分度圆锥。过 A 点作 $AO_1 \perp AO$，O_1 点在锥齿轮的轴线上，以 AO_1 为母线，OO_1 为轴线作一圆锥体 AO_1B，这个圆锥称为直齿锥齿轮的背锥。背锥与球面相切于锥齿轮大端分度圆。锥齿轮大端的齿形（球面渐开线）ab 与在背锥上的投影齿形 $a'b'$ 差别不大，即背锥上的齿高部分近似等于球面上的齿高部分，因此可以用背锥上的齿形近似地代替锥齿轮的大端齿形。背锥可展开成平面，使设计、制造更为简便。

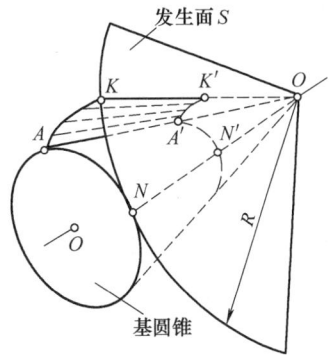

图 7-46　直齿锥齿轮齿面的形成

如图 7-48 所示，将两锥齿轮的背锥展开，得到两个扇形平面齿轮。将两扇形齿轮补全，就获得一对完整的标准直齿圆柱齿轮的啮合传动。我们把这两个假想的直齿圆柱齿轮称为这对锥齿轮的当量齿轮，其齿数 z_v 称为锥齿轮的当量齿数。当量齿轮的齿廓与锥齿轮大端齿廓近似，故当量齿轮的模数和压力角与锥齿轮大端的模数和压力角相一致，都取标准值。

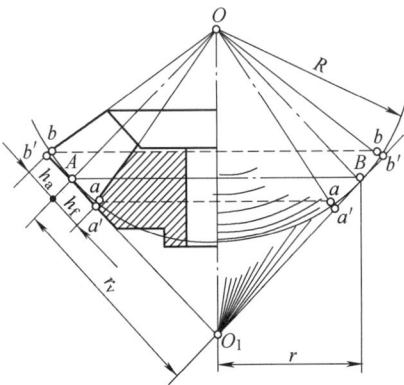

图 7-47　锥齿轮的背锥

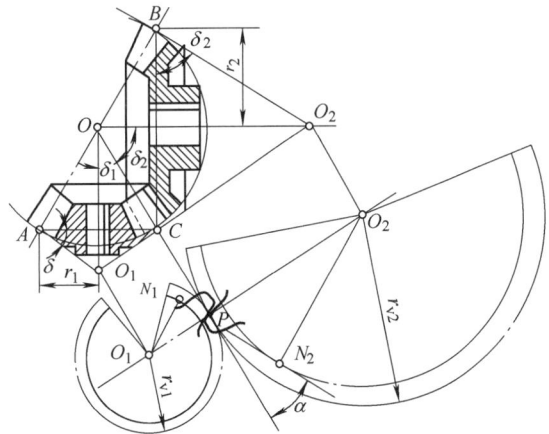

图 7-48　锥齿轮的当量齿轮

由图可得

$$r_{v1} = \frac{r_1}{\cos\delta_1} = \frac{mz_1}{2\cos\delta_1} = \frac{mz_{v1}}{2}$$

$$r_{v2} = \frac{r_2}{\cos\delta_2} = \frac{mz_2}{2\cos\delta_2} = \frac{mz_{v2}}{2}$$

所以实际齿数与当量齿数的关系为

$$z_1 = z_{v1}\cos\delta_1 \atop z_2 = z_{v2}\cos\delta_2 \right\}$$ (7-37)

式中　δ_1、δ_2——两锥齿轮分度圆锥角；

　　　z_{v1}、z_{v2}——两锥齿轮的当量齿数，其值无需圆整。

标准直齿锥齿轮不产生根切的最少齿数也可由相应的当量圆柱齿轮的最少齿数 $z_{min} = 17$ 来确定，即

$$z_{min} = z_{vmin}\cos\delta = 17\cos\delta$$

7.11.2　直齿锥齿轮的正确啮合条件

引入当量齿轮的概念后，锥齿轮的传动可以看成是一对当量齿轮的传动，其正确的啮合条件与直齿圆柱齿轮的啮合条件相同。因此，一对标准直齿锥齿轮的正确啮合条件为

$$m_1 = m_2 = m \atop \alpha_1 = \alpha_2 = \alpha \right\}$$ (7-38)

即两轮大端的模数和压力角分别相等。

7.11.3　直齿锥齿轮的传动比、基本参数及几何尺寸

1. 传动比

如图 7-44 所示，因 $\Sigma = \delta_1 + \delta_2 = 90°$，故传动比为

$$i_{12} = \frac{\omega_1}{\omega_2} = \frac{z_2}{z_1} = \frac{r_2}{r_1} = \frac{\overline{OP}\sin\delta_2}{\overline{OP}\sin\delta_1} = \frac{\sin\delta_2}{\sin\delta_1} = \tan\delta_2 = \cot\delta_1$$ (7-39)

2. 基本参数

锥齿轮的基本参数一般以大端参数为标准值，其基本参数包括：大端模数 m、齿数 z、压力角 α、分度圆锥角 δ、齿顶高系数 h_a^*、顶隙系数 c^*。标准直齿锥齿轮 $\alpha = 20°$、$h_a^* = 1$、$c^* = 0.2$，其标准模数系列见表 7-16。

表 7-16　锥齿轮模数（摘自 GB/T 12368—1990）　　　　（单位：mm）

0.1	0.12	0.15	0.2	0.25	0.3	0.35	0.4	0.5	0.6	0.7
0.8	0.9	1	1.125	1.25	1.375	1.5	1.75	2	2.25	2.5
2.75	3	3.25	3.5	3.75	4	4.5	5	5.5	6	6.5
7	8	9	10	11	12	14	16	18	20	22
25	28	30	32	36	40	45	50	—	—	—

3. 几何尺寸计算

直齿锥齿轮的轮齿由大端到小端逐渐缩小。按顶隙的变化情况不同，直齿锥齿轮可分为不等顶隙收缩齿和等顶隙收缩齿两种。

图 7-49a 所示为不等顶隙收缩齿锥齿轮，也称为正常收缩齿锥齿轮。这种锥齿轮的齿顶圆锥、分度圆锥和齿根圆锥的锥顶重合于一点 O，故顶隙从大端到小端逐渐缩小。其缺点是齿顶厚和齿根圆锥半径从大端到小端也逐渐缩小，因而降低了轮齿强度。

图 7-49b 所示为等顶隙收缩齿锥齿轮传动，这种锥齿轮的分度圆锥和齿根圆锥的锥顶仍然重合，但齿顶圆锥的母线则与另一齿轮的齿根圆锥母线相平行，其锥顶 O_1（O_2）与分度

圆锥的锥顶 O 不重合，从而保证了顶隙由大端到小端都是相等的，提高了轮齿强度。轴交角 $\Sigma = 90°$ 的标准直齿锥齿轮传动各部分名称及几何尺寸计算公式见表 7-17。

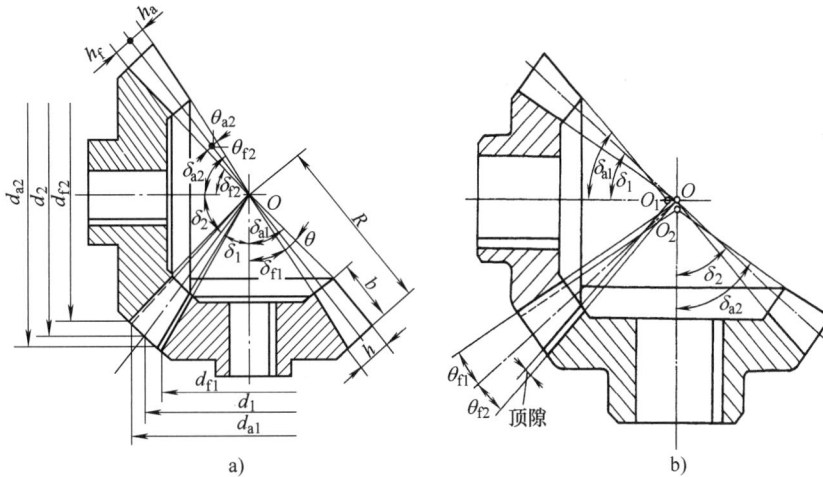

图 7-49　直齿锥齿轮的几何尺寸

a) 不等顶隙收缩齿　b) 等顶隙收缩齿

表 7-17　标准直锥齿轮的几何尺寸计算

名　称	符号	小　齿　轮	大　齿　轮
齿数	z	z_1	z_2
传动比	i	$i = z_2/z_1 = \cot\delta_1 = \tan\delta_2$	
分度圆锥角	δ	$\delta_1 = \arctan(z_1/z_2)$	$\delta_2 = \arctan(z_2/z_1) = 90° - \delta_1$
齿顶高	h_a	$h_a = h_a^* m = m$	
齿根高	h_f	$h_f = (h_a^* + c^*)m = (1 + 0.2)m = 1.2m$	
分度圆直径	d	$d_1 = z_1 m$	$d_2 = z_2 m$
齿顶圆直径	d_a	$d_{a1} = d_1 + 2h_a\cos\delta_1 = m(z_1 + 2\cos\delta_1)$	$d_{a2} = d_2 + 2h_a\cos\delta_2 = m(z_2 + 2\cos\delta_2)$
齿根圆直径	d_f	$d_{f1} = d_1 - 2h_f\cos\delta_1 = m(z_1 - 2.4\cos\delta_1)$	$d_{f2} = d_2 - 2h_f\cos\delta_2 = m(z_2 - 2.4\cos\delta_2)$
锥距	R	$R = \dfrac{1}{2}\sqrt{d_1^2 + d_2^2} = \dfrac{d_1}{2}\sqrt{i^2 + 1} = \dfrac{m}{2}\sqrt{z_1^2 + z_2^2}$	
齿顶角	θ_a	不等顶隙收缩齿 $\theta_{a1} = \theta_{a2} = \arctan(h_a/R)$， 等顶隙收缩齿 $\theta_{a1} = \theta_{f2}$　　$\theta_{a2} = \theta_{f1}$	
齿根角	θ_f	$\theta_{f1} = \theta_{f2} = \arctan(h_f/R)$	
齿顶圆锥面圆锥角	δ_a	$\delta_{a1} = \delta_1 + \theta_a$	$\delta_{a2} = \delta_2 + \theta_a$
齿根圆锥面圆锥角	δ_f	$\delta_{f1} = \delta_1 - \theta_f$	$\delta_{f2} = \delta_2 - \theta_f$
齿宽	b	$b = \psi_R R$，齿宽系数 $\psi_R = b/R, \psi_R = 1/4 \sim 1/3$	

7.11.4　受力分析

图 7-50 所示为锥齿轮传动的受力情况。若忽略接触面上摩擦力的影响, 轮齿上作用力为

集中在分度圆锥平均直径 d_{m1} 处的法向力 F_n，F_n 可分解成三个互相垂直的分力：圆周力 F_t，径向力 F_r 及轴向力 F_a，计算公式为

$$\left. \begin{array}{l} F_t = \dfrac{2T_1}{d_{m1}} \\[2mm] F_r = F'\cos\delta = F_t\tan\alpha\cos\delta \\[2mm] F_a = F'\sin\delta = F_t\tan\alpha\sin\delta \end{array} \right\}$$

（7-40）

d_{m1} 可根据几何尺寸关系由分度圆直径 d、锥距 R 和齿宽 b 来确定，即

$$\frac{R - 0.5b}{R} = \frac{0.5d_{m1}}{0.5d_1}$$

则

$$d_{m1} = \frac{R - 0.5b}{R}d_1 = (1 - 0.5\psi_R)d_1$$

（7-41）

圆周力 F_t 和径向力 F_r 的方向判定方法与直齿圆柱齿轮相同，两齿轮轴向力 F_a 的方向都是沿着各自的轴线方向并指向轮齿的大端。值得注意的是：主动轮上的轴向力 F_{a1} 与从动轮上的径向力 F_{r2} 大小相等方向相反，主动轮上的径向力 F_{r1} 与从动轮上的轴向力 F_{a2} 大小相等方向相反，即

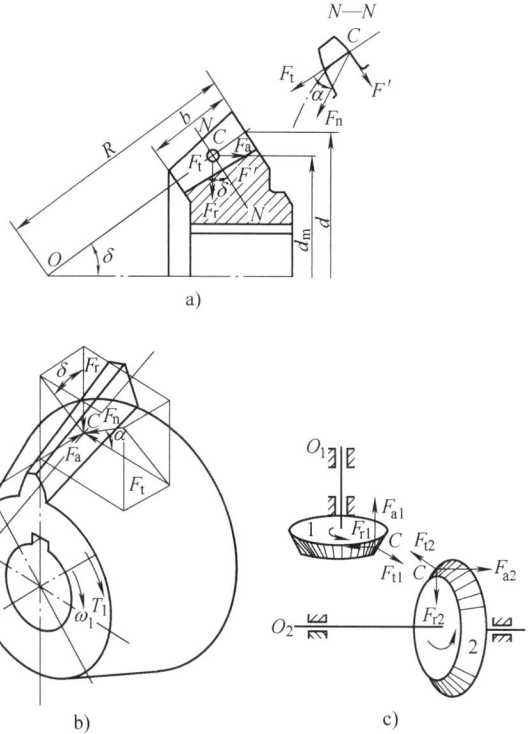

图 7-50　直齿锥齿轮的受力分析

$$F_{a1} = -F_{r2}, \quad F_{r1} = -F_{a2}$$

7.11.5　齿面接触疲劳强度和齿根弯曲疲劳强度计算

1. 齿面接触疲劳强度

校核公式

$$\sigma_H = \frac{4.98Z_E}{1 - 0.5\psi_R}\sqrt{\frac{KT_1}{\psi_R d_1^3 \mu}} \leqslant [\sigma_H]$$

（7-42）

设计公式

$$d_1 \geqslant \sqrt[3]{\left(\frac{4.98Z_E}{(1 - 0.5\psi_R)[\sigma_H]}\right)^2 \frac{KT_1}{\psi_R \mu}}$$

（7-43）

2. 齿根弯曲疲劳强度

校核公式

$$\sigma_F = \frac{4KT_1 Y_F Y_S}{\psi_R(1 - 0.5\psi_R)^2 z_1^2 m^3 \sqrt{\mu^2 + 1}} \leqslant [\sigma_F]$$

（7-44）

设计公式

$$m \geqslant \sqrt[3]{\frac{4KT_1 Y_F Y_S}{\psi_R(1 - 0.5\psi_R)^2 z_1^2 [\sigma_F]\sqrt{\mu^2 + 1}}}$$

（7-45）

式中　ψ_R——齿宽因数，$\psi_R = b/R$，一般 $\psi_R = 0.25 \sim 0.3$。

其余各项符号的意义与直齿圆柱齿轮相同。计算得到的模数 m 应按表 7-16 进行圆整。

7.12 齿轮的结构设计

通过齿轮传动的强度计算，只能确定出齿轮的主要尺寸，如齿数、模数、齿宽、螺旋角、分度圆直径等，而齿圈、轮辐、轮毂等的结构形式及尺寸大小，通常都由结构设计而定。

齿轮的结构设计与齿轮的几何尺寸、毛坯、材料、加工方法、使用要求及经济性等因素有关。进行齿轮的结构设计时，必须综合地考虑上述各方面因素。通常是先按齿轮的直径大小选定合适的结构形式，然后再根据推荐用的经验数据进行结构设计。

1. 齿轮轴

对于直径很小的钢制齿轮，若圆柱齿轮时的齿根到键槽底部的距离 $y < 2m_t$（m_t 为端面模数），若锥齿轮按齿轮小端尺寸计算而得 $y < 1.6m$（m 为大端模数）时，均应将齿轮和轴做成一体，叫做齿轮轴，如图 7-51 所示。若 y 值超过上述尺寸时，齿轮与轴应分开制造较为合理。

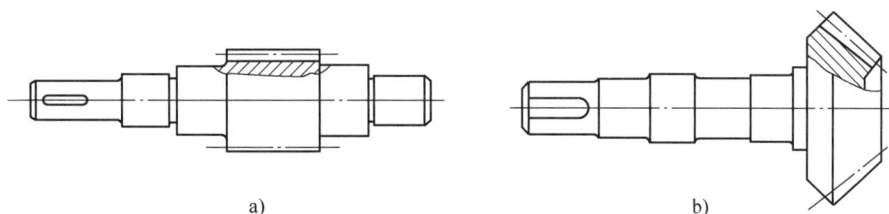

a) b)

图 7-51　齿轮轴

2. 实心式齿轮

当齿顶圆直径 $d_a \leqslant 160\text{mm}$ 时，可以做成实心结构的齿轮，如图 7-52 所示。但航空产品中的齿轮，虽 $d_a \leqslant 160\text{mm}$，也有做成腹板式的。

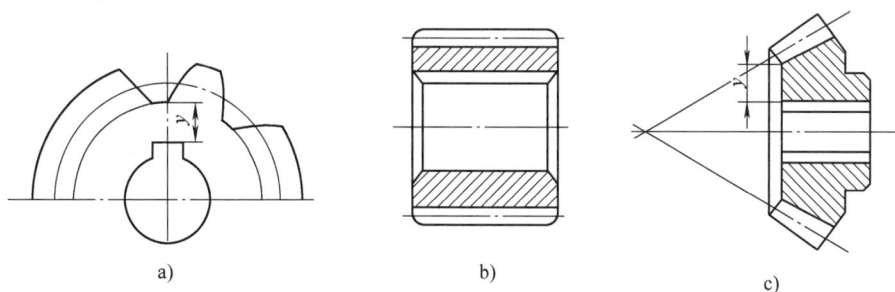

a) b) c)

图 7-52　实心式齿轮

3. 腹板式齿轮

齿顶圆直径 $d_a \leqslant 500\text{mm}$ 时，为了减轻重量和节约材料，可做成腹板式结构，如图 7-53 所示。这种齿轮通常是锻造或铸造的，腹板上开孔的数目按结构尺寸大小及需要而定。对于齿顶圆直径 $d_a > 300\text{mm}$ 的铸造锥齿轮，可做成带加强肋的腹板式结构，如图 7-54 所示。加强肋的厚度 $c_1 \approx 0.8c$，其他结构尺寸与腹板式齿轮相同。

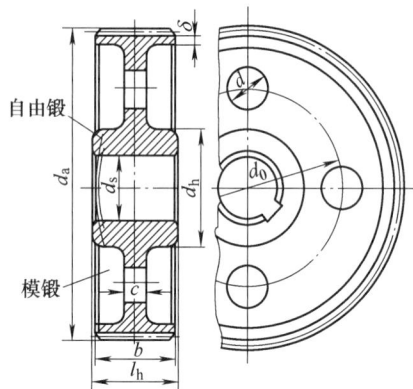

图 7-53 腹板式圆柱齿轮

$d_h = 1.6d_s, l_h = (1.2 \sim 1.5)d_s$,并使 $l_h \geqslant b$;

模锻 $c = 0.2b$,自由锻 $c = 0.3b$;$\delta = (2.5 \sim 4)m_n$,

但不小于 8mm;d_0 和 d 按结构取值,

当 d 较小时可不开孔

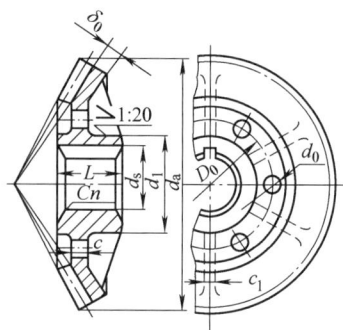

图 7-54 腹板式锥齿轮

4. 轮辐式齿轮

当齿顶直径 $400\text{mm} < d_a < 1000\text{mm}$ 时,可做成轮辐截面为 " + " 字形的轮辐式结构的齿轮,如图 7-55 所示。

另外,为了节约贵重金属,对于尺寸较大的圆柱齿轮,可做成组装齿圈式的结构 (见图 7-56),齿圈用钢制成,而轮芯则用铸铁或铸钢制成。

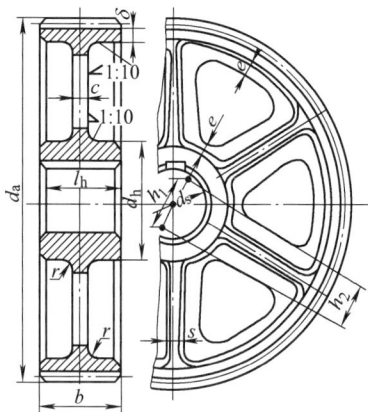

图 7-55 轮辐式齿轮

$d_h = 1.6d_s$(铸钢);$d_h = 1.8d_s$(铸铁);

$l_h = (1.2 \sim 1.5)d_s$,并使 $l_h \geqslant b$;$c = 0.2b \geqslant 10\text{mm}$;

$\delta = (2.5 \sim 4)m_n \geqslant 8\text{mm}$;$h_1 = 0.8d_s$,$h_2 = 0.8h_1$;

$s = 0.75h_1 \geqslant 10\text{mm}$;$e = 0.8\delta$

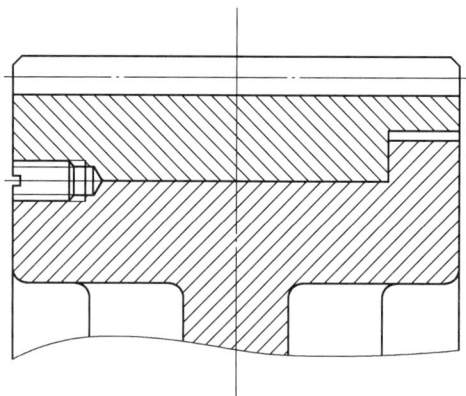

图 7-56 组装齿圈结构

用尼龙等工程塑料模压出来的齿轮,也可参照图 7-52 所示实心结构齿轮或图 7-53 所示腹板式结构齿轮的结构及尺寸进行结构设计。用夹布塑胶等非金属板材制造的齿轮结构,如

图 7-57 所示。

进行齿轮结构设计时，还要考虑齿轮和轴的联接设计。齿轮和轴之间通常采用单键联接，但当齿轮转速较高时，要考虑轮芯的平衡及对中性，这时齿轮和轴的联接采用花健或双键联接。对于沿轴滑移的齿轮，为了操作灵活，也应采用花键或双导键联接。

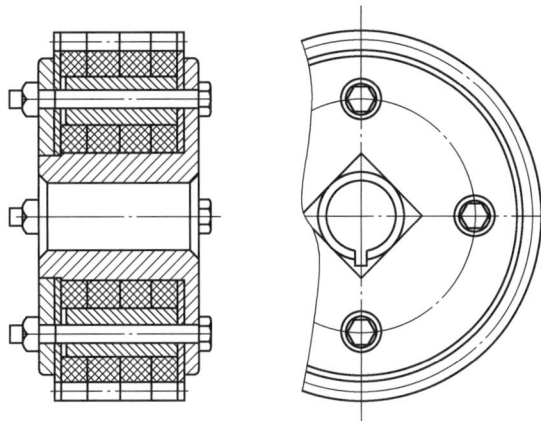

图 7-57　非金属板材制造的齿轮的组装结构

7.13　齿轮传动的润滑与维护

7.13.1　齿轮传动的润滑

齿轮传动时，相啮合的齿面间有相对滑动，因此就会发生摩擦和磨损，增加动力消耗，降低传动效率，特别是高速传动，就更需要考虑齿轮的润滑。

轮齿啮合面间加注润滑剂，可以避免金属直接接触，减少摩擦损失，还可以散热及防锈蚀。因此，对齿轮传动进行适当的润滑，可以大大改善齿轮的工作状况，且保持运转正常及预期的寿命。

1. 齿轮传动的润滑方式

开式及半开式齿轮传动，或速度较低的闭式齿轮传动，通常用人工周期性加油润滑，所用润滑剂为润滑油或润滑脂。

通用的闭式齿轮传动，其润滑方法根据齿轮的圆周速度大小而定。当齿轮的圆周速度 v < $12m/s$ 时，常将主动齿轮的轮齿浸入油池中进行浸油润滑，如图 7-58a 所示。这样，齿轮在传动时把润滑油带到啮合的齿面上，同时也将油甩到箱壁上以散热。齿轮浸入油中的深度可视齿轮的圆周速度大小而定，对圆柱齿轮通常不宜超过一个齿高，但一般亦不应小于 $10mm$；对锥齿轮应浸入全齿宽，至少应浸入齿宽的一半。在多级齿轮传动中，可借带油轮将油带到未浸入油池内齿轮的齿面上，如图 7-58b 所示。

油池中的油量多少，取决于齿轮传递功率大小。对单级传动，每传递 $1kW$ 的功率，需油量约为 $0.35 \sim 0.7L$。对于多级传动，需油量按级数成倍地增加。

当齿轮的圆周速度 $v > 12m/s$ 时，应采用喷油润滑，如图 7-58c 所示，即由油泵或中心油站以一定的压力供油，借喷嘴将润滑油喷到轮齿的啮合面上。当 $v \leqslant 25m/s$ 时，喷嘴位于轮齿啮入边或啮出边均可；当 $v > 25\text{m/s}$ 时，喷嘴应位于轮齿啮出的一边，以便借润滑油及时冷却刚啮合过的轮齿，同时亦对轮齿进行润滑。

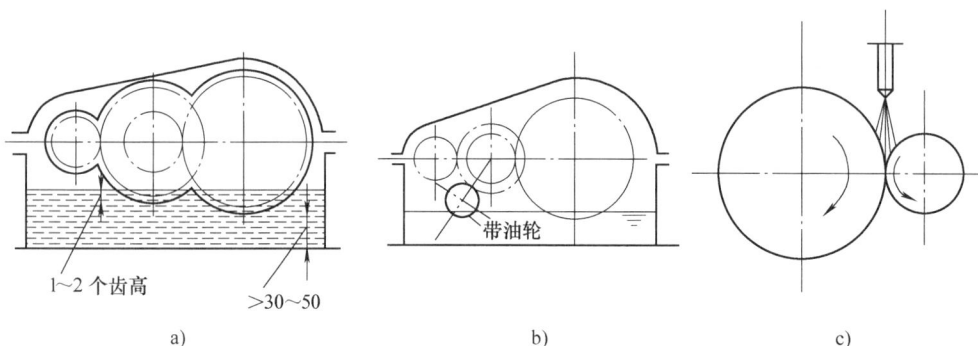

图 7-58　齿轮传动的润滑

2. 润滑剂的选择

齿轮传动常用的润滑剂为润滑油或润滑脂。所用的润滑油的运动黏度按表 7-18 选取。

表 7-18　齿轮传动的润滑油运动黏度荐用值

齿轮材料	抗拉强度 σ_b/MPa	圆周速度 $v/(\text{m} \cdot \text{s}^{-1})$						
		<0.5	0.5~1	1~2.5	2.5~5	5~12.5	12.5~25	>25
		运动黏度 $\nu/(\text{mm}^2 \cdot \text{s}^{-1})$ （40℃）						
塑料、铸铁、青铜	—	350	220	150	100	80	55	—
钢	450~1000	500	350	220	150	100	80	55
	1000~1250	500	500	350	220	150	100	80
渗碳或表面淬火	1250~1580	900	500	500	350	220	150	100

注：1. 对于多级齿轮传动，采用各级传动圆周速度的平均值来选取润滑油黏度。

2. 对于 $\sigma_b > 800\text{MPa}$ 的镍铬钢制齿轮（不渗碳）的润滑油黏度应取高一级的数值。

7.13.2　齿轮传动的维护

正常维护是保证齿轮传动正常工作、延长齿轮使用寿命的必要条件，日常维护工作主要有以下内容：

（1）安装与磨合　齿轮、轴承、键等零件安装在轴上，注意固定和定位都要符合技术要求。使用一对新齿轮，先作磨合运转，即在空载及逐步加载的方式下运转十几小时至几十小时，清洗箱体、更换新油后，才能使用。

（2）检查齿面接触情况　采用涂色法检查，若色迹处于齿宽中部，且接触面积较大（见图 7-59a），说明装配良好；若接触部位不合理（见图 7-59b、c、d），会使载荷分布不均，通常可通过调整轴承座位置以及修理齿面等方法解决。

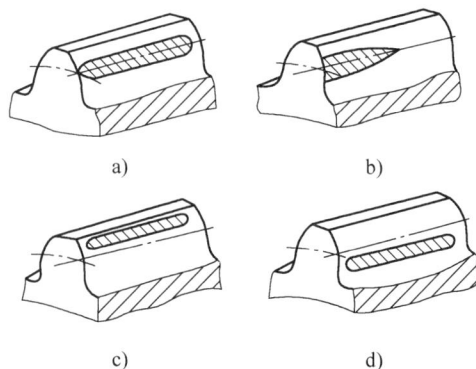

图 7-59　圆柱齿轮齿面接触斑点

a）正确安装　b）轴线偏斜　c）中心距偏大

d）中心距偏小

（3）保证正常润滑　按规定润滑方式，定时、定量加润滑油。对自动润滑方式，注意油路是否畅通，润滑机构是否灵活。

（4）监控运转状态　通过看、摸、听，监视有无超常温度、异常响声、振动等不正常现象，发现异常现象，应及时检查加以解决，禁止其"带病工作"。对高速、重载或重要场合的齿轮传动，可采用自动监测装置，对齿轮运动、状态的信息搜集、故障诊断和报警等，实现自动控制，确保齿轮传动的安全可靠。

（5）装防护罩　对于开式齿轮传动，应装防护罩，保护人身安全，同时防止灰尘、切屑等杂物侵入齿面，加速齿面磨损。

本 章 小 结

齿轮传动是机械传动中最重要、应用最广泛的一种传动，具有很多优点。本章主要介绍齿轮机构啮合原理、传动特点、标准参数、基本尺寸计算，齿轮传动的失效形式，齿轮的材料及其选择原则，齿轮传动的计算载荷，圆柱齿轮传动的强度计算，齿轮设计参数与许用应力，齿轮传动的设计方法，其他齿轮传动类型及其选择，斜齿轮、锥齿轮的强度计算，齿轮的结构设计及齿轮传动的润滑、维护等内容。

思 考 题

7-1　对齿轮传动的基本要求是什么？如何满足该要求？

7-2　渐开线有哪些性质？

7-3　渐开线齿廓啮合有哪些特性？

7-4　基圆是否一定比齿根圆小？压力角 $\alpha = 20°$、齿顶高系数 $h_a^* = 1$ 的直齿圆柱齿轮，其齿数在什么范围时，基圆比齿根圆大？

7-5　一对标准直齿圆柱齿轮的正确啮合条件是什么？连续传动的条件是什么？

7-6　当一对齿轮安装后的实际中心距大于标准中心距时，齿轮下列参数哪些不变，哪些变化，如何变？如分度圆半径 r、节圆半径 r'、压力角 α、啮合角 α' 和传动比 i_{12}。

7-7　规定标准模数 m 和压力角 α 的意义是什么？

7-8　什么是变位齿轮？与相应标准齿轮相比其参数、齿形及几何尺寸有何变化？

7-9　与直齿圆柱齿轮相比，斜齿圆柱齿轮有什么特点？斜齿圆柱齿轮用何种场合？

7-10　斜齿圆柱齿轮哪个面上的参数为标准参数？斜齿轮的当量齿数有何用处？求出的当量齿数是否需要圆整？

7-11　标准直齿锥齿轮，何处的参数为标准参数？

7-12　圆柱齿轮精度的最新国家标准有哪些？在图样上如何标注齿轮的精度等级？

7-13　为什么齿轮的材料要求齿面硬、齿心韧？

7-14　一对直齿圆柱齿轮传动，两轮的材料和热处理方法已定，传动比不变，在满足下列条件下，如何调整齿轮的参数和几何尺寸？

（1）主要提高齿面接触强度，不降低齿根弯曲强度。

（2）主要提高齿根弯曲强度，基本上不增加结构尺寸。

7-15　齿宽因数 ψ_d 的大小对传动有何影响？

7-16　试判断斜齿圆柱齿轮在下述情况时轴向力的方向。

（1）主动齿轮，顺时针转动，左旋。

（2）从动齿轮，逆时针转动，左旋。

（3）主动齿轮，顺时针转动，左旋。

7-17 当齿轮分度圆直径 $d = 60mm$，模数为 $m = 3mm$，轴径为 35mm 时，应采用哪种齿轮结构？当齿轮分度圆直径 $d = 510mm$ 时，应采用哪种齿轮结构？

7-18 一对圆柱齿轮传动，两齿轮的材料与热处理情况均相同，试问两齿轮在啮合处的接触力是否相等？其许用接触应力及接触强度是否相等？两齿轮在齿根处的弯曲应力是否相等？其许用弯曲应力及弯曲强度是否相等？

7-19 降低齿轮最大接触应力的最有效措施是什么？降低齿轮最大弯曲应力的最有效措施是什么？

习 题

7-1 已知一正常齿制标准渐开线直齿圆柱外齿轮 $m = 4mm$，$z = 50$，试求齿廓在分度圆上的曲率半径，以及渐开线齿廓在齿顶圆、齿根圆上的压力角。

7-2 有一对正常齿制的外啮合直齿圆柱齿轮机构，实测两轮轴孔中心距 $a = 112.5mm$，小齿轮齿数 $z_1 = 38$，齿顶圆 $d_{a1} = 100mm$，试配一大齿轮，确定大齿轮的齿数 z_2、模数 m 及其主要几何尺寸。

7-3 已知一对正确安装的直齿外啮合圆柱齿轮，采用正常齿制，$m = 3.5mm$，齿数 $z_1 = 21$，$z_2 = 64$，求传动比，分度圆直径，节圆直径，齿顶圆直径，齿根圆直径，基圆直径，中心距，齿距，齿厚和齿槽宽。

7-4 已知一对正常齿制的标准直齿圆柱外啮合齿轮，$m = 10mm$，$z_1 = 17$，$z_2 = 22$，中心距 $a = 195mm$，要求：

（1）绘制两轮的齿顶圆、分度圆、节圆、齿根圆和基圆。

（2）作出理论啮合线、实际啮合线和啮合角。

（3）检查是否满足传动连续条件。

7-5 某变速箱中，原设计一对直齿轮，其参数为 $m = 2.5mm$，$z_1 = 15$，$z_2 = 38$，由于两轮轴中心距为 70mm，试改变设计，以适应轴孔中心距。提示：（1）调整齿数。（2）采用斜齿轮。

7-6 已知一对正常齿制渐开线标准直齿锥齿轮，轴交角 $\Sigma = 90°$，齿数 $z_1 = 17$，$z_2 = 43$，模数 $m = 3mm$，试求：

（1）两轮分度圆锥角、分度圆直径、齿顶圆直径、齿根圆直径、锥距、齿顶圆锥角、齿根圆锥角。

（2）两轮当量齿数。

7-7 有两对闭式直齿圆柱齿轮传动，已知材料相同，工况相同。齿轮对 Ⅰ：$z_1 = 18$、$z_2 = 41$、$m = 4mm$、$b = 50mm$，齿轮对 Ⅱ：$z_1 = 36$、$z_2 = 82$、$m = 2mm$、$b = 50mm$，分别按接触强度和弯曲强度求两对齿轮传动所能传递的转矩比值。

7-8 如图 7-60a 所示，一对直齿锥齿轮、一对斜齿圆柱齿轮减速器，主动轴转向如图所示，锥齿轮模数 $m = 5mm$，齿宽 $b = 50mm$，齿数 $z_1 = 20$，$z_2 = 60$，斜齿圆柱齿轮模数 $m_n = 6mm$，齿数 $z_1 = 20$，$z_2 = 80$。

求：（1）当斜齿轮螺旋角旋向如何、角度多大时，中间轴上的轴向力才能恰好为零？

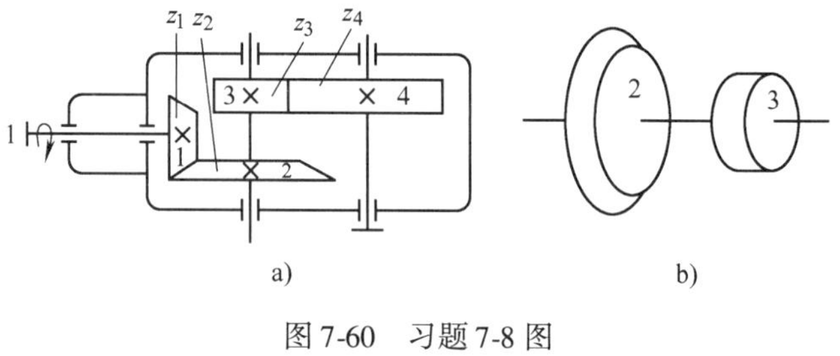

图 7-60 习题 7-8 图

（2）在图 7-60b 上标出中间轴上两齿轮的受力方向。

7-9 图 7-61 所示为两级斜齿圆柱齿轮减速器的已知条件，求：

（1）低速级斜齿轮的螺旋线方向应如何选择才能使中间轴轴向力最小？

（2）低速级斜齿轮的螺旋角 β 应取何值才能使中间轴的轴向力相互抵消？

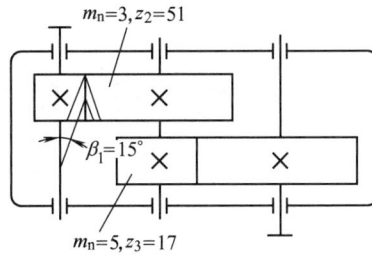

图 7-61 习题 7-9 图

7-10 设计一电动机驱动的闭式直齿圆柱齿轮传动。要求材料热处理后硬度 $<350HBW$。已知：小齿轮传递功率 $P=7.5kW$，转速 $n_1=1440r/min$，$z_1=23$，$z_2=47$，齿轮在轴承间相对轴承不对称布置，载荷平稳，单向运转，使用寿命为 8 年，单班制工作，画出大齿轮结构草图。

7-11 设计一单级减速器中的斜齿圆柱齿轮传动。已知：转速 $n_1=1460r/min$，传递功率 $P=10kW$，传动比 $i_{12}=3.5$，齿数 $z_1=25$，电动机驱动，单向运转，载荷有中等冲击，使用寿命为 10 年，两班制工作，齿轮在轴承间对称布置。

第8章 蜗杆传动

8.1 蜗杆传动的类型、特点和应用

蜗杆传动是用来传递空间交错轴之间的运动和动力的，它由蜗杆、蜗轮和机架所组成，如图 8-1 所示，该种传动广泛应用于机器和仪器设备中。

8.1.1 蜗杆传动的类型及应用

蜗杆传动按蜗杆形状的不同可分为圆柱蜗杆、环面蜗杆和锥蜗杆传动三类，如图 8-2 所示。下面着重介绍前两类蜗杆传动。

1. 圆柱蜗杆传动

圆柱蜗杆传动按蜗杆齿廓形状可分为普通圆柱蜗杆传动和圆弧圆柱蜗杆传动。

（1）普通圆柱蜗杆传动　普通圆柱蜗杆多用直线切削刃的车刀在车床上切制，随刀具安装位置和所用刀具的变化（加工制造工艺不同），可获得在垂直轴线的断面上有不同齿廓的蜗杆。

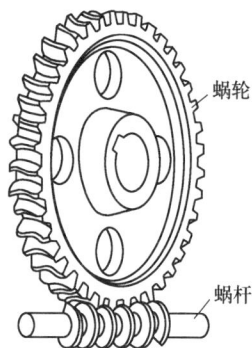

图 8-1　蜗杆传动

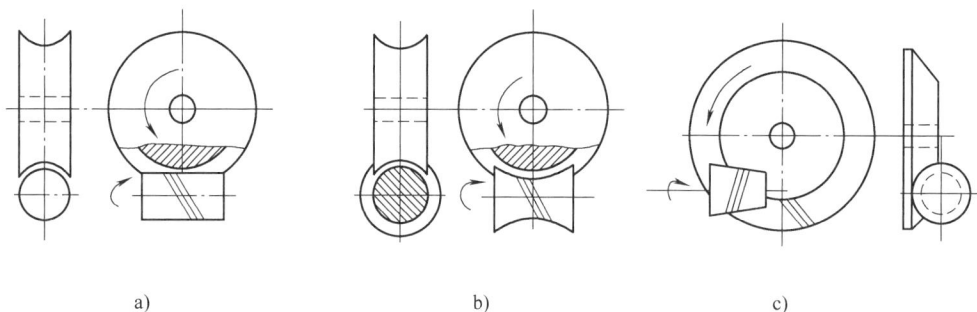

a)　　　　　　　　　　b)　　　　　　　　　　c)

图 8-2　蜗杆传动的类型

a）圆柱蜗杆传动　b）环面蜗杆传动　c）锥蜗杆传动

普通圆柱蜗杆的类型、特点及应用见表 8-1。

（2）圆弧圆柱蜗杆传动（ZC 蜗杆）　如图 8-3 所示，圆弧圆柱蜗杆是用刃边为凸圆弧形刀具切制的，其加工方法与车制 ZA 蜗杆一样。蜗杆的轴面齿廓为凹圆弧形。该蜗杆的齿形称为齿形 C，故称为圆弧圆柱蜗杆（ZC 蜗杆）。啮合时蜗杆的凹圆弧齿面和蜗轮的凸圆弧齿面接触，具有接触应力小，齿根弯曲强度高，润滑角 θ 较大，易于形成液体润滑油膜的特点，故承载能力大，效率高。该蜗杆可用轴平面为圆弧形的砂轮精磨，从而获得较高的精度，适用于重载、高速、要求精密的传动。

页码 145

表 8-1 普通圆柱蜗杆的类型、特点及应用

类型	工艺简图	蜗杆加工原理	特点	应用
阿基米德蜗杆 （ZA 蜗杆）	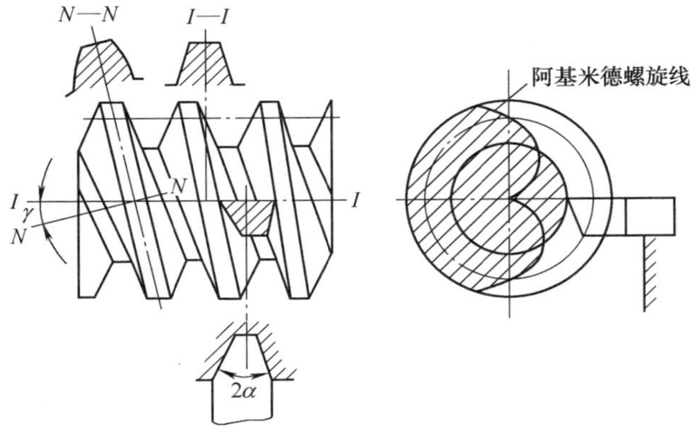 阿基米德螺旋线　2α　$N-N$　$I-I$	用直线切削刃的梯形车刀切削而成，切削刃顶平面通过蜗杆的轴线。该蜗杆在轴向断面 $I-I$ 内具有梯形齿条形的直齿廓，而在法向断面 $N-N$ 内齿廓外凸，在垂直于轴线的断面（端面）上，齿廓曲线为阿基米德螺旋线	加工和测量较方便，车削工艺好，但精度低	由于传动的啮合特性差，只用于中小载荷、中小速度及同步要求工作的场合
法向直廓蜗杆 （ZN 蜗杆）	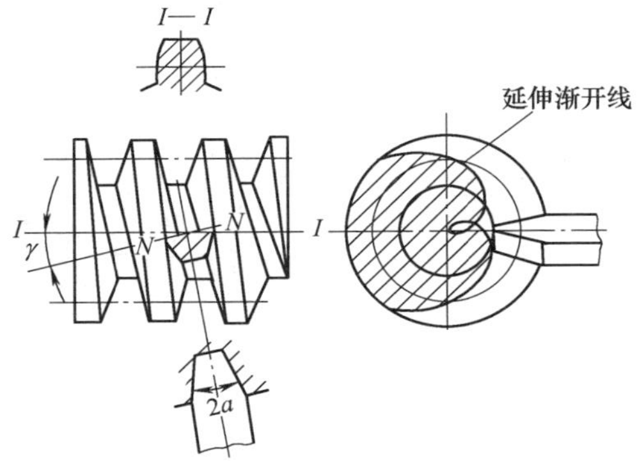 延伸渐开线　2α　$I-I$	与 ZA 蜗杆相似，车制该蜗杆时，将切削刃顶平面置于螺旋面的法面 $N-N$ 内，切制出的蜗杆法向齿廓为直线，端面齿廓为延伸渐开线	蜗杆加工简单，且可使车刀获得合理的前角和后角，并可用直母线砂轮磨齿	基本应用同上，多用于分度蜗杆传动

（续）

类型	工艺简图	蜗杆加工原理	特点	应用
渐开线蜗杆（ZI蜗杆）	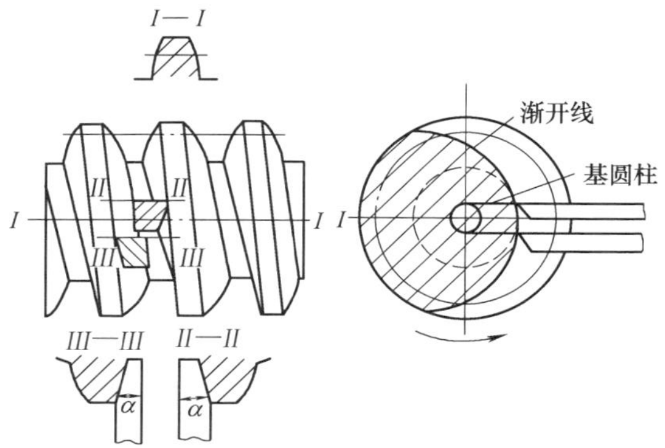	加工该蜗杆时，将切削刀顶平面的切平面切于基圆柱的端面内，切于基圆柱与基圆柱相切，但切一侧齿廓为直线，另一侧为外凸曲线，而其端面齿廓是渐开线，齿面为渐开螺旋面	可用平面砂轮沿其直线形螺旋齿面磨削，精度高，可提高传动的胶合能力，但需由专用机床制造	用于高转速、大功率和要求精密的多头蜗杆传动
锥面包络圆柱蜗杆（ZK蜗杆）	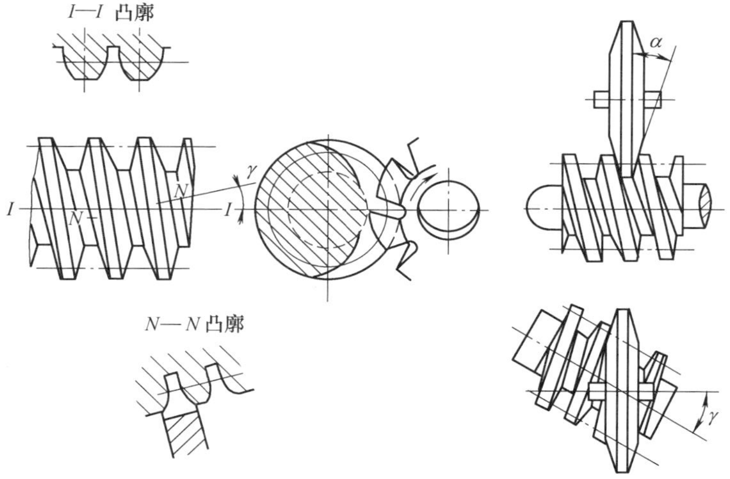	采用直母线双锥面盘铣刀（或砂轮）等放置在蜗杆齿槽内加工制成，齿面是圆锥面族的包络面	磨削加工时无理论误差，能获得较高精度，但齿形曲线复杂，设计、测量困难	一般用于中速、中载、连续运转的动力蜗杆传动

2. 环面蜗杆传动

环面蜗杆的分度圆是以蜗杆轴线为旋转中心、凹圆弧为母线的旋转体（见图8-2b）。环面蜗杆传动蜗轮的节圆与蜗杆的节圆弧重合，同时啮合的齿数多，而且轮齿的接触线与蜗杆齿运动方向近似于垂直，轮齿间具有良好的油膜形成条件，抗胶合能力强，所以环面蜗杆传动的承载能力大、效率高。一般环面蜗杆传动的承载能力是普通圆柱蜗杆传动的 2 ~ 4 倍，效率达 85% ~ 90%。但是，为保证环面蜗杆良好的啮合，对环面蜗杆传动的制造和安装精度的要求较高。

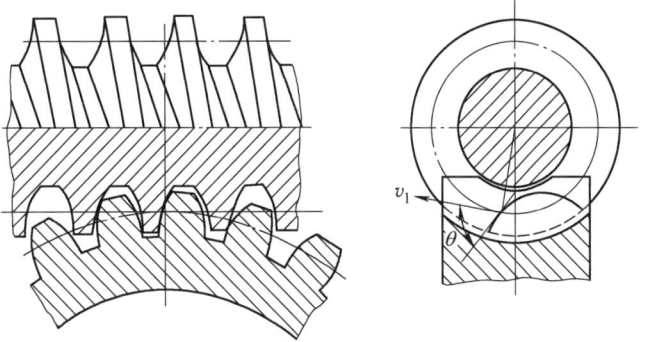

8.1.2　蜗杆传动的特点

蜗杆传动的特点如下：

1）结构紧凑、传动比大。传

图 8-3　圆弧圆柱蜗杆

递动力时，一般 $i_{12} = 8 \sim 100$；传递运动或在分度机构中，i_{12} 可达 1000。

2）蜗杆传动相当于螺旋传动，蜗杆齿是连续的螺旋齿，故传动平稳，振动小、噪声低。

3）当蜗杆的导程角小于当量摩擦角时，可实现反向自锁，即具有自锁性。

4）因传动时啮合齿面间相对滑动速度大，故摩擦损失大，效率低。一般效率为 $\eta = 0.7 \sim 0.8$，具有自锁性时，其效率 $\eta < 0.5$，所以不宜用于大功率传动。

5）为减轻齿面的磨损及防止胶合，蜗轮一般使用贵重的减摩材料制造，故成本较高。

6）对制造和安装误差很敏感，安装时对中心距的尺寸精度要求较高。

综上所述，蜗杆传动常用于传动功率 < 50kW，滑动速度 $v_s < 15\text{m/s}$ 的机器设备中。

8.2　圆柱蜗杆传动主要参数和几何尺寸

8.2.1　蜗杆传动的正确啮合条件

蜗杆类型很多，本章仅以目前采用最普遍的轴交角 $\Sigma = 90°$ 阿基米德蜗杆为例，介绍普通圆柱蜗杆传动的设计计算。

阿基米德圆柱蜗杆与蜗轮的啮合情况如图8-4所示，在过蜗杆轴线而垂直于蜗轮轴线的中间平面内，蜗杆与蜗轮的啮合相当于直齿廓齿条与渐开线齿轮的啮合，故蜗杆蜗轮都是以中间平面内的参数和尺寸为基准，其正确啮合条件为：①中间平面内蜗杆与蜗轮的模数和压力角分别相等，即蜗杆的轴面模数 m_{x1} 和轴面压力角 α_{x1} 与蜗轮的端面模数 m_{t2} 和端面压力角 α_{t2} 分别相等，且为标准值。②蜗杆的导程角 γ 与蜗轮的螺旋角 β 相等，且蜗杆与蜗轮的螺旋线的旋向应相同。可用式（8-1）表示，即

$$\left.\begin{array}{l} m_{x1} = m_{t2} = m \\ \alpha_{x1} = \alpha_{t2} = \alpha \\ \gamma = \beta \end{array}\right\} \qquad (8\text{-}1)$$

常用的标准模数见表 8-2，蜗杆和蜗轮压力角的标准值 $\alpha = 20°$。

与螺杆类似，蜗杆分度圆柱面上螺旋线的升角为其导程角，用 γ 表示，且它与螺旋角 β_1 的关系为 $\gamma = 90° - \beta$。蜗杆按旋向可分为右旋和左旋蜗杆两种，常用右旋。

8.2.2 蜗杆传动的主要参数

由于阿基米德蜗杆传动在中间平面内相当于齿条与渐开线齿轮的啮合传动，因而传动的参数、主要几何尺寸及强度计算等均以中间平面为准。

蜗杆传动的主要参数有模数 m、压力角 α、分度圆直径 d_1、直径系数 q、蜗杆的导程角 γ、蜗杆头数 z_1、蜗轮齿数 z_2、传动比 i 等。有关参数的取值见表 8-2。

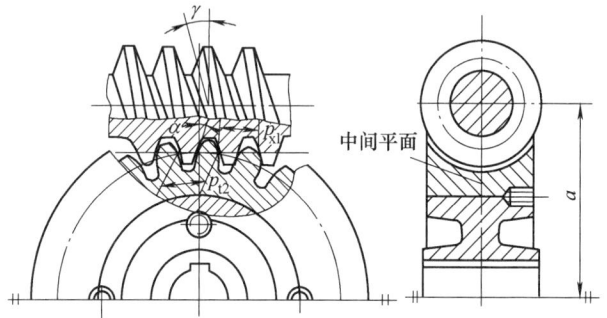

图 8-4　蜗杆传动的啮合情况

表 8-2　蜗杆传动的基本参数（$\Sigma = 90°$）（摘自 GB/T 10085—1988）

模数 $m/$ mm	分度圆直径 $d_1/$mm	蜗杆头数 z_1	直径系数 q	$m^2 d_1/$ mm³	模数 $m/$ mm	分度圆直径 $d_1/$mm	蜗杆头数 z_1	直径系数 q	$m^2 d_1/$ mm³
1	**18**	1	18.000	18	4	(50)	1,2,4	12.500	800
1.25	20	1	16.000	31.25		71	1	17.750	1136
	22.4	1	17.920	35	5	(40)	1,2,4	8.000	1000
1.6	20	1,2,4	12.500	51.2		50	1,2,4,6	10.000	1250
	28	1	17.500	71.68		(63)	1,2,4	12.600	1575
2	(18)	1,2,4	9.000	72		**90**	1	18.000	2250
	22.4	1,2,4,6	11.200	89.6	6.3	(50)	1,2,4	7.936	1985
	(28)	1,2,4	14.000	112		63	1,2,4',6	10.000	2500
	35.5	1	17.750	142		(80)	1,2,4	12.698	3175
2.5	(22.4)	1,2,4	8.960	140		**112**	1	17.778	4445
	28	1,2,4,6	11.200	175	8	(63)	1,2,4	7.875	4032
	(35.5)	1,2,4	14.200	221.9		80	1,2,4,6	10.000	5376
	45	1	18.000	281		(100)	1,2,4	12.500	6400
3.15	(28)	1,2,4	8.889	278		**140**	1	17.500	8960
	35.5	1,2,4,6	11.270	352	10	(71)	1,2,4	7.100	7100
	45	1,2,4	14.286	447.5		90	1,2,4,6	9.000	9000
	56	1	17.778	556		(112)	1,2,4	11.200	11200
4	(31.5)	1,2,4	7.875	504		160	1	16.000	16000
	40	1,2,4,6	10.000	640	12.5	(90)	1,2,4	7.200	14062

（续）

模数 m/mm	分度圆直径/d_1/mm	蜗杆头数 z_1	直径系数 q	$m^2 d_1$/mm^3	模数 m/mm	分度圆直径/d_1/mm	蜗杆头数 z_1	直径系数 q	$m^2 d_1$/mm^3
12.5	112	1,2,4	8.960	17500	20	160	1,2,4	8.000	64000
	(140)	1,2,4	11.200	21875		(224)	1,2,4	11.200	89600
	200	1	16.000	31250		315	1	15.750	126000
16	(112)	1,2,4	7.000	28672	25	(180)	1,2,4	7.200	112500
	140	1,2,4	8.750	35840		200	1,2,4	8.000	125000
	(180)	1,2,4	11.250	46080		(280)	1,2,4	11.200	175000
	250	1	15.625	64000		400	1	16.000	250000
20	(140)	1,2,4	7.000	56000					

注：1. 表中模数均系第一系列，$m < 1$mm 的未列入，$m > 25$mm 的还有 31.5mm、40mm 两种。属于第二系列的模数有
1.5mm、3mm、3.5mm、4.5mm、5.5mm、6mm、7mm、12mm、14mm。

2. 表中蜗杆分度圆直径 d_1 均属第一系列，$d_1 < 18$mm 的未列入，此外还有 355mm。属于第二系列的有：30mm、
38mm、48mm、53mm、60mm、67mm、75mm、85mm、95mm、106mm、118mm、132mm、144mm、170mm、190mm、300mm。

3. 模数和分度圆直径均应优先选用第一系列，括号中的数字尽可能不采用。

4. 表中 d_1 值为黑体的蜗杆为 $\gamma < 3°30'$ 的自锁蜗杆。

1. 蜗杆的导程角 γ

设蜗杆的头数为 z_1，分度圆直径为 d_1，轴向齿距为 p_{x1}，导程为 p_z，则有 $p_z = z_1 p_{x1} = \pi m z_1$。若将蜗杆分度圆柱面展开，如图 8-5 所示，且用 γ 表示该圆柱面上螺旋线升角，即导程角，由图可得

$$\tan\gamma = \frac{p_z}{\pi d_1} = \frac{z_1 p_{x1}}{\pi d_1} = \frac{z_1 \pi m}{\pi d_1} = \frac{m z_1}{d_1} \quad (8\text{-}2)$$

导程角的大小与效率及加工工艺性有关，导程角大，效率高，但加工较困难；导程角小，效率低，但加工方便。当 $\gamma > 28°$，用加大导程角来提高效率效果不明显；而当 $\gamma < 3°30'$ 时，具有自锁性，故常用导程角 $\gamma = 3.5° \sim 27°$。

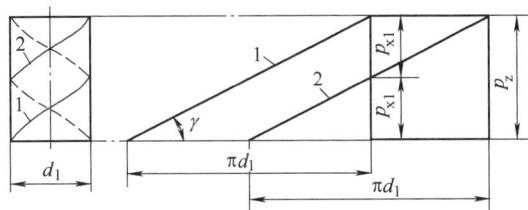

图 8-5　蜗杆分度圆柱面展开图

2. 蜗杆的分度圆直径 d_1 和直径系数 q

蜗杆传动中，为了保证蜗杆与蜗轮的正确啮合，常用与蜗杆具有同样参数的蜗轮滚刀（其外径比蜗杆外径大 $2c$，以便在蜗轮上加工出径向间隙）来加工与其配对的蜗轮。这样，只要有一种尺寸的蜗杆，就必须有一种对应的蜗轮滚刀。而由式（8-2）可知，蜗杆分度圆直径 d_1 将随 m、z_1、γ 的变化而变化，这就意味着所需蜗轮滚刀的规格极多，这很不经济也不可能。为了减少刀具型号以利于刀具标准化，国家标准制定了蜗杆分度圆直径 d_1 的标准系列，且与模数相匹配，见表 8-2。

为使计算方便，令

$$q = z_1 / \tan\gamma \quad (8\text{-}3)$$

则由式（8-2）可得

$$d_1 = mq \qquad (8\text{-}4)$$

由上式可知，当 m 一定时，d_1 值大，q 也大。再由式（8-3）可知，当 z_1 一定时，q 值大，γ 则小，而 γ 值小，蜗杆传动的效率就低。在动力蜗杆传动的设计中，必须考虑这些问题。另因 d_1、m 已标准化，q 便为导出量，不一定是整数。

3. 蜗杆头数 z_1 和蜗轮齿数 z_2

蜗杆为主动件时，传动比为

$$i = \frac{n_1}{n_2} = \frac{z_2}{z_1} \qquad (8\text{-}5)$$

蜗杆头数 z_1 主要是根据传动比和效率两个因素来选定，一般取 $z_1 = 1 \sim 6$，自锁蜗杆传动或分度机构因要求自锁或大传动比，多采用单头蜗杆；而传力蜗杆传动为提高效率，可取 $z_1 = 2 \sim 6$，常取偶数，便于分度。此外，头数越多，制造蜗杆及蜗轮滚刀时，分度误差越大，加工精度越难保证。

蜗轮齿数 $z_2 = iz_1$，一般取 $z_2 = 28 \sim 80$。$z_2 < 28$，易使蜗轮轮齿产生根切和干涉，影响传动的平稳性；$z_2 > 80$，当蜗轮直径一定时，模数很小，会削弱弯曲强度；而当模数一定时，又会导致蜗杆过长，刚度降低。z_1、z_2 值可参考表 8-3 选用。

表 8-3 蜗杆头数 z_1 与蜗轮齿数 z_2 的荐用值

传动比 i	$5 \sim 8$	$7 \sim 16$	$15 \sim 32$	$30 \sim 83$
蜗杆头数 z_1	6	4	2	1
蜗轮齿数 z_2	$29 \sim 31$	$29 \sim 61$	$29 \sim 61$	$29 \sim 82$

8.2.3 圆柱蜗杆传动的几何尺寸计算

蜗轮的分度圆直径 d_2 为

$$d_2 = m_{t2} z_2 = m z_2 \qquad (8\text{-}6)$$

如图 8-6 所示，蜗杆蜗轮的标准中心距 a 为

$$a = (d_1 + d_2)/2 = m(q + z_2)/2 \qquad (8\text{-}7)$$

一般圆柱蜗杆传动减速装置的中心距 a 应按下列数值选取（单位为 mm）：40，50，63，80，100，125，160，200，250，315，400，500。

为了方便使用，图 8-6 给出了普通圆柱蜗杆传动的主要几何尺寸参数，其计算公式参见表 8-4。

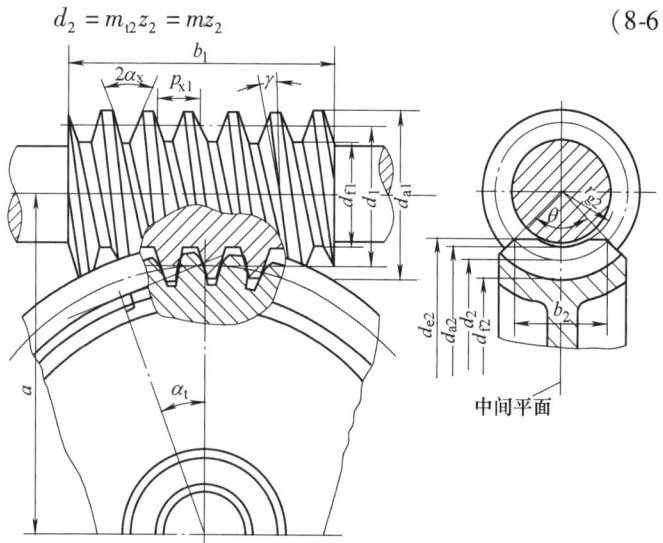

图 8-6 普通圆柱蜗杆传动的几何尺寸参数

表 8-4　阿基米德蜗杆传动的主要几何尺寸计算公式

名　称	代号	公　式
蜗杆轴面模数或蜗轮端面模数	m	由强度条件确定,取标准值见表 8-2
中心距	a	$a = \dfrac{m}{2}(q + z_2)$
传动比	i	$i = z_2/z_1$
蜗杆轴向齿距	p_{x1}	$p_{x1} = \pi m$
蜗杆导程	p_z	$p_z = z_1 p_{x1}$
蜗杆分度圆导程角	γ	$\tan\gamma = z_1/q$
蜗杆分度圆直径	d_1	$d_1 = mq$
蜗杆轴面压力角	α	$\alpha_{x1} = 20°$(阿基米德蜗杆)
蜗杆齿顶高	h_{a1}	$h_{a1} = h_a^* m$
蜗杆齿根高	h_{f1}	$h_{f1} = (h_a^* + c^*)m$
蜗杆全齿高	h_1	$h_1 = h_{a1} + h_{f1} = (2h_a^* + c^*)m$
齿顶高系数	h_a^*	一般 $h_a^* = 1$,短齿 $h_a^* = 0.8$
顶隙系数	c^*	一般 $c^* = 0.2$
蜗杆齿顶圆直径	d_{a1}	$d_{a1} = d_1 + 2h_{a1} = d_1 + 2h_a^* m$
蜗杆齿根圆直径	d_{f1}	$d_{f1} = d_1 - 2h_{f1} = d_1 - 2m(h_a^* + c^*)$
蜗杆螺纹部分长度	b_1	当 $z_1 = 1$、2 时,$b_1 \geqslant (11 + 0.06z_2)m$ 　$z_1 = 3$、4 时,$b_1 \geqslant (12.5 + 0.09z_2)m$ 磨削蜗杆加长量:当 $m < 10\text{mm}$,$\Delta b_1 = 15 \sim 25\text{mm}$ 　　　　　　　当 $m = 10 \sim 14\text{mm}$,$\Delta b_1 = 35\text{mm}$ 　　　　　　　当 $m \geqslant 16\text{mm}$ 时,$\Delta b_1 = 50\text{mm}$
蜗轮分度圆直径	d_2	$d_2 = mz_2$
蜗轮齿顶高	h_{a2}	$h_{a2} = h_a^* m$
蜗轮齿根高	h_{f2}	$h_{f2} = (h_a^* + c^*)m$
蜗轮齿顶圆直径	d_{a2}	$d_{a2} = d_2 + 2h_a^* m$
蜗轮齿根圆直径	d_{f2}	$d_{f2} = d_2 - 2m(h_a^* + c^*)$
蜗轮外圆直径	d_{e2}	当 $z_1 = 1$ 时,$d_{e2} = d_{a2} + 2m$ 　$z_1 = 2 \sim 3$ 时,$d_{e2} = d_{a2} + 1.5m$ 　$z_1 = 4 \sim 6$ 时,$d_{e2} = d_{a2} + m$,或按结构设计
蜗轮齿宽	b_2	当 $z_1 \leqslant 3$ 时,$b_2 \leqslant 0.75d_{a1}$ 　$z_1 = 4 \sim 6$ 时,$b_2 \leqslant 0.67d_{a1}$
蜗轮齿宽角	θ	$\sin(\theta/2) = b_2/d_1$
蜗轮咽喉母圆半径	r_{g2}	$r_{g2} = a - d_{a2}/2$

8.2.4　蜗杆蜗轮旋向和转向的判别

蜗杆蜗轮机构中,通常蜗杆为主动件,蜗轮的转向取决于蜗杆的转向及蜗杆蜗轮的螺旋线旋向。蜗轮的转向可根据左、右手定则判定，即左旋用左手、右旋用右手环握蜗杆轴线，弯曲的四指顺着齿轮的转向，拇指指向的反方向即为与蜗杆齿相啮合的蜗轮轮齿接触点的运动方向。同样，如果已知蜗杆及蜗轮的转向，也可以用左、右手定则来判定蜗杆蜗轮旋向。

判断蜗轮的转向，还可利用螺杆螺母的相对运动关系来确定，如图 8-7c 所示。将蜗杆 1 看作螺杆，蜗轮 2 看作变形的螺母。由图可知，蜗杆的螺纹为右旋（蜗轮的轮齿也为右旋）。设想蜗轮不动，而蜗杆按图示方向转动，则蜗杆应向上移动，但实际上蜗杆不能移动，故只能将蜗轮上与蜗杆接触的轮齿向下推移，所以蜗轮沿顺时针方向转动。

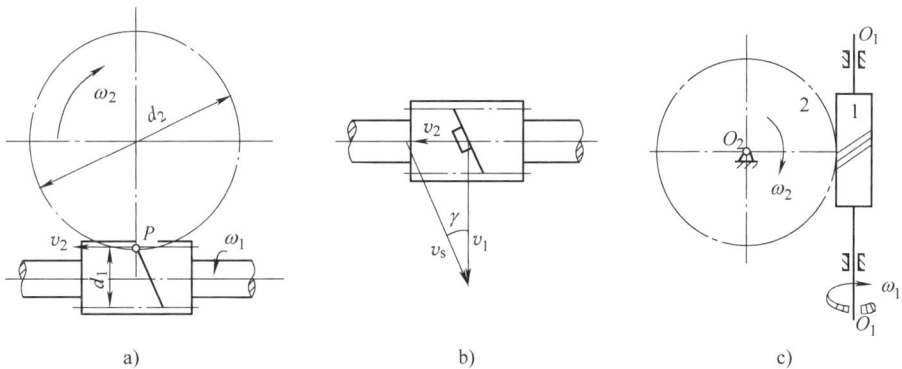

图 8-7　蜗杆传动滑动速度及旋向和转向的判别

8.3　蜗杆传动的失效形式、材料和结构、受力分析及强度计算

8.3.1　蜗杆传动的失效形式和计算准则

蜗杆传动的失效形式与齿轮传动基本相同，主要有点蚀、弯曲折断、磨损及胶合失效等。

如图 8-7 所示，蜗杆蜗轮啮合传动时，齿廓间沿蜗杆齿面螺旋线方向有较大的滑动速度 v_s，其大小为

$$v_s = \frac{v_1}{\cos\gamma} = \frac{v_2}{\sin\gamma} \tag{8-8}$$

式中　v_1——蜗杆分度圆上的圆周速度（m/s）；

v_2——蜗轮分度圆上的圆周速度（m/s）；

γ——蜗杆的导程角。

由于蜗杆传动啮合齿面间的相对滑动速度大，效率低，发热量大，故更易发生磨损和胶合失效。而蜗轮无论在材料的强度或结构方面均比蜗杆弱，所以失效多发生在蜗轮轮齿上，设计时一般只需对蜗轮进行承载能力计算。

由于胶合和磨损的计算目前尚无较完善的方法和数据，而滑动速度及接触应力的增大将

会加剧胶合和磨损。故为了防止胶合和减缓磨损，除选用减磨性好的配对材料和保证良好的润滑外，还应限制其接触应力。

综上所述，蜗杆传动的设计计算准则为：开式蜗杆传动以保证齿根弯曲疲劳强度进行设计，闭式蜗杆传动以保证齿面接触疲劳强度进行设计，并校核齿根弯曲疲劳强度。此外，因闭式蜗杆传动散热较困难，故需进行热平衡计算。而当蜗杆轴细长且支承跨距大时，还应进行蜗杆轴的刚度计算。

8.3.2　蜗杆传动的常用材料和结构

1. 蜗杆传动的常用材料

针对蜗杆传动的主要失效形式，要求蜗杆蜗轮的材料组合具有良好的减摩和耐磨性能。对于闭式传动的选材，还要注意抗胶合性能，并满足强度的要求。

蜗杆的强度越高、表面粗糙度越低，耐磨性及抗胶合能力越好。蜗杆材料一般选用碳素钢或合金钢，并采用适当的热处理，见表8-5。

表 8-5　蜗杆常用材料及应用

材料牌号	热处理	硬度	齿面粗糙度 $Ra/\mu m$	应用
40、45、40Cr、40CrNi、42SiMn	表面淬火	45～55HRC	1.6～0.8	中速、中载、一般传动、载荷稳定
15Cr、20Cr、20CrMnTi、12CrNi3A、15CrMn、20CrNi	渗碳淬火	58～63HRC	1.6～0.8	高速、重载、重要传动、载荷变化大
40、45、40Cr	调质	220～300HBW	6.3	低速、轻、中载、不重要传动

蜗轮材料常用铸造锡青铜、铸造铝铁青铜和灰铸铁，具体选择见表8-6。

表 8-6　蜗轮常用材料及应用

材料	牌号	铸造方法	适用的滑动速度 $v_s/ \mathrm{m \cdot s^{-1}}$	特性	应用
铸锡磷青铜	ZCuSn10P1	砂型 金属型	≤12 ≤25	减摩和耐磨性好，抗胶合能力强，切削性能好，但其强度较低，价格较贵，易点蚀	连续工作的高速、重载的重要传动
铸锡锌铅青铜	ZCuSn5Pb5Zn5	砂型 金属型	≤10 ≤12		速度较高的一般传动
铸铝铁青铜	ZCuAl10Fe3	砂型 金属型	≤10	耐冲击、强度较高，切削性能好，价格便宜，但抗胶合能力远比锡青铜差	连续工作的速度较低、载荷稳定的重要传动
灰铸铁	HT150 HT200	砂型	≤2 ≤2～5	铸造性能、切削性能好，价格低，抗点蚀和抗胶合能力强，但抗弯曲强度低，冲击韧性差	低速、不重要的开式传动，蜗轮尺寸较大的传动，手动传动

2. 蜗杆传动的结构

蜗杆通常与轴做成一体，称为蜗杆轴，如图 8-8 所示。按蜗杆的螺旋部分加工方法不同，可分为车制蜗杆和铣制蜗杆。图 8-8a 所示为铣制蜗杆，在轴上直接铣出螺旋部分，无退刀槽，因而蜗杆轴的刚度好。图 8-8b 所示为车制蜗杆，车削螺旋部分要有退刀槽，因而削弱了蜗杆轴的刚度。当蜗杆螺旋部分的直径较大时，可以将蜗杆与轴分开制作。

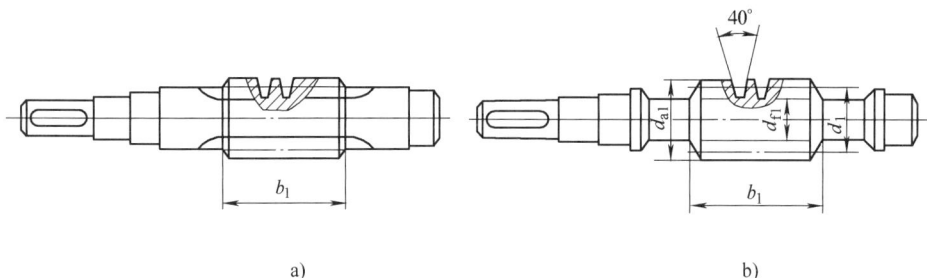

图 8-8　蜗杆的结构形式

a）铣制蜗杆　b）车制蜗杆

蜗轮可制成整体式或装配式，为节省价格较贵的有色金属，大多数蜗轮做成装配式，常见的蜗轮结构形式有以下几种。

（1）整体浇注式（见图 8-9a）　主要用于铸铁蜗轮或尺寸较小的青铜蜗轮（$d < 100\text{mm}$）。

（2）齿圈压配式（见图 8-9b）　这种结构由青铜齿圈及铸铁轮心所组成，齿圈与轮心多用过盈配合（H7/s6，H7/r6），并在接缝处加装 4～8 个紧定螺钉，以增强联接的可靠性。为了便于钻孔应将螺孔中心线由配合缝向材料较硬的轮心部分偏移 2～3mm。此结构用于尺寸不太大或工作温度变化较小的场合。

（3）螺栓联接式（见图 8-9c）　其齿圈与轮心用铰制孔螺栓联接，由于装拆方便，常用于尺寸较大或磨损后需要更换蜗轮齿圈的场合。

（4）拼铸式（见图 8-9d）　在铸铁轮心上浇注青铜齿圈，然后切齿，适用于中等尺寸、成批制造的蜗轮。

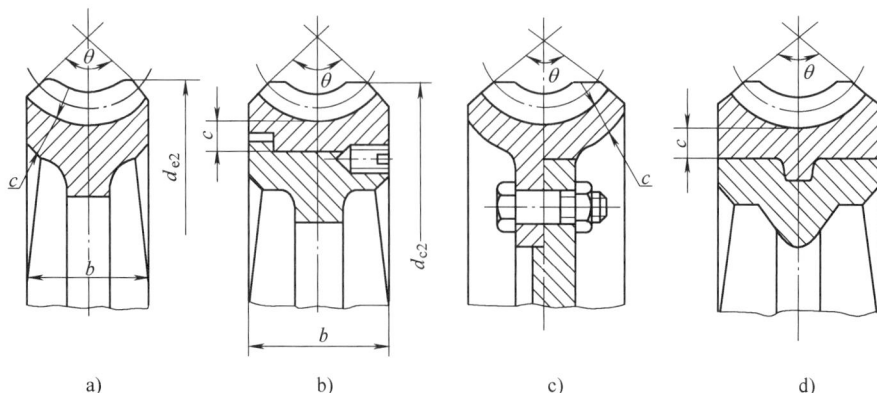

图 8-9　蜗轮的结构形式

a）整体浇注式　b）齿圈压配式　c）螺栓联接式　d）拼铸式

8.3.3 蜗杆传动的受力分析

蜗杆传动的受力分析和斜齿圆柱齿轮传动相似，为简化起见，通常不考虑摩擦力的影响。

假定作用在蜗杆齿面上的法向力 F_n 集中在点 C（见图 8-10），F_n 可分解为三个相互垂直的分力：圆周力 F_t、径向力 F_r 和轴向力 F_a。由于蜗杆轴和蜗轮轴在空间交错成 90°，所以作用在蜗杆上的轴向力与蜗轮上的圆周力、蜗杆上的圆周力与蜗轮上的轴向力、蜗杆上的径向力与蜗轮上的径向力，分别大小相等而方向相反。

1. 力的大小

各力的大小分别为

$$F_{a1} = F_{t2} = \frac{2T_2}{d_2} \tag{8-9}$$

$$F_{t1} = F_{a2} = \frac{2T_1}{d_1} \tag{8-10}$$

$$F_{r1} = F_{r2} = F_{t2}\tan\alpha \tag{8-11}$$

$$F_n = F_{a1}/(\cos\alpha_n\cos\gamma) = F_{t2}/(\cos\alpha_n\cos\gamma) = 2T_2/(d_2\cos\alpha_n\cos\gamma) \tag{8-12}$$

式中　T_1、T_2——蜗杆、蜗轮上的工作转矩（$T_2 = T_1 i\eta$，i 为传动比，η 为传动效率）；

　　　d_1、d_2——蜗杆、蜗轮的分度圆直径；

　　　α_n——蜗杆法向压力角；

　　　γ——蜗杆分度圆柱导程角。

2. 力的方向

在进行蜗杆传动的受力分析时，应特别注意其受力方向的判定，一般蜗杆是主动件，所以蜗杆所受的圆周力的方向总是与它的力作用点的速度方向相反，径向力的方向总是沿半径指向轴心，轴向力的方向由左（右）手定则来确定。图 8-10 所示蜗轮所受的三个分力的方向关系。

8.3.4 蜗杆传动的强度计算

蜗杆传动的失效一般发生在蜗轮上，所以只需进行蜗轮轮齿的强度计算。蜗杆的强度可按轴的强度计算方法进行，必要时还要进行蜗杆的刚度校核。

1. 蜗轮齿面接触疲劳强度计算

此项计算的目的是限制接触应力 σ_H，以防止点蚀或胶合。蜗轮齿面接触疲劳强度计算与斜齿轮相似，故可依据赫兹接触应力公式仿照斜齿轮的分析方法进行。

校核公式

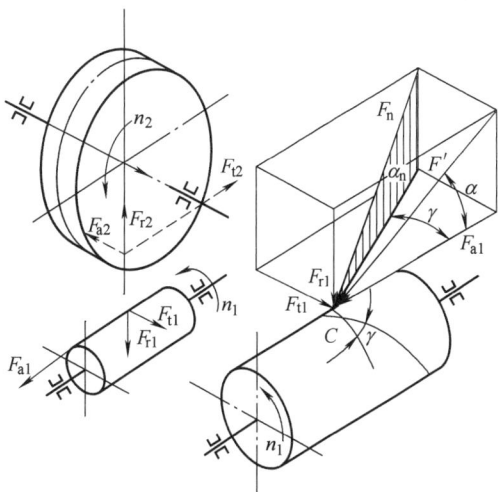

图 8-10　蜗杆传动的受力分析

$$\sigma_{H} = 3.25 Z_{E} \sqrt{\frac{KT_2}{d_1 d_2^2}} = 3.25 Z_{E} \sqrt{\frac{KT_2}{m^2 d_1 z_2^2}} \leqslant [\sigma_{H}] \tag{8-13}$$

设计公式

$$m^2 d_1 \geqslant KT_2 \left(\frac{3.25 Z_{E}}{[\sigma_{H}] z_2} \right)^2 \tag{8-14}$$

式中　K——载荷因数，用于考虑工作情况、载荷集中和动载荷的影响，见表8-7；

　　　Z_{E}——材料的弹性因数，见表8-8；

　　$[\sigma_{H}]$——蜗轮材料的许用接触应力（MPa）。

表8-7　载荷因数 K

原 动 机	工 作 机		
	均　　匀	中等冲击	严重冲击
电动机、汽轮机	0.8 ~ 1.95	0.9 ~ 2.34	1.0 ~ 2.75
多缸内燃机	0.9 ~ 2.34	1.0 ~ 2.75	1.25 ~ 3.12
单缸内燃机	1.0 ~ 2.75	1.25 ~ 3.12	1.5 ~ 3.51

注：1. 小值用于每日间断工作，大值用于长期连续工作。

　　2. 载荷变化大、速度大、蜗杆刚度大时取大值，反之取小值。

表8-8　材料的弹性因数 Z_{E}　　　　（单位：$\sqrt{\text{MPa}}$）

蜗 杆 材 料	蜗 轮 材 料			
	铸锡青铜	铸铝青铜	灰铸铁	球墨铸铁
钢	155.0	156.0	162.0	181.4
球墨铸铁			156.6	173.9

　　蜗轮的失效形式因其材料的强度和性能不同而不同，故许用接触应力的确定方法也不相同。通常分以下两种情况：

　　1）蜗轮材料为锡青铜（$\sigma_{b} < 300\text{MPa}$），因其良好的抗胶合性能，故传动的承载能力取决于蜗轮的接触疲劳强度，即许用接触应力 $[\sigma_{H}]$ 与应力循环次数 N 有关。

$$[\sigma_{H}] = Z_{N} [\sigma_{OH}] \tag{8-15}$$

式中　$[\sigma_{OH}]$——基本许用接触应力，见表8-9；

　　　Z_{N}——寿命因数，见表8-9注，应力循环次数 N 的计算方法与齿轮传动相同。

表8-9　锡青铜蜗轮的基本许用接触应力 $[\sigma_{OH}]$　　　　（单位：MPa）

蜗轮材料	铸造方法	适用的滑动速度 $v_s / \text{m} \cdot \text{s}^{-1}$	蜗杆齿面硬度	
			$\leqslant 350\text{HBW}$	$> 45\text{HRC}$
ZCuSn10P1	砂　　型	$\leqslant 12$	180	200
	金属型	$\leqslant 25$	200	220
ZCuSn5Pb5Zn5	砂　　型	$\leqslant 10$	110	125
	金属型	$\leqslant 12$	135	150

注：锡青铜的基本许用接触应力为应力循环次数 $N = 10^7$ 时之值，当 $N \neq 10^7$ 时，需要将表中数值乘以寿命系数 Z_{N}。

$Z_{N} = \sqrt[8]{10^7 / N}$，当 $N > 25 \times 10^7$ 时，取 $N = 25 \times 10^7$；当 $N < 2.6 \times 10^5$ 时，取 $N = 2.6 \times 10^5$。

2）蜗轮材料为铝青铜或铸铁（$\sigma_b > 300\text{MPa}$），因其抗点蚀能力强，蜗轮的承载能力取决于其抗胶合能力，即许用接触应力 $[\sigma_H]$ 与滑动速度 v_s 有关而与应力循环次数无关，其值直接由表 8-10 查取。

表 8-10　铝青铜及铸铁蜗轮许用接触应力 $[\sigma_H]$　（单位：MPa）

蜗轮材料	蜗杆材料	滑动速度 $v_s/\text{m}\cdot\text{s}^{-1}$						
		0.5	1	2	3	4	6	8
ZCuAl10Fe3 ZCuAl10Fe3Mn2	淬火钢①	250	230	210	180	160	120	90
HT150 HT200	渗碳钢	130	115	90	—	—	—	—
HT150	调质钢	110	90	70	—	—	—	—

① 蜗杆未经淬火时，需将表中 $[\sigma_H]$ 值降低 20%。

2. 蜗轮齿根弯曲疲劳强度计算

蜗轮轮齿的形状较复杂，离中间平面越远的平行截面上轮齿厚越大，故其齿根弯曲疲劳强度高于斜齿轮。欲精确计算蜗轮齿根弯曲疲劳强度较困难，通常按斜齿圆柱齿轮的计算方法作近似计算，经推导得蜗轮齿根弯曲疲劳强度的校核公式为

$$\sigma_F = \frac{1.7KT_2}{d_1 d_2 m} Y_F Y_\beta \leqslant [\sigma_F] \tag{8-16}$$

式中　Y_F——蜗轮齿形因数，该因数综合考虑了齿形、磨损及重合度的影响，其值按当量齿数 $z_v = z_2/\cos^2\gamma = 1-\gamma$，查表 8-11；

　　　Y_β——螺旋角因数，$Y_\beta = 1 - \gamma/140°$；

　　$[\sigma_F]$——蜗轮材料的许用弯曲应力（MPa）。$[\sigma_F] = Y_N[\sigma_{OF}]$，其中寿命因数 $Y_N = \sqrt[9]{10^6/N}$，应力循环次数 N 的计算方法与齿轮相同，$[\sigma_{OF}]$ 为基本许用弯曲应力，见表 8-12。

表 8-11　蜗轮的齿形因数 Y_F

γ ＼ z_v	20	24	26	28	30	32	35	37	40	45	56	60	80	100	150	300
4°	2.79	2.65	2.60	2.55	2.52	2.49	2.45	2.42	2.39	2.35	2.32	2.27	2.22	2.18	2.14	2.09
7°	2.75	2.61	2.56	2.51	2.48	2.44	2.40	2.38	2.35	2.31	2.28	2.23	2.17	2.14	2.09	2.05
11°	2.66	2.52	2.47	2.42	2.39	2.35	2.31	2.29	2.26	2.22	2.19	2.14	2.08	2.05	2.00	1.96
16°	2.49	2.35	2.30	2.26	2.22	2.19	2.15	2.13	2.10	2.06	2.02	1.98	1.92	1.88	1.84	1.79
20°	2.33	2.19	2.14	2.09	2.06	2.02	1.98	1.96	1.93	1.89	1.86	1.81	1.75	1.72	1.67	1.63
23°	2.18	2.05	1.99	1.95	1.91	1.88	1.84	1.82	1.79	1.75	1.72	1.67	1.61	1.58	1.53	1.49
26°	2.03	1.89	1.84	1.80	1.76	1.73	1.69	1.67	1.64	1.60	1.57	1.52	1.46	1.43	1.38	1.34
27°	1.98	1.84	1.79	1.75	1.71	1.68	1.64	1.62	1.59	1.55	1.52	1.47	1.41	1.38	1.33	1.29

表 8-12　蜗轮材料的基本许用弯曲应力 $[\sigma_{OF}]$　　　　　　（单位：MPa）

材料	铸造方法	σ_b	σ_s	蜗杆硬度 <45HRC		蜗杆硬度 ≥45HRC	
				单向受载	双向受载	单向受载	双向受载
ZCuSn10P1	砂　型	200	140	51	32	64	40
	金属型	250	150	58	40	73	50
ZCuSn5Pb5Zn5	砂　型	180	90	37	29	46	36
	金属型	200	90	39	32	49	40
ZCuA19Fe4Ni4Mn2	砂　型	400	200	82	64	103	80
	金属型	500	200	90	80	113	100
ZCuAl10Fe3	金属型	400	200	90	80	113	100
	砂　型	500					
HT150	砂　型	150	—	38	24	48	30
HT200	砂　型	200	—	48	30	60	38

注：表中各种蜗轮材料的基本许用弯曲应力为应力循环次数 $N = 10^6$ 时的值，当 $N \neq 10^6$ 时，需将表中数值乘以 Y_N。当 $N > 25 \times 10^7$ 时，取 $N = 25 \times 10^7$；$N < 10^5$ 时，取 $N = 10^5$。

3. 蜗杆的刚度计算

如果蜗杆轴的刚度不足，则当蜗杆受力后会产生较大的变形，从而造成轮齿上的载荷集中，严重影响轮齿的正常啮合，造成偏载，加剧磨损和发热。刚度计算时通常是把蜗杆螺旋部分看作以蜗杆齿根圆直径为直径的轴段，采用条件性计算。其刚度条件为

$$y = \sqrt{\frac{F_{t1}^2 + F_{r1}^2}{48EI}} L'^3 \leqslant [y] \tag{8-17}$$

式中　y——蜗杆弯曲变形的最大挠度（mm）；

　　　F_{t1}——蜗杆所受的圆周力（N）；

　　　F_{r1}——蜗杆所受的径向力（N）；

　　　E——蜗杆材料的弹性模量（MPa），钢制蜗杆 $E = 2.06 \times 10^6$ MPa；

　　　I——蜗杆轴危险截面的惯性矩（mm⁴），$I = \dfrac{\pi d_{f1}^4}{64}$，其中 d_{f1} 为蜗杆齿根圆直径（mm）；

　　　L'——蜗杆轴承间的跨距（mm），根据结构尺寸而定，初步计算时可取 $L' = 0.9d_2$，d_2
　　　　　为蜗轮分度圆直径（mm）；

　　　$[y]$——蜗杆许用最大挠度（mm），$[y] = d_1/1000$，d_1 为蜗杆分度圆直径（mm）。

8.4　蜗杆传动的效率和热平衡计算

8.4.1　蜗杆传动的效率

闭式蜗杆传动的总效率 η 包括：轮齿啮合的效率 η_1，轴承的效率 η_2，浸入油中零件的搅油损耗的效率 η_3，即

$$\eta = \eta_1 \eta_2 \eta_3 \tag{8-18}$$

当蜗杆主动时，η_1 可近似地按螺旋副的效率计算，即

$$\eta_1 = \frac{\tan\gamma}{\tan(\gamma + \varphi_v)} \tag{8-19}$$

式中　γ——蜗杆的导程角，它是影响啮合效率的主要因素；

　　　φ_v——当量摩擦角，$\varphi_v = \arctan f_v$，其与蜗杆、蜗轮的材料及滑动速度有关。良好的润滑条件下，滑动速度高有助于润滑油膜的形成，从而降低 f_v 值，提高效率，当量摩擦角的值见表 8-13。

表 8-13　蜗杆传动的当量摩擦因数 f_v 和当量摩擦角 φ_v

蜗轮材料	锡青铜				铝青铜		灰铸铁			
蜗杆齿面硬度	≥45HRC		其他		≥45HRC		≥45HRC		其他	
滑动速度 v_s/m·s^{-1}	f_v[1]	φ_v[1]	f_v	φ_v	f_v[1]	φ_v[1]	f_v[1]	φ_v[1]	f_v	φ_v
0.01	0.110	6°17′	0.120	6°51′	0.180	10°12′	0.180	10°12′	0.190	10°45′
0.05	0.090	5°09′	0.100	5°43′	0.140	7°58′	0.140	7°58′	0.160	9°05′
0.10	0.080	4°34′	0.090	5°09′	0.130	7°24′	0.130	7°24′	0.140	7°58′
0.25	0.065	3°43′	0.075	4°17′	0.100	5°43′	0.100	5°43′	0.120	6°51′
0.50	0.055	3°09′	0.065	3°43′	0.090	5°09′	0.090	5°09′	0.100	5°43′
1.0	0.045	2°35′	0.055	3°09′	0.070	4°00′	0.070	4°00′	0.090	5°09′
1.5	0.040	2°17′	0.050	2°52′	0.065	3°43′	0.065	3°43′	0.080	4°34′
2.0	0.035	2°00′	0.045	2°35′	0.055	3°09′	0.055	3°09′	0.070	4°00′
2.5	0.030	1°43′	0.040	2°17′	0.050	2°52′	—	—	—	—
3.0	0.028	1°36′	0.035	2°00′	0.045	2°35′	—	—	—	—
4	0.024	1°22′	0.031	1°47′	0.040	2°17′	—	—	—	—
5	0.022	1°16′	0.029	1°40′	0.035	2°00′	—	—	—	—
8	0.018	1°02′	0.026	1°29′	0.030	1°43′	—	—	—	—
10	0.016	0°55′	0.024	1°22′	—	—	—	—	—	—
15	0.014	0°48′	0.020	1°09′	—	—	—	—	—	—
24	0.013	0°45′	—	—	—	—	—	—	—	—

①　蜗杆齿面粗糙度轮廓算术平均偏差 Ra 为 $1.6 \sim 0.4\mu m$，经过仔细磨合，正确安装，并采用黏度合适的润滑油进行充分润滑。

由于轴承摩擦及浸入油中零件搅油所损耗的功率不大，一般取 $\eta_2\eta_3 = 0.96 \sim 0.98$，故其总效率为

$$\eta = (0.96 \sim 0.98)\frac{\tan\gamma}{\tan(\gamma + \varphi_v)} \tag{8-20}$$

设计之初，为求出蜗轮轴上的转矩 T_2，可根据蜗杆头数 z_1 对效率作如下估取：当 $z_1 = 1$ 时，$\eta = 0.7$；当 $z_1 = 2$ 时，$\eta = 0.8$；当 $z_1 = 3$ 时，$\eta = 0.85$；当 $z_1 = 4$ 时，$\eta = 0.9$。

8.4.2　蜗杆传动的热平衡计算

由于蜗杆传动的效率低，工作时会产生大量的摩擦热。在闭式蜗杆传动中，若散热不良，会因油温不断升高，使润滑失效而导致齿面胶合。所以，对闭式蜗杆传动要进行热平衡计算，以保证油温能稳定在规定的范围内。

在单位时间内由摩擦损耗而产生的发热量为

$$Q_1 = 1000P_1(1 - \eta) \tag{8-21}$$

式中 P_1——蜗杆传递的功率（kW）；

  η——蜗杆传动的总效率。

若为自然冷却方式，则热量从箱体外壁散发到周围空气中，其单位时间内的散热量为

$$Q_2 = K_s A(t_1 - t_0) \tag{8-22}$$

式中 K_s——箱体的表面传热系数，$K_s = 8.7 \sim 17.5 W/(m^2 \cdot ℃)$，大值用于通风条件良好的环境；

  A——传动装置散热的计算面积（m^2），$A = A_1 + 0.5A_2$，A_1 为箱体内表面被油浸着或油能溅到且外表面又被自然循环空气所冷却的箱体表面积，A_2 为 A_1 计算表面的补强肋和凸座的表面以及装在金属底座或机械框架上的面积；

  t_0——周围空气的温度（℃），在常温下可取 $t_0 = 20℃$；

  t_1——达到热平衡时的油温（℃）。

热平衡的条件是：$Q_1 = Q_2$，由此可求得达到热平衡时的油温为

$$t_1 = \frac{1000P_1(1 - \eta)}{K_s A} + t_0 \tag{8-23}$$

一般可限制 $t_1 \leqslant 60 \sim 70℃$，最高不超过 80℃。若 t_1 超过允许值，可采取以下措施，以增加传动的散热能力：

1）在箱体外壁增加散热片（见图 8-11），以增大散热面积 A，加散热片时，还应注意散热片配置的方向要有利于热传导。

2）在蜗杆轴端设置风扇（见图 8-11），进行人工通风，以增大表面传热系数 K_s，此时 K_s 可达到 $20 \sim 28 W/(m^2 \cdot ℃)$。

3）若采用上述办法后还不能满足散热要求，可在箱体油池中装设蛇形冷却管，如图 8-12 所示。

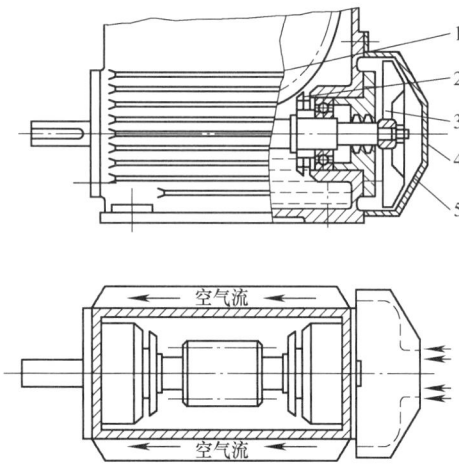

图 8-11 加散热器和风扇的蜗杆传动
1—散热片 2—溅油轮 3—风扇
4—过滤网 5—集气罩

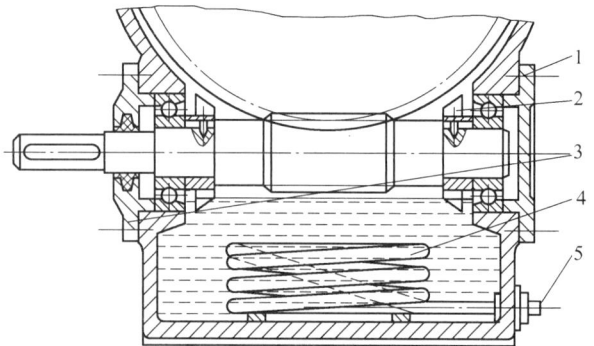

图 8-12 加装冷却蛇形水管的蜗杆减速器
1—闷盖 2—溅油轮 3—透盖
4—蛇形管 5—冷却水出、入接口

4）采用压力喷油循环润滑。

初步计算时，箱体有较好散热片时，可用下式估算其有效散热面积

$$A \approx 0.33 \left(\frac{a}{100} \right)^{1.75} \tag{8-24}$$

式中　A——散热面积（m^2）；

　　　a——传动的中心距（mm）。

8.5　蜗杆传动的润滑和安装

8.5.1　蜗杆传动的润滑

由于蜗杆传动的相对滑动速度大，良好的润滑对于防止齿面过早地发生磨损、胶合和点蚀，提高传动的承载能力、传动效率，延长使用寿命具有重要的意义。

蜗杆传动的齿面承受的压力大，大多属于边界摩擦，其效率低，温升高，因此蜗杆传动的润滑油必须具有较高的黏度和足够的极压性，推荐使用复合型齿轮油、适宜的中等级极压齿轮油，在一些不重要或低速传动的场合，可用黏度较高的矿物油。为减少胶合的危险，润滑油中一般加入添加剂，如1%～2%的油酸、三丁基亚磷酸脂等。应当注意，当蜗轮采用青铜时，添加剂中不能含对青铜有腐蚀作用的硫、磷。

润滑油的黏度和润滑方法一般根据载荷类型和相对滑动速度的大小选用，见表8-14。

表 8-14　蜗杆传动润滑油的黏度和润滑方法

相对滑动速度/$m \cdot s^{-1}$	≤1	1～2.5	2.5～5	5～10	10～15	15～25	>25
工作条件	重载	重载	中载	—	—	—	—
运动黏度 $\nu_{40}/mm^2 \cdot s^{-1}$	1000	680	320	220	150	100	68
润滑方式	浸油润滑			浸油或喷油润滑	压力喷油润滑		

8.5.2　蜗杆传动的安装方式

蜗杆传动有蜗杆上置和蜗杆下置两种安装方式，如图8-13所示。当采用浸油润滑时，蜗杆尽量下置；当蜗杆的速度 >4～5m/s 时，为避免蜗杆的搅油损失过大，采用蜗杆上置的形式。另外，当蜗杆下置结构有困难时，也可采用蜗杆上置的形式。

蜗杆下置时，浸油深度至少为蜗杆的一个齿高，但油面不能超过滚动轴承最低滚动体的中心。蜗杆上置时，浸入油池蜗轮深度允许达到蜗轮半径的1/3。如果蜗杆传动采用喷油润滑，喷油嘴要对准蜗杆啮入端；蜗杆正反转时，两边都要装喷油嘴。一般情况下，润滑油量要大些为好，这样可沉淀油屑，便于冷却散热。速度高时，浸油量可少些，否则搅油损失将增加。

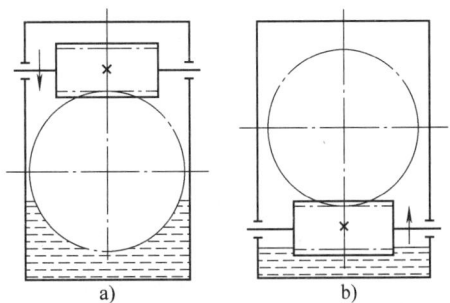

图 8-13　蜗杆传动的安装方式

a）蜗杆上置　b）蜗杆下置

8.6 蜗杆传动的设计实例

例 8-1 试设计某运输机用的一级蜗杆减速器中的普通圆柱蜗杆传动。蜗杆轴输入功率 $P_1 = 6\text{kW}$，蜗杆转速 $n_1 = 1460\text{r/min}$，蜗轮转速 $n_2 = 73\text{r/min}$，载荷平稳，单向工作，寿命 5 年，每年工作 300 天，每天工作 8h。

解 设计计算步骤列于表 8-15 中。

表 8-15

设计项目	计算内容和依据	计算结果
1. 选择材料	根据库存材料的情况，并考虑到传递的功率不大，速度只是中等，故蜗杆用 45 钢。因希望效率高，耐磨性好，故蜗杆螺旋面要求表面淬火，硬度为 45～55HRC。蜗轮用铸锡磷青铜 ZCuSn10P1，金属模铸造，滚铣后加载跑合。为了节约贵重的有色金属，仅齿圈用青铜制造，而轮心用灰铸铁 HT100 制造	蜗杆：45 钢，硬度为 45～55HRC 蜗轮：ZCuSn10P1
2. 确定主要参数	选择蜗杆头数 z_1 及蜗轮齿数 z_2 传动比 $i = \dfrac{n_1}{n_2} = \dfrac{1460}{73} = 20$，见表 8-3，取 $z_1 = 2$ 则 $z_2 = i z_1 = 20 \times 2 = 40$	$z_1 = 2$ $z_2 = 40$
3. 按齿面接触疲劳强度设计	按式（8-14），设计公式为 $$m^2 d_1 \geqslant K T_2 \left(\frac{3.25 Z_E}{[\sigma_H] z_2} \right)^2$$	
1）初步确定作用在蜗轮上的转矩 T_2	按 $z_1 = 2$，初估 $\eta = 0.8$，则 $$T_2 = T_1 i \eta = 9.55 \times 10^6 \times \frac{P_1}{n_1} i \eta$$ $$= 9.55 \times 10^6 \times \frac{6}{1460} \times 20 \times 0.8 \text{N} \cdot \text{mm} = 627945 \text{N} \cdot \text{mm}$$	$T_2 = 627945 \text{N} \cdot \text{mm}$
2）确定载荷因数 K	因工作载荷平稳，见表 8-7，取 $K = 1.1$	$K = 1.1$
3）确定材料的弹性因数 Z_E	见表 8-8，取 $Z_E = 155\ \sqrt{\text{MPa}}$	$Z_E = 155\ \sqrt{\text{MPa}}$
4）确定许用接触应力 $[\sigma_H]$	见表 8-9，查得基本许用接触应力 $[\sigma_{OH}] = 220\text{MPa}$ 应力循环次数 $$N = 60 n_2 j L_h = 60 \times 73 \times 1 \times 5 \times 300 \times 8 = 5.256 \times 10^7$$ 寿命因数 $$Z_N = \sqrt[8]{10^7/N} = \sqrt[8]{10^7/5.256 \times 10^7} = 0.81$$ 故许用接触应力 $$[\sigma_H] = Z_N [\sigma_{OH}] = 0.81 \times 220\text{MPa} = 178.2\text{MPa}$$	$[\sigma_H] = 178.2\text{MPa}$
5）确定 m 及蜗杆直径 d_1	$$m^2 d_1 \geqslant K T_2 \left(\frac{3.25 Z_E}{[\sigma_H] z_2} \right)^2$$ $$= 1.1 \times 627945 \times \left(\frac{3.25 \times 155}{178.2 \times 40} \right)^2 \text{mm}^3 = 3458\text{mm}^3$$ 查表 8-2，初选 $m = 8\text{mm}$，$d_1 = 63\text{mm}$，$q = 7.875$，此时 $m^2 d_1 = 4032\text{mm}^3$	$m = 8\text{mm}$ $d_1 = 63\text{mm}$

（续）

设计项目	计算内容和依据	计算结果
4. 计 算 传 动 效率		
1）计算滑动 速度 v_s	蜗轮速度 $$v_2 = \frac{\pi d_2 n_2}{60 \times 1000}$$ $$= \frac{\pi m z_2 n_2}{60 \times 1000} = \frac{3.14 \times 8 \times 40 \times 73}{60 \times 1000} \text{m/s} = 1.22 \text{m/s}$$ 蜗杆导程角 $$\gamma = \arctan\frac{z_1}{q} = \arctan\frac{2}{7.875} = \arctan 0.2540$$ $$= 14.25° = 14°15'$$ 滑动速度 $$v_s = \frac{v_2}{\sin\gamma} = \frac{1.22}{\sin 14.25°} \text{m/s} = 4.96 \text{m/s}$$	$v_s = 4.96 \text{m/s}$
2）计算啮合 效率 η_1	由表 8-13 查得当量摩擦角 $\varphi_v = 1°16'$，则啮合效率 $$\eta_1 = \frac{\tan\gamma}{\tan(\gamma + \varphi_v)} = \frac{\tan 14°15'}{\tan(14°15' + 1°16')} = 0.91$$	$\eta_1 = 0.91$
3）计算传动 效率 η	由于轴承摩擦及搅油所损耗的功率不大，取 $\eta_2\eta_3 = 0.98$，故传动效率为 $\eta = \eta_1\eta_2\eta_3 = 0.98 \times 0.91 = 0.89$	$\eta = 0.89$
4）校验 $m^2 d_1$ 值	蜗轮上的转矩 $T_2 = T_1 i\eta = 9.55 \times 10^6 \times \dfrac{P_1}{n_1} i\eta$ $$= 9.55 \times 10^6 \times \frac{6}{1460} \times 20 \times 0.89 \text{N} \cdot \text{mm}$$ $$= 698589 \text{N} \cdot \text{mm}$$ $$m^2 d_1 \geq KT_2\left(\frac{3.25 Z_E}{[\sigma_H] z_2}\right)^2$$ $$= 1.1 \times 698589 \times \left(\frac{3.25 \times 155}{178 \times 40}\right)^2 \text{mm}^3 = 3847 \text{mm}^3 < 4032 \text{mm}^3$$ 故原初选参数强度足够	$m^2 d_1 = 3847 \text{mm}^3$
5. 确 定 传 动 的主要尺寸		
1）中心距	$$a = \frac{m}{2}(q + z_2) = \frac{8}{2} \times (7.875 + 40) \text{mm} = 191.5 \text{mm}$$	$a = 191.5 \text{mm}$
2）蜗杆尺寸	分度圆直径 $\qquad d_1 = 63 \text{mm}$ 齿顶圆直径 $\quad d_{a1} = d_1 + 2h_a = (63 + 2 \times 8) \text{mm} = 79 \text{mm}$ 齿根圆直径 $\quad d_{f1} = d_1 - 2h_f = (63 - 2 \times 1.2 \times 8) \text{mm} = 43.8 \text{mm}$ 导程角 $\qquad\qquad \gamma = 14°15'$ 轴向齿距 $\qquad p_{x1} = \pi m = 3.14 \times 8 \text{mm} = 25.12 \text{mm}$ 轮齿部分长度 $b_1 \geq m(11 + 0.06 z_2) = 8 \times (11 + 0.06 \times 40) \text{mm} = 107.2 \text{mm}$ 取 $b_1 = 120 \text{mm}$	$d_1 = 63 \text{mm}$ $d_{a1} = 79 \text{mm}$ $d_{f1} = 43.8 \text{mm}$ $\gamma = 14°15'$ $p_{x1} = 25.12 \text{mm}$ $b_1 = 120 \text{mm}$

（续）

设计项目	计算内容和依据	计算结果
3）蜗轮尺寸	分度圆直径　　　$d_2 = mz_2 = 8 \times 40\text{mm} = 320\text{mm}$ 齿顶圆直径　$d_{a2} = d_2 + 2h_a = (320 + 2 \times 8)\text{mm} = 336\text{mm}$ 齿根圆直径　$d_{f2} = d_2 - 2h_f = (320 - 2 \times 1.2 \times 8)\text{mm} = 300.8\text{mm}$ 外圆直径　　$d_{e2} = d_{a2} + 1.5m = (336 + 1.5 \times 8)\text{mm} = 348\text{mm}$ 蜗轮轮齿宽度 $b_2 \leqslant 0.75d_{a1} = 0.75 \times 79\text{mm} = 60\text{mm}$ 螺旋角　　　　　　$\beta_2 = \gamma = 14°15'$ 齿宽角 θ　　$\sin\dfrac{\theta}{2} = \dfrac{b_2}{d_1} = \dfrac{60}{63} = 0.9524$，故 $\theta = 144°$ 咽喉母圆半径　$r_{g2} = a - d_{a2}/2 = (191.5 - 336/2)\text{mm} = 23.5\text{mm}$	$d_2 = 320\text{mm}$ $d_{a2} = 336\text{mm}$ $d_{f2} = 300.8\text{mm}$ $d_{e2} = 348\text{mm}$ $b_2 = 60\text{mm}$ $\beta_2 = 14°15'$ $\theta = 144°$ $r_{g2} = 23.5\text{mm}$
6. 热平衡计算 　1）估算散热面积 A	散热面积 $$A = 0.33\left(\frac{a}{100}\right)^{1.75} = 0.33\left(\frac{191.5}{100}\right)^{1.75}\text{m}^2 = 1.03\text{m}^2$$	$A = 1.03\text{m}^2$
2）校核油的工作温度 t_1	计算中，取环境温度 $t_0 = 20℃$ 取传热系数 $K_s = 14\text{W}/(\text{m}^2 \cdot ℃)$ 则油的工作温度 $t_1 = \dfrac{1000P_1(1-\eta)}{K_sA} + t_0$ $= \left[\dfrac{1000 \times 6 \times (1-0.89)}{14 \times 1.03} + 20\right]℃ = 66℃ < 70℃$ 故传动的散热能力合格	$t_1 = 66℃$
7. 润滑设计	根据 $v_s = 4.96\text{m/s}$，见表 8-14，采用浸油润滑，油的运动黏度为 $320\text{mm}^2/\text{s}$	
8. 弯曲强度校核（一般不需要进行）	按式（8-16），校核公式为 $$\sigma_F = \frac{1.7KT_2}{d_1d_2m}Y_FY_\beta \leqslant [\sigma_F]$$	
1）确定齿形因数 Y_F	蜗轮的当量齿数 $$z_v = \frac{z_2}{\cos^3\beta_2} = \frac{40}{\cos^3 14°15'} = 44$$ 利用插值法，由表 8-11 查得 $Y_F = 2.124$	$Y_F = 2.124$
2）确定螺旋角因数 Y_β	$$Y_\beta = 1 - \gamma/140° = 1 - 14.25°/140° = 0.898$$	$Y_\beta = 0.898$
3）确定许用弯曲应力 $[\sigma_F]$	寿命因数 $$Y_N = \sqrt[9]{10^6/N} = \sqrt[9]{10^6/(5.256 \times 10^7)} = 0.64$$ 由表 8-12 查得基本许用弯曲应力 $[\sigma_{OF}] = 73\text{MPa}$ 故许用弯曲应力 $[\sigma_F] = Y_N[\sigma_{OF}] = 0.64 \times 73\text{MPa} = 46.72\text{MPa}$	$[\sigma_F] = 46.72\text{MPa}$
4）弯曲强度校核	$\sigma_F = \dfrac{1.7KT_2}{d_1d_2m}Y_FY_\beta$ $= \dfrac{1.7 \times 1.1 \times 698589}{63 \times 320 \times 8} \times 2.124 \times 0.898\text{MPa} = 15.45\text{MPa} < [\sigma_F]$ $= 46.7\text{MPa}$ 故满足弯曲强度要求	$\sigma_F = 15.45\text{MPa}$
9. 蜗杆、蜗轮的结构设计	蜗杆：车制，零件图如图 8-14 所示 蜗轮：采用齿圈压配式（零件图略）	蜗杆：车制 蜗轮：齿圈压配式

蜗杆类型		阿基米德（ZA）
模数	m	8
蜗杆头数	z_1	2
压力角	α	20°
蜗杆直径系数	q	7.875
导程角	γ	14°15′00″
螺旋线方向		右旋
精度等级		8c GB/T10089—1988
中心距	a	191.5
轴向齿距极限累积公差	f_{PaL}	0.045
轴向齿距极限极限偏差	$\pm f_{Pa}$	±0.025
蜗杆齿形公差	f_{f1}	0.040
蜗杆齿槽径向跳动公差	f_r	0.025
轴向（法向）螺旋剖面	S_{a1}	$12.566^{-0.222}_{-0.312}$
	S_{n1}	$12.19^{-0.222}_{-0.312}$
	$\bar{h}_{a1}$	8
相啮合蜗轮图号	No	

技术要求

1. 45 钢，表面淬火 45~50HRC。
2. 两端中心孔 GB/T 4459.5–B4/12.5

件号	名称	材料	比例
	蜗杆	45	

$\sqrt{Ra\,12.5}\;(\sqrt{})$

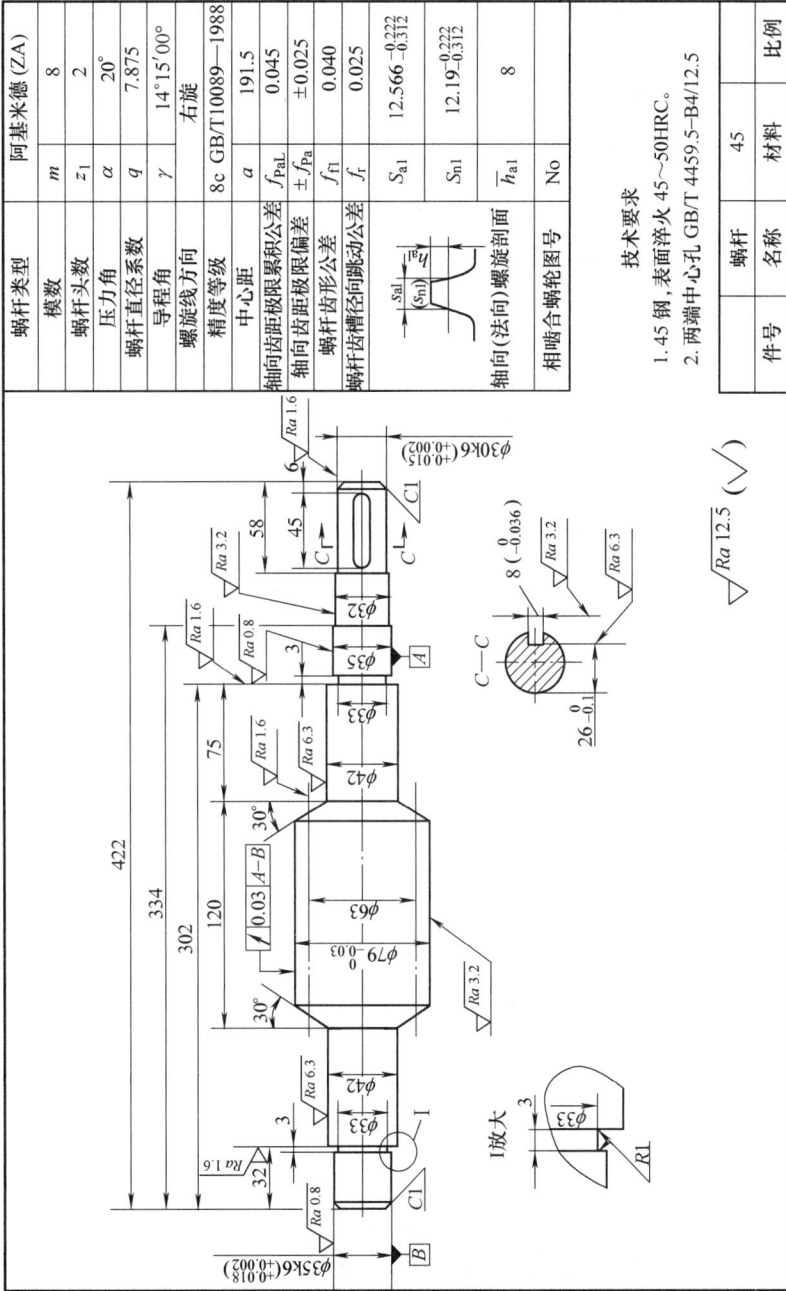

图8-14 普通圆柱蜗杆零件图

本 章 小 结

蜗杆传动是广泛应用于机器和仪器设备中用来传递空间交错轴之间运动和动力的机构。本章首先介绍了蜗杆传动的类型、特点及应用场合，然后以应用最普遍的阿基米德圆柱蜗杆传动为例，介绍了蜗杆传动的基本参数和几何尺寸计算、强度计算的要求和条件，最后以一个圆柱蜗杆减速器的设计实例，详细介绍了圆柱蜗杆传动的设计步骤及方法。

思 考 题

8-1 与齿轮传动相比，蜗杆传动有哪些优点？

8-2 按照蜗杆形状的不同，蜗杆传动可分为哪几种类型？为什么按蜗杆而不是按蜗轮形状分类？

8-3 为了提高蜗轮转速，能否改用相同分度圆直径、相同模数的双头蜗杆，来替代单头蜗杆与原来的蜗轮啮合，为什么？

8-4 蜗杆传动比能否写成 $i = d_2/d_1$ 的形式？

8-5 分析影响蜗杆传动啮合效率的几何因素有哪些？

8-6 对于反向自锁的蜗杆传动，其蜗杆的蜗杆导程角 γ 与当量摩擦角 φ_v 应满足什么关系？

8-7 蜗杆传动的强度计算中，为什么只需计算蜗轮轮齿的强度？

8-8 锡青铜和铝铁青铜的许用接触应力 $[\sigma_H]$ 在意义上和取值上各有何不同，为什么？

8-9 为什么对连续传动的闭式蜗杆传动必须进行热平衡计算？可采用哪些措施来改善散热条件？

习 题

8-1 标出图 8-15 中未注明的蜗杆或蜗轮的转动方向及螺旋线方向，绘出蜗杆和蜗轮在啮合点处的各个分力。

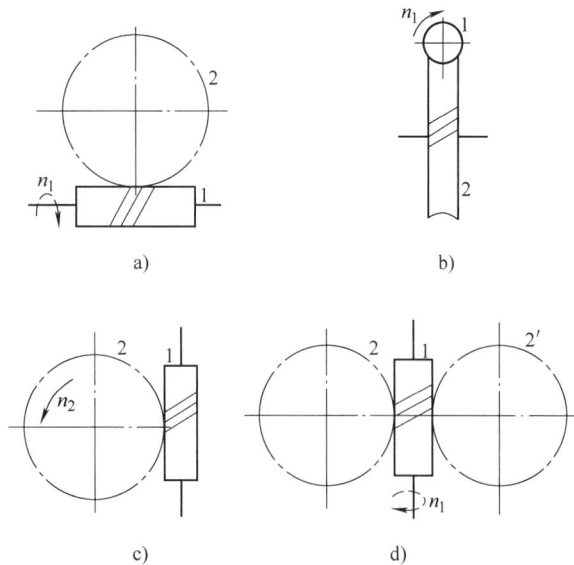

图 8-15 习题 8-1 图

8-2 在图 8-16 所示的蜗杆传动中，蜗杆右旋、主动。为了让轴 B 上的蜗轮、蜗杆上的轴向力能相互抵消一部分，请确定蜗杆 3 的螺旋线方向及蜗轮 4 的回转方向，并确定轴 B 上蜗杆、蜗轮所受各力的作用位置及方向。

8-3 图 8-17 所示为圆柱蜗杆—圆锥齿轮传动，已知输出轴上的圆锥齿轮 z_4 的转速 n_4 及转向，为使中间轴上的轴向力互相抵消一部分，在图中画出：

(1) 蜗杆、蜗轮的转向及螺旋线方向。

(2) 各轮所受轴向力方向。

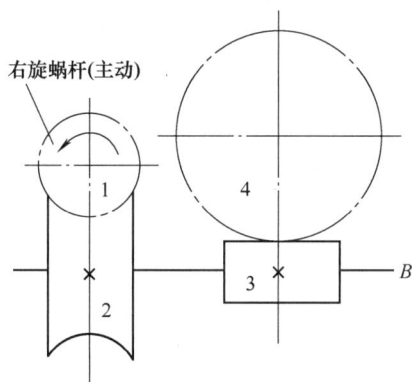

图 8-16　习题 8-2 图　　　　　　图 8-17　习题 8-3 图

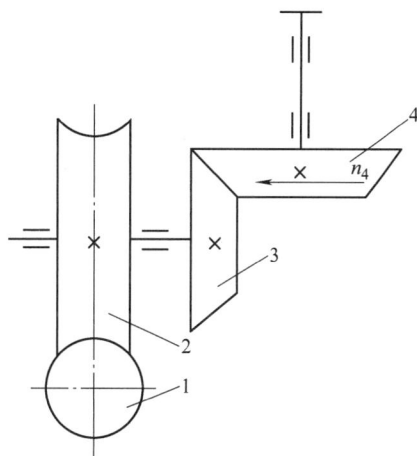

8-4 图 8-18 所示为一手动绞车，采用了蜗杆传动装置。已知蜗杆模数 $m = 10\text{mm}$，蜗杆分度圆直径 $d_1 = 90\text{mm}$，齿数 $z_1 = 1$，$z_2 = 50$，卷筒直径 $D = 300\text{mm}$，重物 $W = 1500\text{N}$，当量摩擦因数 $f_v = 0.15$，人手推力 $F = 120\text{N}$ 时，求：

(1) 欲使重物上升 1m，手柄应转多少转？并在图上画出重物上升时的手柄转向。

(2) 计算蜗杆的分度圆柱导程角 γ、当量摩擦角 φ_v，并判断能否自锁。

(3) 计算蜗杆传动效率。

(4) 计算所需手柄长度 l。

8-5 有一阿基米德蜗杆蜗轮机构，已知 $m = 8\text{mm}$，$z_1 = 1$，$q = 10$，$\alpha = 20°$，$h_a^* = 1$，$c^* = 0.2$，$z_2 = 48$。试求该机构的主要尺寸。

图 8-18　习题 8-4 图

8-6 已知一蜗杆减速器，$m = 5\text{mm}$，$z_1 = 2$，$q = 10$，$z_2 = 60$，蜗杆材料为 40Cr，高频淬火，表面磨光，蜗轮材料为 ZCuSn10P1，砂型铸造，蜗轮转速 $n_2 = 24\text{r/min}$，预计使用 12000h，试求该蜗杆减速器允许传递的最大扭矩 T_2 和输入功率 P_1。

8-7 设计一带式运输机用闭式普通蜗杆减速器传动。已知：输入功率 $P_1 = 4.5\text{kW}$，蜗杆转速 $n_1 = 1460\text{r/min}$，传动比 $i = 23$，有轻微冲击，预期使用寿命 10 年，每年工作 300 天，每天工作 8h（要求绘制蜗杆或蜗轮零件图）。

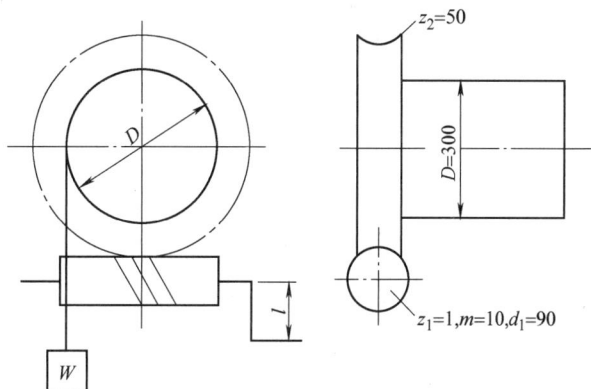

第 9 章 齿轮系与减速器

9.1 齿轮系的分类

在齿轮传动一章中，研究了一对齿轮啮合原理和有关尺寸的计算。但在实际机械中，往往有多种工作要求，有时需要获得很大的传动比，有时需将主动轴的一种转速变换为从动轴的多种转速，有时当主动轴转向不变时从动轴需得到不同的转向，有时需将主动轴的运动和动力分配到不同的传动路线上。一对齿轮传动是无法满足这些需要的，因此常将多对齿轮组合在一起进行传动，这种由多对齿轮组成的传动系统称为齿轮系。

在一个齿轮系中可以同时含有多种类型的齿轮传动，而将一对齿轮传动视为最简单的齿轮系。

各齿轮轴线相互平行的齿轮系称为平面齿轮系，如图 9-1、图 9-2 所示，否则称为空间齿轮系，如图 9-8、图 9-11 所示。根据齿轮系在传动中各个齿轮的轴线在空间的位置是否固定，将齿轮系分为定轴齿轮系、周转齿轮系和组合周转齿轮系三大类。

9.1.1 定轴齿轮系

如图 9-1 所示，当齿轮系运转时，如果其中各齿轮的轴线相对于机架的位置都是固定不变的，则该齿轮系称为定轴齿轮系。

9.1.2 周转齿轮系

当齿轮系运转时，若至少有一个齿轮的轴线绕另一齿轮的固定轴线转动，则该齿轮系称为周转齿轮系。图 9-2a 所示周转齿轮系中，活套在构件 H 上的齿轮 2，一方面绕自身的轴线 O_1O_1 回转，另一方面又随构件 H 绕

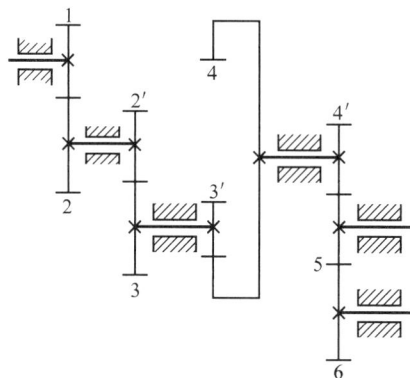

图 9-1 定轴齿轮系

固定轴线 OO 回转，它的运动像太阳系中的行星一样，兼有自转和公转，故称齿轮 2 为行星齿轮，支持行星齿轮的构件 H 称为行星架（或系杆），与行星齿轮相啮合且轴线固定的齿轮 1 和 3 称为太阳轮。每个单一的周转齿轮系具有一个行星架，太阳轮的数目不超过两个。应当注意，单一周转齿轮系中行星架与两个太阳轮的几何轴线必须重合，否则便不能转动。

在周转齿轮系中，通常以太阳轮和行星架作为运动的输入和输出构件，故太阳轮和行星架又被称为周转齿轮系的基本构件。

周转齿轮系可根据其自由度的不同分为两类。

1. 行星齿轮系

图 9-2b 所示周转齿轮系中，有一个太阳轮固定不动，这种周转齿轮系的自由度等于 1。自由度等于 1 的周转齿轮系称为行星齿轮系。

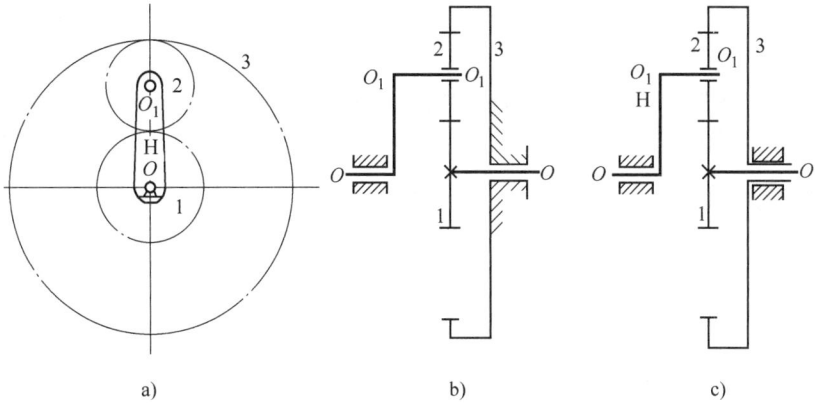

图 9-2　周转齿轮系

2. 差动齿轮系

图 9-2c 所示周转齿轮系中，两个太阳轮均不固定，这种周转齿轮系的自由度等于 2。自由度等于 2 的周转齿轮系称为差动齿轮系。

9.1.3　组合周转齿轮系

实际机构中所用的齿轮系，往往既包含有定轴齿轮系，又包含有周转齿轮系，或者是由几个单一周转齿轮系组成的，这种复杂的齿轮系称为组合周转齿轮系。图 9-3 所示齿轮系是由两个单一周转齿轮系组成的组合周转齿轮系，图 9-4 所示齿轮系是由定轴齿轮系与周转齿轮系组成的组合周转齿轮系。

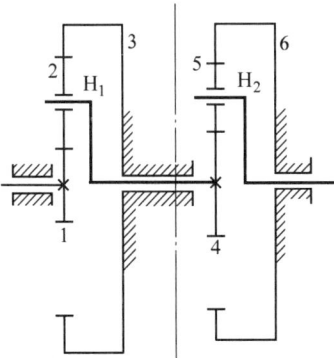

图 9-3　由单一周转齿轮系组成
的组合周转齿轮系

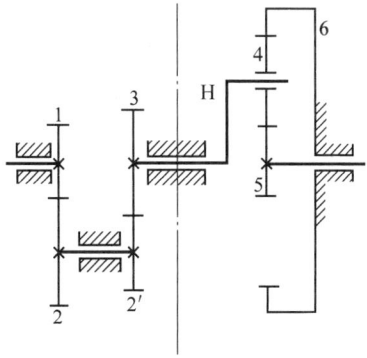

图 9-4　由定轴齿轮系与周转齿轮
系组成的组合周转齿轮系

9.2　定轴齿轮系的传动比

齿轮系的传动比，是指齿轮系中首末两轮的转速（或角速度）之比，确定一个齿轮系的传动比应包括计算传动比的绝对值和确定传动比所列首末两轮的相对转向两项内容。平面定轴齿轮系和空间定轴齿轮系传动比绝对值的计算方法相同，但首末两轮相对转向的表示方法分两种情况：对平面定轴齿轮系及空间定轴齿轮系中首末两轮轴线平行的齿轮系，须用传动比绝对值前加"＋""－"号表示两轮的转向关系；而对空间定轴齿轮系中首末两轮轴线不平行的齿轮系，首末两轮的相对转向只能在齿轮系传动简图中表示，不能用代数量表示传动比。传动比用 i 表示，并在右下角加两个下标来表明对应的两轮，例如 i_{1K} 表示轮 1 与轮 K 的角速度之比。

由一对圆柱齿轮组成的传动可视为最简单的齿轮系，如图 9-5 所示。设主动轮齿数为 z_1，转速为 n_1，从动轮齿数为 z_2，转速为 n_2，则其传动比为

$$i_{12} = \frac{\omega_1}{\omega_2} = \frac{n_1}{n_2} = \mp \frac{z_2}{z_1}$$

对于外啮合传动，两轮转向相反，取"－"号；对于内啮合传动，两轮转向相同，取"＋"号。另外，其相对转向也可直接用箭头在图中标明，如图 9-5 所示。

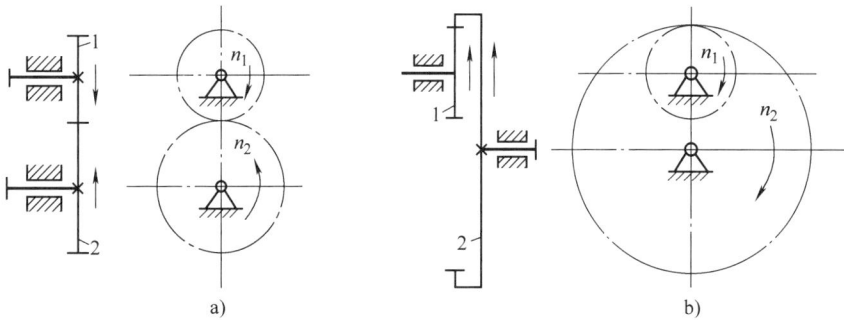

图 9-5　最简单的齿轮系

a）外啮合　b）内啮合

例 9-1　图 9-6 所示定轴齿轮系中，设轴 I 为输入轴，轴 V 为输出轴，各轮的齿数为 z_1、z_2、$z_{2'}$、z_3、$z_{3'}$、z_4、z_5，各轮的转速为 n_1、n_2、$n_{2'}$、n_3、$n_{3'}$、n_4、n_5，求该齿轮系的传动比。

解　齿轮系的传动比可由各对齿轮的传动比求出，图中各对啮合齿轮的传动比分别为

$$i_{12} = \frac{n_1}{n_2} = -\frac{z_2}{z_1}$$

$$i_{2'3} = \frac{n_{2'}}{n_3} = +\frac{z_3}{z_{2'}}$$

$$i_{3'4} = \frac{n_{3'}}{n_4} = -\frac{z_4}{z_{3'}}$$

$$i_{45} = \frac{n_4}{n_5} = -\frac{z_5}{z_4}$$

因为 $n_2 = n_{2'}$、$n_3 = n_{3'}$，将以上各式两边等号分别相乘可得

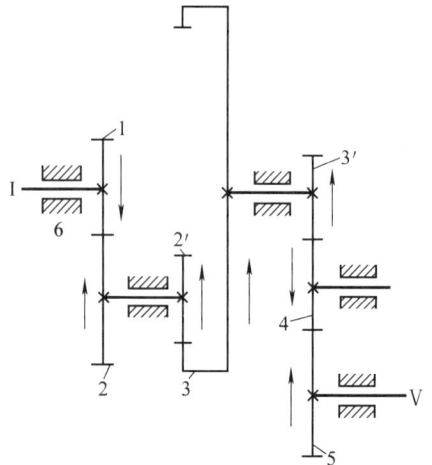

图 9-6　定轴齿轮系

$$i_{15} = i_{12}i_{2'3}i_{3'4}i_{45} = \frac{n_1}{n_2}\frac{n_{2'}}{n_3}\frac{n_{3'}}{n_4}\frac{n_4}{n_5} = \frac{n_1}{n_5} = \left(-\frac{z_2}{z_1}\right)\left(+\frac{z_3}{z_{2'}}\right)\left(-\frac{z_4}{z_{3'}}\right)\left(-\frac{z_5}{z_4}\right) = (-1)^3\frac{z_2z_3z_5}{z_1z_{2'}z_{3'}}$$

上式表明，定轴齿轮系的传动比等于组成该齿轮系的各对齿轮传动比的连乘积，其绝对值等于从动轮齿数的连乘积与主动轮齿数的连乘积之比。绝对值前的符号即首末两轮的转向关系，可用 $(-1)^m$ 算出来（m 表示齿轮系中外啮合齿轮的对数），也可在图中根据啮合关系画箭头指出，最后在齿数比前取"＋"或"－"号。如图 9-6 所示，设主动轮 1 转向箭头向下，由啮合关系依次画出其余各轮的转向，从动轮 5 转向箭头向上，表明轮 1 与轮 5 转向相反，由此确定 i_{15} 的齿数比前取"－"号。

图 9-6 中，齿轮 4 同时与两个齿轮啮合，故其齿数不影响传动比的大小，只起改变转向的作用，这种齿轮称为介轮或惰轮。

现推广到一般定轴齿轮系，设轮 1 为首轮，轮 K 为末轮，该齿轮系的传动比为

$$i_{1K} = \frac{n_1}{n_K} = (-1)^m\frac{\text{齿轮 1 至 K 间各从动轮齿数的连乘积}}{\text{齿轮 1 至 K 间各主动轮齿数的连乘积}} \qquad (9\text{-}1)$$

式中　n_1——齿轮系中轮 1 的转速；

　　　n_K——齿轮系中轮 K 的转速；

　　　m——齿轮系中轮 1 至轮 K 间外啮合齿轮的对数。

应用式（9-1）计算定轴齿轮系传动比时应注意以下几点：

1）用 $(-1)^m$ 判断转向的方法，只限于各齿轮轴线相互平行的平面定轴齿轮系。

2）空间定轴齿轮系传动比的大小仍可用式（9-1）计算，但两轮的转向关系只能从图中画箭头确定。如果首末两轮轴线平行，则应根据图中首末两轮箭头方向，在齿数比前加"＋"号表示同向，加"－"号表示反向，即两轮的转向仍需在传动比中体现。如果首末两轮轴线不平行，则齿轮系的传动比只有绝对值而没有符号，两轮的相对转向在图中标出。

例 9-2　图 9-7 所示车床溜板箱纵向进给刻度盘齿轮系中，运动由轮 1 输入，轮 4 输出。各轮的齿数分别为 $z_1 = 18$、$z_2 = 87$、$z_{2'} = 28$、$z_3 = 20$、$z_4 = 84$，试计算该齿轮系的传动比 i_{14}。

解　如图 9-7 所示，该齿轮系为平面定轴齿轮系。其中外啮合齿轮的对数 $m = 2$，故

$$i_{14} = \frac{n_1}{n_4} = (-1)^m\frac{z_2z_3z_4}{z_1z_{2'}z_3} = (-1)^2\frac{87 \times 84}{18 \times 28} = 14.5$$

因为 i_{14} 为正，故知轮 1 和轮 4 转向相同。

传动比的正负也可画箭头确定，在图中先假定 n_1 的转向，然后根据啮合关系依次画出各轮的转向，可知 n_4 与 n_1 同向，所以 i_{14} 为正。

例 9-3　图 9-8 所示的齿轮系中，已知各轮的齿数分别为 $z_1 = 15$、$z_2 = 25$、$z_{2'} = 15$、$z_3 = 30$、$z_{3'} = 15$、$z_4 = 30$、$z_{4'} = 2$（右旋）、$z_5 = 60$、$z_{5'} = 20$（$m = 4\text{mm}$）。若 $n_1 = 1000\text{r/min}$，求齿条 6 的移动速度 v 的大小及方向。

图 9-7　车床溜板箱纵向进给机构

解　如图 9-8 所示，该齿轮系中包含锥齿轮和蜗杆蜗轮，所以是空间定轴齿轮系。其传动比为

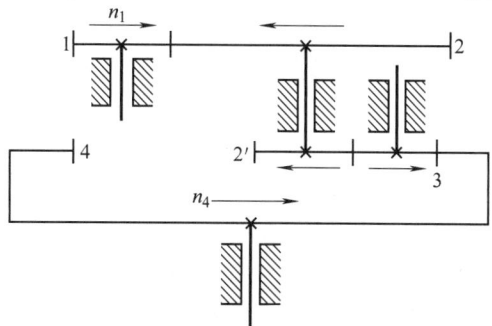

$$i_{15} = \frac{n_1}{n_5} = \frac{z_2 z_3 z_4 z_5}{z_1 z_{2'} z_{3'} z_{4'}} = \frac{25 \times 30 \times 30 \times 60}{15 \times 15 \times 15 \times 2} = 200$$

故
$$n_5 = \frac{n_1}{i_{15}} = \frac{1000}{200} \text{r/min} = 5\text{r/min}$$

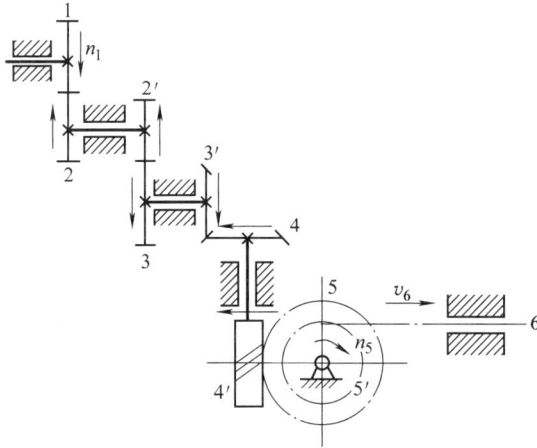

图9-8 空间定轴齿轮系

因轮 5′ 与轮 5 同轴，转速相同，故
$$n_{5'} = n_5 = 5\text{r/min}$$
因为齿条 6 与齿轮 5′ 啮合，所以齿条 6 的移动速度与轮 5′ 的节圆上啮合点的圆周速度相等，所以

$$v_6 = v_{5'} = \frac{\pi d_{5'} n_{5'}}{60 \times 1000} = \frac{\pi m z_{5'} n_{5'}}{60 \times 1000} = \frac{3.14 \times 4 \times 20 \times 5}{60 \times 1000} \text{m/s} = 0.021\text{m/s}$$

用画箭头的方法确定轮 5 的转向为顺时针方向，故齿条 6 的移动方向向右。

9.3 周转齿轮系的传动比

在周转齿轮系中，由于行星架的回转使得行星轮不但有自转，而且有公转，行星轮的运动不是简单的定轴转动，所以其传动比不能直接用求解定轴齿轮系传动比的方法来进行，而要采用转化机构法来进行。

图 9-9a 所示为一周转齿轮系，假定齿轮系中各轮和行星架 H 的转速分别为 n_1、n_2、n_3、n_H，其转向相同（均沿逆时针方向转动）。根据相对运动原理，若假想给整个周转齿轮系加一个绕 $O—O$ 轴线回转、大小与 n_H 相等但转向相反的公共转速（$-n_H$），则行星架 H 静止不动，而各构件间的相对运动并不改变。如此，所有齿轮的轴线位置相对 H 都固定不动，原来相对机架的周转齿轮系便转化为相对行星架 H 的定轴齿轮系，如图 9-9b 所示。这个转化而成的假想定轴齿轮系，称为原周转齿轮系的转化齿轮系或转化机构。在转化机构中，行星架的转速为零，所以转化机构中各构件的转速就是周转齿轮系各构件相对于行星架 H 的转速，周转齿轮系及其转化机构中各构件的转速见表 9-1。

表 9-1　周转齿轮系及其转化机构中各构件的转速

构件	周转齿轮系中的转速	转化齿轮系中的转速
轮 1	n_1	$n_1^H = n_1 - n_H$
轮 2	n_2	$n_2^H = n_2 - n_H$
轮 3	n_3	$n_3^H = n_3 - n_H$
行星架 H	n_H	$n_H^H = n_H - n_H$

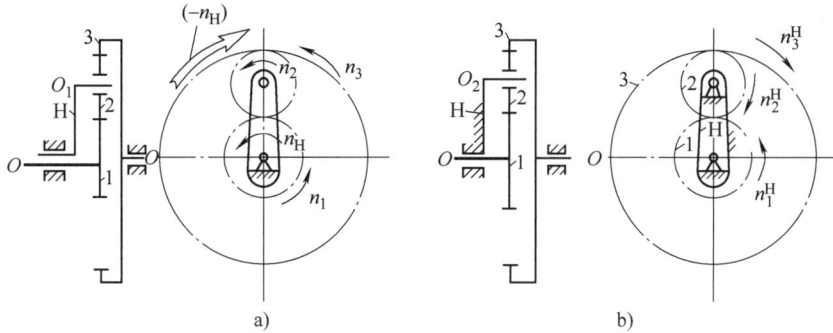

图 9-9　周转齿轮系及其转化机构

既然周转齿轮系的转化机构是定轴齿轮系，那么转化机构的传动比 i_{13}^H 就可用求解定轴齿轮系传动比的方法求得，即

$$i_{13}^H = \frac{n_1^H}{n_3^H} = \frac{n_1 - n_H}{n_3 - n_H} = (-1)^1 \frac{z_3}{z_1} = -\frac{z_3}{z_1}$$

式中，负号表示轮 1 与轮 3 在转化机构中的转向相反。

现将以上分析推广到周转齿轮系的一般情形，设 n_G、n_K 为平面周转齿轮系中任意两轮 G 和 K 的转速，它们与行星架 H 的转速 n_H 间的关系为

$$i_{GK}^H = \frac{n_G - n_H}{n_K - n_H} = (-1)^m \frac{\text{齿轮 } G \text{ 至 } K \text{ 间所有从动轮齿数的连乘积}}{\text{齿轮 } G \text{ 至 } K \text{ 间所有主动轮齿数的连乘积}} \tag{9-2}$$

式中　n_G——齿轮系中轮 G 的转速；

n_K——齿轮系中轮 K 的转速，

m——齿轮 G、K 间外啮合齿轮的对数。

式（9-2）中包含了周转齿轮系中三个构件（通常是基本构件）的转速和若干个齿轮齿数间的关系。在计算齿轮系的传动比时，各轮的齿数通常是已知的，所以在 n_G、n_K、n_H 三个运动参数中，若已知两个（包括大小和方向），就可以确定第三个，从而可求出三个基本构件中任意两个间的传动比。传动比的正、负号由计算结果确定。

应用式（9-2）计算周转齿轮系传动比时应注意以下几点：

1）$i_{GK}^H \neq i_{GK}$，i_{GK}^H 为转化机构中轮 G 与轮 K 的转速之比，其大小及正负号应按定轴齿轮系传动比的计算方法确定。而 i_{GK} 则是周转齿轮系中轮 G 与轮 K 的绝对转速之比，其大小与正负号必须由计算结果确定。

2）n_G、n_K、n_H 为平行矢量时才能代数相加，所以 n_G、n_K、n_H 必须是轴线平行或重合的齿轮、行星架的转速。

3）将 n_G、n_K、n_H 中的已知转速代入求解未知转速时，必须代入转速的正、负号。在代入公式前应先假定某一方向的转速为正，则另一转速与其同向者为正，与其反向者为负。

4）对含有空间齿轮副的周转齿轮系，若所列传动比 i_{GK}^H 中两轮 G、K 的轴线与行星架 H 的轴线平行，则仍可用转化机构法求解，即把空间周转齿轮系转化为假想的空间定轴齿轮系。计算时，转化机构的齿数比前须有正负号。若齿轮 G、K 与行星架 H 的轴线不平行，则不能用转化机构法求解。

例 9-4 图 9-10 所示的差动齿轮系中，已知 $z_1 = 20$、$z_2 = 30$、$z_3 = 80$，$n_1 = 100 \text{r/min}$、$n_3 = 20 \text{r/min}$。试问：

1）n_1 与 n_3 转向相同时，$n_H = ?$

2）n_1 与 n_3 转向相反时，$n_H = ?$

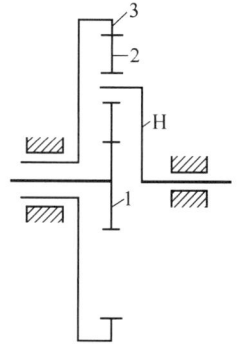

图 9-10　平面差动齿轮系

解　由式（9-2）可得

$$i_{13}^H = \frac{n_1^H}{n_3^H} = \frac{n_1 - n_H}{n_3 - n_H} = (-1)^1 \frac{z_3}{z_1} = -\frac{z_3}{z_1} = -\frac{80}{20} = -4$$

所以

$$n_H = \frac{n_1 + 4n_3}{5}$$

1）n_1 与 n_3 同向时，同取"+"号代入上式，得

$$n_H = \frac{n_1 + 4n_3}{5} = \frac{+100 + 4 \times 20}{5} \text{r/min} = +36 \text{r/min}$$

"+"号说明行星架 H 与两原动件转向相同。

2）n_1 与 n_3 反向时，假定取 n_1 为正，则 n_3 为负，即

$$n_H = \frac{n_1 + 4n_3}{5} = \frac{+100 + 4 \times (-20)}{5} \text{r/min} = +4 \text{r/min}$$

"+"号说明行星架 H 与原动件轮 1 同向，与轮 3 反向。

例 9-5　图 9-11 所示空间周转齿轮系中，已知 $z_1 = 48$、$z_2 = 42$，$z_{2'} = 18$、$z_3 = 21$、$n_1 = 100 \text{r/min}$，$n_3 = 80 \text{r/min}$，转向如图，求 n_H。

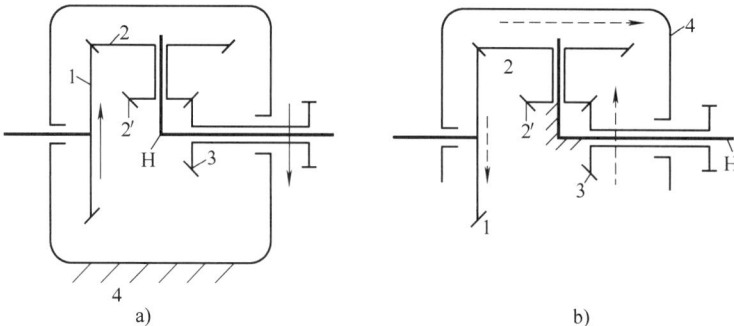

图 9-11　空间周转齿轮系

解　如图 9-11 所示，构件 1、3 及行星架 H 轴线平行，故可用式（9-2）求解 i_{13}^H。齿数比前的符号只能用画箭头法确定，如图 9-11b 所示，假设轮 1 方向向下（与绝对转向无关），按啮合关系画出轮 3 方向向上，故转化机构的齿数比前应取负号，即

$$i_{13}^H = \frac{n_1^H}{n_3^H} = \frac{n_1 - n_H}{n_3 - n_H} = -\frac{z_2 z_3}{z_1 z_{2'}} = -\frac{42 \times 21}{48 \times 18} = -\frac{49}{48}$$

如图 9-11a 所示，因轮 1、3 转向相反，设轮 1 转向为正，则轮 3 为负。故得

$$\frac{n_1 - n_H}{n_3 - n_H} = \frac{+100 - n_H}{-80 - n_H} = -\frac{49}{48}$$

$$n_H = +9.072 \text{r/min}$$

"+"号说明行星架 H 与轮 1 的转向相同。

9.4　组合周转齿轮系的传动比

在组合周转齿轮系中，既有定轴齿轮系又有周转齿轮系或有几个单一的周转齿轮系，因此不能用一个统一的公式一步求出整个齿轮系的传动比。计算组合周转齿轮系的传动比，要用分解齿轮系、分步求解的办法，即把整个组合周转齿轮系分解成若干定轴齿轮系和单一的周转齿轮系，并分别列出它们的传动比计算式，然后根据这些齿轮系的组合方式，找出它们的转速关系，联立求解即可求出组合周转齿轮系的传动比。

分解组合周转齿轮系的步骤是先找周转齿轮系后找定轴齿轮系，而找周转齿轮系的步骤是行星架→行星轮→太阳轮，即根据轴线位置运动的特点先找到行星架，行星架支承的是行星轮，与行星轮相啮合且轴线位置固定的是太阳轮。当从整个齿轮系中划分出所有单一周转齿轮系后，剩下的轴线固定且互相啮合的齿轮便是定轴齿轮系部分了。分解后的单一齿轮系可用啮合关系线图表示，啮合关系线图中，用"—"表示两轮相啮合，用"…"表示行星轮与行星架 H 相连，"="表示两零件是同一构件，具体格式可见例 9-6、例 9-7。

例 9-6　图 9-12 所示为直升飞机主减速器的齿轮系，发动机直接带动齿轮 1，且已知各轮齿数为 $z_1 = z_5 = 39$、$z_2 = 27$、$z_3 = 93$、$z_{3'} = 81$、$z_4 = 21$，求主动轴 I 与螺旋桨轴 III 之间的传动比 $i_{I\,III}$。

解　1. 分解齿轮系

H_1 为行星架，齿轮 2 为行星轮，齿轮 1、3 为太阳轮，所以构件 1、2、3、H_1 组成一套周转齿轮系。同样，可划分出另一套由构件 5、4、3′、H_2 组成的周转齿轮系，且两套周转齿轮系间为串联关系。

2. 分别列出各周转齿轮系转化机构传动比的计算式

对于齿轮系 1—2—3

$$\vdots$$

$$H_1$$

$$i_{13}^{H_1} = \frac{n_1 - n_{H1}}{n_3 - n_{H1}} = -\frac{z_3}{z_1}$$

由于太阳轮 3 固定不动，$n_3 = 0$

有

$$1 - \frac{n_1}{n_{H1}} = -\frac{z_3}{z_1}$$

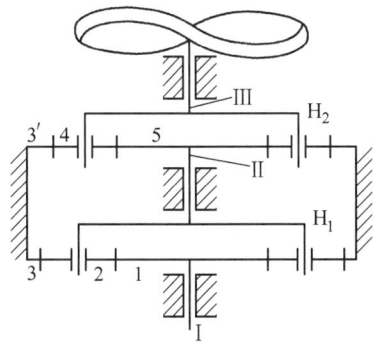

图 9-12　直升飞机主减速器的齿轮系

所以

$$i_{1H1} = \frac{n_1}{n_{H1}} = 1 + \frac{z_3}{z_1} = 1 + \frac{93}{39} = \frac{132}{39}$$

同理，对于齿轮系 5—4—3′

$$\vdots$$

$$H_2$$

$$i_{5H2} = \frac{n_5}{n_{H2}} = 1 + \frac{z_{3'}}{z_5} = 1 + \frac{81}{39} = \frac{120}{39}$$

3. 找出各齿轮系的转速关系，联立求解

因为

$$n_{H1} = n_5 , \quad n_{\text{III}} = n_{H2} , \quad n_1 = n_{\text{I}}$$

所以

$$i_{1H1} i_{5H2} = \frac{n_1}{n_{H1}} \frac{n_5}{n_{H2}} = \frac{n_1}{n_{H2}} = \frac{n_{\text{I}}}{n_{\text{III}}}$$

故

$$i_{\text{I III}} = \frac{n_{\text{I}}}{n_{\text{III}}} = i_{1H1} i_{5H2} = \frac{132}{39} \times \frac{120}{39} = 10.41$$

传动比为正，表明轴 I 与轴Ⅲ转向相同。

例 9-7 图 9-13 所示为一电动卷扬机的减速器运动简图，已知 $z_1 = 24$、$z_2 = 33$、$z_{2'} = 21$、$z_3 = 78$、$z_{3'} = 18$、$z_4 = 30$、$z_5 = 78$，试求其传动比 i_{15}。若电动机转速 $n_1 = 1450 \text{r/min}$，求卷筒转速 n_5。

解 1. 划分周转齿轮系及定轴齿轮系

齿轮 2(2′) 为双联行星齿轮，支承行星齿轮的齿轮 5（即卷筒）为行星架 H，齿轮 1、3 为太阳轮，所以构件 1、2(2′)、3、5(H) 组成单一周转齿轮系。其余齿轮 3′、4、5 轴线不动且互相啮合，组成定轴齿轮系。

2. 分别列出周转齿轮系及定轴齿轮系的传动比计算式

对于周转齿轮系 1—2 ═2′—3

$$\vdots$$

$$H$$

$$i_{13}^{H} = \frac{n_1 - n_H}{n_3 - n_H} = -\frac{z_2 z_3}{z_1 z_{2'}}$$

代入数据

$$\frac{n_1 - n_H}{n_3 - n_H} = -\frac{33 \times 78}{24 \times 21} \qquad (\text{a})$$

对于定轴齿轮系 3′—4—5

$$i_{3'5} = \frac{n_{3'}}{n_5} = -\frac{z_4 z_5}{z_{3'} z_4} = -\frac{z_5}{z_{3'}}$$

代入数据

$$\frac{n_{3'}}{n_5} = -\frac{78}{18} \qquad (\text{b})$$

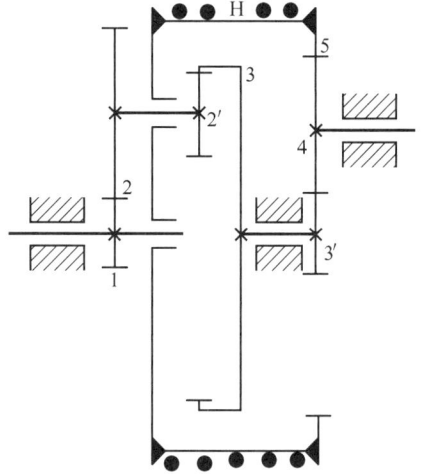

图 9-13 电动卷扬机的减速器

3. 找出周转齿轮系和定轴齿轮系的转速关系，联立求解

因为

$$n_H = n_5 , \quad n_3 = n_{3'}$$

由式（b）得 $\qquad n_{3'} = -\dfrac{78}{18}n_5$

将上式带入式（a）得 $\qquad \dfrac{n_1 - n_5}{-\dfrac{78}{18}n_5 - n_5} = -\dfrac{33 \times 78}{24 \times 21}$

整理后得 $\qquad i_{15} = \dfrac{n_1}{n_5} = 1 + \dfrac{33 \times 78}{24 \times 21}\left(1 + \dfrac{78}{18}\right) = 28.24$

若电动机转速 $\qquad n_1 = 1450 \text{r/min}$

则卷筒转速 $\qquad n_5 = \dfrac{n_1}{i_{15}} = \dfrac{1450}{28.24}\text{r/min} = 51.35\text{r/min}$

n_5 为正值，表明卷筒转向与电动机轴转向相同。

9.5 齿轮系的应用

齿轮系在机械传动中应用非常广泛，主要有以下几个方面。

1. 实现相距较远的两轴之间的传动

当两轴相距较远时，若只用一对齿轮传动，则两轮尺寸会很大（如图 9-14 中的两个大齿轮），若采用齿轮系传动（如图 9-14 中的四个小齿轮），可减小传动齿轮的结构尺寸，从而节约材料、减轻机器的重量。

2. 实现较大传动比的传动

当需要较大的传动比时，若仅用一对齿轮传动，必然使两轮的尺寸相差很大。这样不仅使传动机构的尺寸庞大，而且因小齿轮工作次数过多，而容易失效。因此，当传动比较大时，常采用多对齿轮进行传动，如图 9-15 所示。

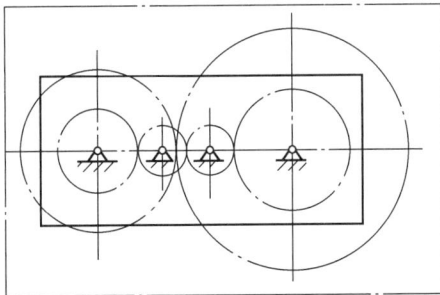

图 9-14　远距离传动　　　　　　　　图 9-15　大传动比传动

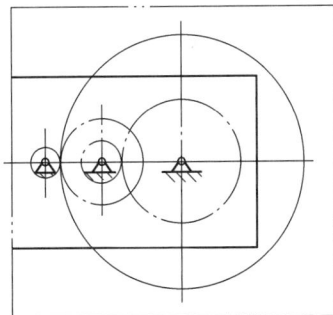

图 9-16 所示的行星齿轮系中，若各轮齿数分别为 $z_1 = 100$、$z_2 = 101$、$z_{2'} = 100$、$z_3 = 99$，则输入构件 H 对输出构件 1 的传动比 $i_{H1} = 10000$。由此可见，该齿轮系仅用两对齿轮，便能获得很大的传动比。但应指出，该大传动比行星齿轮系的效率很低，而且当太阳轮 1 为主动轮时，将会发生自锁。因此，这种大传动比行星齿轮系，通常只用在载荷很小的减速场合，如用于测量较高转速的仪表，或用于作精密微调的机构。

3. 实现变速传动

在主动轴转速不变的情况下，利用齿轮系可使从动轴得到若干种不同的转速。图9-17所示为变速箱的传动简图，轴Ⅰ为输入轴，轴Ⅲ为输出轴，齿轮4、6均为滑移齿轮，该变速箱可使轴Ⅲ获得四种不同的转速：

1）齿轮3和4啮合，齿轮5和6、离合器A和B均脱离。

2）齿轮5和6啮合，齿轮3和4、离合器A和B均脱离。

3）离合器A和B嵌合，齿轮3和4，5和6均脱离。

4）齿轮6和8啮合，齿轮3和4、5和6、离合器A和B均脱离，由于惰轮8的作用而改变了输出轴Ⅲ的转向。

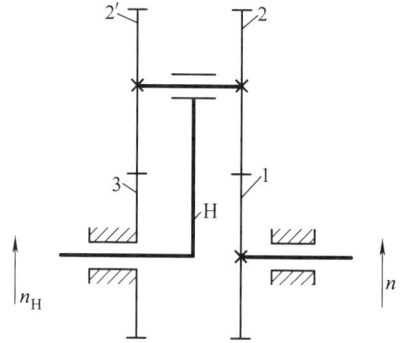

图9-16 行星齿轮系

4. 实现变向传动

当主动轴转向不变时，可利用齿轮系中的惰轮改变从动轴的转向。图9-18所示为车床上走刀丝杠的三星轮换向机构，通过改变手柄的位置，使齿轮2参与啮合（见图9-18a）或不参与啮合（见图9-18b），以改变外啮合的次数，使从动轮4与主动轮1的转向相反或相同。

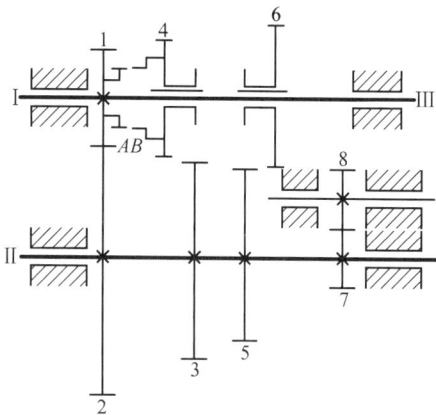

图9-17 变速箱传动简图

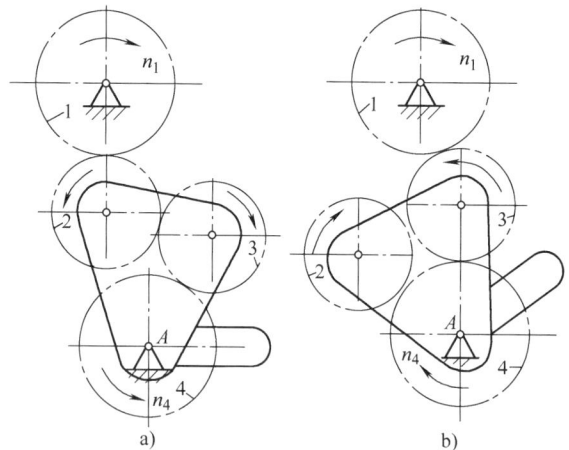

图9-18 变向传动

5. 实现分路传动

在具体机械传动中，当只有一个原动件及多个执行构件时，原动件的转动可通过多对啮合齿轮从不同的传动路线传递给执行构件，以实现分路传动。图9-19所示为滚齿机上滚刀与轮坯之间形成展成运动的传动简图，滚刀与轮坯的转速必须满足 $i_{刀坯} = \dfrac{n_刀}{n_坯} = \dfrac{z_坯}{z_刀}$ 的传动比关系，其中 $z_刀$ 和 $z_坯$ 分别为滚刀的头数和轮坯加工后的齿数。运动路线从主动轴Ⅰ开始，一条路线由锥齿轮 1、2 传到滚刀 11，另一条路线是由齿轮 3、4、5、6、7 和蜗杆 8、蜗轮 9 传到轮坯 10，其展成运动的传动比 $i_{刀坯}$ 分别由上述两条分路传动得到保证。

6. 用作运动的合成与分解

在差动齿轮系中，当给定任意两个基本构件已确定的运动后，另一个基本构件的运动才能确定，利用差动齿轮系这一特点可实现运动的合成。

图 9-20 所示的差动齿轮系，设 $z_1 = z_3$，若以齿轮 1、3 为原动件，则行星架 H 的转速是齿轮 1、3 转速的合成。可计算如下

$$i_{13}^{H} = \frac{n_1 - n_H}{n_3 - n_H} = -\frac{z_3}{z_1} = -1$$

则

$$n_H = \frac{1}{2}(n_1 + n_3) \qquad (9\text{-}3)$$

故这种齿轮系可用作加法机构。

在该齿轮系中，若以行星架 H 和任一太阳轮（假如为齿轮 3）作为原动件，则齿轮 1 的转速是轮 3 和行星架 H 转速的合成。由式（9-3）可得

$$n_1 = 2n_H - n_3 \qquad (9\text{-}4)$$

这说明该差动齿轮系又可用作减法机构。

差动齿轮系可用作运动合成的这种特性，在机床、计算装置及补偿调整装置中得到广泛的应用。

差动齿轮系也可将一个原动基本构件的转动，按所需比例分解为另外两个从动基本构件的不同转动。图 9-21 所示的汽车后桥差速器可作为运动分解的实例，发动机通过传动轴驱动齿轮 5，齿轮 2 为行星轮，齿轮 4 上固联着行星架 H，分别与左右车轮固联的齿轮 1 和齿轮 3 为太阳轮。齿轮 4、5 组成定轴齿轮系，齿轮 1、齿轮 2、齿轮 3、行星架 H 及机架组成一差动齿轮系（$z_1 = z_3$），由计算可得

$$2n_4 = n_1 + n_3$$

当汽车直线行驶时，左右两后轮所走的路程相同，所以转速也相同，故 $n_1 = n_3 = n_4 = n_H$。这时，齿轮 1、2、3 和行星架 H 成为一个整体，由齿轮 5 带动一起转动，行星轮 2 不绕 H 自转。

当汽车转弯时（左转），为保证左右车轮与地面间仍为纯滚动，以减少轮胎的磨损，要求右轮转速

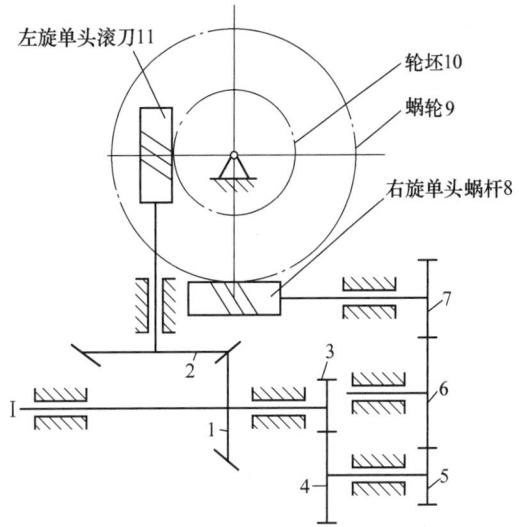

图 9-19　滚齿机展成运动传动简图

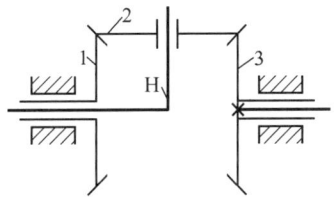

图 9-20　空间差动齿轮系

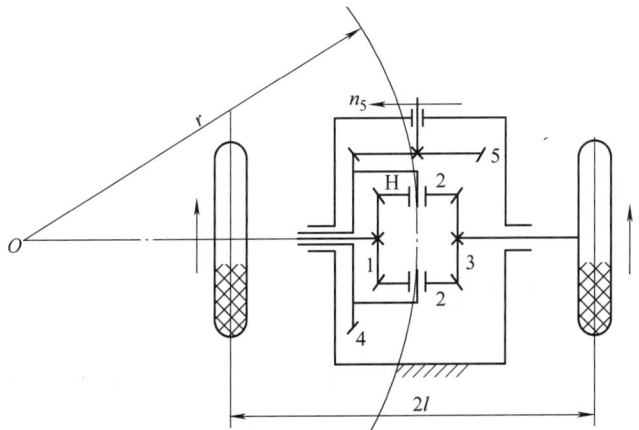

图 9-21　汽车后桥差速器

比左轮转速高。这时齿轮 1 和齿轮 3 之间发生相对转动，齿轮 2 除随齿轮 4 公转外，还绕自己的轴线自转。由齿轮 1、2、3 和 4 组成的差动齿轮系，借助于车轮与地面间的摩擦力，将轮 4 的转动根据弯道半径的大小，按需要分解为轮 1 和轮 3 的转动，这时

$$\frac{n_1}{n_3} = \frac{r-l}{r+l}$$

联立可得两轮转弯速度为

$$n_1 = \frac{r-l}{r} n_4$$

$$n_3 = \frac{r+l}{r} n_4$$

式中　r——弯道平均半径；

　　　l——轮距之半。

7. 实现结构紧凑的大功率传动

在行星齿轮系中，通常采用几个均匀分布的行星轮同时传递运动和动力，如图 9-22 所示。这样既可用几个行星轮共同来分担载荷，以减小齿轮尺寸，同时又可使各个啮合处的径向分力和行星轮公转所产生的离心惯性力各自得以平衡，故可减小主轴承内的作用力，增大传递功率，从而提高其效率。

图 9-23 所示为某蜗轮螺旋桨发动机主减速器的传动简图。这个齿轮系的右部是差动齿轮系，左部是定轴齿轮系。定轴齿轮系将差动齿轮系的内齿轮 3 与行星架 H 的运动联系起来，构成一个自由度为 1 的封闭式行星齿轮系。动力自太阳轮 1 输入后，经行星架 H 和内齿轮 3 分两路输往左部，最后汇合到一起输往螺旋桨。由于采用多个行星轮（图中只画出了一个），加上功率分路传递，所以在较小的外廓尺寸下（该减速器的外廓尺寸仅为 $\phi 4.3\mathrm{m}$），传递功率可达 2850kW。

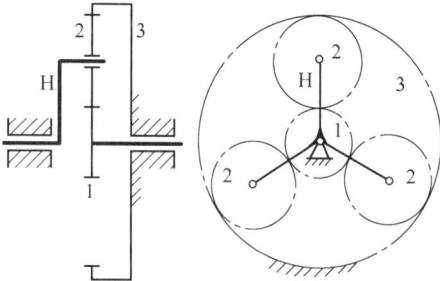

图 9-22　具有多个行星轮的行星齿轮系

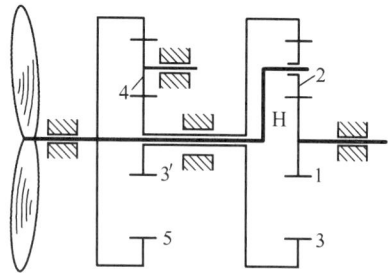

图 9-23　蜗轮螺旋桨发动机主减速器

9.6　减速器

减速器是指原动机与工作机之间独立的闭式传动装置，用于降低转速并相应地增大转矩。此外，在某些场合也用作增速装置，称为增速器。

依据齿轮轴线相对于机体的位置固定与否，减速器可分为定轴齿轮减速器和行星齿轮减

速器。定轴齿轮减速器包括圆柱齿轮减速器、锥齿轮减速器、圆锥—圆柱齿轮减速器、蜗杆减速器、蜗杆—齿轮减速器等。行星齿轮减速器包括渐开线行星齿轮减速器、渐开线少齿差行星齿轮减速器、摆线针轮行星减速器、谐波齿轮减速器等。

9.6.1 定轴齿轮减速器

定轴齿轮减速器的特点是效率及可靠性高，工作寿命长，维护简便，因而应用范围很广。

齿轮减速器按其减速齿轮的级数可分为单级、两级、三级和多级，按其轴在空间的布置可分为立式和卧式，按其运动简图的特点可分为展开式、同轴式和分流式等。常用定轴齿轮减速器的类型和特点见表9-2。

表 9-2 常用定轴齿轮减速器的类型和特点

类　　型		简　图	传　动　比	特　　点
单级圆柱齿轮减速器		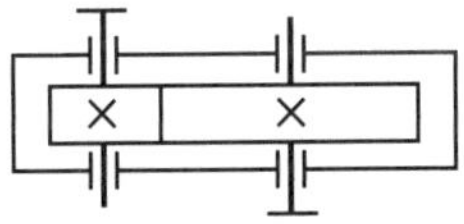	≤10 常用： 直齿≤4 斜齿≤6	直齿轮用于较低速度（$v \leq 8\text{m/s}$），斜齿轮用于较高速度场合，人字齿轮用于载荷较重的传动中
两级圆柱齿轮减速器	展开式	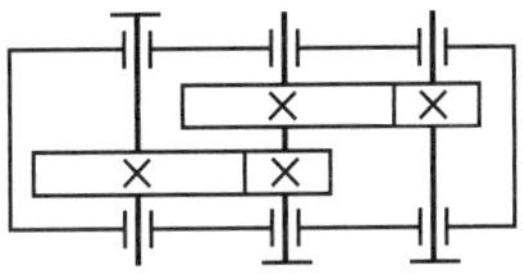	8 ~ 60	一般采用斜齿轮，低速级也可采用直齿轮。总传动比较大，结构简单，应用最广。由于齿轮相对于轴承为不对称布置，因而沿齿宽载荷分布不均匀，要求轴有较大刚度
	同轴式	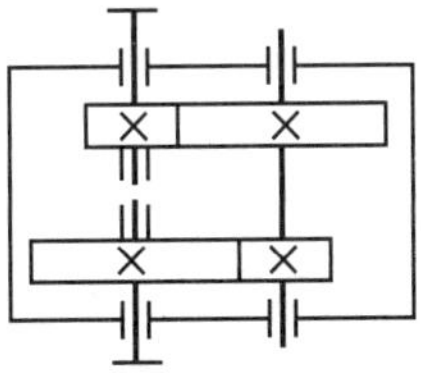	8 ~ 60	减速器横向尺寸较小，两大齿轮浸油深度可以大致相同。结构较复杂，轴向尺寸大，中间轴较长、刚度差，中间轴承润滑较困难
	分流式	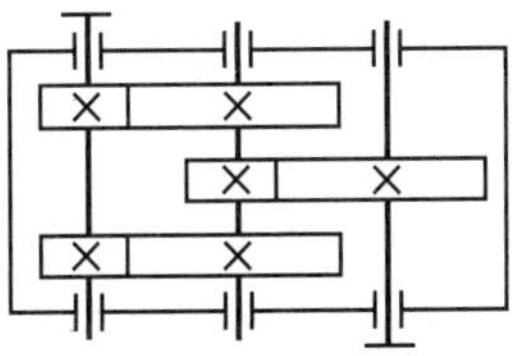	8 ~ 60	一般为高速级分流，且常采用斜齿轮，低速级可用直齿或人字齿轮。齿轮相对于轴承为对称布置，沿齿宽载荷分布较均匀。减速器结构较复杂。常用于大功率、变载荷场合
单级锥齿轮减速器		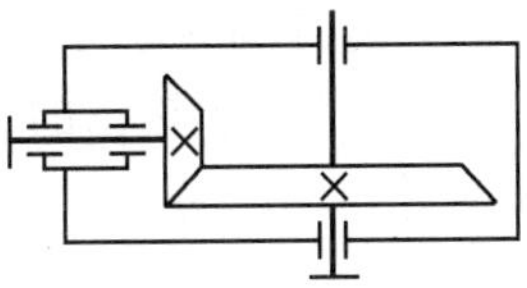	直齿≤6 常用≤3	传动比不宜太大，以减小大齿轮的尺寸，便于加工

（续）

类　型	简　图	传　动　比	特　点
圆锥—圆柱齿轮减速器	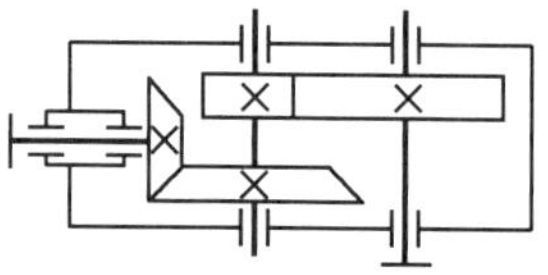	8 ~ 40	锥齿轮应置于高速级，以免使锥齿轮尺寸过大，加工困难
蜗杆减速器	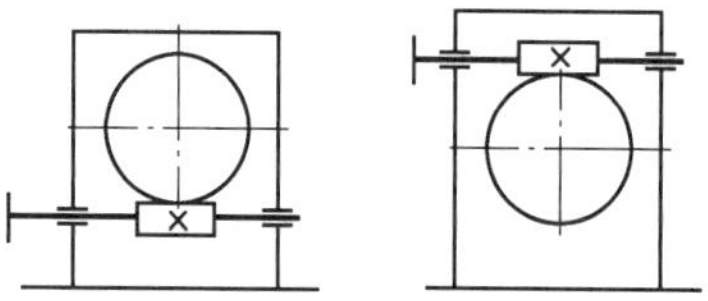 a)蜗杆下置式　　b)蜗杆上置式	10 ~ 80	结构紧凑，传动比较大，但传动效率低，适用于中、小功率和间歇工作场合。蜗杆下置时，润滑、冷却条件较好。通常蜗杆圆周速度 $v \leqslant 4 ~ 5\text{m/s}$ 时用下置式，$v > 4 ~ 5\text{m/s}$ 时用上置式

9.6.2　行星齿轮减速器

行星齿轮减速器具有传动比大、结构紧凑、相对体积小等特点，但其结构复杂，制造精度要求较高。

1. 渐开线行星齿轮减速器

渐开线行星齿轮减速器是一种主要采用行星齿轮系或组合周转齿轮系作为传动机构的减速装置。

（1）根据齿轮啮合方式不同　渐开线行星齿轮减速器可分为 NGW 型、N 型和 NN 型等多种形式，如图9-24所示。代号中，N 代表内啮合齿轮，W 代表外啮合齿轮，G 代表内、外啮合共用行星轮。

（2）根据基本构件的不同　渐开线行星齿轮减速器可分为 2K—H、K—H—V、3K 等多种形式，如图 9-24 所示。代号中，K 代表太阳轮，H 代表行星架（系杆），V 代表输出机构。

（3）根据行星减速器传动级数不同　渐开线行星齿轮减速器可分为单级、二级、三级等。我国生产的 NGW 型就有单级、二级和三级减速器，图9-24e所示为三级 NGW 型行星减速器。

渐开线行星齿轮减速器具有结构紧凑、体积小、重量轻、传动比范围大、传动效率高、传动平稳、噪声低等优点，但也存在结构较复杂、制造精度要求较高等不足之处。

2. 渐开线少齿差行星齿轮减速器

渐开线少齿差行星齿轮传动中内啮合齿数差 $(z_1 - z_2)$ 很小（一般为 $1 ~ 4$），如图9-24b所示。其中，齿轮 1 为固定太阳轮，齿轮 2 为行星轮，行星架 H 为主动件，通过等角速比机构由轴 V 输出运动。它与前述各种行星齿轮系的不同之处在于，它输出的是行星轮的绝对运动，而不是太阳轮或行星架的绝对运动。其转化齿轮系的传动比为

$$i_{21}^{\text{H}} = \frac{n_2 - n_\text{H}}{n_1 - n_\text{H}} = \frac{n_2 - n_\text{H}}{0 - n_\text{H}} = 1 - \frac{n_2}{n_\text{H}} = \frac{z_1}{z_2}$$

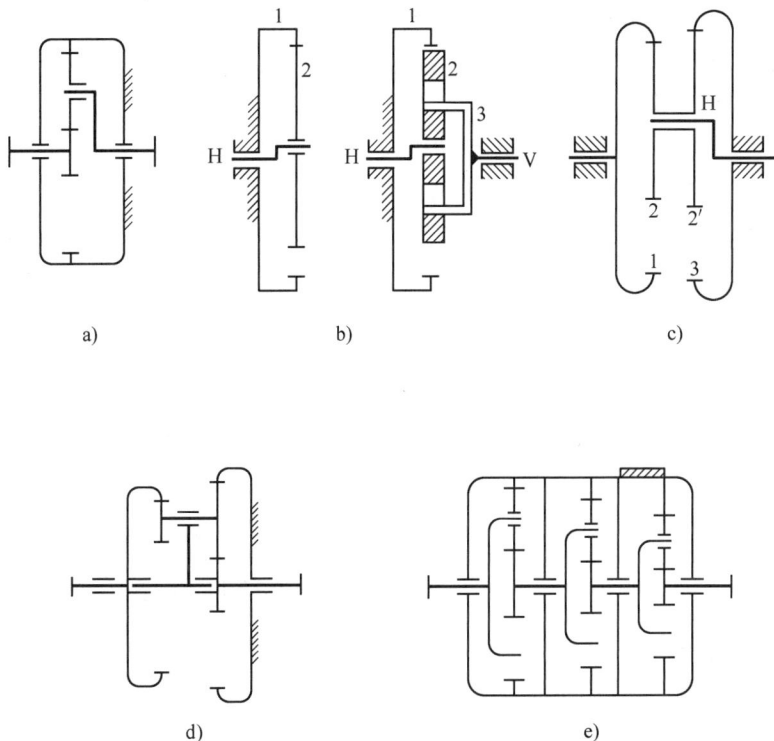

图 9-24　渐开线行星齿轮减速器的类型
a) NGW (2K—H) 型　b) N (K—H—V) 型　c) NN 型
d) 3K 型　e) 三级 NGW 型

由此可得

$$i_{HV} = i_{H2} = \frac{1}{i_{2H}} = \frac{n_H}{n_2} = -\frac{z_2}{z_1 - z_2}$$

该式表明，当齿数差 ($z_1 - z_2$) 很小时，传动比 i_{HV} 可以很大；当 $z_1 - z_2 = 1$ 时，称为一齿差行星传动，其传动比 $i_{HV} = -z_2$，"-"号表明其输出与输入转向相反。

渐开线少齿差行星齿轮减速器的主要优点是：①传动比大。②结构紧凑、体积小、重量轻。③效率高（单级为 0.80 ~ 0.94）。④承载能力较大。⑤加工维修容易。其主要缺点是：①转臂的轴承受力较大，因此寿命短。②当内齿轮副齿数差少于 5 时，容易产生干涉，需采用较大变位系数的变位齿轮，计算较复杂。

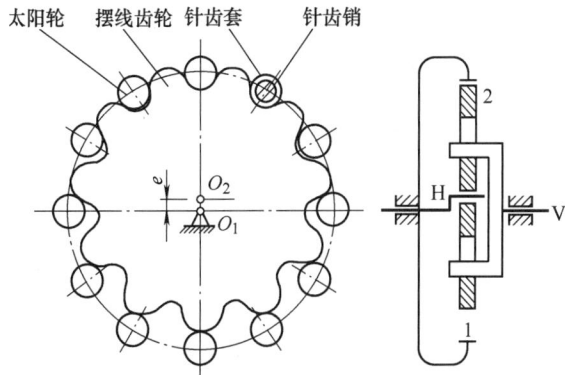

图 9-25　摆线针轮行星减速器

3. 摆线针轮行星减速器

如图 9-25 所示，摆线针轮行星传动的工作原理与渐开线少齿差行星齿轮传动基本相同，只是行星轮的齿廓曲线是短幅外摆线，太阳轮（内齿轮）是由固定在机体上带有滚动针齿套的圆柱销（即针齿销）组成，称为针轮，故称为摆线针轮行星齿轮系。摆线针轮行星齿轮系的行星轮 2 与太阳轮 1 的齿数差为 1，所以它也属于一齿差 K—H—V 行星齿轮系，其传动比 $i_{HV} = -z_2$，式中"－"号表示行星轮 2 与行星架 H 的转向相反。

摆线针轮行星齿轮系的优点是：①传动比大（单级为 9~87，双级为 121~7569）。②传动效率高（一般可达 0.9~0.94）。③同时啮合的齿数多，因此承载能力大，传动平稳，没有齿顶相碰和齿廓重叠干涉的问题。④轮齿磨损小（因为高副滚动啮合），使用寿命长。其缺点是：①针轮和摆线轮均需要使用较好的材料制造，如 GCr15。②摆线齿需要专用刀具和专用设备加工，制造精度要求高。③转臂轴承受力较大，轴承寿命短等。

4. 谐波齿轮减速器

图 9-26 所示为谐波齿轮传动的工作原理，凸轮波发生器相当于行星架 H，柔轮可以产生较大的弹性变形，它相当于行星轮，刚轮相当于太阳轮。波发生器的外缘尺寸大于柔轮内孔直径，所以将它装入柔轮内孔后，柔轮即变成椭圆形。椭圆长轴处的轮齿与刚轮相啮合（放大图中的 A 点和 B 点），而椭圆短轴处的轮齿与之脱开，其他各点则处于啮入和啮出的过渡阶段。一般刚轮固定不动，当主动件波发生器连续转动时，柔轮与刚轮的啮合区也随着发生转动。由于柔轮比刚轮少 $(z_3 - z_2)$ 个齿，所以当波发生器转动一周时，柔轮相对刚轮产生错齿运动，沿相反方向转过 $(z_3 - z_2)$ 个齿的角度，即反转 $(z_3 - z_2)/z_2$ 周，因此得传动比为

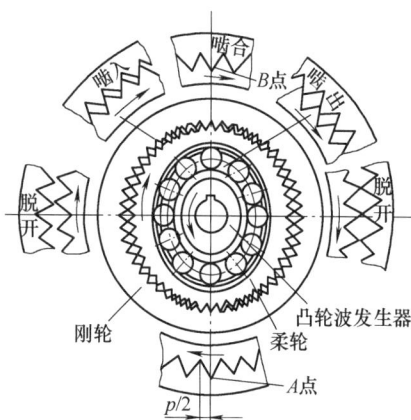

图 9-26　双谐波减速器传动的工作原理

$$i_{H2} = \frac{n_H}{n_2} = -\frac{1}{(z_3 - z_2)/z_2} = -\frac{z_2}{z_3 - z_2}$$

该式与渐开线少齿差行星齿轮传动的传动比公式完全相同，式中"－"号表示柔轮与波发生器的转向相反。

波发生器通常由转臂和滚轮（轴承）组成，如图 9-27 所示。在波发生器转动一周期间，柔轮上某点变形的循环次数与波发生器上的滚轮数是相同的，称为波数。常用的有双波（见图 9-27a）和三波（见图 9-27b）两种。为了有利于柔轮的力平衡和防止轮齿干涉，刚轮和柔轮的齿数差应等于波发生器波数（即滚轮数）的整数倍，一般取齿数差等于波数。谐波齿轮传动与普通齿轮传动不

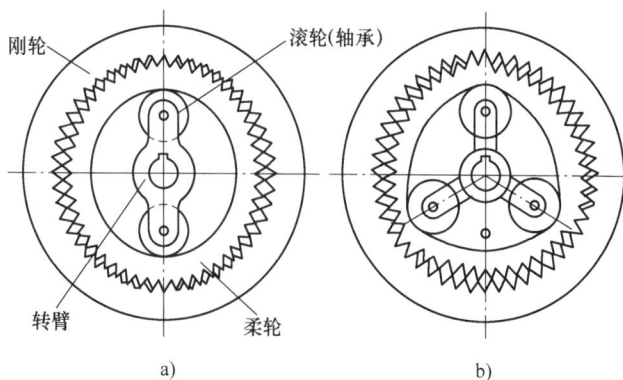

图 9-27　双波和三波发生器
a) 双波　b) 三波

同，它是利用控制柔轮的弹性变形来实现机械运动的传递。传动时柔轮产生的变形波是一个对称的简谐波，故称为谐波传动。

谐波齿轮传动的优点是：①传动比大，一般单级谐波齿轮传动的传动比为 60~500，双级可达 2500~250000。②由于同时啮合的齿数多，啮入、啮出的速度低，故承载能力大、传动平稳、运动误差小。③传动效率高。④齿侧间隙小，适用于反向转动。⑤零件少、体积小、重量轻。⑥具有良好的封闭性。谐波齿轮传动的缺点是：①柔轮和柔性轴承发生周期性变形，易于疲劳破坏，需采用高性能合金钢制造。②为避免柔轮变形过大，齿数不能太少，当波发生器为主动时，传动比不能小于 50。③制造工艺比较复杂。

9.6.3 减速器的选用

减速器是一种定传动比的机械传动装置，选择传动类型时应参考下列事项。

1. 考虑动力机与工作机的相对轴线位置

1）对于平行轴或同心轴，可选用圆柱齿轮传动、行星齿轮传动、摆线针轮传动、谐波齿轮传动等减速器。

2）对于直交轴，可选用锥齿轮或圆锥—圆柱齿轮减速器。

3）对于交错轴，可选用蜗杆蜗轮或圆柱齿轮—蜗杆减速器。

2. 考虑传动比的大小

对单级减速器来说，圆柱齿轮的传动比 $i < 8$，锥齿轮的传动比一般 $i < 5$，多数 < 3，蜗杆蜗轮的传动比一般 $i < 60$，摆线针轮的传动比一般 $i < 71$，谐波齿轮的传动比一般 $i < 200$。当单级传动比 $i > 100$ 时，应优先选用效率较高的谐波齿轮行星减速器。单级减速器不能满足传动比要求时，可采用多级减速器，但传动效率降低。当传动类型不同时，单级和多级传动的效率需进行方案比较，以便选用效率较高的方案。当传动比较大时，应优先选用结构紧凑的行星减速器。

3. 考虑传递功率的大小

1）圆柱齿轮减速器传递功率的范围很大，可以从很小直到 50000kW，行星减速器功率最大为 6500kW。当传递功率小于 100kW 时，锥齿轮、蜗杆蜗轮、摆线针轮、谐波齿轮减速器均可选用。

2）普通蜗杆减速器由于效率较低，所以不适宜大功率连续传动。

3）少齿差行星传动减速器（渐开线、摆线针轮、谐波等）主要用于中、小功率传动。

4）小功率传动，应在满足工作性能的前提下，选用结构简单、成本低的传动装置。

4. 考虑效率的高低

1）圆柱齿轮传动的效率最高，锥齿轮次之。行星齿轮传动的效率与结构形式有关，即使传动比相同，相差也较大。蜗杆传动一般效率较低，但各种蜗杆传动效率的变化范围很大，尽可能选用效率高的新型蜗杆减速器。

2）大功率传动应主要考虑传动的效率，以节约能源、降低运转和维修费用。

本 章 小 结

根据齿轮系在传动中各个齿轮轴线在空间的位置是否固定，将齿轮系分为定轴齿轮系、周转齿轮系和组合周转齿轮系。本章介绍了各类齿轮系传动比的计算方法及内容，以及齿轮系在机械传动中应用。

减速器是指原动机与工作机之间独立的闭式传动装置。依据齿轮轴线相对于机体的位置固定与否，减速器可分为定轴齿轮减速器和行星齿轮减速器。定轴齿轮减速器有圆柱齿轮减速器、锥齿轮减速器、圆锥—圆柱齿轮减速器、蜗杆减速器、蜗杆—齿轮减速器等。行星齿轮减速器包括渐开线行星齿轮减速器、渐开线少齿差行星齿轮减速器、摆线针轮行星减速器、谐波齿轮减速器等。本章介绍了常用减速器的工作原理及传动特点。

通过本章的学习，可对齿轮传动在机械中的应用增加一些了解。

思 考 题

9-1 什么叫平面齿轮系、空间齿轮系？

9-2 惰轮在齿轮系中所起的作用是什么？

9-3 什么叫周转齿轮系？如何进行分类？

9-4 计算周转齿轮系传动比的方法——转化机构法的理论根据是什么？

9-5 周转齿轮系的传动比计算，为什么要用转化机构法？怎样确定转化机构传动比的正负号？

9-6 计算组合周转齿轮系传动比的步骤有哪些？其中的关键步骤是什么？

9-7 齿轮系的功用主要有哪些？

9-8 选用减速器时需要考虑哪些方面的内容？

习 题

9-1 图 9-28 所示为一手摇提升装置，其中各轮齿数均为已知，试求传动比 i_{15}，并指出当提升重物时手柄的转向。

9-2 图 9-29 所示为一滚齿机工作台的传动机构，工作台与蜗轮 5 固联。已知 $z_1 = z_{1'} = 20$、$z_2 = 35$、$z_{4'} = 1$（右旋）、$z_5 = 40$、滚刀 $z_6 = 1$（左旋）、$z_7 = 28$。若要加工一个 $z_{5'} = 64$ 的齿轮，试求交换轮组各轮的齿数 $z_{2'}$ 和 z_4 的比值。

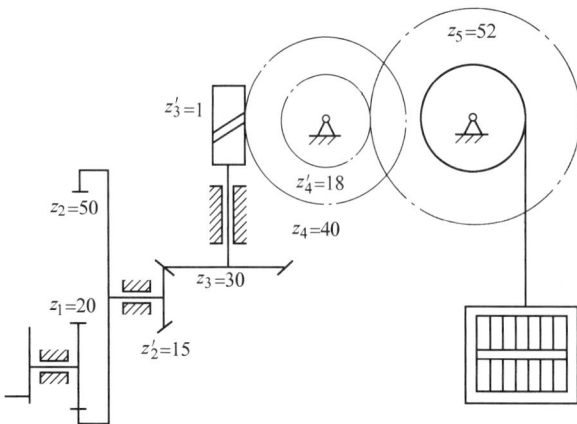

图 9-28 习题 9-1 图

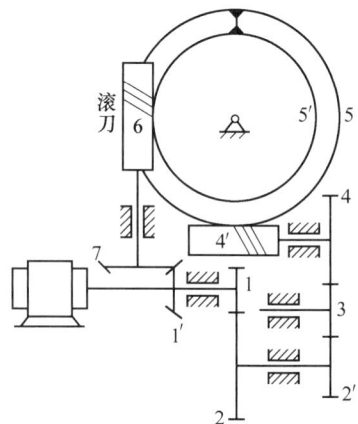

图 9-29 习题 9-2 图

9-3 图 9-30 所示齿轮系中，已知 $z_1 = 20$、$z_2 = 30$、$z_3 = 18$、$z_4 = 68$。齿轮 1 的转速 $n_1 = 150 \text{r/min}$，试求行星架 H 的转速 n_H 的大小和方向。

9-4 图 9-31 所示齿轮系中，已知 $z_1 = 60$、$z_2 = 15$、$z_3 = 18$，各轮均为标准齿轮，且模数相同，试求 z_4 并计算传动比 i_{1H} 的大小及行星架 H 的转向。

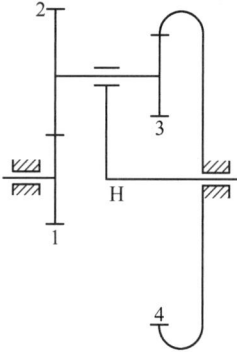

图 9-30 习题 9-3 图   图 9-31 习题 9-4 图

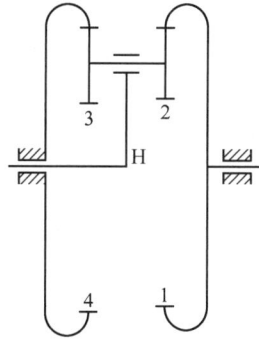

9-5 图 9-32 所示齿轮系中，已知 $z_1 = z_4 = 40$、$z_2 = z_5 = 30$、$z_3 = z_6 = 100$，齿轮 1 的转速 $n_1 = 100 r/min$，试求行星架 H 的转速 n_H 的大小和方向。

9-6 图 9-33 所示双级行星齿轮减速器中，各齿轮的齿数为 $z_1 = z_6 = 20$、$z_2 = z_5 = 10$、$z_3 = z_4 = 40$，试求：

1）固定齿轮 4 时的传动比 i_{1H2}。

2）固定齿轮 3 时的传动比 i_{1H2}。

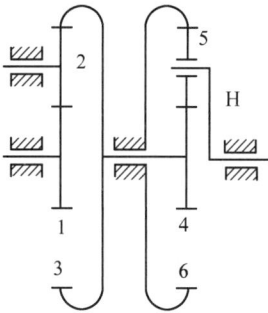

图 9-32 习题 9-5 图   图 9-33 习题 9-6 图

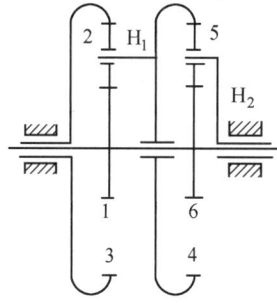

9-7 图 9-34 所示双螺旋桨飞机的减速器中，已知 $z_1 = 26$、$z_2 = 20$、$z_3 = 66$、$z_4 = 30$、$z_5 = 18$、$z_6 = 66$，齿轮 1 的转速 $n_1 = 15000 r/min$，试求螺旋桨 P 和 Q 的转速 n_P、n_Q 的大小和方向。

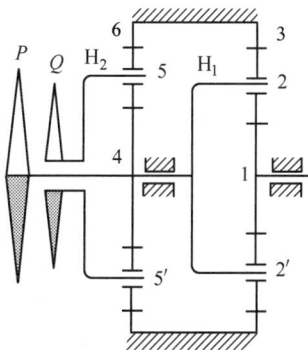

图 9-34 习题 9-7 图   图 9-35 习题 9-8 图

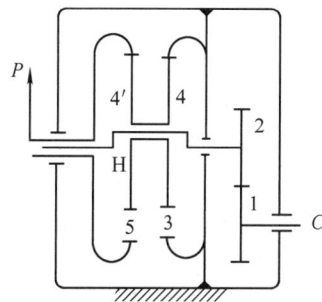

9-8 图 9-35 所示脚踏车里程表的机构中，C 为车轮轴，各轮齿数为 $z_1 = 17$、$z_3 = 23$、$z_4 = 19$、$z_{4'} = 20$、$z_5 = 24$。设轮胎受压变形后使 28in 车轮的有效直径为 0.7m，当车行 1km 时表上的指针刚好回转一周，试求齿轮 2 的齿数 z_2。

9-9 图 9-36 所示自定心卡盘的传动齿轮系中，各轮齿数为 $z_1 = 6$、$z_2 = z_{2'} = 25$、$z_3 = 57$、$z_4 = 56$，求传动比 i_{14}。

9-10 图 9-37 所示串联行星齿轮系中，已知各轮的齿数，试求传动比 i_{aH}。

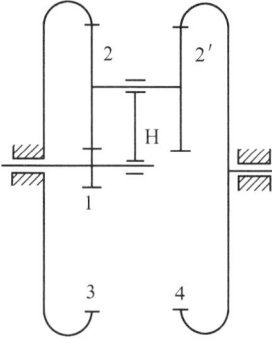

图 9-36 习题 9-9 图

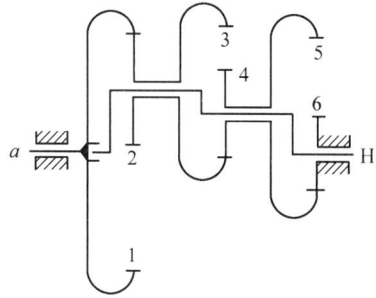

图 9-37 习题 9-10 图

9-11 图 9-38 所示的齿轮系中，已知各轮的齿数分别为 $z_1 = 1$（右旋）、$z_2 = 99$、$z_{2'} = z_4$、$z_{4'} = 100$、$z_5 = 1$（右旋）、$z_3 = 30$、$z_{5'} = 100$、$z_{1'} = 101$，蜗杆 1 的转速 $n_1 = 100\text{r/min}$（转向如图所示），试求行星架 H 的转速 n_H。

9-12 图 9-39 所示组合周转齿轮系中，已知各轮的齿数分别为 $z_1 = 36$、$z_2 = 60$、$z_3 = 23$、$z_4 = 49$、$z_{4'} = 69$、$z_5 = 31$、$z_6 = 131$、$z_7 = 94$、$z_8 = 36$、$z_9 = 167$，设 $n_1 = 3549\text{r/min}$，试求行星架 H 的转速 n_{H_2}。

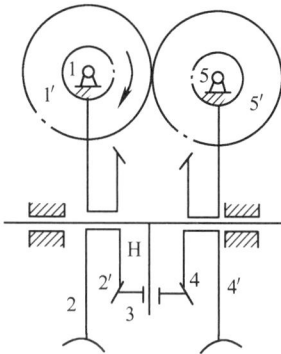

图 9-38 习题 9-11 图

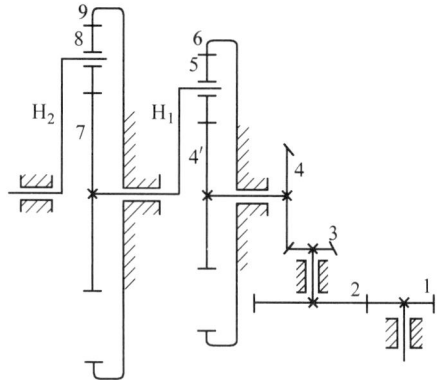

图 9-39 习题 9-12 图

第10章 挠性传动

10.1 挠性传动概述

10.1.1 挠性传动的组成和工作原理

挠性传动是一种广泛应用的机械传动，通常由主动轮 1、从动轮 3 和中间挠性元件 2（带、链条、绳索等）组成，如图 10-1 所示。工作时依靠中间挠性元件 2 与主动轮 1 和从动轮 3 的摩擦或啮合来传递运动和动力。

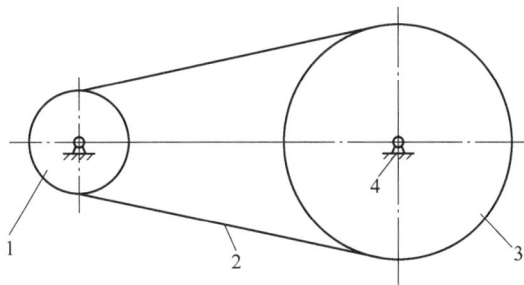

图 10-1 挠性传动原理图
1—主动轮 2—挠性元件 3—从动轮 4—机架

10.1.2 挠性传动的类型及其特点

根据挠性元件与两轮的接触情况，挠性传动可分为以下三类。

（1）摩擦型挠性传动 依靠挠性元件与传动轮接触表面之间产生的摩擦力传递运动和动力。这类传动常用的有摩擦带传动、绳传动。其主要特点是：

1）结构简单，易于制造，安装要求低。

2）挠性元件（摩擦带、绳等）在运动时具有缓冲、吸振的作用，故传动平稳。

3）过载时挠性元件会在传动轮上打滑，防止过载时机件损坏，具有过载时保护其他传动装置的作用。

4）传动比不准确、传动效率较低。

5）对轴和轴承产生的压力较大。

（2）啮合型挠性传动 通过传动轮轮齿与挠性元件的齿或齿孔的啮合作用传递运动和动力。这类传动常用的有链传动、同步带传动等，如图 10-2 所示。相比摩擦型挠性传动，其主要特点是：能避免打滑，保证平均传动比恒定，传动可靠。

（3）拖动式挠性传动 这类传动是将挠性元件的两端直接固定在主动件和从动件上，

当主动件运动时，挠性元件直接拖动从动件运动。其特点是能把主动件上的运动和力矩精确地传递给从动件，但只适用于主动轮转角小于 360° 的传动。图 10-3 所示为拖动式挠性传动在磁头定位机构中的应用。

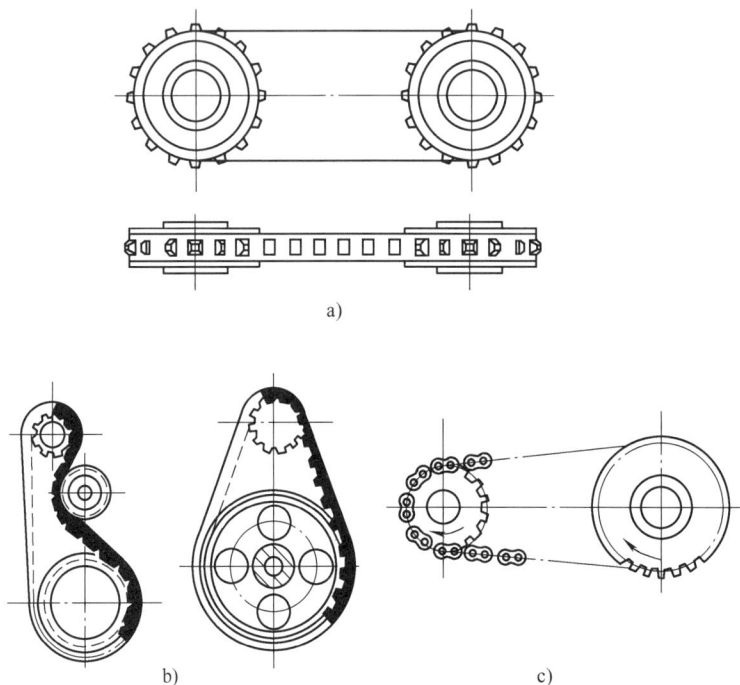

图 10-2 啮合型挠性传动

a）齿轮带传动 b）啮合带传动 c）链传动

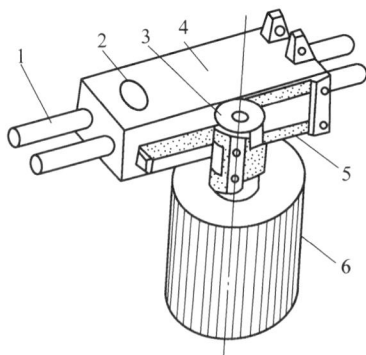

图 10-3 拖动式挠性传动

1—导轨 2—磁头 3—驱动轮 4—小车 5—钢带 6—步进电动机

在各种挠性传动中，摩擦型带传动和链传动应用较为广泛，本章将主要介绍这两种类型的传动。

10.2 带传动

10.2.1 带传动的类型

带传动是一种应用广泛的挠性传动，各种切削机床、拖拉机、汽车及打印机中都可以发现带传动的应用。根据工作原理的不同，带传动可分为摩擦型带传动和啮合型带传动两类。其中摩擦型带传动应用最广，其工作原理为：带传动在工作前安装时使带张紧在带轮上（受到初拉力），工作时，当主动轮转动时，带与带轮在接触面间会产生摩擦力，从而使带带动从动轮一起转动。显然，摩擦型带传动是依靠带与带轮间产生的摩擦力传递运动和动力的。

10.2.2 摩擦型带传动的类型和应用

1. 摩擦型带传动的类型

根据传动带横截面的形状，摩擦型带传动可分为平带传动、V 带传动、多楔带传动和圆形带传动等，如图 10-4 所示。

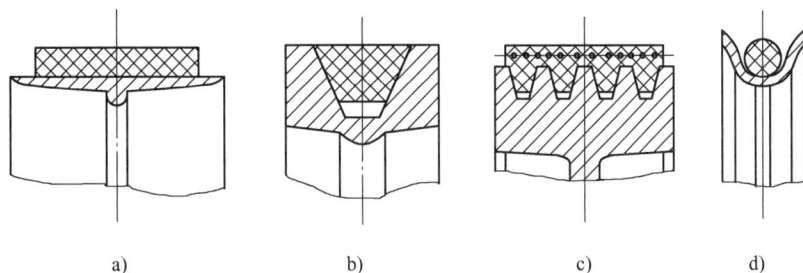

图 10-4 摩擦型带传动的类型

a）平带传动 b）V 带传动 c）多楔带传动 d）圆带传动

（1）平带传动 平带的横截面为扁矩形，其工作面是与轮面接触的内表面，如图 10-4a 所示。常用的平带为橡胶帆布带。根据两带轮轴线之间的位置关系，平带传动有三种型式：

1）两轴平行、两带轮转向相同的开口传动，如图 10-5a 所示。

2）两轴平行、两带轮转向相反的交叉传动，如图 10-5b 所示。

3）两轴空间垂直交错的半交叉传动，如图 10-5c 所示。

（2）V 带传动 V 带的横截面为等腰梯形，如图 10-4b 所示，其工作面是与轮槽相接触的两面，带与轮槽底面不接触。V 带与平带相比，由于轮槽的楔形效应（即除有与轮槽两侧面的切向摩擦外，还有因带楔入或脱出轮槽时产生的径向摩擦），初拉力相同时，V 带传动较平带传动能产生更大的摩擦力，故具有较大的牵引能力，能传递较大的功率，在一般机械传动中应用最广，但 V 带只能用于平行轴传动。

（3）多楔带传动 多楔带是平带与 V 带结合，它是在平带基体上由多根 V 带组成的传

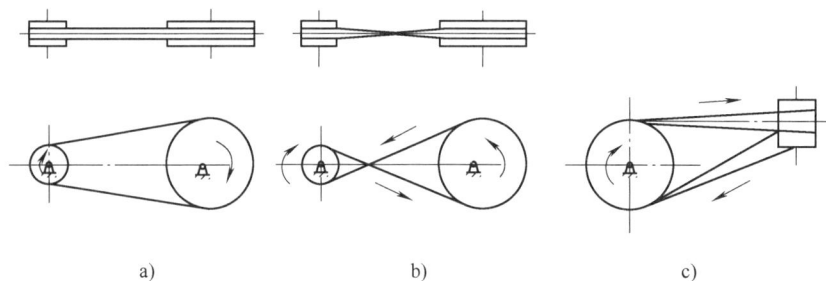

图 10-5　平带传动型式

a）开口传动　b）交叉传动　c）半交叉传动

动带，如图 10-4c 所示。其楔形部分嵌入带轮上的楔形槽内，靠楔面摩擦工作，其工作摩擦力和横向刚度较大，兼有平带和 V 带的优点，可以传递很大的功率。常用于传递功率较大而又要求结构紧凑的场合，也可用于载荷变动较大或有冲击载荷的传动。

（4）圆形带传动　圆形带的截面为圆形，一般用皮革或棉绳制成，如图 10-4d 所示。圆形带传动的牵引能力小，一般用于小功率的机械，如缝纫机等家用机械中。

2. 摩擦型带传动的应用

摩擦型带传动适用于要求传动平稳、但传动比要求不严格的场合，且一般用于高速级传动。一般情况下，带传动的传动功率为 $P \leqslant 100kW$，带速一般在 $5 \sim 25m/s$，传动比 $i \leqslant 7$，传动效率为 0.94～0.96。

10.3　普通 V 带和带轮

10.3.1　V 带的结构和特点

1. V 带的截面尺寸与基准长度

V 带传动在实际中应用最广泛，V 带按结构特点和用途不同分为：普通 V 带、窄 V 带、宽 V 带、汽车 V 带和大楔角 V 带等，其中以普通 V 带和窄 V 带应用较广，本章主要讨论普通 V 带传动。

标准的普通 V 带都制成没有接头的环形带，其横截面结构如图 10-4b 所示。V 带由顶胶、抗拉体（承载层）、底胶和包布组成，如图 10-6 所示。包布是 V 带的保护层，要求耐磨，用带有橡胶的帆布制成。顶胶和底胶均用橡胶制成，当带产生弯曲时分别受拉伸和压缩变形。抗拉层承受基本拉力，可由胶帘布芯和胶绳芯两种材料制成，分别称为帘布结构（见图 10-6a）和绳芯结构（见图 10-6b）。其中，帘布结构制造较方便，抗拉强度较高，但柔韧性不如绳芯结构，适用于载荷较大的传动；绳芯结构柔韧性较好，但抗拉强度较低，适用于转速较高但载荷不大和带轮直径较小的场合。

V 带的截面尺寸已经标准化，根据 GB/T 11544—2012 规定，普通 V 带按截面尺寸由小到大分为：Y、Z、A、B、C、D、E 七种型号，其中绳芯结构 V 带仅用在 Z、A、B、C 四种型号，其截面尺寸见表 10-1。

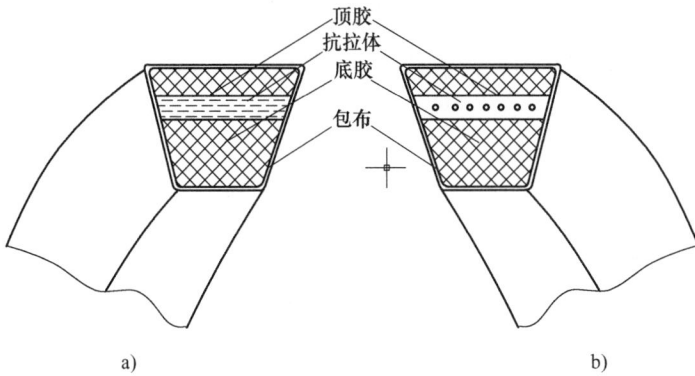

图 10-6 V 带的构造

表 10-1 V 带（基准宽度制）的截面尺寸（摘自 GB/T 11544—2012）

型号	Y	Z	A	B	C	D	E
顶宽 b/mm	6	10	13	17	22	32	38
节宽 b_p/mm	5.3	8.5	11.0	14.0	19.0	27.0	32.0
高度 h/mm	4	6	8	11	14	19	25
楔角 θ/°	40°						
每米带长质量 q/kg·m^{-1}	0.04	0.06	0.10	0.17	0.30	0.60	0.87

当带受纯弯曲时，带的外层受拉伸长，内层受压缩短，处于两层之间长度不变的层面称为节面（旧国标中称为中性层）。节面处带的周线长度称为节线长度，又称为带的基准长度，用 L_d 表示。带的节面处的宽度称为节宽，用 b_p 表示，当带受纯弯曲时带的节宽保持不变。

对于 V 带轮，标准规定，V 带在规定的张紧力下安装在 V 带轮上，与所配用 V 带的节面宽度 b_p 相等处所对应的带轮直径称为带轮的基准直径，用 d_d 表示。V 带的基准长度已标准化，见表 10-2。

2. V 带的标记

带的标记是用户识别和选用带的依据，通常带的标记和制造时间以及生产厂名都应压印在带的顶面（外表面）上。V 带的标记由 V 带型号、基准长度公称值和标准号组成，例如 A 型普通 V 带，基准长度为 1400mm，其标记为

A1400 GB/T 11544—2012

表 10-2　普通 V 带的基准长度系列和带长影响因数 K_L

基准长度 L_d/mm	K_L					基准长度 L_d/mm	K_L				
	Y	Z	A	B	C		A	B	C	D	E
400	0.96	0.87				2240	1.06	1.00	0.91		
450	1.00	0.89				2500	1.09	1.03	0.93		
500	1.02	0.91				2800	1.11	1.05	0.95	0.83	
560		0.94				3150	1.13	1.07	0.97	0.86	
630		0.96	0.81			3550	1.17	1.09	0.99	0.89	
710		0.99	0.82			4000	1.19	1.13	1.02	0.91	
800		1.00	0.85			4500		1.15	1.04	0.93	0.90
900		1.03	0.87	0.82		5000		1.18	1.07	0.96	0.92
1000		1.06	0.89	0.84		5600			1.09	0.98	0.95
1120		1.08	0.91	0.86		6300			1.12	1.00	0.97
1250		1.11	0.93	0.88		7100			1.15	1.03	1.00
1400		1.14	0.96	0.90		8000			1.18	1.06	1.02
1600		1.16	0.99	0.92	0.83	9000			1.21	1.08	1.05
1800		1.18	1.01	0.95	0.86	10000			1.23	1.11	1.07
2000			1.03	0.98	0.88						

10.3.2　V 带带轮

1. V 带带轮的要求

对于 V 带带轮设计的主要要求是：①重量轻、结构工艺性好。②无过大的铸造内应力。③质量分布较均匀，转速高时要进行动平衡试验。④轮槽工作面表面粗糙度要合适，以减少带的磨损。⑤轮槽尺寸和槽面角保持一定的精度，以使载荷沿高度方向分布较均匀等。

2. V 带带轮的材料

带轮的材料以铸铁为主，常用牌号为 HT150、HT200。铸铁带轮允许的最大圆周速度为 25m/s，速度高于 25m/s 时，可以采用铸钢或钢板冲压后焊接，小功率时可用铝合金铸造或工程塑料制造。

3. V 带带轮的结构

铸铁 V 带带轮的典型结构有四种：实心式、腹板式、孔板式和轮辐式，如图 10-7 所示。一般，当基准直径 $d_d \leqslant (2.5 \sim 3) d_s$ 时（d_s 为安装带轮处轴的直径），可采用实心式；当基准直径 $d_d \leqslant 300$mm 时，可采用腹板式；当 $D_1 - d_1 \geqslant 100$mm（$D_1 = d_d - 2h_f - 2\delta$）时，为了减轻重量采用孔板式；当基准直径 $d_d > 300$mm 时，可采用轮辐式，以便减轻重量。

V 带轮的轮缘截面及各部分尺寸见表 10-3。需要注意的是，由于安装前 V 带的楔角（两侧面夹角）为 40°，带安装在带轮上后，V 带在带轮轮槽中会产生横向弯曲，截面形状发生变化，顶胶层受拉伸而变窄，底胶层受压缩而变宽，因此带的楔角变小，使带楔紧在带轮槽中，且带轮基准直径越小，这种变化越显著。所以，为保证变形后 V 带仍能够与带轮的两侧面很好地接触，带轮的槽角一般小于带的楔角 $\varphi_0 < 40°$，一般为 32°、34°、36° 和 38°，带轮的槽角见表 10-3。

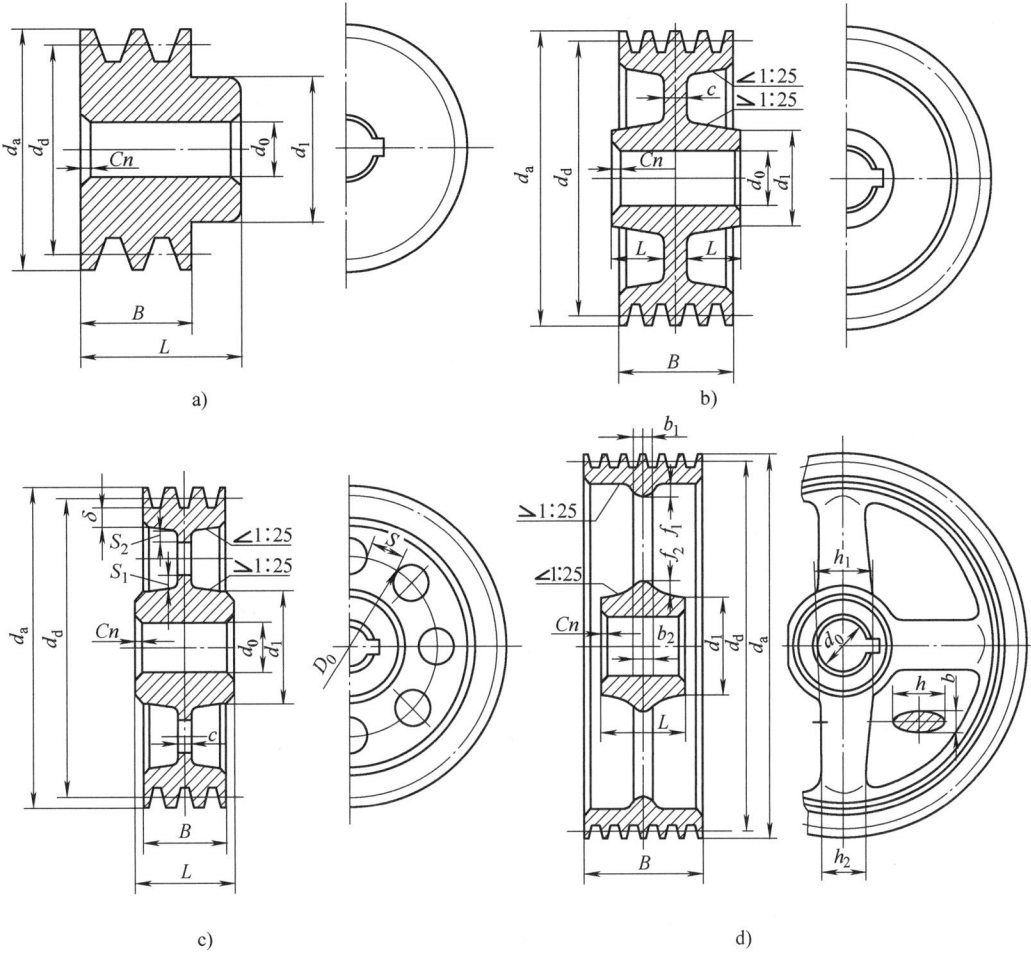

$d_1 = (1.8 \sim 2)d_s$，d_s 为带轮轴直径，C 为倒角，c' 为孔板或腹板厚度，$c' = (1/7 \sim 1/4)B$

带轮轮缘宽度 B 和轮缘厚度 δ 按表 10-3 计算　$d_2 = d_d - 2h_f - 2\delta$，$D_0 = 0.5(d_2 + d_1)$，

$d_0 = (0.2 \sim 0.3)(d_2 - d_1)$，$L = (1.5 \sim 2)d_s$，当 $L < 1.5d_s$ 时，$L = B$，$h_1 = 290\sqrt[3]{P/(nz_a)}$，$h_2 = 0.8h_1$，$b_1 = 0.4h_1$，$b_2 = 0.8b_1$，$f_1 = 0.2h_1$，$f_2 = 0.2h_2$

式中　P——带传动的功率，kW；n——带轮的转速，r/min；z_a——轮辐数

图 10-7　V 带轮的结构

a）实心式　b）腹板式　c）孔板式　d）椭圆轮辐式

表 10-3　普通 V 带轮的轮槽尺寸　　　　　　　　　　　　　（单位：mm）

带的型号 轮槽尺寸		Y	Z	A	B	C	D	E
轮缘尺寸	h_{amin}	1.6	2	2.75	3.5	4.8	8.1	9.6
	h_{fmin}	4.7	7.0	8.7	10.8	14.3	19.9	23.4
	e	8	12	15	19	25.5	37	44.5
	f	7	8	10	12.5	17	24	29
	δ_{min}	5	5.5	6	7.5	10	12	15
带轮宽度 B		$B = (z-1)e + 2f$						
带轮外径 d_a		$d_a = d_d + 2h_a$						
带轮槽角 ϕ	32°	带轮的基准直径 d_d	≤63	—	—	—	—	—	—
	34°		—	≤80	≤118	≤180	≤315	—	—
	36°		>63	—	—	—	—	≤475	≤630
	38°		—	>80	>118	>180	>315	>475	>630

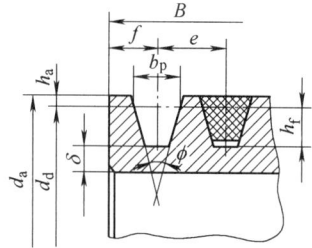

带轮的结构设计主要是根据带轮的基准直径选择结构形式，根据带的型号确定轮槽的尺寸。带轮的其他结构尺寸可参照图 10-7 所列经验公式计算。确定带轮的各部分尺寸后，即可绘制出零件图，并按照工艺要求标注出相应的技术条件等，一般无需进行强度计算。

带轮的技术要求有：轮槽工作面不应有砂眼、气孔，轮辐及轮毂不应有缩孔及较大凹陷，轮槽棱边要倒圆或倒钝。带轮轮槽工作面的表面粗糙度值 Ra 一般为 3.2μm，轮毂两端面的表面粗糙度值 Ra 为 6.3μm，轮缘两侧端面、轮槽底面的表面粗糙度值 Ra 一般为 12.5μm。带轮顶圆的径向圆跳动和轮缘两侧面的端面圆跳动按公差等级 IT11 选取。

10.4　摩擦型带传动的工作情况分析

10.4.1　摩擦型带传动受力分析及打滑

由摩擦型带传动的工作原理可知，带在工作之前（安装时）必须张紧在带轮上。未工作前，带的两边拉力相等，都等于初拉力 F_0，如图 10-8a 所示。

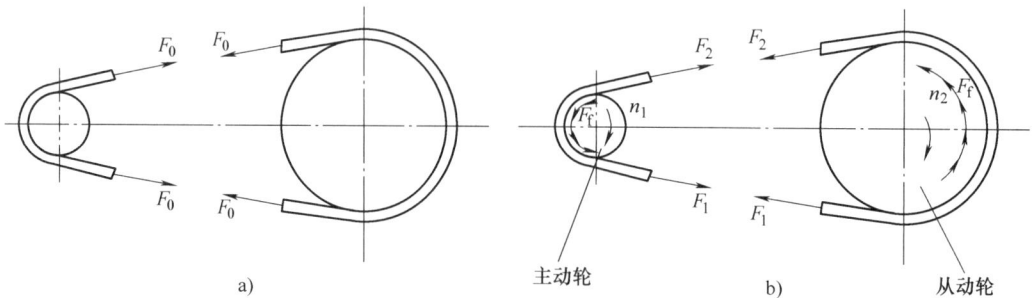

图 10-8　受力分析

工作时，主动带轮对带的摩擦力 F_f 与带的运动方向一致，从动轮对带的摩擦力 F_f 与带的运动方向相反。所以工作时带的一侧拉力变大，拉力由 F_0 增加到 F_1，被拉紧的带称为紧边；另一侧拉力变小，拉力由 F_0 减小到 F_2，变松弛的带称为松边，如图 10-8b 所示。如果近似地认为带在工作时总长度不变，则带的紧边拉力的增加量应等于松边拉力的减小量，即

$$F_1 - F_0 = F_0 - F_2$$

因此

$$F_1 + F_2 = 2F_0 \tag{10-1}$$

如图 10-8b 所示，取与主动带轮接触部分的带为分离体，按力平衡条件可得

$$\sum F_f = F_1 - F_2$$

紧边拉力与松边拉力之差就是带传动传递的有效圆周力，又称为有效拉力 F_e，在数值上等于任意一个带轮与带接触处的摩擦力总和 $\sum F_f$，即

$$F_e = F_1 - F_2 = \sum F_f \tag{10-2}$$

有效圆周力 $F_e(\mathrm{N})$、带速 $v(\mathrm{m/s})$ 和带传动传递的功率 $P(\mathrm{kW})$ 之间的关系为

$$P = \frac{F_e v}{1000} \tag{10-3}$$

由式（10-2）和式（10-3）可知，若带速 v 不变，传递的功率 P 取决于带与带轮之间的摩擦力值的总和 $\sum F_f$。当初拉力 F_0 一定且其他条件不变时，摩擦力总和 $\sum F_f$ 总有一个极限值 $\sum F_{\mathrm{flim}}$。当带所传递的最大有效圆周力 F_{emax} 超过摩擦力的极限值 $\sum F_{\mathrm{flim}}$ 时，带将在带轮上发生全面的滑动，这种现象称为打滑。打滑将使带的磨损加剧，传动效率显著降低，以至传动失效，所以在正常的传动过程中应设法避免出现打滑。

对于柔韧体摩擦的紧边拉力 F_1 和松边拉力 F_2 的关系，可引用欧拉公式表示，即

$$F_1 = F_2 e^{f\alpha_1} \tag{10-4}$$

式中　e——自然对数的底，e≈2.718；

　　f——摩擦因数（对于 V 带，用当量摩擦因数 f_v）；

　　α_1——带与小带轮接触弧所对应的圆心角，即小带轮包角（rad）。

将式（10-2）和式（10-4）整理后，可得到带所能传递的最大有效拉力 F_{emax} 为

$$F_{\mathrm{emax}} = F_1 - F_2 = F_1\left(1 - \frac{1}{e^{f\alpha_1}}\right) = 2F_0 \frac{e^{f\alpha_1} - 1}{e^{f\alpha_1} + 1} \tag{10-5}$$

由此可知：最大有效圆周力随着初拉力、带与带轮之间的摩擦因数以及小带轮包角的增大而增大。增大小带轮的包角或增大摩擦因数、保证一定的张紧力是避免打滑的有效措施。

10.4.2　摩擦型带传动的弹性滑动和传动比

1. 弹性滑动

带为弹性体，在工作拉力的作用下会产生弹性伸长。由于带的紧边拉力大于松边拉力，所以紧边的伸长量必然大于松边的伸长量。如图 10-9 所示，带从绕入主动轮点 A_1 到离开点

B_1 的过程中，带的拉力由 F_1 逐渐减小到 F_2，其弹性伸长量也随之减小，根据应力与应变的关系可知，带必然会在主动带轮上出现微小的向后收缩，即带相对带轮出现了微小的滑动。同样，带绕过从动轮时，拉力由 F_2 逐渐增加到 F_1，此时会出现带会超前于带轮而伸长。这种由于摩擦带工作时受拉力产生的弹性变形引起的带与带轮之间的相对滑动，称为弹性滑动。

摩擦带工作时，弹性滑动是由于带紧松两边的拉力差引起的，也是摩擦带传动的固有现象，这是无法避免的。

弹性滑动使带传动的传动比不准确，使从动轮的圆周速度低于主动轮的圆周速度，同时加剧了带的磨损，对带的使用寿命也有一定的影响。

2. 传动比

设主动带轮和从动带轮的直径分别为 d_{d1}、d_{d2}(mm)，转速为 n_1、n_2(r/min)，则两轮的圆周速度 v_1、v_2(m/s)分别为

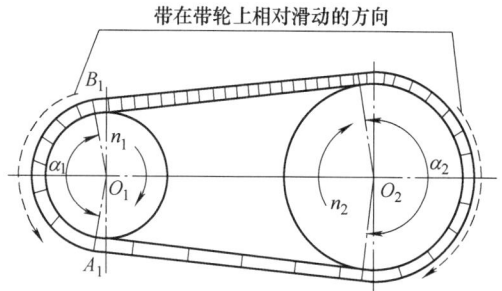

图 10-9　带传动的弹性滑动

$$v_1 = \frac{\pi d_{d1} n_1}{60 \times 1000} \\ v_2 = \frac{\pi d_{d2} n_2}{60 \times 1000}$$ （10-6）

由于弹性滑动是不可避免的，所以 $v_2 < v_1$。传动中由于带的弹性滑动引起的从动轮圆周速度的降低率称为滑动率 ε，即

$$\varepsilon = \frac{v_1 - v_2}{v_1} = \frac{d_{d1} n_1 - d_{d2} n_2}{d_{d1} n_1}$$

由此可得，带传动的传动比为

$$i = \frac{n_1}{n_2} = \frac{d_{d2}}{d_{d1}(1 - \varepsilon)}$$ （10-7）

从动轮转速为

$$n_2 = \frac{n_1 d_{d1}(1 - \varepsilon)}{d_{d2}}$$ （10-8）

实际中，V 带传动的滑动率 $\varepsilon = 0.01 \sim 0.02$，其值甚小，在一般的设计计算中可以不予考虑，传动比可近似按照 $i = \frac{n_1}{n_2} \approx \frac{d_{d2}}{d_{d1}}$ 计算。

10. 4. 3　带的应力分析

传动时，带中应力由以下三方面组成。

1. 拉力产生的拉应力 σ_1、σ_2(MPa)

紧边拉应力　　　　　$\sigma_1 = \frac{F_1}{A}$ （10-9a）

松边拉应力　　　　　$\sigma_2 = \frac{F_2}{A}$ （10-9b）

式中 A——带的横截面积（mm^2）；

$\quad\quad F$——拉力（N）。

2. 离心力产生的拉应力 σ_{c}（MPa）

带绕过带轮时，会产生离心力的作用，离心力为

$$F_{\mathrm{c}} = qv^2$$

式中 q——每米带长质量（见表 10-1）（$\mathrm{kg/m}$）；

$\quad\quad v$——带速（$\mathrm{m/s}$）。

虽然离心力只在带绕过带轮的弧段上产生，但由此引起的拉应力作用在带的全长上，故离心力引起的拉应力 σ_{c} 为

$$\sigma_{\mathrm{c}} = \frac{F_{\mathrm{c}}}{A} = \frac{qv^2}{A} \tag{10-10}$$

3. 弯曲应力 σ_{b}（MPa）

带绕过带轮时会发生弯曲而产生弯曲应力，由材料力学知识可得到带的弯曲应力为

绕过主动带轮的弯曲应力 $\quad\quad \sigma_{\mathrm{b1}} = \dfrac{2h_{\mathrm{a}}E}{d_{\mathrm{d1}}} \tag{10-11a}$

绕过从动带轮的弯曲应力 $\quad\quad \sigma_{\mathrm{b2}} = \dfrac{2h_{\mathrm{a}}E}{d_{\mathrm{d2}}} \tag{10-11b}$

式中 h_{a}——带的节面到顶面的垂直距离（mm）；

$\quad\quad E$——带的弹性模量（MPa）；

d_{d1}、d_{d2}——主、从动带轮的直径（mm）。

注意，弯曲应力仅出现在带绕过带轮的弧段。显然，带绕过带轮时会产生弯曲应力，且小带轮上所产生的弯曲应力大于大带轮上的弯曲应力。实践证明，弯曲应力是影响带疲劳寿命的最主要因素，因此为了保证一定的疲劳寿命，必须限制小带轮的最小直径，最小带轮直径及带轮直径系列见表 10-4。

表 10-4   V 带带轮最小直径及基准直径系列   （单位：mm）

V 带型号	Y	Z	A	B	C	D	E
最小直径 d_{dmin}	20	50	75	125	200	355	500
基准直径系列	20,22.4,25,28,31.5,35.5,40,45,50,56,63,71,75,80,90,95,100,106,112,118,125,132,140,150,160,170,180,200,212,224,236,250,265,280,300,315,355,375,400,425,450,475,500,530,560,600,630,670,710,750,800,900,1000						

通过上述分析，带工作时其应力分布如图 10-10 所示，各截面的应力大小用相对径向线段的长度来表示。由图可知：

1）带在工作时，受到周期性变应力作用。

2）最大应力出现在带的紧边刚绕入主动带轮处。

3）最大应力为

$$\sigma_{\max} = \sigma_{\mathrm{c}} + \sigma_1 + \sigma_{\mathrm{b1}} \tag{10-12}$$

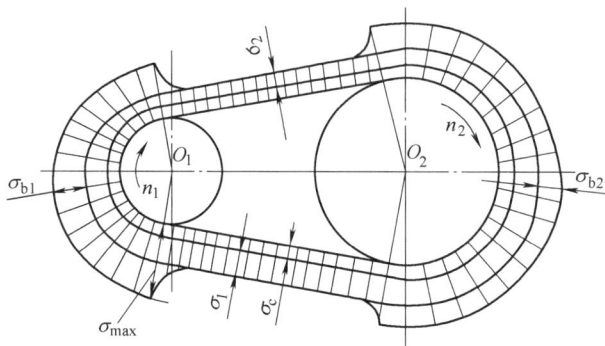

图 10-10　带的应力分布

10.5　普通 V 带传动的设计

10.5.1　摩擦型带传动的失效形式和设计准则

带传动的失效形式主要有：① 带在带轮上打滑。② 带在变应力作用下疲劳破坏（撕裂、脱层或断裂）。

带传动的设计准则：保证带传动在正常工作时不出现打滑现象，同时具有一定的疲劳强度和使用寿命。

10.5.2　单根 V 带所能传递的功率

1. 单根 V 带所能传递的基本额定功率 P_0

为保证带传动在正常工作时不打滑，必须限制带所需传递的有效圆周力，使其不超过带传动的最大有效拉力，即

$$F_{emax} = F_1 - F_2 = F_1\left(1 - \frac{1}{e^{f\alpha}}\right) = \sigma_1 A\left(1 - \frac{1}{e^{f_v\alpha}}\right) \tag{10-13}$$

由式(10-3)得到，不发生打滑现象带传动所能传递的功率 $P_0(\text{kW})$ 为

$$P_0 = \frac{F_{emax}v}{1000} = \frac{\sigma_1 A\left(1 - \frac{1}{e^{f_v\alpha}}\right)v}{1000} \tag{10-14}$$

为了保证带具有一定的疲劳强度和使用寿命，必须满足

$$\sigma_{max} = \sigma_1 + \sigma_c + \sigma_{b1} \leqslant [\sigma]$$

或

$$\sigma_1 = [\sigma] - \sigma_c - \sigma_{b1}$$

将上式代入式(10-14)，得到带传动既不打滑又具有一定的疲劳强度和使用寿命时，单根 V 带所能传递的功率，即最大功率为

$$P_0 = \frac{([\sigma] - \sigma_{b1} - \sigma_c)A\left(1 - \frac{1}{e^{f_v\alpha}}\right)v}{1000} \tag{10-15}$$

工程实践中常通过试验获得单根 V 带的额定功率。通常将载荷平稳、特定带长、传动比 $i=1$ 时所获得的单根 V 带的额定功率 P_0 称为基本额定功率,具体参数参见表 10-5。

表 10-5　单根 V 带所能传递的基本额定功率 P_0　　　（单位：kW）

型号	小带轮基准直径 d_{d1}/mm	小带轮转速 n_1/r·min^{-1}										
		400	730	800	980	1200	1460	1600	2000	2400	2800	3200
Y	20	—	—	—	0.02	0.02	0.02	0.03	0.03	0.04	0.04	0.05
	31.5	—	0.03	0.04	0.04	0.05	0.06	0.06	0.07	0.09	0.10	0.11
	40	—	0.04	0.05	0.06	0.07	0.08	0.09	0.11	0.12	0.14	0.15
	50	0.05	0.06	0.07	0.08	0.09	0.11	0.14	0.14	0.16	0.18	0.20
Z	50	0.06	0.09	0.10	0.12	0.14	0.16	0.17	0.20	0.22	0.26	0.28
	63	0.08	0.13	0.15	0.18	0.22	0.25	0.27	0.32	0.37	0.41	0.45
	71	0.09	0.17	0.20	0.23	0.27	0.31	0.33	0.39	0.46	0.50	0.54
	80	0.14	0.20	0.22	0.26	0.30	0.36	0.39	0.44	0.50	0.56	0.61
	90	0.14	0.22	0.24	0.28	0.33	0.37	0.40	0.48	0.54	0.60	0.64
A	75	0.27	0.42	0.45	0.52	0.60	0.68	0.73	0.84	0.92	1.00	1.04
	90	0.39	0.63	0.68	0.79	0.93	1.07	1.15	1.34	1.50	1.64	1.75
	100	0.47	0.77	0.83	0.97	1.14	1.32	1.42	1.66	1.87	2.05	2.19
	125	0.67	1.11	1.19	1.40	1.66	1.93	2.07	2.44	2.74	2.98	3.16
	160	0.94	1.56	1.69	2.00	2.36	2.74	2.94	3.42	3.80	4.06	4.19
B	125	0.84	1.34	1.44	1.67	1.93	2.20	2.33	2.50	2.64	2.76	2.85
	160	1.32	2.16	2.32	2.72	3.17	3.64	3.86	4.15	4.40	4.60	4.75
	200	1.85	3.06	3.30	3.86	4.50	5.15	5.46	6.13	6.47	6.43	5.95
	250	2.50	4.14	4.46	5.22	6.04	6.85	7.20	7.87	7.89	7.14	5.60
	280	2.89	4.77	5.13	5.93	6.90	7.78	8.13	8.60	8.22	6.80	4.26

型号	小带轮基准直径 d_{d1}/mm	小带轮转速 n_1/r·min^{-1}									
		200	300	400	500	600	730	800	980	1200	1460	1600
C	200	1.39	1.92	2.41	2.87	3.30	3.80	4.07	4.66	5.29	5.86	6.07
	250	2.03	2.85	3.62	4.33	5.00	5.82	6.23	7.18	8.21	9.06	9.38
	315	2.86	4.04	5.14	6.17	7.14	8.34	8.92	10.23	11.53	12.48	12.72
	400	3.91	5.54	7.06	8.52	9.82	11.52	12.10	13.67	15.04	15.51	15.24
	450	4.51	6.40	8.20	9.81	11.29	12.98	13.80	15.39	16.59	16.41	15.57
D	355	5.31	7.35	9.24	10.90	12.39	14.04	14.83	16.30	17.25	16.70	15.63
	450	7.90	11.02	13.85	16.40	18.67	21.12	22.25	24.16	24.84	22.42	19.59
	560	10.76	15.07	18.95	22.38	25.32	28.28	29.55	31.00	29.67	22.08	15.13
	710	14.55	20.35	24.45	29.76	33.18	35.97	36.87	35.58	27.88	—	—
	800	16.76	23.39	29.08	33.72	37.13	39.26	39.55	35.26	21.32	—	—
E	500	10.86	14.96	18.55	21.65	24.21	26.62	27.57	28.52	25.53	16.25	—
	630	15.65	21.69	26.95	31.36	34.83	37.64	38.52	37.14	29.17	—	—
	800	21.70	30.05	37.05	42.53	46.26	47.79	47.38	39.08	16.46	—	—
	900	25.15	34.71	42.49	48.20	51.48	51.13	49.21	34.01	—	—	—
	1000	28.52	39.17	47.52	53.12	55.45	52.26	48.19	—	—	—	—

2. 实际条件下时所能传递的功率

当实际使用条件与实验条件不符合时,应当对单根 V 带的额定功率 P_0 加以修正,修正时要考虑传动比、包角和带长变化后的影响。

（1）传动比的影响　当传动比 $i>1$ 时,从动带轮直径大于主动轮直径,带绕过大带轮时，产生的弯曲应力比绕过小带轮上时的小，故其传动能力得到提高，在使用寿命相同的条件下，传递的功率可以增大一些，用功率增量 ΔP_0 来考虑此影响，则有

$$\Delta P_0 = K_b n_1 \left(1 - \frac{1}{K_i}\right) \tag{10-16}$$

式中 K_b——弯曲影响因数，考虑不同型号带弯曲应力差异的影响，其值见表10-6；

K_i——传动比因数，考虑不同传动比时带弯曲应力的影响，其值见表10-7。

<table>
<tr><td colspan="3" align="center">表10-6 弯曲影响因数 K_b</td></tr>
<tr><th colspan="2">带 的 型 号</th><th>K_b</th></tr>
<tr><td rowspan="7">普通 V 带</td><td>Y</td><td>0.0204×10^{-3}</td></tr>
<tr><td>Z</td><td>0.1734×10^{-3}</td></tr>
<tr><td>A</td><td>1.0275×10^{-3}</td></tr>
<tr><td>B</td><td>2.6494×10^{-3}</td></tr>
<tr><td>C</td><td>7.5019×10^{-3}</td></tr>
<tr><td>D</td><td>2.6572×10^{-3}</td></tr>
<tr><td>E</td><td>4.9833×10^{-3}</td></tr>
</table>

表10-7 传动比因数 K_i

i	K_i
$1.00 \sim 1.01$	1.0000
$1.02 \sim 1.04$	1.0136
$1.05 \sim 1.08$	1.0276
$1.09 \sim 1.12$	1.0419
$1.13 \sim 1.18$	1.0567
$1.19 \sim 1.24$	1.0719
$1.25 \sim 1.34$	1.0875
$1.35 \sim 1.51$	1.1036
$1.52 \sim 1.99$	1.1202
$\geqslant 2$	1.1373

（2）包角的影响 当包角小于180°时，带传动传递动力的能力有所下降，引入包角影响因数 K_a，其值参见表10-8。

（3）带长的影响 同样的工作周期条件下，带长越长，带所承受的应力循环次数越小，所能传递的功率越大；反之，带长越短，所所能传递的功率越小。引入带长影响因数 K_L，其值参见表10-2。

综合考虑以上各因素，得到实际条件下单根 V 带所能传递的最大功率 $[P]$。$[P]$ 的计算公式为

$$[P] = (P_0 + \Delta P_0) K_\alpha K_L \tag{10-17}$$

表10-8 包角影响因数 K_α

包角	180°	170°	160°	150°	140°	130°	120°	110°	100°	90°	80°	70°
K_α	1.00	0.98	0.95	0.92	0.89	0.86	0.82	0.78	0.74	0.69	0.64	0.58

10.5.3 普通 V 带传动的设计计算

设计 V 带传动时，一般已知条件包括传动用途、工作情况、传动功率 P、两轮的转速 n_1、n_2（或传动比 i），以及空间尺寸要求等。

主要设计任务：①确定带的型号、长度、根数。②确定带轮的直径、材料、结构和工作图。③确定带传动的中心距及其调整范围。④计算压轴力。

设计计算的一般步骤如下：

1. 确定计算功率 P_c，选择 V 带型号

（1）计算功率 P_c 有

$$P_c = K_A P$$

式中 P——需要传递的功率（名义功率）（kW）；

K_A——工作情况因数，见表10-9。

（2）选择 V 带型号 根据计算功率 P_c 和小带轮转速 n_1 选取带的型号（见图10-11），若临近两种型号时，可选取两种型号分别计算，优选较好的一种。

表 10-9 工作情况因数 K_A

载荷性质	工 作 机	原动机及一天工作时间/h					
		Ⅰ类			Ⅱ类		
		≤10	10~16	>16	≤10	10~16	>16
载荷平稳	液体搅拌机、通风机、鼓风机(≤7.5kW)、离心式水泵、压缩机、轻型输送机	1.0	1.1	1.2	1.1	1.2	1.3
载荷变动小	带式输送机(运送砂石、谷物)、鼓风机(>7.5kW)、发电机、旋转式水泵、金属切削机床、印刷机、振动筛	1.1	1.2	1.3	1.2	1.3	1.4
载荷变动大	螺旋式运输机、斗式提升机、往复式水泵、压缩机、锻锤、磨粉机、锯木机、木工机械、纺织机械	1.2	1.3	1.4	1.4	1.5	1.6
冲击载荷	破碎机(旋转式、鄂式)、球磨机、棒磨机、起重机、挖掘机、橡胶辊压机	1.3	1.4	1.5	1.5	1.6	1.8

注：Ⅰ类——直流电动机、Y系列三相异步电动机、汽轮机、水轮机、四缸以上内燃机。

　　Ⅱ类——交流同步电动机、交流异步滑环电动机、四缸以下内燃机、蒸汽机。

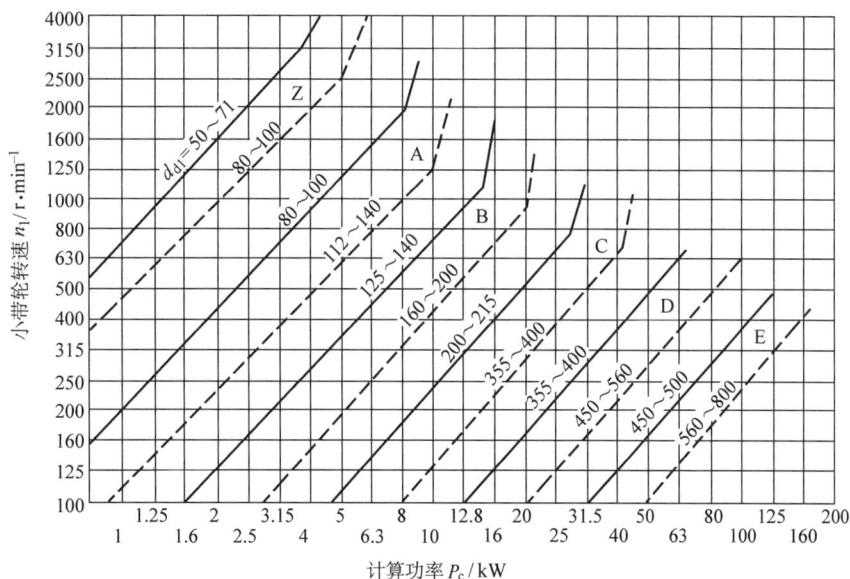

图 10-11 普通 V 带型号选择

2. 确定带轮直径 d_{d1}、d_{d2}，验算带速

（1）确定带轮直径 带轮直径越小，结构越紧凑，但弯曲应力越大，带的使用寿命越低；反之，传动所占空间越大。因此，带轮直径的选择应适中。

一般来说，小带轮直径 d_{d1} 先按表 10-4 选取最小直径，取 $d_{d1} \geq d_{min}$，然后按公式 $d_{d2} \approx \frac{n_1}{n_2} d_{d1}$ 计算大带轮直径 d_{d2}。值得注意的是：确定的带轮直径应符合标准推荐的基准直径系列，见表10-4。

（2）验算带速 带速对传动性能影响较大，当传递功率一定时，增大带速，所需要的有效圆周力将减小，需要带的根数将减少。因此，在传动系统设计时，推荐将带传动布置在高速级。但带速过高，会导致离心力增大，使带与带轮间的正压力减小，降低传动能力，并影响带的使用寿命，所以一般带速的合理范围为 5 ~ 25m/s。

按公式 $v = \dfrac{\pi d_{d1} n_1}{60000}$ 计算带速，如果 $v < 5m/s$，可适当加大小带轮直径 d_{d1}，然后重新计算。

3. 确定中心距 a、带的基准长度 L_d，验算小带轮包角 α_1

（1）初定中心距 中心距过大，由于载荷变化会引起带的颤动；但中心距越小，带的长度越短，在一定带速下，单位时间内带的应力变化次数越多，会加剧带的疲劳破坏，同时中心距小会影响小带轮的包角 α_1。

对于 V 带传动，一般按下式并参考传动对空间的要求初步确定中心距 a_0。

$$0.7(d_{d1} + d_{d2}) \leqslant a_0 \leqslant 2(d_{d1} + d_{d2})$$

（2）确定 V 带的基准长度 L_d 中心距确定后，可根据下式估算对应的带长 L_0

$$L_0 \approx 2a_0 + \frac{\pi}{2}(d_{d1} + d_{d2}) + \frac{(d_{d2} - d_{d1})^2}{4a_0} \tag{10-18}$$

然后查表 10-2 选取最接近 L_0 的基准长度 L_d。

（3）确定中心距 a 及其调整范围 中心距可按下式计算

$$a \approx a_0 + \frac{L_d - L_0}{2} \tag{10-19}$$

考虑到按照调整需要，允许中心距有一定的调整范围，一般取

$$\begin{cases} a_{min} = a - 0.015L_d \\ a_{max} = a + 0.03L_d \end{cases} \tag{10-20}$$

4. 验算小带轮包角 α_1

由前面分析可知，小带轮包角 α_1 直接影响带传动的有效圆周力。为了保证一定的工作能力，一般要求小带轮包角 $\alpha_1 \geqslant 120°$（特殊情况下 $\geqslant 90°$）。小带轮包角 α_1 按下式计算

$$\alpha_1 = 180° - \frac{d_{d2} - d_{d1}}{a} \times 57.3° \tag{10-21}$$

当小带轮包角 α_1 不满足要求时，可适当增大中心距或减小两带轮的直径差，也可在带的外侧加张紧轮，但这样会降低带的使用寿命。

5. 确定带的根数 z

带的根数 z 按下式计算

$$z \geqslant \frac{P_c}{[P]} = \frac{P_c}{(P_0 + \Delta P_0)K_\alpha K_L} \tag{10-22}$$

带的根数应向上取整，另外为了避免根数太多造成受力不均匀，一般满足要求 $z < 10$。如果带的根数超出此范围，应改选更大的 V 带型号或加大带轮直径，然后重新设计。

6. 计算初拉力 F_0，计算带轮对轴的压力 F_Q

初拉力 F_0 直接影响带的传动能力，如果过小，带传动能力降低，甚至会打滑；反之，如果过大会使带的使用寿命降低，对轴的压力增大，因此应该张紧适当。适合的初拉力按下式计算

$$F_0 = \frac{500P_c}{zv}\left(\frac{2.5}{K_\alpha} - 1\right) + qv^2 \tag{10-23}$$

对于新带，受力后容易变松弛，因此一般新带安装时取上式计算值的 1.5 倍。

带传动对带轮轴的压力很大，对轴的强度和轴承的寿命有较大影响，为了后续设计需要，必须计算出压轴力 F_Q

$$F_Q = 2zF_0 \sin \frac{\alpha_1}{2} \tag{10-24}$$

7. 带轮结构设计

带轮的结构设计可参阅 10.3.2 节，最终画出带轮工作图。

例 10-1 设计一带式输送机中的普通 V 带传动，已知原动机为 Y 系列三相异步电动机，功率 $P = 7.5\text{kW}$，转速 $n_1 = 1440\text{r/min}$，带式输送机转速 $n_2 = 630\text{r/min}$，每天工作 16h，要求中心距不超过 700mm。

解 设计计算步骤列于表 10-10 中。

表 10-10　设计计算步骤

设 计 项 目	计算内容和依据	计 算 结 果
1. 确定计算功率 P_c	由表 10-9 查得工作情况因数 $K_A = 1.2$ $P_c = K_A P = 1.2 \times 7.5\text{kW} = 9\text{kW}$	$P_c = 9\text{kW}$
2. 选取普通 V 带型号	根据 $P_c = 9\text{kW}$，$n_1 = 1440\text{r/min}$，由图 10-11 选取带的型号为 A 型	A 型
3. 确定带轮直径 d_{d1}、d_{d2}	查表 10-4，选取小带轮直径，取 $d_{d1} = 125\text{mm}$ 按公式计算大带轮直径 d_{d2} $d_{d2} \approx \dfrac{n_1}{n_2} d_{d1} = \dfrac{1440}{630} \times 125\text{mm} = 285.7\text{mm}$ 查表 10-4，选取最接近的标准直径系列值 $d_{d2} = 280\text{mm}$	$d_{d1} = 125\text{mm}$ $d_{d2} = 280\text{mm}$
4. 验算带速	$v = \dfrac{\pi d_{d1} n_1}{60000} = \dfrac{3.14 \times 125 \times 1440}{60000}\text{m/s} = 9.42\text{m/s}$ 带速在 5～25m/s 之间	带速合适
5. 检验转速误差	从动轮的转速　$n_2' = \dfrac{n_1 d_{d1}}{d_{d2}} = \dfrac{1440 \times 125}{280}\text{r/min} = 642.9\text{r/min}$ 其转速误差为　$\left\| \dfrac{n_2' - n_2}{n_2} \right\| = \dfrac{642.9 - 630}{630} \approx 2\% < 5\%$	转速误差满足要求
6. 确定带长和中心距 a 1）初定中心距 2）确定带长 3）计算实际中心距 a	按题意，$a \leqslant 700\text{mm}$，初步选取 $a_0 = 650\text{mm}$ 按式（10-18）得带长 $L_0 \approx 2a_0 + \dfrac{\pi}{2}(d_{d1} + d_{d2}) + \dfrac{(d_{d2} - d_{d1})^2}{4a}$ $= \left[2 \times 650 + \dfrac{3.14}{2} \times (125 + 280) + \dfrac{(280 - 125)^2}{4 \times 650} \right]\text{mm} = 1945.1\text{mm}$ 查表 10-2，选取最接近 L_0 的基准长度，取 $L_d = 2000\text{mm}$ 由式（10-19）得实际中心距为 $a \approx a_0 + \dfrac{L_d - L_0}{2} = \left(650 + \dfrac{2000 - 1945.1}{2} \right)\text{mm} = 677.45\text{mm}$ 显然，满足题目 $a < 700\text{mm}$ 的要求	 $L_d = 2000\text{mm}$ $a = 677.45\text{mm}$

（续）

设 计 项 目	计算内容和依据	计 算 结 果
4）中心距调整范围	按式(10-20)确定中心距的调整范围 $\begin{cases} a_{min} = a - 0.015L_d = (677.45 - 0.015 \times 2000)\text{mm} = 647.45\text{mm} \\ a_{max} = a + 0.03L_d = (677.45 + 0.03 \times 2000)\text{mm} = 737.45\text{mm} \end{cases}$	中心距调整范围为647.45～700mm
7. 验算小带轮包角 α_1	由式(10-21)计算小带轮包角 α_1 $\alpha_1 = 180° - \dfrac{d_{d2} - d_{d1}}{a} \times 57.3° = 180° - \dfrac{280 - 125}{677.45} \times 57.3° = 166.9° > 120°$	小带轮包角合适
8. 确定带的根数 z	由表10-5，得 $P_0 = 1.93\text{kW}$ 根据传动比 $i = \dfrac{n_1}{n_2} = \dfrac{1440}{642.9} = 2.24$，查表10-7，得传动比因数 $K_i = 1.1373$ 由表10-6，得弯曲影响因数 $K_b = 1.0275 \times 10^{-3}$ 由式(10-16)计算传递功率增量 $\Delta P_0 = K_b n_1 \left(1 - \dfrac{1}{K_i}\right) = 1.0275 \times 10^{-3} \times 1440 \times \left(1 - \dfrac{1}{1.1373}\right)\text{kW}$ $= 0.179\text{kW}$ 由表10-8，得包角影响因数 $K_\alpha = 0.97$ 由表10-2，得带长影响因数 $K_L = 1.03$ 按式(10-22)计算带的根数 $z \geqslant \dfrac{P_c}{[P]} = \dfrac{P_c}{(P_0 + \Delta P_0)K_\alpha K_L} = \dfrac{9}{(1.93 + 0.179) \times 0.97 \times 1.03}$ $= 4.3$	$z = 5$
9. 计算初拉力 F_0	由表10-1，得 $q = 0.10\text{kg/m}$，按式(10-23)计算初拉力 F_0 $F_0 = \dfrac{500P_c}{zv}\left(\dfrac{2.5}{K_\alpha} - 1\right) + qv^2$ $= \left[\dfrac{500 \times 9}{5 \times 9.42} \times \left(\dfrac{2.5}{0.97} - 1\right) + 0.10 \times 9.42^2\right]\text{N}$ $= 160.1\text{N}$	$F_0 = 160.1\text{N}$
10. 计算对轴产生的压力 F_Q	由式(10-24)计算压轴力 F_Q $F_Q = 2zF_0 \sin\dfrac{\alpha_1}{2} = 2 \times 5 \times 160.1 \times \sin\dfrac{166.9°}{2}\text{N} = 1590.5\text{N}$	$F_Q = 1590.5\text{N}$
11. 带轮结构设计	带轮的结构设计可参阅相关机械设计手册，最终设计并绘出带轮的零件图（略）	

10.6　带传动的张紧、安装和维护

10.6.1　V带传动的张紧装置

由于传动带的材料不是完全的弹性体，因而带在工作一段时间后会因发生塑性变形（伸长）而变松弛，使张紧力降低，从而使带传动的工作能力下降。为了保证带传动的工作能力，需要设计张紧装置。

张紧装置分定期张紧和自动张紧两种，见表10-11。

表 10-11　带传动的张紧装置

	中心距可调		中心距不可调
定期张紧	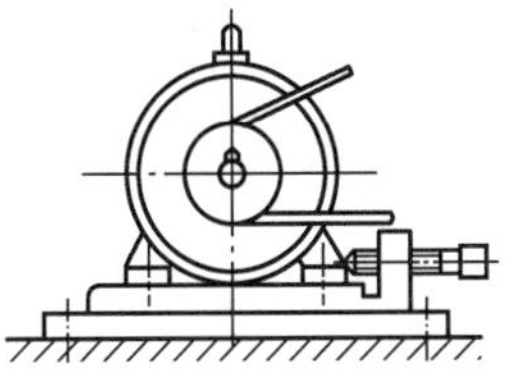 适用于两轴水平或倾斜不大的传动	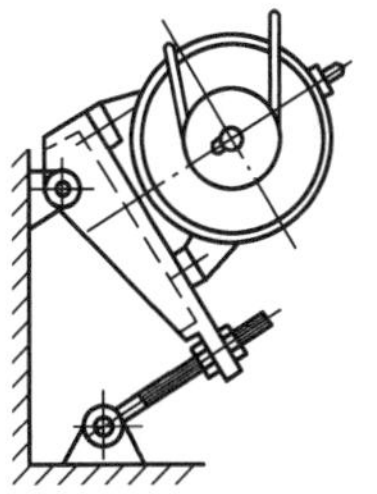 适用于垂直或接近垂直的传动	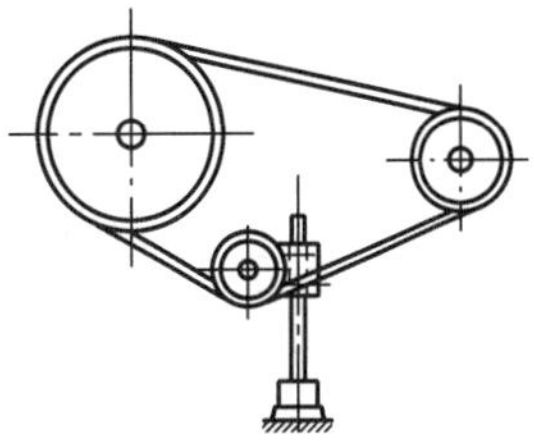 张紧轮装于松边内侧以免反向弯曲
自动张紧	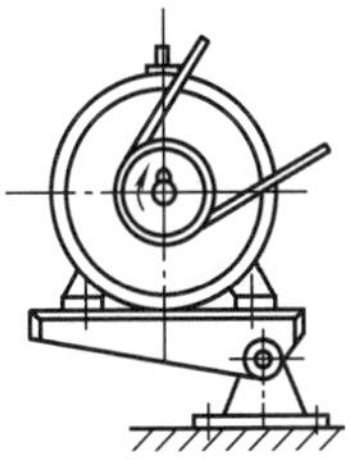 靠偏心自重，应使电动机和带轮的转向有利于减轻配重或减小偏心距，主要用于中小功率传动	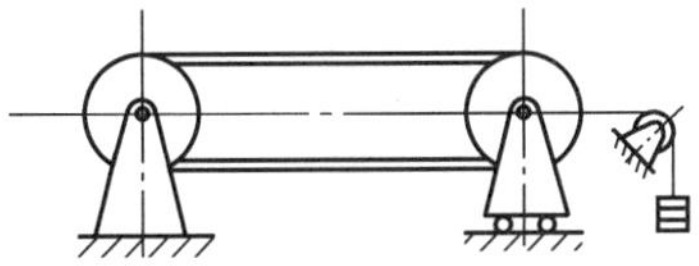 张紧力大小随传动要求可调，多用于实验装置	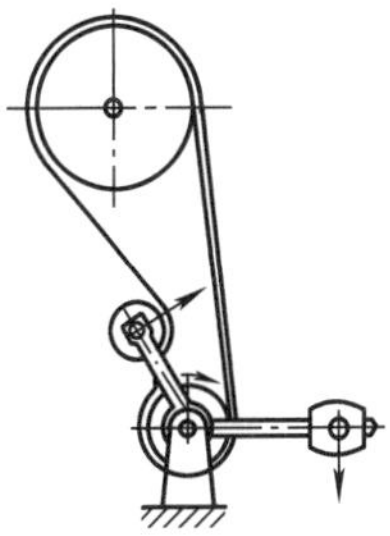 张紧轮装于松边外侧靠近小轮处，以增大包角，但带反向弯曲

10.6.2　带传动的安装与维护

正确安装和维护是保证带传动正常工作、延长带使用寿命的前提。

1. 安装时的注意事项

1）保证两轮轴线平行。一般要求两带轮轴线的平行度误差小于 $0.006a$（a 为轴间距）。

2）保证两轮槽对正。两轮槽中心平面的对称度误差不得超过 $20'$，否则将加剧带的磨损，甚至使带从带轮上脱落。

3）安装 V 带时，应先缩小中心距，将 V 带套入轮槽，然后再调整中心距并张紧带。不应将带硬往带轮上装，以免损伤带。

4）安装时带的松紧应适当。一般应按式（10-23）计算的初拉力张紧，可用测量力装置检测，也可用经验法估计。经验法又称为大拇指下压法，即用大拇指下压带的中部，以使带的挠度 $y \approx 0.016a$。

2. 使用时的注意事项

1）胶带应避免与酸、碱、油等物质接触，工作温度一般不超过 $60°C$。

2）为了安全，应加装防护罩。

3）定期检查带的松紧，检查带是否出现疲劳现象。

4）更换时，应一组带全部更换，切忌新旧带混用。

*10.7 其他带传动简介

10.7.1 窄 V 带传动

窄 V 带与普通 V 带相比，具有如下结构特点：

1）普通 V 带的高宽比为 0.7，而窄 V 带高宽比为 0.9，高度相同时，宽度约比普通 V 带小 30%，其结构更紧凑。

2）采用合成纤维绳或钢丝绳做承载层，传动能力大为提高。

3）承载层上移，并呈弧形排列，工作时受力更合理。

4）柔性更好，承载能力更强，传动效率更高。

窄 V 带适合于大功率和结构要求更紧凑的传动，其结构如图 10-12 所示。

10.7.2 同步带传动

同步带传动属于啮合传动（见图 10-13），故其传动比恒定，也不会出现弹性滑动和打滑。通常承载层由钢丝或玻璃纤维、氯丁橡胶或聚氨酯作基体，带薄而轻，可用于较高速度，线速度可达 50m/s，传动比可达 10，效率可达 98%，所以同步带传动的应用日益广泛，其缺点是制造和安装精度要求高，中心距要求较严。

同步带有单面带和双面带两种，单面带单面有齿，双面带两面有齿。同步带带轮的齿形推荐采用渐开线齿形，可用展成法加工。

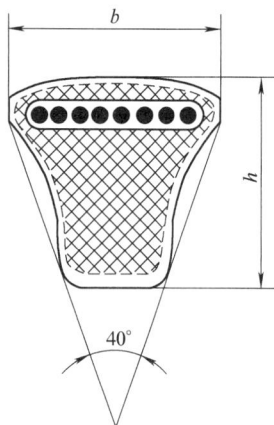

图 10-12 窄 V 带的结构

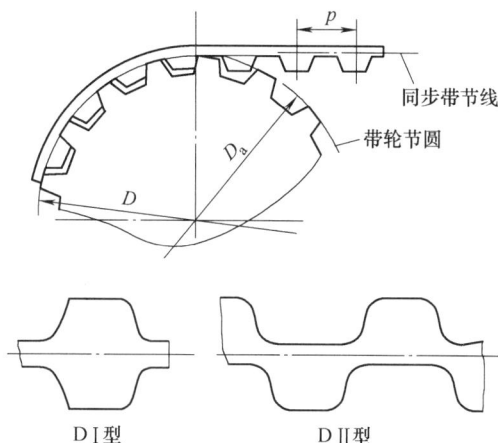

图 10-13 同步带传动

10.7.3 高速带传动

带速 $v > 30m/s$、高速轴转速 $n_1 = 10000 \sim 50000r/min$ 的带传动属于高速带传动。这种带传动要求运转平稳，传动可靠，并有一定的使用寿命，并且要求使用重量轻、薄而均匀，挠曲性好的环形平带。

高速带轮也要求质量轻而匀称，运转时空气阻力小，带轮需要精加工，并严格动平衡，通常采用钢或铝合金制造。

10.8 链传动

10.8.1 链传动的特点和应用

1. 链传动的特点

链传动是由安装在平行轴上的主动链轮、从动链轮和中间挠性链组成，依靠链与链轮轮齿的啮合作用来传递动力。链传动的主要优点是：

1）与带传动相比，没有弹性滑动和打滑，能保证平均传动比恒定。不需要太大的张紧力，因此，作用在轴上的压力较小。传递的功率较大，传动效率较高（可达98%），低速时能传递较大的圆周力。

2）与齿轮传动相比，链传动的结构简单，链传动的制造和安装精度要求较低，成本低廉，可以用于传动中心距较大的场合，能在温度较高、湿度较大、多尘和有油污等恶劣环境下工作。

链传动的主要缺点是：由于链传动进入链轮后形成多边形折线，从而使链条速度忽大忽小地作周期性变化，并伴随有链条的上下抖动。因此，其瞬时传动比不恒定，传动平稳性较差，磨损后易造成脱链或跳齿，工作时振动、冲击和噪声较大，不宜用于载荷变化很大、高速和急速反转的场合。

2. 链传动的应用

链传动在传递功率、速度、中心距等方面的应用范围较宽。目前，最大传递功率达到5000kW，最高速度达40m/s，最大传动比达15，最大中心距达8m。但由于经济性和其他原因，链传动一般用于传递功率 <100kW，链速 <15m/s，传动比 <8 的传动，且一般布置在低速级。

10.8.2 滚子链和链轮

1. 链传动的类型

（1）按用途不同分类　链传动可分为传动链、起重链和牵引链三种。传动链主要用来传递动力，通常在 $v \leqslant 20\text{m/s}$ 的情况下工作；起重链主要用来提升重物，一般链速很低，$v \leqslant 0.25\text{m/s}$；牵引链主要用于在运输机械中移动重物，一般线速度 $v \leqslant 2 \sim 4\text{m/s}$。

（2）按结构不同分类　链传动可分为套筒链、套筒滚子链（简称为滚子链）、齿形链和成形链四种。本章主要讨论滚子链和链轮。

2. 滚子链的结构和标准

一根链条由多个链节组成，每个链节由内链板4、外链板5、销轴3、套筒2

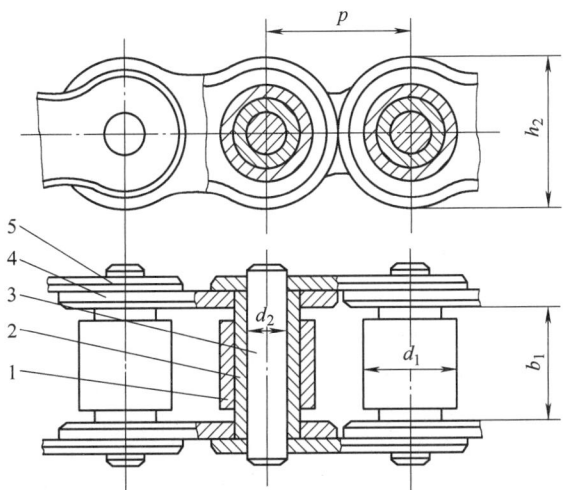

图 10-14　滚子链的结构

1—滚子　2—套筒　3—销轴　4—内链板　5—外链板

和滚子 1 组成, 如图 10-14 所示。内链板与套筒、外链板与销轴均为过盈配合, 而套筒与销轴、滚子与套筒均为间隙配合。当链条啮入和脱啮时, 内外链板作相对转动, 同时滚子沿链轮轮齿滚动, 可以减少链条与轮齿的磨损。内外链板均制作成 "∞" 字形, 以减轻质量并保持各横截面的强度大致相等。

链条中的各零件由碳素钢或合金钢制成, 并经过表面淬火处理, 以提高强度、硬度和耐磨性。

滚子链相邻两滚子中心的距离称为链节距, 用 p 表示, 它是链条的基本特性参数, 链节距越大, 链条各零件的尺寸就越大, 所能传递的功率也越大。表 10-12 为 A 系列滚子链的主要参数。

表 10-12 A 系列滚子链的主要参数（GB/T 1243—2006）

链号	链节距 p/mm	排距 p_t/mm	滚子外径 d_1/mm	内链节链宽 b_1/mm	销轴直径 d_2/mm	内链板高度 h_2/mm	单排每米质量 q/kg	单排极限拉伸载荷 F/kN
08A	12.70	14.38	7.92	7.85	3.98	12.07	0.60	13.8
10A	15.875	18.11	10.16	9.40	5.09	15.09	1.00	21.8
12A	19.05	22.78	11.91	12.57	5.96	18.08	1.50	31.1
16A	25.40	29.29	15.88	15.75	7.94	24.13	2.60	55.6
20A	31.75	35.76	19.05	18.90	9.54	30.18	3.80	86.7
24A	38.10	45.44	22.23	25.22	11.11	36.20	5.60	124.6
28A	44.45	48.87	25.40	25.22	12.71	42.24	7.50	169.0
32A	50.80	58.55	28.58	31.55	14.29	48.26	10.10	222.4
40A	63.50	71.55	39.68	37.85	19.86	60.33	16.10	347.0
48A	76.20	87.83	47.63	47.35	23.81	72.39	22.60	500.4

滚子链可制成单排链或多排链。多排链是把单排链并列布置, 用长销轴联接而成。由于排数越多, 各排链受力越不均匀, 故一般不超过 3 排或 4 排。

图 10-15 所示为链的接头形式, 当一根链的链节数为偶数时, 采用连接链节 (见图 10-15a、b), 其形状与链节相同, 但联接链板与销轴为间隙配合, 用开口销或弹簧夹把连接链板与销轴锁紧; 当一根链的链节数为奇数时, 需采用一个过渡链节 (见图 10-15c) 由于过渡链节的链板在工作时要承受附加弯矩, 所以通常应避免采用。

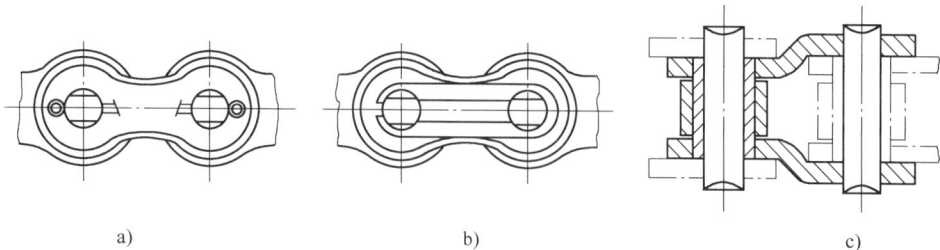

图 10-15 链接头的形式
a) 开口销 b) 弹簧夹 c) 过渡链板

滚子链已标准化, 分为 A、B 两个系列, 常用的是 A 系列。国家标准 GB/T 1243—2006 中规定滚子链的标记方法为

链号—排数—链节数　标准号

例如，08A—1—80 GB/T 1243—2006 表示：A 系列、单排、链长为 80 节、节距为 12.7mm（节距 = 链号 × 25.4/16）的滚子链。

链条长度以链节数表示，链节数最好为偶数，这样可以避免过渡链节。

3. 链轮

链轮轮齿的齿形应保证链节能自由地进入和退出啮合，在啮合时应保证良好的接触，同时形状应尽可能简单，以便于加工。按国家标准规定，链轮用标准刀具加工，只需给出链轮的节距 p、齿数 z 和链轮的分度圆直径 d。

链轮齿应具有足够的强度和硬度，同一条链工作时小链轮的啮合次数比大链轮多，因此小链轮的材料、硬度要高于大链轮。常用的链轮材料及应用范围见表 10-13。

表 10-13 链轮常用材料及齿面硬度

材　料	热　处　理	热处理后的硬度	应　用　范　围
15 钢、20 钢	渗碳、淬火、回火	50 ~ 60HRC	$z \leq 25$，有冲击载荷的主、从动链轮
35 钢	正火	160 ~ 200HBW	正常工作条件下，齿数较多（$z > 25$）的链轮
40 钢、50 钢、ZG310—570	淬火、回火	40 ~ 50HRC	无剧烈振动及冲击的链轮
15Cr、20Cr	渗碳、淬火、回火	50 ~ 60HRC	有动载荷及较大传递功率的重要链轮
35SiMn、40Cr、35CrMo	淬火、回火	40 ~ 50HRC	使用优质链条的重要链轮
Q235、Q275	焊接后退火	140HBW	中等速度、传递中等功率的较大链轮
HT150、HT200	淬火、回火	260 ~ 280HBW	$z_2 > 50$ 的从动链轮

链轮的结构形式为：一般小直径链轮可制作成实心式（见图 10-16a），中等直径的链轮可制作成孔板式（见图 10-16b），直径较大的链轮，为便于更换磨损后的齿圈，可设计成组合式结构（见图 10-16c）。链轮结构尺寸可参考有关手册。

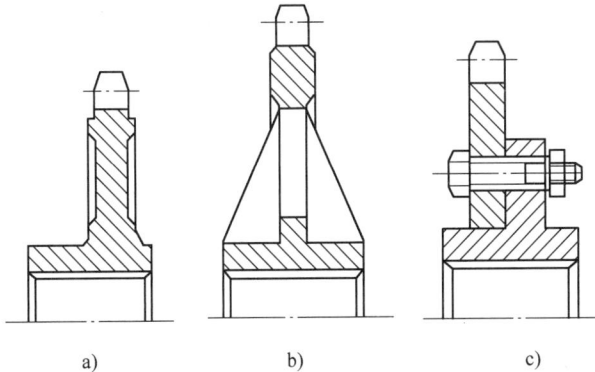

a) b) c)

图 10-16 链轮的结构形式
a) 实心式 b) 孔板式 c) 组合式

10.9 滚子链传动的设计计算

10.9.1 链传动的失效形式

链传动的失效主要表现为链条失效，其主要失效形式有：

（1）链条的疲劳破坏　链传动由于紧边和松边的拉力不同，使链条各元件受交变应力作用。当应力达到一定数值，并经过一定的循环次数后，将会发生链板疲劳断裂或套筒、滚子表面疲劳点蚀，这是闭式链传动在正常润滑条件下的主要失效形式。

（2）滚子套筒的冲击疲劳破坏　链传动的啮入冲击首先由滚子和套筒承受。在反复多次的冲击下，经过一定的循环次数，滚子、套筒会发生冲击疲劳破坏。这种失效形式多发生在中、高速闭式链传动中。

（3）链条铰链磨损　在链节进入啮合和退出啮合时，铰链的销轴与套筒将承受较大的压力，又产生相对转动，因而将导致销轴和套筒的接触面磨损。发生磨损后，使链节增长，动载荷增加，链与链轮啮合失常，严重时将引起脱链，这是开式链传动的主要失效形式。

（4）销轴与套筒的胶合　在高速重载荷的工况下，套筒与销轴间的摩擦发热严重，局部温度升高，油膜破坏，导致销轴与套筒工作面金属的直接接触，而产生局部粘着甚至发生胶合，胶合将限制链传动的极限转速。

（5）链条的静力拉断　低速重载时，链条可能因静强度不足而被拉断。

10.9.2　滚子链传动的承载能力

在特定试验条件下，通过试验可得到各种不同型号链条在不同转速下所能传递的额定功率 P_0，图 10-17 所示是 A 系列滚子链的额定功率曲线图。

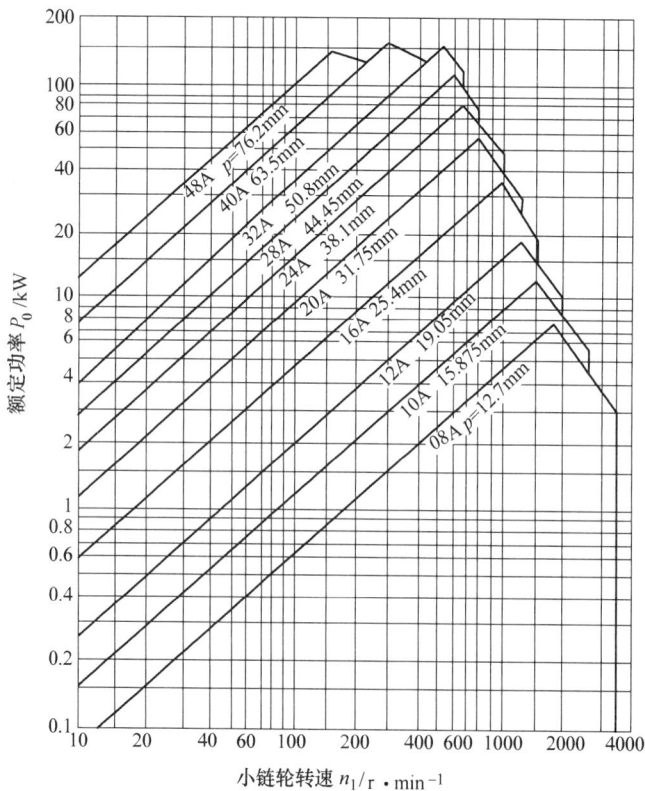

图 10-17　A 系列滚子链传递额定功率曲线

所谓的特定试验条件是指：两链轮水平布置、轴线平行、链轮共面，小链轮齿数 $z_1 = 19$，传动比 $i = 3$，中心距 $a \approx 40p$，单排链，载荷平稳，采用图 10-18 推荐的润滑方式，预期工作寿命为 $15000h$。

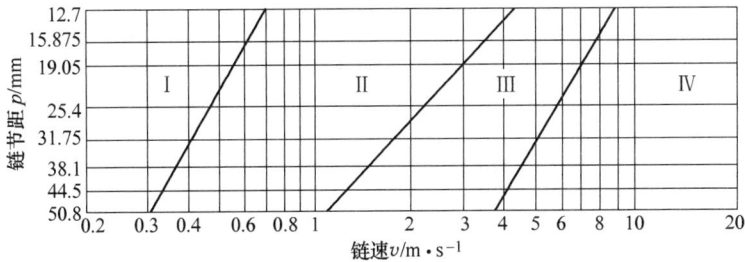

图 10-18　推荐的润滑方式

若不能满足推荐的润滑方式，则额定功率 P_0 应按下面情况适当降低其数值：

1）当 $v \leqslant 1.5m/s$ 时，润滑不良，应取图中额定功率 P_0 值的 $30\% \sim 60\%$；无润滑时，取 $0.15P_0$。

2）当 $1.5 < v \leqslant 7m/s$ 时，取图中额定功率 P_0 值的 $30\% \sim 60\%$。

当实际工作条件与试验条件不同时，应对实际传递功率加以修正。根据下式计算修正后的传递功率 P_0'：

$$P_0' = \frac{K_A P}{K_z K_L K_m} \qquad (10-25)$$

式中　P——名义传递功率（kW）；

　　P_0'——把实际工作条件修正为试验条件后的传递功率（kW）；

　　K_A——工作情况因数（见表 10-14）；

　　K_z——小链轮齿数因数（见表 10-15）；当工作点落在图 10-17 中曲线定点的左侧时（链板疲劳），查表 10-15 中上面一行的 K_z 值；当工作点落在图 10-17 中曲线定点的右侧时（滚子、套筒冲击疲劳），查表 10-15 中下面一行的 K_z' 值；

　　K_m——多排链因数（见表 10-16）；

　　K_L——链长因数（见图 10-19）。图中曲线 1 为链板疲劳曲线，曲线 2 为滚子、套筒冲击疲劳曲线。当失效形式难以预知时，可按曲线 1、曲线 2 中的小值决定。

表 10-14　工作情况因数 K_A

载荷种类	原 动 机	
	电动机或汽轮机	内燃机
载荷平稳	1.0	1.2
中等冲击	1.3	1.4
较大冲击	1.5	1.7

表 10-15　小链轮齿数因数 K_z

z_1	9	11	13	15	17	19	21
K_z	0.446	0.554	0.664	0.775	0.887	1.00	1.11
K_z'	0.326	0.441	0.566	0.701	0.846	1.00	1.16
z_1	23	25	27	29	31	33	35
K_z	1.23	1.34	1.46	1.58	1.70	1.82	1.93
K_z'	1.33	1.51	1.69	1.89	2.08	2.29	2.50

表 10-16　多排链因数 K_m

排　　数	1	2	3	4	5	6
K_m	1. 0	1. 7	2. 5	3. 3	4. 0	4. 6

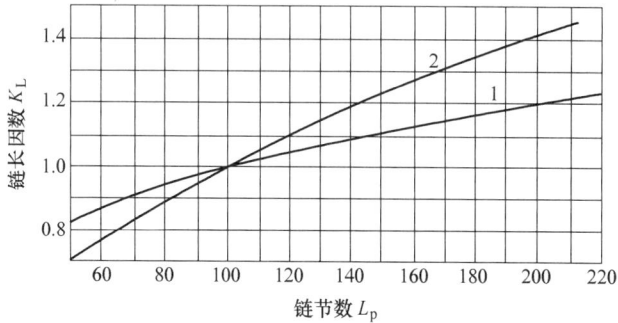

图 10-19　链长因数

10. 9. 3　滚子链传动的设计计算

设计链传动时，一般已知：传动的用途、工作情况、载荷性质、传递功率 P，主动链轮转速 n_1、从动链轮转速 n_2（或传动比 i）。要求确定：链轮齿数 z_1、z_2，中心距 a，链条型号、节距 p、节数 L_p 和排数，以及链轮材料与结构等。链条为标准件，仅需选定型号和节数后即可外购。

根据链速的不同，分别采用下述设计方法。

1. 中、高速链传动（$v \geqslant 0.6 \text{m/s}$）的设计步骤

（1）链传动的主要参数及其选择　需确定的主要参数为链轮的齿数和链传动的传动比。

1）链轮的齿数。链轮齿数越少，链轮传动的不均匀性和动载荷会越大，同时当链轮齿数过少时，会使链轮直径过小，从而增加联接的负荷和工作频率，加速链条磨损，由此可见增加小链轮的齿数对传动是有利的。但链轮齿数过多，会造成链轮尺寸过大，而且当链条磨损后，容易引起脱链，同样会造成链条的使用寿命缩短。因此，链轮齿数要选择适当。

设计时应根据使用场合和要求侧重选择。对于要求传动均匀性较高、附加动载荷较小的场合，小链轮的齿数 z_1 宜选多些，在动力传动中，建议按表 10-17 根据链速 v 选取；从限制大链轮齿数和减小传动尺寸考虑，传动比大时小链轮齿数应取少些。当链速很低时，允许最小齿数为 9，大链轮的齿数一般为 $z_{2\max} \leqslant 120$。由于链节数一般取偶数，为考虑链磨损较均匀，链轮齿数一般应与链节数互为质数。

表 10-17　小链轮齿数 z_1

链速 $v/\text{m} \cdot \text{s}^{-1}$	0. 6 ~ 3	3 ~ 8	> 8
齿数 z_1	$\geqslant 15 \sim 17$	$\geqslant 21$	$\geqslant 23 \sim 25$

2）链传动的传动比。链节与链轮齿啮合时形成折线，相当于将链绕在正多边形轮上，该正多边形的边长等于链节距 p，边数等于链轮齿数 z。链轮每转一周，随之绕过的链长为 zp。因此，当两链轮的转速分别为 n_1、n_2 时，链的速度是不均匀的，这就是所谓的多边形

效应。由此可见，虽然主动链轮作等角速转动，但链条的瞬时速度是周期性变化的，每转过一个链节，链条的速度变化一次，因此链传动的瞬时传动比是变化的。链的平均速度为

$$\bar{v} = \frac{z_1 p n_1}{60 \times 1000} = \frac{z_2 p n_2}{60 \times 1000} \tag{10-26}$$

则平均传动比为

$$\bar{i} = \frac{n_1}{n_2} = \frac{z_2}{z_1} \tag{10-27}$$

由式（10-26）、式（10-27）可见，链传动的平均速度和平均传动比是恒定的。

传动比过大时，会导致小链轮上的包角过小，使啮合的齿数太少，会加速链轮轮齿的磨损，并且容易出现跳齿。一般 $i \leqslant 8$，推荐 $i = 2 \sim 3.5$。

（2）确定链的节距并选定链条型号

1）链节距。节距 p 是链传动中最主要的参数。节距越大其承载能力越高，但传动中由于多边形效应等产生的附加动载荷、冲击和噪声也越大。因此，在满足传递功率要求的前提下，应尽量选取小节距的单排链；若传动速度高、功率大时，则可选用小节距多排链，这样可在不增大节距 p 的条件下，增大链传动所能传递的功率。

2）链的型号确定。根据式（10-25）计算修正后的传递功率 P_0'，再根据 P_0' 和小链轮转速 n_1，按图 10-17 确定链条型号。

（3）确定链传动的中心距和链的长度　链速相同时，若链传动中心距过小，则单位时间内每一链节绕过链轮的次数增加，这样会加剧链的磨损和疲劳，链条在小链轮的包角也小，同时啮合的齿数减少，传动能力降低；中心距较大时，链节数增多，吸振能力增强，链的使用寿命增长。但若传动中心距过大，链在工作时易使链条抖动，使链传动的平稳性降低。一般中心距可取为 $a = (30 \sim 50)p$，最大中心距 $a_{max} \leqslant 80p$。另外，为了便于安装链条和调节链的张紧程度，中心距一般应设计为可调的。

链条长度用链节数 L_p 表示，按下式计算

$$L_p = \frac{2a}{p} + \frac{z_1 + z_2}{2} + \frac{p}{a}\left(\frac{z_2 - z_1}{2\pi}\right)^2 \tag{10-28}$$

链节数必须取为整数，且最好为偶数，以避免使用过渡链节。

实际中心距可根据链节数计算出来，按下式计算

$$a = \frac{p}{4}\left[\left(L_p - \frac{z_1 + z_2}{2}\right) + \sqrt{\left(L_p - \frac{z_1 + z_2}{2}\right)^2 - 8\left(\frac{z_2 - z_1}{2\pi}\right)^2}\right] \tag{10-29}$$

为保证链条松边有一定的垂度，不致安装太紧，实际中心距 a' 应比计算中心距 a 值小一些，即

$$a' = a - \Delta a \tag{10-30}$$

一般取 $\Delta a = (0.002 \sim 0.004)a$，对于要求中心距可调的链传动，$\Delta a$ 可取大值；对于中心距不可调或没有张紧装置的链传动，Δa 则应取小值。

（4）验算链速　为使链传动趋于平稳，必须控制链速。一般为

$$v = \frac{z_1 n_1 p}{60 \times 1000} \leqslant 10 \sim 12 \text{m/s}$$

若链速 v 超出允许的范围，应调整设计参数重新计算。

（5）计算有效圆周力及作用在轴上的压力　由于链传动是啮合传动，无需很大的张紧力，故作用在链轮轴上的压力也较小，可近似取为

$$F_{Q} = K_{Q}F_{e} \tag{10-31}$$

式中　F_{e}——工作拉力（N），$F_{e} = \dfrac{P}{v} \times 10^{3}$；

　　　K_{Q}——压轴力因数，$K_{Q} = 1.2 \sim 1.3$，有冲击和振动时取大值。

（6）设计链轮、绘制链轮工作图（略）　此部分请读者自行学习。

2. 低速链传动（$v < 0.6\text{m/s}$）的设计步骤

对于链速 $v < 0.6\text{m/s}$ 的低速链传动，其主要的失效形式是链条的静力拉断，故应进行静强度校核。静强度安全系数应满足下式

$$S = \frac{mF}{K_{A}F_{1}} \geqslant 4 \sim 8 \tag{10-32}$$

式中　F——单排链的极限拉伸载荷（见表 10-11）（kN）；

　　　F_{1}——链的紧边工作压力（kN）；

　　　m——链的排数；

　　　K_{A}——工作情况因数（见表 10-14）。

例 10-2　设计一拖动带式输送机用的滚子链传动。已知电动机型号为 Y160M—6，额定功率 $P = 7.5\text{kW}$，转速 $n_{1} = 970\text{r/min}$，链传动比 $i = 3$，载荷平稳，中心距不小于 550mm，要求中心距可调整。

解　设计计算步骤列于表 10-18 中。

表 10-18　设计计算步骤

设　计　项　目	计算内容和依据	计　算　结　果
1. 选择链轮齿数 z_{1}、z_{2}	假定链速 $v = 3 \sim 8\text{m/s}$，见表 10-16，取小链轮齿数 $z_{1} = 22$ 则大链轮齿数 $z_{2} = iz_{1} = 3 \times 21 = 63$	$z_{1} = 22$ $z_{2} = 63$
2. 确定链节数 L_{p}	初定中心距 $a = 40p$，则由式（10-28）得链节数为 $$L_{p} = \frac{2a}{p} + \frac{z_{1} + z_{2}}{2} + \frac{p}{a}\left(\frac{z_{2} - z_{1}}{2\pi}\right)^{2}$$ $$= \frac{2 \times 40p}{p} + \frac{21 + 63}{2} + \frac{p}{40p}\left(\frac{63 - 22}{2\pi}\right)^{2} = 123.0$$ 取链节数 $L_{p} = 124$	$L_{p} = 124$
3. 确定链条节距 p	由图 10-17，按小链轮转速估计工作点落在曲线顶点左侧 由表 10-14，查得工作情况因数 $K_{A} = 1.0$ 由表 10-15，查得小链轮齿数因数 $K_{z} = 1.11$ 由图 10-16 查得链长因数 $K_{L} = 1.06$ 因采用单排链，由表 10-15，得多排链因数 $K_{m} = 1.0$ 由式（10-25）得 $$P_{0}' = \frac{K_{A}P}{K_{z}K_{L}K_{m}} = \frac{1 \times 7.5}{1.11 \times 1.06 \times 1.0}\text{kW} = 6.37\text{kW}$$ 根据小链轮转速 $n_{1} = 970\text{r/min}$，传递功率 $P_{0}' = 6.37\text{kW}$，查图 10-18 选择滚子链型号为 10A，其链节距为 $p = 15.875\text{mm}$	$p = 15.875\text{mm}$

（续）

设计项目	计算内容和依据	计算结果
4. 确定实际中心距 a'	由式（10-29）得 $a = \dfrac{p}{4}\left[\left(L_p - \dfrac{z_1 + z_2}{2}\right) + \sqrt{\left(L_p - \dfrac{z_1 + z_2}{2}\right)^2 - 8\left(\dfrac{z_2 - z_1}{2\pi}\right)^2}\right]$ $= \dfrac{15.875}{4}\times\left[\left(124 - \dfrac{21+63}{2}\right) + \sqrt{\left(124 - \dfrac{21+63}{2}\right)^2 - 8\times\left(\dfrac{63-21}{2\times3.14}\right)^2}\right]\mathrm{mm}$ $= 642\mathrm{mm}$ 中心距减小量 $\Delta a = (0.002 \sim 0.004)a = (0.002 \sim 0.004)\times642\mathrm{mm} = 1.3 \sim 2.6\mathrm{mm}$ 实际中心距 $a' = a - \Delta a = 642\mathrm{mm} - (1.3 \sim 2.6)\mathrm{mm} = 640.7 \sim 639.4\mathrm{mm}$ 取 $a' = 640\mathrm{mm}$ 由于 $a' = 640\mathrm{mm} > 550\mathrm{mm}$，符合假设条件，满足设计要求	$a' = 640\mathrm{mm}$，满足设计要求
5. 验算链速 v	$v = \dfrac{z_1 n_1 p}{60\times1000} = \dfrac{970\times21\times15.875}{60000}\mathrm{m/s} = 5.4\mathrm{m/s}$	$v = 5.4\mathrm{m/s}$ 与假设相符
6. 计算链传动对轴的压力	工作拉力为 $F_e = 1000\dfrac{P}{v} = 1000\times\dfrac{7.5}{5.4}\mathrm{N} = 1388.9\mathrm{N}$ 根据工作平稳，取压轴力系数 $K_Q = 1.2$，由式（10-31），得 压轴力 $F_Q = K_Q F_e = 1.2\times1388.9\mathrm{N} = 1666.7\mathrm{N}$	$F_Q = 1666.7\mathrm{N}$
7. 选润滑方式	根据链速 $v = 5.4\mathrm{m/s}$，链节距 $p = 15.875\mathrm{mm}$，如图 10-18 所示，选择油浴或飞溅润滑	油浴或飞溅润滑
8. 链轮结构设计	（略）	
9. 设计结果	滚子链型号为 10A—1—124　GB/T 1243—2006 链轮齿数 $z_1 = 22$，$z_2 = 63$ 中心距为 640mm，压轴力为 1666.7N	

10.10　链传动的布置和维护

合理地布置张紧链传动，对于链传动的工作能力和使用寿命影响较大。

1. 链传动的布置

链传动只能应用于两轴线平行的传动，布置时应使两轴线平行，且使两链轮的旋转平面位于同一铅垂面内，否则易引起脱链或加剧磨损。通常两链轮中心线应尽量采用水平布置，必须倾斜布置时，与水平面的倾角应小于 45°。应尽量避免两轴线在铅垂面布置，以免下方链条脱离啮合。其中水平和倾斜布置时其紧边均应布置在上方，以防止发生卡链和松紧边碰撞现象。表 10-19 列出了在不同中心距和传动比条件下，链传动的布置简图，供设计时选用。

表 10-19　链传动的布置简图

传 动 参 数	正确布置方式	不正确布置	说　　明
$i = 2 \sim 3$ $a = (30 \sim 50)p$ （i 和 a 较佳的场合）			两链轮轴线在同一水平面，紧边在上或在下都可以，但在上方好些
$i > 2$ $a < 30p$ （i 大、a 小的场合）			两轮轴线不在同一水平面，松边应在下方，否则松边下垂量增大后，链条易与链轮卡死
$i < 1.5$ $a > 60p$ （i 小、a 较大的场合）			两轮轴线在同一水平面，松边应在下方，否则下垂量增大后，松边会与紧边相碰。需经常调整中心距
i 和 a 为任意值的场合			两轮轴线在同一铅垂面内，下垂量增大，会减小下链轮的有效啮合齿数，降低传动能力。为此，应采用：①中心距可调。②设张紧装置。③上、下两轮偏置，使两轮的轴线不在同一铅垂面内

2. 链传动的张紧

链传动张紧的目的与带传动不同，链传动张紧主要是为了避免因链条的垂度过大而产生啮合不良和链条振动，同时也是为了增大链条与链轮的啮合包角。链条的张紧方法有：①调整中心距。②去掉 1~2 个链节。③采用张紧轮。张紧轮一般安装在靠近主动链轮的松边外侧，也可位于内侧，其形状可以是链轮，也可以是无齿的滚轮（见图 10-20a、b），此外还可用压板或托板张紧（见图 10-20c）。当双向转动时，两边均应设置张紧装置（见图 10-20d）。

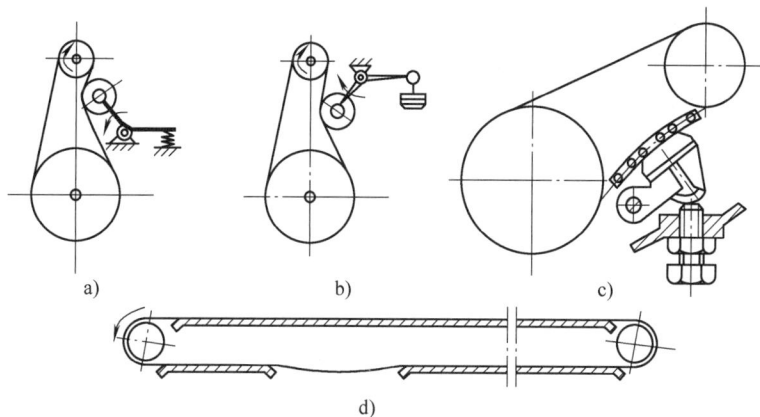

图 10-20　链传动的张紧装置

3. 链传动的润滑

链传动的润滑十分重要,尤其是对于高速、重载的链传动。良好的润滑可以缓和冲击、减轻磨损,延长链条的使用寿命。具体的润滑方式应根据链速和链节距根据图 10-18 选择。常用的润滑方法见表 10-20。

表 10-20　滚子链传动常用的润滑方法

润滑方式	润 滑 方 法	供 油 量
人工润滑	用刷子或油壶定期在链条松边内外链板间隙中注油	每班注油一次
滴油润滑	具有简单外壳,用油杯滴油	单排链每分钟供油 5～20 滴,速度高时取大值
油浴润滑	采用密封外壳,链条从油池中通过	链条浸油深度 6～12mm,视链速而定
飞溅润滑	采用密封外壳,在链轮侧边安装甩油盘飞溅润滑。甩油盘圆周速度 $v > 3\mathrm{m/s}$。当链条宽度大于 125mm 时,链轮两侧各装一个甩油盘	链条不得浸入油池,甩油盘浸油深度 12～15mm
压力喷油润滑	采用密封外壳,油泵供油,循环油可起润滑和冷却作用,喷油口设在链条啮入处	每个喷油口供油量可根据链节距及链速的大小查阅有关机械设计手册

润滑时,应将润滑油注入链条铰链处的缝隙中,并均匀分布在链宽上。润滑油应在松边加入,因为松边链节处于松弛状态,润滑油容易进入各摩擦面间。

润滑油推荐采用牌号为 L—AN32、L—AN46、L—AN68 的全损耗系统用油,温度低时选取前者。对于开式及重载低速的链传动,可在润滑油中加入 MoS_2、WS_2 等添加剂。对于不便用润滑油的场合,允许涂抹润滑脂,但应定期清洗与涂抹。采用喷镀塑料的套筒或粉末冶金制作的含油套筒,因有自润滑作用,允许不加润滑油。

本 章 小 结

挠性传动的主要特点是具有中间挠性元件,它是重要的机械传动形式。本章主要介绍了带传动和链传动两种主要的挠性传动。摩擦型带传动在实际中应用非常广泛,它具有传动平稳、安装和制造要求低、以及过载时会打滑，以便保护其他重要设备等优点。链传动工作时具有多边形效应，因此从动链轮作变速运动，工作时具有一定的附加动载荷。共同的特点是能够用于较远距离的传动。

应重点掌握两种传动的特点及其应用，并要求掌握摩擦型带传动的设计方法。

思 考 题

10-1 摩擦型带传动常用类型有哪些？各有什么特点？

10-2 影响带传动工作能力的因素有哪些？有什么对应关系？

10-3 带速常用在什么范围？带速太高和太低会出现什么问题？

10-4 带在工作时受到哪些应力的作用？正常情况下影响带疲劳寿命的最主要的应力是什么？

10-5 设计带传动时，如何确定小带轮直径？传动中心距大小对带传动的传动能力、带的使用寿命有何影响？如何初选中心距？

10-6 摩擦型带传动的打滑和弹性滑动有何区别？

10-7 安装传动带时应注意哪些问题？如何控制带的张紧程度？

10-8 与带传动相比，链传动有哪些优缺点？

10-9 为什么一般链节数为偶数，而链轮齿数多取奇数？

10-10 如何理解链传动的多边形效应？它主要与哪些因素有关？

10-11 链传动的张紧与带传动有何不同？怎样布置较为有利？

习 题

10-1 一普通 V 带传动传递功率为 $P = 7.5\text{kW}$，带速 $v = 10\text{m/s}$，紧边拉力是松边拉力的 2 倍，即 $F_1 = 2F_2$，试求紧边拉力、松边拉力和有效圆周力。

10-2 设计一带式输送机的 V 带传动，已知电动机功率为 $P = 6\text{kW}$，转速 $n_1 = 1400\text{r/min}$，传动比 $i = 3$，两班制工作，试设计此带传动（要求最大传动比误差为 $\pm 5\%$）。

10-3 已知一双排滚子链传动，主动链轮转速 $n_1 = 960\text{r/min}$，$z_1 = 21$，$z_2 = 59$，链号为 16A，工作情况系数 $K_A = 1.2$。试计算此链传动所能传递的最大功率。

10-4 某链传动水平布置，传动功率为 $P = 7\text{kW}$，主动链轮与电动机连接，转速为 750r/min，从动链轮转速为 200r/min。载荷平稳，润滑良好，试设计此带传动。

第 11 章 支承零部件

旋转的带毂零件（如齿轮、带轮和凸轮等）必须依靠轴的支承才能传递运动和动力，而轴又必须依靠滚动轴承或滑动轴承来支承，这种起支承作用的轴和轴承称为支承零部件。

轴承是用来支承轴及轴上回转体的部件，根据其工作时接触面间的摩擦性质，轴承可分为滚动轴承和滑动轴承两大类。

11.1 滚动轴承

滚动轴承依靠元件间的滚动接触来承受载荷。与滑动轴承比较，滚动轴承具有摩擦阻力小、效率高、润滑简便、互换性好和起动阻力小等特点，但其耐冲击性能较差、高速时寿命低、噪声和振动较大。滚动轴承为标准部件，应用十分广泛，其规格已标准化、系列化，由专门厂家生产，使用者只需根据标准合理选用。

11.1.1 滚动轴承的基本构造、类型及代号

1. 滚动轴承的基本结构

如图 11-1 所示，滚动轴承由内圈、外圈、滚动体、保持架等组成。内圈装在轴颈上，外圈装在轴承座孔内。通常外圈固定，内圈随轴回转，但也可用于内圈不动而外圈回转，或者是内、外圈同时回转的场合。工作时，滚动体在内、外圈滚道中滚动。保持架将滚动体在整个圆周上均匀隔开，以避免因滚动体间直接接触而产生剧烈磨损，内、外圈上的滚道起限制滚动体轴向移动的作用。常用的滚动体如图 11-2 所示，有球、圆柱滚子、滚针、圆锥滚子、球面滚子和非对称球面滚子等多种形式。滚动体的形状、数量、大小对滚动轴承的承载能力和极限转速有很大的影响。

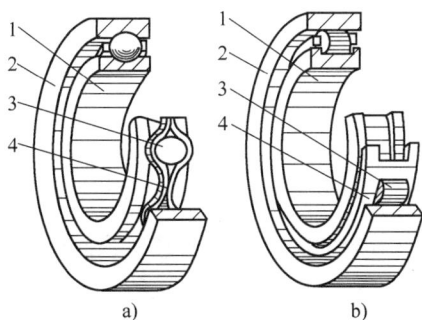

图 11-1 滚动轴承的基本结构
1—内圈 2—外圈 3—滚动体
4—保持架

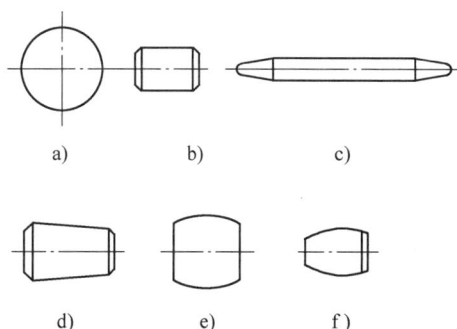

图 11-2 常用的滚动体
a）球 b）圆柱滚子 c）滚针 d）圆锥滚子
e）球面滚子 f）非对称球面滚子

为了减小轴承的径向尺寸，有的轴承无内、外圈，这时的轴颈或轴承座要起到内圈或外圈的作用。有的轴承为满足使用中的某些需要，另增设如防尘盖、密封圈等特殊元件。

轴承的内、外圈和滚动体，一般是用高碳铬轴承钢（如 GCr15、GCr15SiMn）制造，热处理后硬度应达到 60～65HRC。保持架有冲压的（见图 11-1a）和实体的（见图 11-1b）两种结构。冲压保持架一般用低碳钢板冲压制成，它与滚动体间有较大间隙，工作时噪声大。实体保持架常用铜合金、铝合金或酚醛树脂等高分子材料制成，有较好的隔离和定心作用。

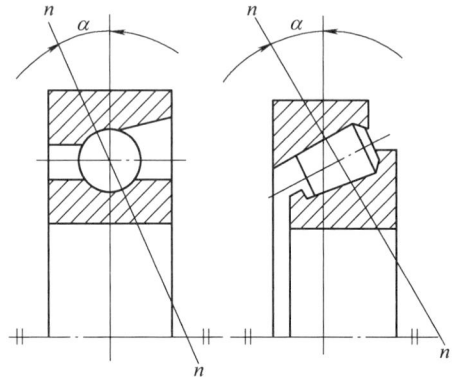

图 11-3　公称接触角

2. 滚动轴承的重要结构特性

（1）公称接触角　如图 11-3 所示，滚动体与外圈接触处的法线 n—n 与轴承径向平面（垂直于轴承轴心线的平面）的夹角 α，称为滚动轴承的公称接触角（简称接触角）。α 越大，轴承承受轴向载荷的能力越大。

（2）游隙　轴承的内、外圈及滚动体之间有一定的间隙存在，因此内、外圈之间可以产生一定的相对位移，其最大相对位移量称为游隙。游隙沿移动方向分为径向游隙 μ_r 和轴向游隙 μ_a，如图 11-4 所示。游隙大小应按使用要求进行选择和调整，它对轴承寿命、噪声和温升等有很大影响。

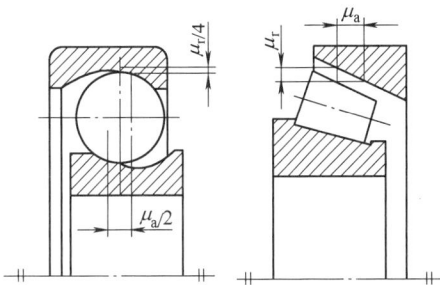

图 11-4　轴承的游隙

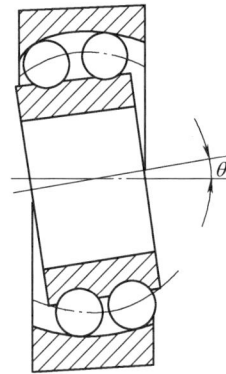

图 11-5　偏位角

（3）偏位角　如图 11-5 所示，滚动轴承内、外圈中心线间的相对倾斜现象称为角偏位，而轴承两中心线相对倾斜的角度 θ 称为偏位角，各类轴承允许的偏位角见表 11-1。具有角偏位能力的轴承，能够补偿因加工、安装误差和轴的变形造成的内、外圈的倾斜。而允许偏位角大的轴承调心功能强，故称其为调心轴承，如调心球轴承、调心滚子轴承等。

3. 滚动轴承的类型

（1）按滚动体的形状分类　按滚动体形状不同可分为球轴承和滚子轴承两大类，球轴承的滚动体与滚道之间的接触为点接触，运转时摩擦损耗小，但承载能力和抗冲击能力差；而滚子轴承的滚动体与滚道之间的接触为线接触，承载能力和抗冲击能力大，但运转时摩擦损耗也大。

（2）按滚动体的列数分类　按滚动体的列数不同又可分为单列、双列和多列滚动轴承。

（3）按轴承承受载荷分类　按轴承承受载荷的方向不同，滚动轴承可分为向心轴承和推力轴承两大类，主要承受径向载荷的轴承称为向心轴承；主要承受轴向载荷的轴承称为推力轴承。根据公称接触角 α 的不同，向心轴承可细分为径向接触轴承（$\alpha = 0°$）、角接触向心轴承（$0° < \alpha \leqslant 45°$）；推力轴承可细分为角接触推力轴承（$45° < \alpha < 90°$）和轴向推力轴承（$\alpha = 90°$）。

常用滚动轴承的类型、代号、结构、性能特点和适用场合见表 11-1，可供选用轴承时参考。

表 11-1　常用滚动轴承的类型、代号、结构、性能特点和适用场合

轴承类型及代号	结构简图	承载方向	极限转速	允许偏位角	性能特点和适用场合
调心球轴承 1			中	$1.5° \sim 3°$	主要承受径向载荷，同时也能承受少量轴向载荷。因为外圈滚动表面是以轴承中点为中心的球面，能自动调心，适用于多支点传动轴、刚性小的轴以及难以对中的轴
调心滚子轴承 2			低	$2° \sim 3°$	能承受很大的径向载荷和少量轴向载荷，承载能力较大；滚动体为鼓形，外圈滚道为球面，因而能自动调心。常用于其他种类轴承不能胜任的重负荷情况，如轧钢机、大功率减速器、破碎机、吊车走轮等
圆锥滚子轴承 3 31300 型 （$\alpha = 28°48'39''$） 其他 （$\alpha = 10° \sim 18°$）			中	$2'$	内、外圈可分离，游隙可调，摩擦因数大，常成对使用。31300 型不宜承受纯径向载荷，其他型号不宜承受纯轴向载荷。因为是线接触，承载能力大于"7"类轴承。此轴承适用于刚性较大的轴，应用很广，如减速器、车轮轴、轧钢机、起重机、机床主轴等
推力球轴承 5 双向推力球轴承 5			低	不允许	只能承受轴向载荷，而且载荷作用线必须与轴线相重合，即装在机座轴线必须与轴承座底面垂直，不允许有角偏差。高速时，因滚动体离心力大，球与保持架摩擦发热严重，寿命降低，故仅适用于轴向载荷大、转速不高的场合 紧圈内孔直径小，装在轴上；松圈内孔直径大，与轴之间有间隙，装在机座上。常用于起重机吊钩、蜗杆轴、锥齿轮轴、机床主轴等
深沟球轴承 6			高	$2' \sim 10'$	主要承受径向载荷，同时也可承受一定量的轴向载荷；当量摩擦因数最小，高转速时可代替推力球轴承受不大的纯轴向载荷 适用于刚性较大的轴，常用于小功率电机、减速器、运输机的托辊、滑轮等

（续）

轴承类型及代号	结构简图	承载方向	极限转速	允许偏位角	性能特点和适用场合
角接触球轴承 7 7000C（α=15°） 7000AC（α=25°） 7000B（α=40°）			较高	2′~10′	能同时承受径向载荷和轴向载荷，公称接触角越大，轴向承载能力也越大，也可承受纯轴向载荷。通常成对使用，可以分装于两个支点或同装于一个支点上。适用于刚性较大跨距不大的轴及须在工作中调整游隙的场合，常用于蜗杆减速器、离心机、电钻、穿孔机等
外圈无挡边 圆柱滚子轴承 N			较高	2′~4′	内外圈可分离，滚子用内圈凸缘定向，内外圈允许少量的轴向移动。只能承受较大的径向载荷，不能承受轴向载荷。因是线接触，内外圈只允许有极小的相对偏转 　适用于刚性很大，对中良好的轴，常用于大功率电动机、机床主轴、人字齿轮减速器等
滚针轴承 NA			低	不允许	承载径向载荷的能力很大，不能承受轴向载荷。径向尺寸最小、不允许有角偏位。轴承中滚针数量较多，一般无保持架，所以摩擦因数较大，旋转精度低，轴承极限转速低、寿命短 　适用于径向载荷很大而径向尺寸受限制的地方，如万向联轴器、活塞销、连杆销等

4. 滚动轴承的代号

滚动轴承的代号由前置代号、基本代号和后置代号构成，见表11-2。

表11-2　滚动轴承的代号构成

前置代号	基本代号					后置代号（组）							
	五	四	三	二	一	1	2	3	4	5	6	7	8
成套轴承 分部件代号	类型代号	尺寸系列代号		内径代号		内部结构代号	套圈变型、密封与防尘代号	保持架及其材料代号	轴承材料代号	公差等级代号	游隙代号	配置代号	其他
		宽度系列代号	直径系列代号										

（1）滚动轴承的基本代号　基本代号用来表示滚动轴承的类型、尺寸等主要特征，由类型代号、尺寸系列代号及内径代号组成（滚针轴承除外），按顺序自左向右依次排列，见表11-2。

1）类型代号。类型代号用数字或字母表示，见表11-1。

2）尺寸系列代号。尺寸系列代号是轴承的宽（高）度系列代号和直径系列代号的组合代号（见表11-3），宽（高）度系列代号在前，直径系列代号在后，宽度系列代号为"0"时可省略（调心滚子轴承和圆锥滚子轴承不可省略）。宽度系列是指结构、内径和直径系列都相同的轴承在宽度方面的变化系列，高度系列是指内径相同的轴向接触轴承在高度方面的变化系列，直径系列是指内径相同的同类型轴承在外径和宽度方面的变化系列。

表11-3 尺寸系列代号

直径系列代号		向心轴承								推力轴承			
		宽度系列代号								高度系列代号			
		8	0	1	2	3	4	5	6	7	9	1	2
		宽度尺寸从左到右依次递增								高度尺寸从左到右依次递增			
		尺寸系列代号											
外径尺寸从上到下依次递增	7	—	—	17	—	37	—	—	—	—	—	—	—
	8	—	08	18	28	38	48	58	68	—	—	—	—
	9	—	09	19	29	39	49	59	69	—	—	—	—
	0	—	00	10	20	30	40	50	60	70	90	10	—
	1	—	01	11	21	31	41	51	61	71	91	11	—
	2	82	02	12	22	32	42	52	62	72	92	12	22
	3	83	03	13	23	33	—	—	—	73	93	13	23
	4	—	04	—	24	—	—	—	—	74	94	14	24
	5	—	—	—	—	—	—	—	—	—	95	—	—

注：表中"－"表示不存在此种组合。

3）内径代号。表示轴承内径尺寸的大小，用两位数字表示，常用内径代号见表11-4。

表11-4 内径代号

内径代号	00	01	02	03	04~96
轴承内径/mm	10	12	15	17	代号数×5

注：内径为22mm、28mm、32mm及≥500mm的轴承，用内径毫米数直接表示，但与组合代号之间用"/"分开，如深沟球轴承62 / 22，表示内径 $d = 22$mm。

（2）前置、后置代号　前置、后置代号是轴承在结构形状、尺寸、公差、技术要求等有改变时，在基本代号左、右添加的补充代号。

1）前置代号。前置代号用字母表示，代号及含义见表11-5。

表11-5 前置代号

代 号	含 义	示 例
L	可分离轴承的可分离内圈或外圈	LNU 207　LN 207
R	不带可分离内圈或外圈的轴承（滚针轴承仅适用于 NA 型）	RNU 207　RNA 6904
K	滚子和保持架组件	K 81107
WS	推力圆柱滚子轴承轴圈	WS 81107
GS	推力圆柱滚子轴承座圈	GS 81107

2）后置代号。后置代号共有8组（见表11-2），用字母（或加数字）表示。

①内部结构代号。表示同一类型轴承的不同内部结构，用字母表示，如用 C、AC、B 分别表示 $\alpha = 15°$、$25°$、$40°$的角接触球轴承。B 还表示圆锥滚子轴承增大接触角，C 还表示 C 型调心滚子轴承，D 表示剖分式轴承，E 表示加强型（改进内部结构设计，增大轴承承载能力）等，见表11-6。

②公差等级代号。轴承公差等级分 0、6、6x、5、4、2 共 6 级，分别用/PO、/P6、

/P6x、/P5、/P4、/P2 表示（/PO 在轴承代号中可省略不标）。其中，0 级为最低（称为普通级），2 级最高，6x 级仅用于圆锥滚子轴承。

表 11-6　内部结构代号

代　号	含　义	示　例
A、B C、D E	1）表示内部结构改变 2）表示标准设计，其含义随不同类型、结构而异	B　角接触球轴承　公称接触角 $\alpha = 40°7210$ B 　　圆锥滚子轴承　接触角加大　32310 B C　角接触球轴承　公称接触角　$\alpha = 15°$　7005 C 　　调心滚子轴承　C 型　23122 C E　加强型①　NU 207 E
AC D ZW	角接触球轴承　公称接触角　$\alpha = 25°$ 剖分式轴承 滚针保持架组件　双列	7210 AC K $50 \times 55 \times 20$ D K $20 \times 25 \times 40$ ZW

①加强型即内部结构设计改进，增加了轴承承载能力。

③游隙代号。标准规定，轴承径向游隙基本游隙组分 1、2、0、3、4、5 共 6 个组别，其中 0 组游隙最为常用，故无代号，其他组别的代号分别为/C1、/C2、/C3、/C4、/C5。当公差等级代号与游隙代号需同时表示时，取公差等级代号加上游隙组号（去掉游隙代号中的"/C"）组合表示，如/P63 表示轴承公差等级 6 级，径向游隙 3 组。

④配置代号。当一个支承点上由两个轴承组成时，这两个成对安装的轴承有 3 种配置形式，简图及其代号如图 11-6 所示，例如 7210C/DF。

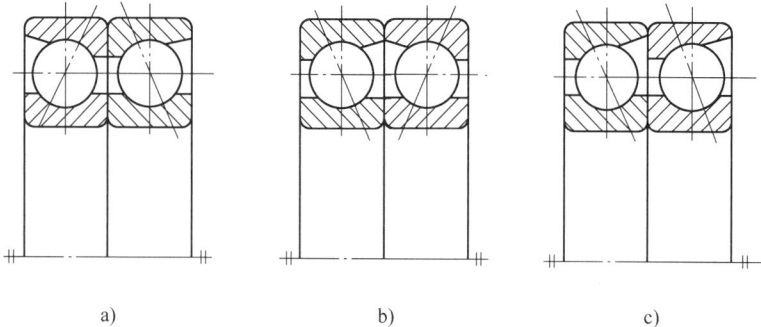

图 11-6　成对轴承配置安装形式及代号
a）背对背（/DB）　　b）面对面（/DF）　　c）串联（/DT）

例 11-1　说明轴承代号 7315AC/P63、30208/P6x、6215、20205 的含义。
解

7　3　15　AC　/P63

表示轴承公差等级为 6 级,径向游隙 3 组

表示轴承接触角 $\alpha = 25°$

表示轴承内径 $d = 15 \times 5$mm $= 75$mm

表示尺寸系列,宽度系列代号为 0(省略),直径系列代号为 3

表示角接触球轴承

```
3  02  08  /P6x
```
　　　　　　└── 表示轴承公差等级为 6x 级
　　　　└── 表示轴承内径 $d = 8 \times 5\text{mm} = 40\text{mm}$
　　└── 表示尺寸系列,宽度系列代号为 0,直径系列代号为 2
　└── 表示圆锥滚子轴承

```
6  2  15
```
　　　　　└── 表示轴承公差等级为 0 级(省略)
　　　└── 表示轴承内径 $d = 15 \times 5\text{mm} = 75\text{mm}$
　　└── 表示尺寸系列代号,宽度系列代号为 0(省略),直径系列代号为 2
　└── 表示深沟球轴承

```
2  02  05
```
　　　　　└── 表示公差等级为 0 级(省略)
　　　└── 表示轴承内径 $d = 5 \times 5\text{mm} = 25\text{mm}$
　　└── 表示尺寸系列代号,宽度系列代号为 0,直径系列代号为 2
　└── 表示调心滚子轴承

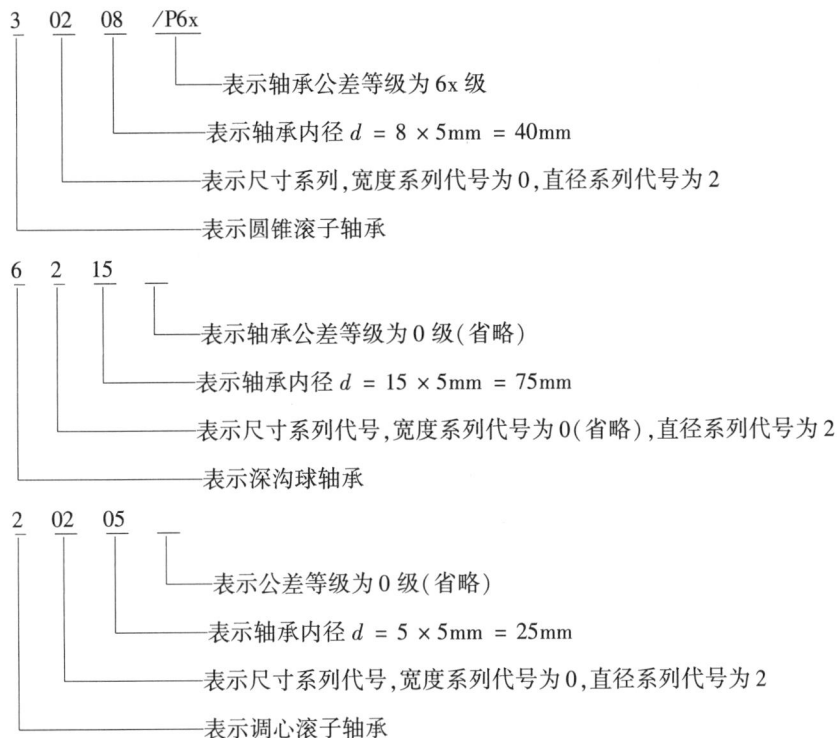

11.1.2　滚动轴承的类型选择

滚动轴承是标准件,类型很多,选择时应考虑以下几个方面。

1. 载荷的大小、方向和性质

（1）按载荷的大小、性质选择　在外廓尺寸相同的条件下,滚子轴承的承载能力比球轴承的大,适用于载荷较大或有冲击的场合,球轴承适用于载荷较小、振动和冲击较小的场合。

（2）按载荷方向选择　当承受纯径向载荷时,通常选用径向接触轴承或深沟球轴承;当承受纯轴向载荷时,通常选用推力轴承;当承受较大径向载荷和一定轴向载荷时,可选用角接触向心轴承;当承受较大轴向载荷和一定径向载荷时,可选用角接触推力轴承,或者将向心轴承和推力轴承进行组合承受径向和轴向载荷,其效果和经济性都比较好。

2. 轴承的转速

一般情况下工作转速的高低并不影响轴承的类型选择,只有在转速较高时,才会有比较显著的影响。根据工作转速选择轴承类型时,可参考以下几点:

1）与滚子轴承相比,球轴承具有较高的极限转速和旋转精度,高速时应优先选用球轴承。当要求支承具有较大刚度时,应选用滚子轴承。

2）为减小离心惯性力,高速时宜选用同一直径系列中外径较小的轴承。当用一个外径较小的轴承承载能力不能满足要求时,可再装一个相同的轴承,或者考虑采用宽系列的轴承。外径较大的轴承宜用于低速重载场合。

3）推力轴承的极限转速都很低,当工作转速高、轴向载荷不十分大时,可采用角接触球轴承或深沟球轴承替代推力轴承。当载荷较大或有冲击载荷时宜选用滚子轴承,当载荷较小时宜选用球轴承。

4）保持架的材料和结构对轴承转速影响很大，与冲压保持架相比，实体保持架允许更高的转速。

3. 调心性能要求

当轴的中心线与轴承座中心线不重合而有角度误差时，或因轴受到力作用而弯曲或倾斜时，轴承的内外圈轴线发生偏斜，这时应采用有调心性能的调心轴承，但必须两端同时使用，否则将失去调心作用。

圆柱滚子轴承和滚针轴承对轴承的偏斜最为敏感，这类轴承在偏斜状态下的承载能力低于球轴承，因此在轴的刚度和轴承座孔的支承刚度较低时，应尽量避免使用这类轴承。

4. 轴承的安装和拆卸

在轴承座为非剖分式而必须沿轴向安装和拆卸轴承部件时，应优先选用内外圈可分离的轴承（如 N0000、NA0000、30000 等）。轴承在长轴上安装时，为便于装拆，可选用内圈孔锥度为 1∶12 的轴承。

5. 经济性

一般而言，球轴承比滚子轴承便宜，派生型轴承（如带止动槽、密封圈或防尘盖轴承等）比其基本型轴承贵，同型号轴承精度高一级价格将大幅度增加，故在满足使用功能的前提下，应尽量选用低精度、价格便宜的轴承。

11.1.3　滚动轴承的组合设计

为了保证轴承正常工作，除正确选择轴承的类型和尺寸外，还应正确地解决轴承的定位、装拆、配合、调整、润滑等问题，即正确设计轴承的组合结构。

1. 滚动轴承的轴向定位与紧固

轴承的轴向定位与紧固是指轴承的内圈与轴颈、外圈与座孔间的轴向定位与紧固，这样轴承才能承受轴向载荷。轴承轴向定位与紧固的方法很多，应根据轴承所受载荷的大小、方向、性质，转速的高低，轴承的类型及轴承在轴上的位置等因素，选择合适的轴向定位与紧固方法。常用滚动轴承的内圈轴向定位与紧固的常用方法、外圈轴向定位与紧固的常用方法分别见表 11-7、表 11-8。

表 11-7　轴承内圈轴向定位与紧固的常用方法

名　称	图　例	定位与紧固方式	特点及应用
轴肩定位	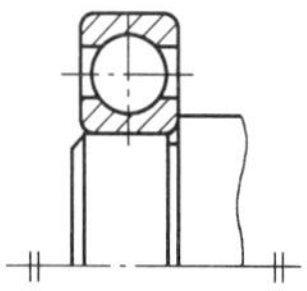	轴承内圈由轴肩实现轴向定位	结构简单，装拆方便，占用空间小，是最常见的轴向定位方式
弹簧挡圈与轴肩紧固	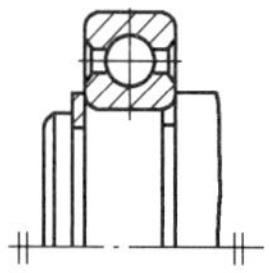	轴承内圈由轴用弹簧挡圈与轴肩实现轴向紧固	结构尺寸小，可承受不大的轴向载荷，主要用于、深沟球轴承的轴向固定

（续）

名　称	图　例	定位与紧固方式	特点及应用
轴端挡圈与轴肩紧固	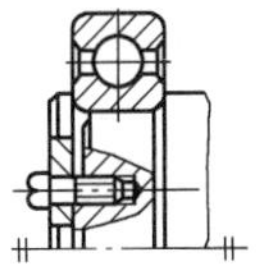	轴承内圈由轴端压板与轴肩实现轴向紧固。压板由螺钉紧固于轴端，用弹簧垫片和铁丝防松	可在高转速下承受较大的轴向力，多用于轴径 $d > 70\text{mm}$、轴端切制螺纹有困难的场合
锁紧螺母与轴肩紧固	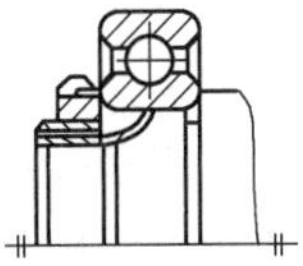	轴承内圈由锁紧螺母与轴肩实现轴向紧固，止动垫圈具有防松的作用	安全可靠，适用于高速、重载的场合
紧定锥套紧固	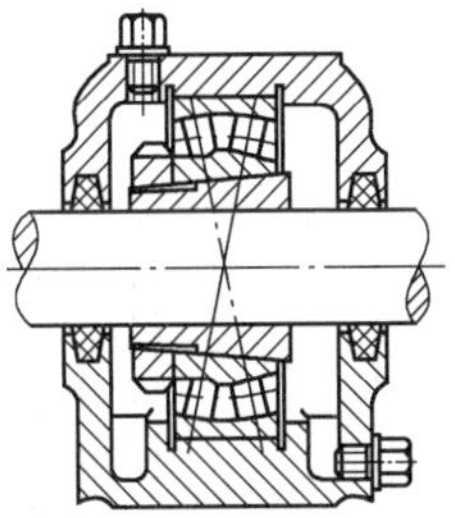	依靠紧定锥套的径向收缩夹紧实现轴承内圈的轴向紧固	用于轴向力不大、转速不高、内圈为圆锥孔的轴承在光轴上的紧固

表 11-8　轴承外圈轴向定位与紧固的常用方法

名　称	图　例	定位与紧固方式	特点及应用
弹簧挡圈与凸肩紧固	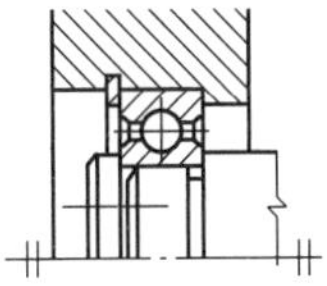	轴承外圈由弹性挡圈与座孔内凸肩实现轴向紧固	结构简单、装拆方便、轴向尺寸小，适用于转速不高、轴向力不大的场合
止动卡环紧固	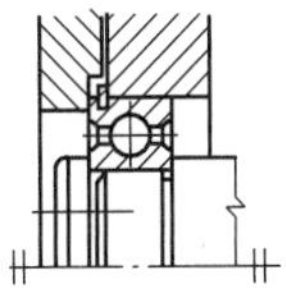	轴承外圈由止动卡环实现轴向紧固	用于带有止动槽的深沟球轴承，适用于轴承座孔内不便设置凸肩且轴承座为剖分式结构的场合
轴承端盖定位与紧固	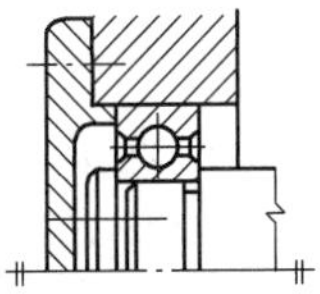	轴承外圈由轴承端盖实现轴向定位与紧固	结构简单、紧固可靠、调整方便，用于高速及很大轴向力时的各类推力轴承、角接触向心轴承、角接触推力轴承和圆锥滚子轴承
螺纹环定位与紧固	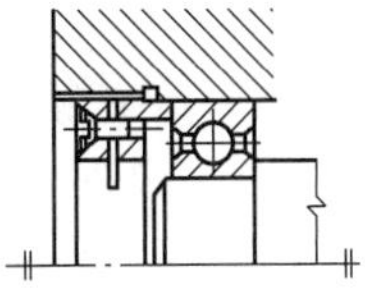	轴承外圈由螺纹环实现轴向定位与紧固	用于转速高、轴向载荷大且不便使用轴承端盖紧固的场合

（续）

名　称	图　例	定位与紧固方式	特点及应用
调节杯定位与紧固		轴承外圈用螺钉和调节杯轴向定位与紧固	便于调整轴承游隙，用于角接触轴承、圆锥滚子轴承的定位与紧固

2. 滚动轴承的组合结构

通常一根轴需要两个支点，每个支点由一个或两个轴承组成。滚动轴承的支承结构应考虑轴在机器中的正确位置，防止轴向窜动及轴受热伸长后出现将轴卡死现象等，轴上常用的双支承滚动轴承的组合结构有三种基本形式。

（1）两端固定支承　如图 11-7 所示，轴上两端轴承各限制一个方向的轴向移动，从而限制轴的双向移动。这种结构一般用于工作温度较低和支承跨距较小的刚性轴的支承，轴的热伸长量可由轴承自身的游隙补偿，或者在轴承外圈与轴承盖之间留有 $a = 0.2 \sim 0.4$mm 间隙补偿轴的热伸长量，调节调整垫片可改变间隙的大小。角接触球轴承和圆锥滚子轴承还可用调整螺钉、调节杯调节轴承间隙（见表 11-8）。

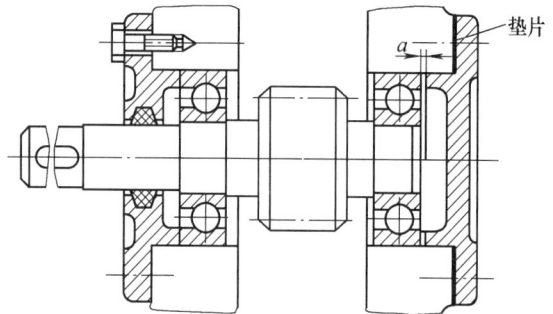

图 11-7　两端固定支承结构

（2）一端固定、一端游动支承　当支承跨距较长或工作温度较高时，轴有较大的热膨胀伸缩量，这时应采用一端固定、一端游动的轴承组合结构。如图 11-8a 所示，轴的两端各用一个深沟球轴承支承，左端轴承的内、外圈都为双向固定，而右端轴承的外圈在座孔内没有轴向固定，内圈用弹性挡圈限定其在轴上的位置。工作时轴上的双向轴向载荷由左端轴承承受，轴受热伸长时，右端轴承可以在座孔内自由游动。支承跨距较大（$L > 350$mm）或工作温度较高（$t > 70$℃）的轴，游动端轴承采用外圈无挡边圆柱滚子轴承更为合适，如图 11-8b 所示，内、外圈均作双向固定，但相互间可作相对轴向移动。当轴向载荷较大时，固定端可用深沟球轴承或径向接触轴承与推力轴承的组合结构（见图 11-8c），也可以用两个角接触球轴承（或圆锥滚子轴承）"背对背"或"面对面"的组合结构，如图 11-8d 所示。

（3）两端游动支承　图 11-9 所示人字齿轮传动中，大齿轮所在轴采用两端固定支承结构，小轮轴采用两端游动支承结构，靠人字齿传动的啮合作用，控制小齿轮轴的轴向位置，以防止齿轮卡死或人字齿的两侧受力不均，使传动顺利进行。

3. 轴承游隙和轴承组合位置的调整

（1）轴承游隙的调整　轴承游隙的大小对轴承的寿命、效率、旋转精度、温升及噪声等都有很大的影响。需要调整游隙的主要有角接触球轴承组合结构、圆锥滚子轴承组合结构和平面推力球轴承组合结构。图 11-10a、图 11-8c 右支点和图 11-8d 右支点结构中，轴承的游隙和预紧是靠轴承端盖与套杯间的垫片来调整的，简单方便；而图 11-10b 所示结构中，

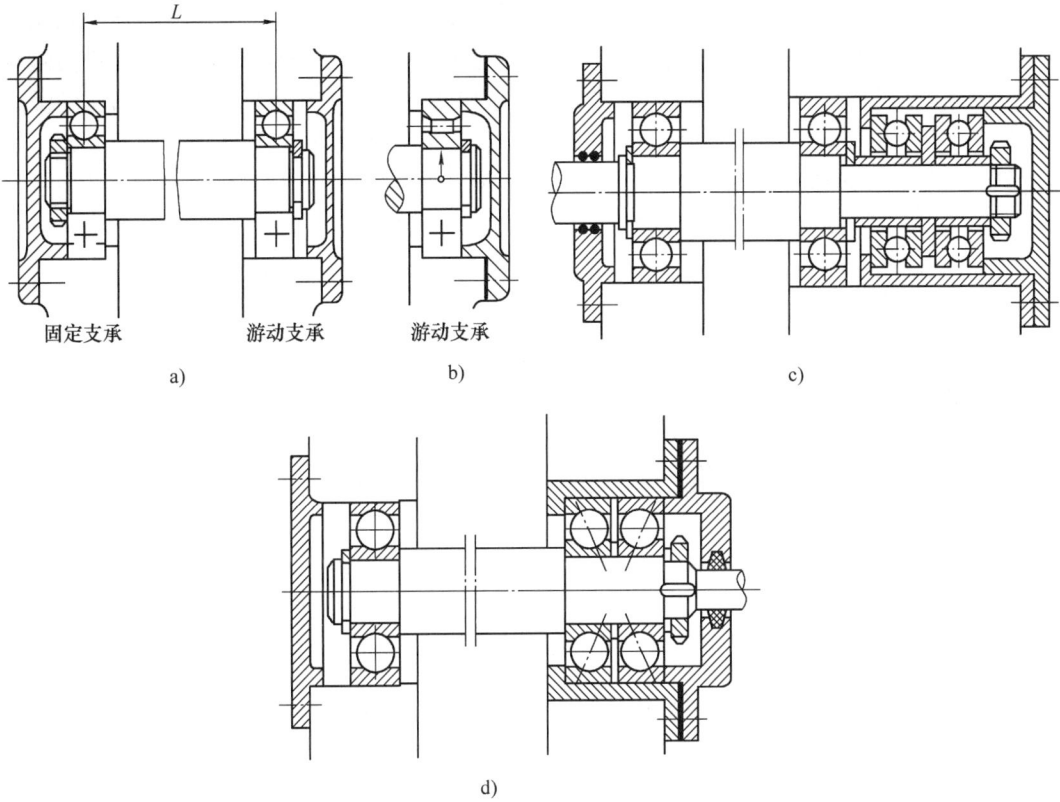

图 11-8　一端固定、一端游动支承结构

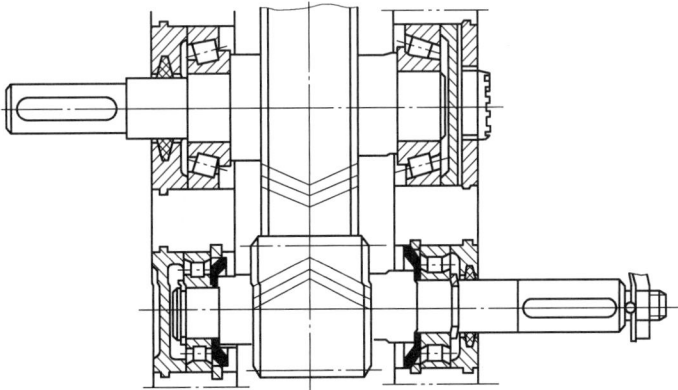

图 11-9　两端游动支承结构

轴承的游隙是靠轴上圆螺母来调整的，操作不方便，且螺纹为应力集中源，削弱了轴的强度。

（2）轴承组合位置的调整　为使锥齿轮传动中的两锥齿轮分度圆锥锥顶重合或使蜗杆传动能于中间平面位置正确啮合，必须对其支承轴系进行轴向位置调整，即进行轴承组合位置调整。如图 11-10 所示，整个支承轴系放在一个套杯中，套杯的轴向位置（即整个轴系的轴向位置）通过增减套杯与机座端面间垫片的厚度来调节，从而使传动件处于最佳的啮合位置。图中的圆锥滚子轴承也可以用角接触球轴承代替。从图中还可以看出，在支承距离 b 相同的条件下，压力中心间的距离，在图 11-10a 中为 L_1、图 11-10b 中为 L_2，且 $L_1 < L_2$，故前者悬臂较长，支承刚性较差。

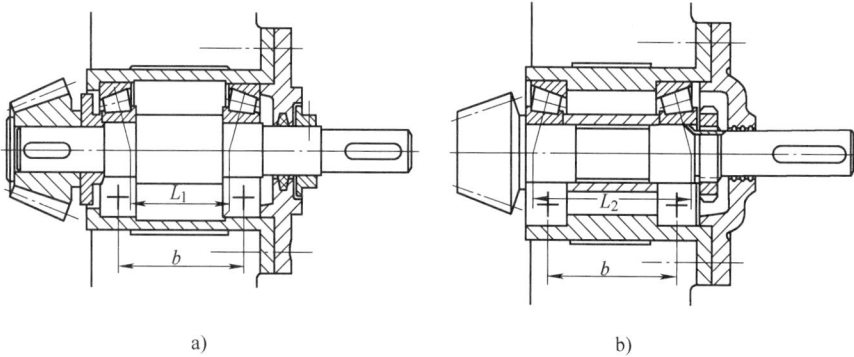

a)   b)

图 11-10　小圆锥齿轮轴的支承结构

（3）滚动轴承的预紧　轴承的预紧是指安装轴承时用某种方法在轴承中产生并保持一定的轴向力，以消除轴承的轴向游隙，使轴承处于压紧的状态。预紧使滚动体与内、外圈滚道接触处产生弹性预变形，可以提高轴承的旋转精度和支承刚度，从而减少工作时轴的振动。常用的预紧方法有以下几种：

1）在两轴承的内圈或外圈之间放置垫片（见图 11-11a）或者磨薄一对轴承的内圈或外圈（见图 11-11b）来预紧。预紧力的大小靠调节垫片的厚度或轴承内、外圈的磨削量来控制。

2）在一对轴承的内、外圈间装入长度不等的套筒进行预紧（见图 11-11c）。预紧力的大小决定于两套筒的长度差。

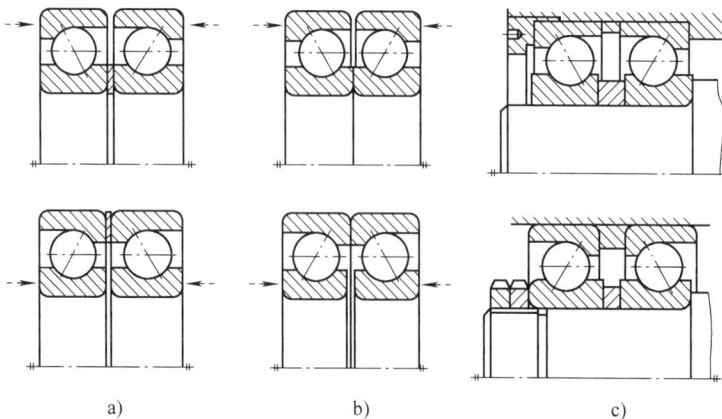

a)   b)   c)

图 11-11　轴承预紧方法

a）加金属垫片　b）磨薄内、外圈　c）加套筒

3）弹簧预紧，可以保持稳定的预紧力，如图11-12所示。

4. 滚动轴承支座的刚性和同轴度

轴或轴承座的变形都会使轴承内滚动体受力不均匀而运动受阻，影响轴承的旋转精度，降低轴承的寿命。因此，安装轴承的外壳或轴承座也应有足够的刚度。如孔壁要有适当的厚度，壁板上轴承座的悬臂应尽可能地缩短，并用加强肋来提高支座的刚性，如图11-13所示。对轻合金或非金属外壳，应加钢制或铸铁制的套杯。

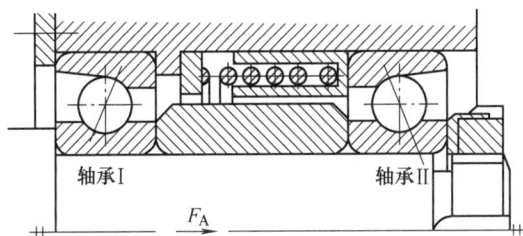

图11-12　角接触轴承的定压预紧

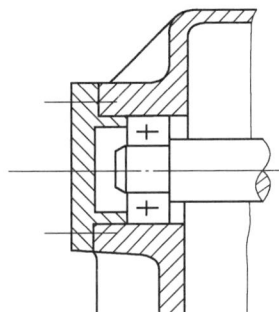

图11-13　用加强肋
提高支承的刚性

同一根轴上两个支承点的轴承座孔，其孔径应尽可能相同，以便加工时一次将其镗出，保证两孔的同轴度。如果一根轴上装有不同尺寸的轴承，可用镗刀一次镗出两个尺寸相同的座孔，用钢制套杯结构（见图11-8c、d）来安装外径较小的轴承。当两个座孔分别位于不同机壳上时，应将两个机壳先进行接合面加工再连接成一个整体，然后镗孔。

5. 滚动轴承的配合和装拆

（1）滚动轴承的配合　滚动轴承的配合是指轴承内圈与轴颈、轴承外圈与轴承座孔的配合。轴承内圈与轴的配合采用基孔制，轴承外圈与座孔的配合采用基轴制。滚动轴承的公差标准中，规定其各公差等级的内径和外径的公差带均为单向制，而且统一采用上极限偏差为零，下极限偏差为负值的分布，如图11-14所示。而普通圆柱公差标准中基准孔的公差带都在零线之上，故滚动轴承内圈与轴颈的配合比圆柱公差标准中规定的基孔制同类配合要紧一些。轴承外圈与外壳孔的配合和圆柱公差标准中规定的

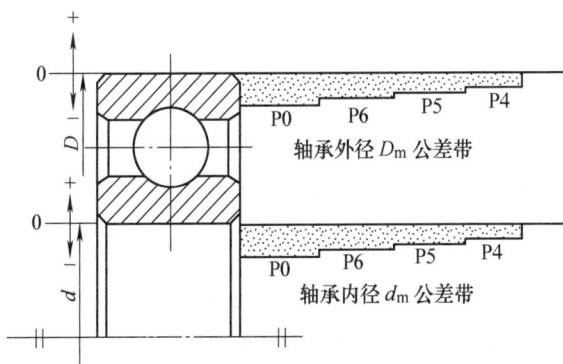

图11-14　轴承内、外径公差带的分布

基轴制同类配合相比较，配合性质的类别基本一致，但由于轴承外径的公差值较小，因而比同类配合稍紧一些。

滚动轴承内、外圈的配合既不能过紧也不能过松。过紧的配合会使轴承的内、外圈产生

变形，破坏轴承的正常工作，且增加了装拆的难度；过松的配合不仅会影响轴的旋转精度，甚至会使配合表面发生滑动。因此，轴承配合种类的选取，应根据轴承的类型和尺寸，载荷的大小、方向和性质以及工作环境等决定。一般的原则是：回转套圈应选较紧配合，不回转套圈宜选较松配合；转速高、载荷大、工作温度高时应选较紧配合；需经常拆卸或游动套圈应采用较松配合。精度等级越高的轴承，与其配合的孔和轴的加工精度、表面粗糙度及形位公差均应有较高的要求，以保证高精度轴承的旋转精度。

（2）滚动轴承的装拆　为了不损伤轴承及轴颈部位，中小型轴承可用锤子敲击装配套筒（一般用铜套）安装轴承，如图 11-15 所示。大型轴承或较紧的轴承可用专用的压力机装配或将轴承放在矿物油中加热到 80～100℃ 后再进行装配。拆卸轴承一般也要用专门的拆卸工具——顶拔器，如图 11-16 所示。为便于安装顶拔器，应使轴承内圈比轴肩、外圈比凸肩露出足够的高度 h，如图 11-17a、b 所示。对于不通孔，可在端部开设专用拆卸螺纹孔，如图 11-17c 所示。

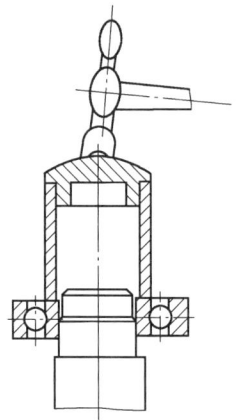

图 11-15　用锤子安装轴承

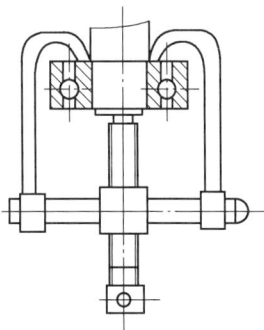

图 11-16　用顶拔器拆卸轴承

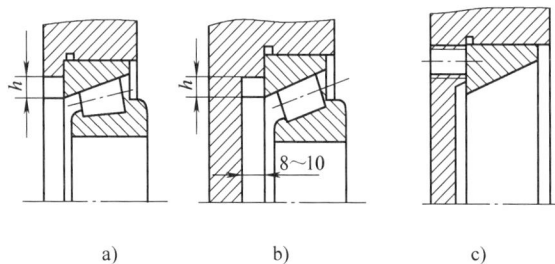

图 11-17　轴承外圈的拆卸

11.1.4　滚动轴承的计算与尺寸确定

滚动轴承设计的内容一般为：①根据具体工作条件选用轴承的类型和尺寸。②综合考虑滚动轴承的定位、装拆、调整等问题，进行轴承的组合结构设计。③验算轴承的承载能力等，从而进一步确定轴承的类型和尺寸。

1. 滚动轴承的主要失效形式和计算准则

（1）受力分析　当滚动轴承只受轴向载荷 F_a 作用时，可认为各滚动体受载均匀且相等，但在承受径向载荷时，情况就大不相同了。如图 11-18 所示，当轴承受纯径向载荷 F_r 作用时，上半圈为非承载区，滚动体不承受载荷，下半圈为承载区，但各滚动轴承元件承受的载荷不同，处于 F_r 作用线下方的载荷最大。轴承工作中固定圈、转动圈相对转动，滚动体既自转又随转动圈绕轴承轴线公转。就滚动体而言，每自转一周，分别与内、外圈接触一次，故它的载荷和应力按周期性不稳定脉动循环变化，如图 11-19a 中实线所示。进入承载区后，转动圈滚道每与滚动体接触一次就受载一次，且随位置的不同其载荷和应力也不同，所以转动圈上各点受载情况类似滚动体，如图 11-19a 中实线所示，在 F_r 作用线的正下方，载荷和应力最大。对于固定圈，处于承载区的各接触点，随位置的不同其载荷和应力不同。但就其固定圈滚道上的每一个具体点，每当滚动体滚过该点的一瞬间便承载一次，再滚过另一个滚动体时接触载荷和应力是不变的，即固定圈在承载区的某点上承受稳定脉动循环应力，如图 11-19b 所示。

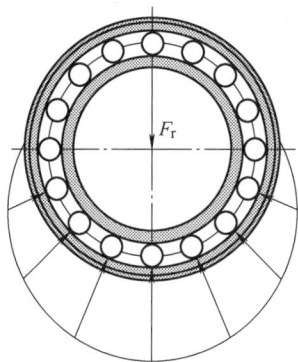

图 11-18　滚动轴承载荷分布图　　　　图 11-19　滚动轴承元件上的载荷和应力变化

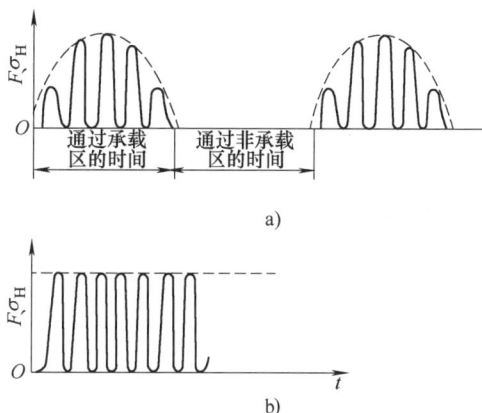

（2）主要失效形式　轴承的主要失效形式有疲劳点蚀、磨损和塑料变形等。

1）疲劳点蚀。轴承在安装、润滑、维护良好的条件下工作，运转次数达到一定数值后，各接触表面的材料将会出现局部脱落的疲劳点蚀。它将使轴承在运转时出现比较强烈的振动、噪声和发热现象，并使轴承的旋转精度逐渐下降，直至机器丧失正常的工作能力。疲劳点蚀是滚动轴承最主要的失效形式。

2）磨损。在润滑不充分、密封不好或润滑油不清洁以及工作环境多尘的条件下，一些金属屑或磨粒性灰尘进入了轴承的工作部位，致使轴承发生严重的磨损，造成轴承内、外圈与滚动体间间隙增大、振动加剧及旋转精度降低而报废。

3）塑性变形。在过大的静载荷或冲击载荷作用下，轴承承载元件间的接触应力超过了元件材料的屈服极限，接触部位发生塑性变形，形成凹坑，使轴承摩擦阻力矩增大，旋转精度下降且出现振动和噪声，这种失效多发生在低速重载或作往复摆动的轴承中。

除上述失效形式外，轴承还可能发生其他形式的失效，如装配不当而使轴承卡死、胀破内圈、挤碎滚动体和保持架、过热和过载时接触部位胶合撕裂、腐蚀性介质进入引起锈蚀等。在正常使用和维护的情况下，这些失效是可以避免的。

（3）计算准则　根据不同的失效形式，应对轴承进行不同的核算。

1）一般转速（$n > 10\text{r/min}$）的轴承，疲劳点蚀是其主要失效形式，应进行疲劳寿命计算。

2）极慢转速（$n \leqslant 10\text{r/min}$）或低速摆动的轴承，表面塑性变形是其主要失效形式，应按静强度计算。

3）高速轴承的主要失效形式为由发热引起的磨损、烧伤，故不仅要进行疲劳寿命计算，还要校验其极限转速。

2. 滚动轴承的寿命计算

（1）寿命计算中的有关概念　寿命计算中的相关概念为寿命、基本额定寿命和基本额定动载荷。

1）滚动轴承的寿命，是指轴承中任何一个套圈或滚动体上首次出现疲劳点蚀之前，一个套圈相对于另一个套圈的总转数或者在一定转速下总的工作小时数。

一批型号相同的轴承，即使在完全相同的条件下工作，它们的寿命也是不相同的，其寿命差异最大可达几十倍。因此，不能以一个轴承的寿命代表同型号一批轴承的寿命。

2）滚动轴承的基本额定寿命，是指一组相同的滚动轴承在同一条件下运转，其中10%的轴承发生疲劳点蚀破坏前的总转数或在一定转速下的总工作小时数，以 L_{10}（单位为 10^6 r）或 L_h（单位为 h）表示。

对于一个具体的轴承而言，基本额定寿命可以理解为能顺利地在额定寿命周期内正常工作的概率为90%，而在额定寿命期到达前就发生点蚀破坏的概率为10%。

3）滚动轴承的基本额定动载荷。轴承的寿命与所受载荷的大小有关，工作载荷越大，接触应力也就越大，承载元件所能经受的应力变化次数也就越少，轴承的寿命就越短。图11-20 所示是深沟球轴承 6207 进行寿命试验得出的载荷与寿命关系曲线，即载荷—寿命曲线。试验表明，其他轴承也存在类似的关系曲线。

滚动轴承在基本额定寿命为 10^6 r 时所能承受的载荷值，称为基本额定动载荷，对径向接触轴承，指的是纯径向载荷，并称为径向基本额定动载荷用 C_r 表示；对轴向接触轴承，指的是纯轴向载荷，称为轴向基本额定动载荷，用 C_a 表示；对角接触向心轴承，指的是使套圈间产生纯径向位移的载荷的径向分量；对角接触推力轴承，指的是使套圈间产生纯轴向位移的载荷的轴向分量。在基本额定动载荷的作用下，轴承工作寿命为 10^6 r 时的可靠度为90%。

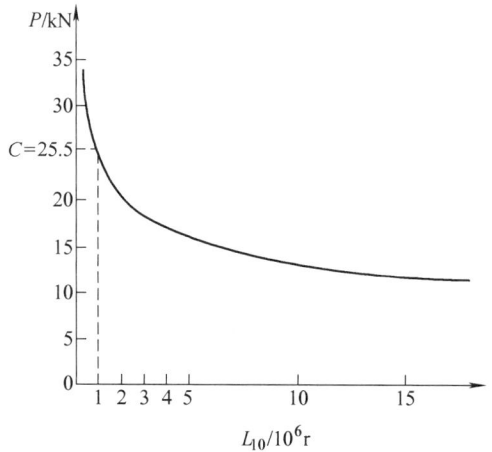

图 11-20　滚动轴承的载荷—寿命曲线

不同型号的轴承有不同的基本额定动载荷值，它表征了具体型号轴承的承载能力，各型号轴承的基本额定动载荷值可查轴承样本或设计手册。

（2）寿命计算公式　在实际应用计算中，轴承寿命习惯用工作小时数 L_h 表示。根据轴承的载荷—寿命关系，考虑温度、载荷特性对轴承寿命的影响，推导得出实用的寿命计算公式为

$$L_h = \frac{10^6}{60n} \left(\frac{f_t C}{f_P P} \right)^\varepsilon \tag{11-1}$$

式中　L_h——轴承寿命（h）；

　　　P——轴承所受的当量动载荷（后文详细说明）（kN）；

　　　C——额定动载荷（kN）；

　　　n——轴承转速（r/min）；

ε——寿命指数，对于球轴承 $\varepsilon = 3$，对于滚子轴承 $\varepsilon = 10/3$；

f_P——考虑机器振动和冲击影响引入的载荷因数，见表11-9；

f_t——考虑工作温度影响引入的温度因数，见表11-10。

表11-9　载荷因数f_P

载荷性质	f_P	举　例
无冲击或轻微冲击	1.0 ~ 1.2	电动机、汽轮机、通风机、水泵等
中等冲击或中等惯性力	1.2 ~ 1.8	车辆、动力机械、起重机、造纸机、冶金机械、选矿机、卷扬机、机床等
强大冲击	1.8 ~ 3.0	破碎机、轧钢机、钻探机、振动筛等

表11-10　温度因数f_t

轴承工作温度/℃	≤120	125	150	175	200	225	250	300	350
温度因数f_t	1.00	0.95	0.90	0.85	0.80	0.75	0.70	0.6	0.5

若已经给定轴承的预期寿命 L_h'，并已知轴承转速 n 和当量动载荷值 P，则所需轴承的基本额定动载荷（计算动载荷 C'），可以根据下式计算得到

$$C' = \frac{f_\mathrm{P}P}{f_\mathrm{t}} \sqrt[\varepsilon]{\frac{60nL_\mathrm{h}'}{10^6}} \tag{11-2}$$

再根据 $C' \leqslant C$，查手册确定额定动载荷 C，从而确定轴承的型号。

预期寿命 L_h' 可以参考表11-11或按实际工作时间计算。按实际工作时间计算时，如果没有特殊说明，通常年工作日按300天（或按每年52周，每周工作5天）计算，则

$$L_\mathrm{h}' = 工作年限 \times 年工作日 \times 日工作小时$$

式（11-1）和式（11-2）是轴承设计中常用的计算公式。

表11-11　推荐的轴承预期寿命L_h'

机　器　类　型	预期寿命 L_h'/h
不经常使用的仪器或设备，如闸门开闭装置等	300 ~ 3000
短期或间断使用的机械，中断使用不致引起严重后果，如手动工具等	3000 ~ 8000
间断使用的机械，中断使用后果严重，如发动机辅助设备、流水作业线自动传送装置、升降机、车间吊车、不常使用的机床等	8000 ~ 12000
每日工作8h的机械（利用率不高），如一般的齿轮传动、某些固定电动机等	12000 ~ 20000
每日工作8h的机械（利用率较高），如金属切削机床、连续使用的起重机、木材加工机械等	20000 ~ 30000
24h连续工作的机械，如矿山升降机、输送滚道用滚子等	40000 ~ 60000
24h连续工作的机械，中断使用后果严重，如纤维生产设备或造纸设备、发电站主发电机、矿井水泵、船舶螺旋桨轴等	100000 ~ 200000

（3）滚动轴承的当量动载荷　在各种标准和设计手册中，每一类轴承有对应的额定动载荷 C 值，这个值是在一定试验条件下得到的。然而，作用于轴承上的实际载荷一般与试验条件不同，只有将实际载荷换算成与试验条件相同的载荷后，才能和基本额定动载荷相互比较、计算。换算后的动载荷是一个假想载荷，称为当量动载荷，用 P 表示。在当量动载荷作用下，轴承具有与实际载荷作用时相同的寿命。当量动载荷 P 的计算方法如下：

1）对只能承受径向载荷 F_r 的径向接触轴承

$$P = F_r \tag{11-3}$$

2）对只能承受轴向载荷 F_a 的推力轴承

$$P = F_a \tag{11-4}$$

3）对既能承受径向载荷 F_r 又能承受轴向载荷 F_a 的角接触向心轴承

$$P = F_r = XF_r + YF_a \tag{11-5}$$

4）对既能承受轴向载荷 F_a 又能承受径向载荷 F_r 的角接触推力轴承

$$P = F_a = XF_r + YF_a \tag{11-6}$$

式中　X、Y——径向动载荷因数和轴向动载荷因数。其中式（11-5）中的 X、Y 见表 11-12，式（11-6）中的 X、Y 查有关手册。

表 11-12　径向动载荷因数 X 和轴向动载荷因数 Y

轴承类型		F_a/C_{or}①	e	单列轴承				双列轴承			
				$F_a/F_r > e$		$F_a/F_r \leqslant e$		$F_a/F_r > e$		$F_a/F_r \leqslant e$	
				X	Y	X	Y	X	Y	X	Y
深沟球轴承		0.014	0.19	0.56	2.30	1	0	0.56	2.30	1	0
		0.028	0.22		1.99				1.99		
		0.056	0.26		1.71				1.71		
		0.084	0.28		1.55				1.55		
		0.11	0.30		1.45				1.45		
		0.17	0.34		1.31				1.31		
		0.28	0.38		1.15				1.15		
		0.42	0.42		1.04				1.04		
		0.56	0.44		1.00				1.00		
角接触球轴承	$\alpha = 15°$	0.015	0.38	0.44	1.47	1	0	0.72	2.39	1	1.65
		0.029	0.40		1.40				2.28		1.57
		0.058	0.43		1.30				2.11		1.46
		0.087	0.46		1.23				2.00		1.38
		0.12	0.47		1.19				1.93		1.34
		0.17	0.50		1.12				1.82		1.26
		0.29	0.55		1.02				1.66		1.14
		0.44	0.56		1.00				1.63		1.12
		0.58	0.56		1.00				1.63		1.12
	$\alpha = 25°$	—	0.68	0.41	0.87	1	0	0.67	1.41	1	0.92
	$\alpha = 40°$	—	1.14	0.35	0.57	1	0	0.57	0.93	1	0.55
圆锥滚子轴承		—	$1.5\tan\alpha$②	0.4	$0.4\cot\alpha$	1	0	0.67	$0.67\cot\alpha$	1	$0.45\cot\alpha$

① 相对轴向载荷 F_a/C_{or} 中的 C_{or} 为轴承的径向基本额定静载荷，由手册查取。与 F_a/C_{or} 中间值相应的 e、Y 值可用线性内插法求得。

② 由接触角 α 确定的各项 e、Y 值，也可根据轴承型号从轴承手册中直接查得。

表 11-12 中 e 为判别因数，是计算当量动载荷时判别是否计入轴向载荷影响的界限值。当 $F_a/F_r > e$ 时，表示轴向载荷影响较大，计算当量动载荷时，必须考虑 F_a 的作用；当 $F_a/F_r \leqslant e$ 时，表示轴向载荷影响小，计算某些轴承的当量动载荷时，可以忽略 F_a 的影响。

（4）角接触球轴承和圆锥滚子轴承的径向载荷与轴向载荷计算　由于角接触球轴承和圆锥滚子轴承结构特点，当它承受径向载荷 F_r 时，外圈对滚动体产生的法向反力将分解为

F_r' 和 F_s。F_r' 与 F_r 相平衡，F_s 被保留下来。F_s 是由径向载荷在轴承内部产生的，称为派生轴向力，如图 11-21 所示。F_s 的大小按表 11-13 计算，其方向由轴承外圈宽边指向窄边。

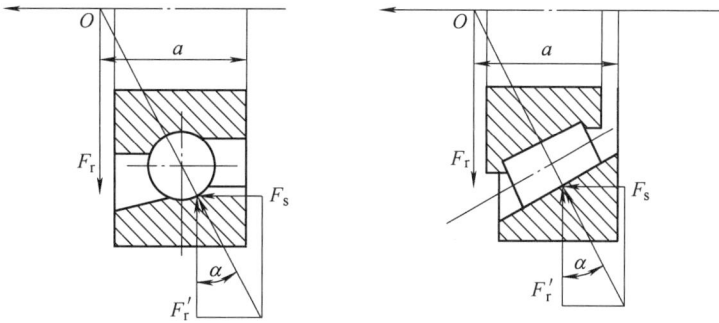

图 11-21　径向载荷产生的派生轴向力

表 11-13　角接触球轴承和圆锥滚子轴承的派生轴向力

轴承类型	角接触球轴承			圆锥滚子轴承
	7000C	7000AC	7000B	
派生轴向力	eF_r[①]	$0.68F_r$	$1.14F_r$	$F_r/2Y$[②]

①e 值可查表 11-12。

②Y 值是对应表 11-12 中 $F_a/F_r > e$ 时的值。

派生轴向力 F_s 对于轴承自身来说是一内力，但对于轴和另一端的轴承来说是外力，计算轴承所受轴向力时要考虑 F_s 的作用，同时还要考虑到安装方式的影响。

角接触球轴承和圆锥滚子轴承常成对使用，安装方式一般有正装和反装两种。图 11-22a 所示为反装（背对背）安装，两轴承外圈宽边相对，轴的实际支点偏向两支点外侧，支承跨距增大；图 11-22b 所示为正装（面对面）安装，两轴承外圈窄边相对，轴的实际支点偏向两支点内侧，支承跨距减小。支点与轴承端面距离 a（见图 11-21）可查机械设计手册，简化计算时可近似认为支点在轴承宽度的中点处。

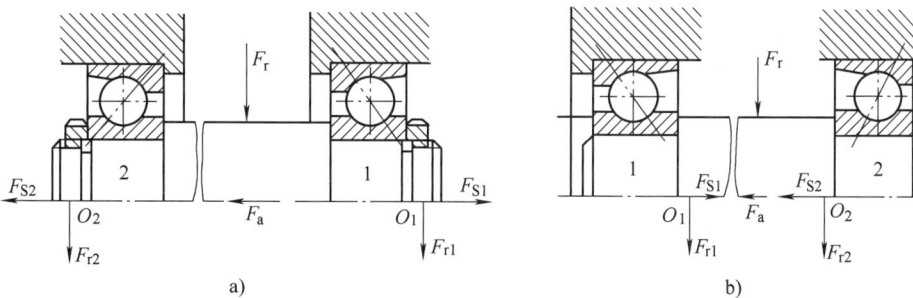

图 11-22　角接触球轴承的安装方式及受力分析
a）反装（背对背）　b）正装（面对面）

如图 11-22 所示，设轴与轴承受到外部的径向载荷 F_r 和轴向载荷 F_a 作用。轴承上所受轴向载荷不能只考虑外部轴向载荷作用，还应考虑两端轴承上因径向载荷产生派生轴向力的影响。所以，需进一步分析和计算轴承上轴向载荷情况，过程如下：

1）以轴及与其配合的轴承内圈为分离体，作受力分析，判别两端轴承的派生轴向力 F_s 的方向，并给轴承编号，将 F_s 的方向与 F_a 方向一致的轴承标为 2，另一端轴承标为 1，如图 11-22 所示。

2）由外部的径向载荷 F_r 计算轴承径向载荷 F_{r1} 和 F_{r2}，再由 F_{r1}、F_{r2} 计算派生轴向力 F_{s1} 和 F_{s2}。

3）计算各轴承的轴向载荷 F_{A1} 和 F_{A2}。

①若 $F_a + F_{s2} \geq F_{s1}$，轴有向左窜动的趋势，轴承 1 被"压紧"为紧端，轴承 2 被"放松"为松端。轴承 1 上轴承座或端盖必然产生阻止分离体向左移动的平衡力 F'_{s1}，$F'_{s1} + F_{s1} = F_{s2} + F_a$，由此推得作用在轴承 1 上的轴向力为

$$F_{A1} = F_{s1} + F'_{s1} = F_a + F_{s2} \tag{11-7}$$

同时，轴承 2 要保证正常工作，它所受的轴向载荷必须等于其派生轴向力，故有

$$F_{A2} = F_{s2} \tag{11-8}$$

②若 $F_a + F_{s2} < F_{s1}$，轴有向右窜动的趋势，轴承 1 被"放松"为松端，轴承 2 被"压紧"为紧端。同理可推得

$$F_{A2} = F_{s2} + F'_{s2} = F_{s1} - F_a \tag{11-9}$$

$$F_{A1} = F_{s1} \tag{11-10}$$

综上所述，计算轴承轴向载荷的关键是判断哪个为紧端轴承，哪个为松端轴承。松端轴承的轴向载荷等于其派生轴向力，紧端轴承的轴向载荷等于外部轴向载荷与松端轴承派生轴向力的代数和。

3. 滚动轴承的静强度计算

对于不转动、极低速转动（$n \leq 10\text{r/min}$）或缓慢摆动的轴承，接触应力为静应力或应力变化次数很少，失效形式为由静载荷或冲击载荷引起的滚动体与内、外圈滚道接触处的过大的塑性变形（不会出现疲劳点蚀），这种轴承应按静强度选择尺寸和类型。对于旋转轴承，如果作用在轴承上的载荷冲击较大时，还需按静载荷进行验算。

基本额定静载荷是轴承静强度计算的依据，使受载最大的滚动体与滚道接触中心处产生的接触应力达到一定值（如对调心球轴承为 4600MPa）时的载荷称为基本额定静载荷，用 C_0 表示（C_{0r} 为径向基本额定静载荷，C_{0a} 为轴向基本额定静载荷），其值在相关设计手册及轴承样本中查取。

滚动轴承的静强度校核公式为

$$S_0 P_0 \leq C_0 \tag{11-11}$$

式中 S_0——静强度安全因数，见相关机械设计手册；

P_0——当量静载荷（kN）。

当量静载荷 P_0 是一个假想载荷。在当量静载荷作用下，轴承内受载最大的滚动体与滚道接触处的塑性变形总量与实际载荷作用下的塑性变形总量相同。

对于角接触向心轴承和径向接触轴承，下面两式求得的较大值为当量静载荷值。

$$P_0 = X_0 F_r + Y_0 F_a \tag{11-12}$$

$$P_0 = F_r \tag{11-13}$$

式中 X_0、Y_0——径向静载荷因数和轴向静载荷因数，可查相关机械设计手册。

4. 应用举例

例 11-2　一减速器中的 7204C 轴承,所受的轴向力 $F_a = 800N$,径向力 $F_r = 2000N$,工作转速 $n = 700r/min$,有轻微冲击,工作温度正常,求该轴承寿命 L_h。

解　查相关手册得 7204C 轴承的基本额定动载荷 $C_r = 14.5kN$,基本额定静载荷 $C_{0r} = 8.22kN$。

1. 计算 F_a/C_{0r},并确定 e 值

$$\frac{F_a}{C_{0r}} = \frac{800N}{8220N} = 0.09732$$

根据 $F_a/C_{0r} = 0.09732$,查表 11-12 得

$$e = 0.44$$

2. 计算当量动载荷

$$\frac{F_a}{F_r} = \frac{800N}{2000N} = 0.4 < e$$

查表 11-12 得 $X = 1$、$Y = 0$,于是

$$P = XF_r + YF_a = (1 \times 2000 + 0 \times 800) \ N = 2000N$$

3. 计算轴承寿命 L_h

查表 11-9、表 11-10,得 $f_P = 1.2$,$f_t = 1$,又因 7204C 是角接触球轴承,寿命因数 $\varepsilon = 3$,则

$$L_h = \frac{10^6}{60n} \left(\frac{f_t C}{f_P P} \right)^\varepsilon = \frac{10^6}{60 \times 700} \left(\frac{1 \times 14500}{1.2 \times 2000} \right)^3 h$$
$$= 5250h$$

例 11-3　某减速器主动轴选用两个圆锥滚子轴承 32210 支承,如图 11-23 所示。已知轴的转速 $n = 1440r/min$,轴上斜齿轮作用于轴的轴向力 $F_a = 750N$,而轴承的径向载荷分别为 $F_{r1} = 3000N$,$F_{r2} = 5600N$。工作时有中度冲击,脂润滑,正常工作温度,预期寿命 20000h,试验算此轴承是否合适。

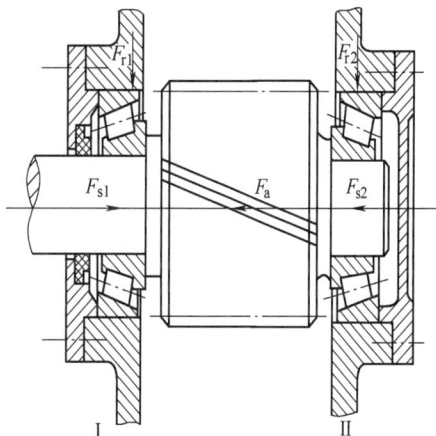

图 11-23　主动轴的轴承装置

解　设计计算步骤列于下表 11-14 中。

表 11-14　设计计算步骤

设 计 项 目	计 算 内 容 及 依 据	计 算 结 果
1. 确定 32210 轴承的主要性能参数	查设计手册得:$\alpha = 15°38'32''$、$C_r = 82.8kN$、$C_{0r} = 108kN$、$e = 0.42$、$Y = 1.44$	$\alpha = 15°38'32''$ $C_r = 82.8kN$ $C_{0r} = 108kN$ $e = 0.42$ $Y = 1.44$
2. 计算派生轴向力 F_{s1}、F_{s2}	$F_{s1} = \dfrac{F_{r1}}{2Y} = \dfrac{3000}{2 \times 1.44}N = 1041.7N$ $F_{s2} = \dfrac{F_{r2}}{2Y} = \dfrac{5600}{2 \times 1.44}N = 1944.4N$	$F_{s1} = 1041.7N$ $F_{s2} = 1944.4N$

（续）

设计项目	计算内容及依据	计算结果
3. 计算轴向载荷 F_{A1}、F_{A2}	$F_{s2} + F_a =（1944.4 + 750）\text{N} = 2694.4\text{N} > F_{s1}$ 故轴承 I 为紧端，轴承 II 为松端，则 $F_{A1} = F_{s2} + F_a =（1944.4 + 750）\text{N} = 2694.4\text{N}$ $F_{A2} = F_{s2} = 1944.4\text{N}$	$F_{A1} = 2694.4\text{N}$ $F_{A2} = 1944.4\text{N}$
4. 确定因数 X_1、Y_1、X_2、Y_2	$\dfrac{F_{A1}}{F_{r1}} = \dfrac{2694.4\text{N}}{3000\text{N}} = 0.898 > 0.42$ $\dfrac{F_{A2}}{F_{r2}} = \dfrac{1944.4\text{N}}{5600\text{N}} = 0.347 < 0.42$ 见表 11-12，得 $X_1 = 0.4$、$Y_1 = 1.44$、$X_2 = 1$、$Y_2 = 0$	$X_1 = 0.4$，$Y_1 = 1.44$ $X_2 = 1$，$Y_2 = 0$
5. 计算当量动载荷 P_1、P_2	$P_1 = X_1 F_{r1} + Y_1 F_{A1} =（0.4 \times 3000 + 1.44 \times 2694.4）\text{N} = 5079.9\text{N}$ $P_2 = X_2 F_{r2} + Y_2 F_{A2} =（1 \times 5600 + 0 \times 1944.4）\text{N} = 5600\text{N}$	$P_1 = 5079.9\text{N}$ $P_2 = 5600\text{N}$
6. 计算轴承寿命 L_h	见表 11-9、表 11-10，得 $f_P = 1.5$、$f_t = 1$，又因 32210 是圆锥滚子轴承，寿命因数 $\varepsilon = 10/3$，有 $$L_h = \dfrac{10^6}{60n}\left(\dfrac{f_t C}{f_P P}\right)^{\varepsilon} = \dfrac{10^6}{60 \times 1440}\left(\dfrac{1 \times 82.8}{1.5 \times 5.6}\right)^{\frac{10}{3}}\text{h} = 23750\text{h}$$	$L_h = 23750\text{h}$
7. 验算轴承是否合适	$L_h = 23750\text{h} > 20000\text{h}$	该轴承合适

11.2　滑动轴承

　　滑动轴承与滚动轴承一样，都是支承零部件中的重要部件，其功能有两个方面：一是支承轴与轴上的零件，并保证轴的旋转精度；二是能减小转动的轴与其固定支承之间的摩擦和磨损。

　　滑动轴承依靠元件间的滑动接触来承受载荷。图 11-24 所示的是滑动轴承基本结构。轴瓦以过盈配合装在轴承座内，轴颈装入轴瓦孔中。机器工作时通常轴瓦固定不动，轴颈在轴瓦孔中旋转。为了防止轴瓦在轴承座内转动，用紧钉螺钉将两者固定。为了减少轴瓦和轴颈表面相对滑动时产生的摩擦，减轻磨损，经注油孔和油沟向滑动表面间加注润滑剂。

　　滑动轴承按其承载方向的不同可分为径向滑动轴承（承受径向载荷）、推力滑动轴承（承受轴向载荷）和径向推力滑动轴承（同时承受径向和轴向载荷）。根据工作时轴瓦和轴颈表面间呈现的摩擦状态的不同，滑动轴承可分为液体摩擦滑动轴承（滑动面完全被油膜隔开）和非液体摩擦滑动轴承（滑动面不能完全被油膜隔开）。根据工作时相对运动表面间油膜形成原理不同，液体摩擦滑动轴承又可分为液体动压滑动轴承和液体静压滑动轴承。非液体摩

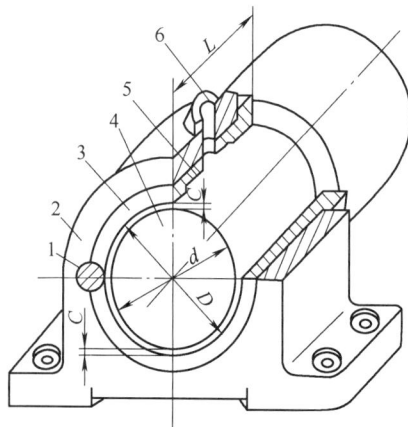

图 11-24　滑动轴承的基本结构
1—紧定螺钉　2—轴承座　3—轴瓦
4—轴颈　5—油沟　6—注油孔

擦轴承则处于干摩擦、边界摩擦及液体摩擦的混合摩擦状态。这里主要讨论非液体摩擦滑动轴承和液体动压润滑滑动轴承。

滑动轴承在一般情况下摩擦损耗较大，使用维护也比较复杂，因而在多数机械设备中常被滚动轴承所代替。然而，滑动轴承具有结构简单，制造装拆方便，具有良好的耐冲击能力和良好的吸振性能，运转平稳，旋转精度高，承载能力大，使用寿命长等优点。因此，在高速精密机械（如汽车发电机、内燃机和精密机床等）和低速重载荷的一般机械（如冲压机械，农业机械和起重机械等）中得到了广泛应用。表 11-15 列出了滚动轴承与滑动轴承性能比较，设计时应根据具体工作情况合理选择。

表 11-15　滚动轴承与滑动轴承性能比较

比较项目	滚动轴承	滑动轴承	
		非液体摩擦轴承	液体摩擦轴承
起动阻力	小	较大	较大
受冲击载荷能力	较差	较好	好
工作转速	低、中速	低速	中、高速
功率损失	不大	较大	较小
寿命	有限，受限于材料的点蚀	有限，受限于材料的磨损	长
噪声	较大	不大	工作稳定时基本无噪声
轴承的刚性	高，预紧时更高	一般	一般
旋转精度	较高	较低	一般到高
轴承外廓尺寸	径向大、轴向小	径向小、轴向大	径向小、轴向大
润滑	润滑简便，消耗少	润滑简便、消耗量少	润滑装置复杂、消耗量多
密封要求	较高	较低	较高
维护	脂润滑时，只需定期维护	要求不高	油需洁净
更换易损零件	很方便，一般不用修理轴颈	轴承轴瓦要经常更换，有时还要修理轴径	
价格	中等	大量生产时价格不高	较高
其他	是标准件，节省有色金属	一般要自行加工，需消耗有色金属	

11.2.1　滑动轴承的结构、材料和轴瓦结构

1. 滑动轴承的结构

（1）径向滑动轴承

1）整体式滑动轴承。如图 11-25 所示，整体式径向滑动轴承主要由整体式轴承座与整体式轴套组成，轴承座常为铸铁材料，轴套由减摩材料制成。轴承座顶部设有安装油杯的螺纹孔及输送润滑油的油孔。轴承座用螺栓与机座连接固定，有时轴承座孔可在机器的箱壁上直接做成，其结构更为简单。整体式滑动轴承结构简单，易于制造，价格低廉，刚度较大，但在装拆时必须作轴向移动，装拆不便，且轴套工作表面磨损后，轴承间隙无法调整，只能更换轴套。因此这种轴承多用于低速、轻载、间歇工作而不经常拆卸的场合。如手动机械、农业机械等。

2）对开式滑动轴承。如图 11-26 所示为对开式滑动轴承。轴承座 1 和轴承盖 2 用双头螺柱 5 连成整体，中间镶有剖分成瓦状的上轴瓦 4 和下轴瓦 3，轴瓦直接接触和支承着转轴。轴承盖要压紧轴瓦，使它不能随轴转动，轴承盖上部开有螺纹孔，便于安装油杯或油

管。轴承盖与轴承座的对开面常做成阶梯形止口，以便定位和防止横向错动。对开面有水平和45°斜面两种，相应的轴承为对开式正滑动轴承和对开式斜滑动轴承。使用时应保证径向载荷的实际作用线与剖分面的垂直中心线夹角在35°以内。

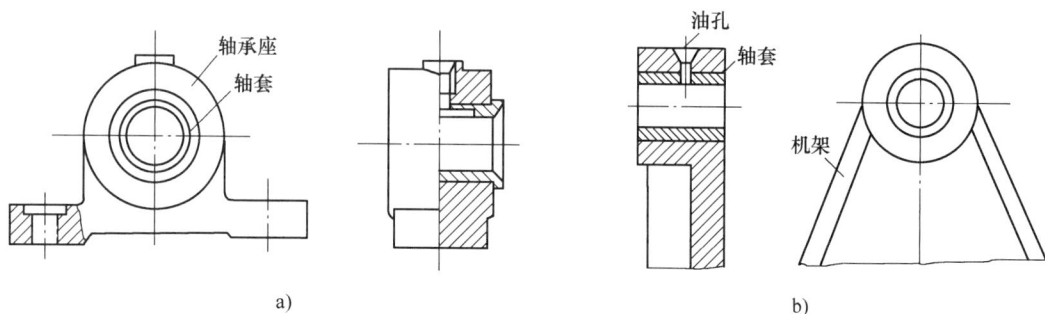

图 11-25　整体式滑动轴承

a）整体式轴承座　b）与机体制成一体的轴承座

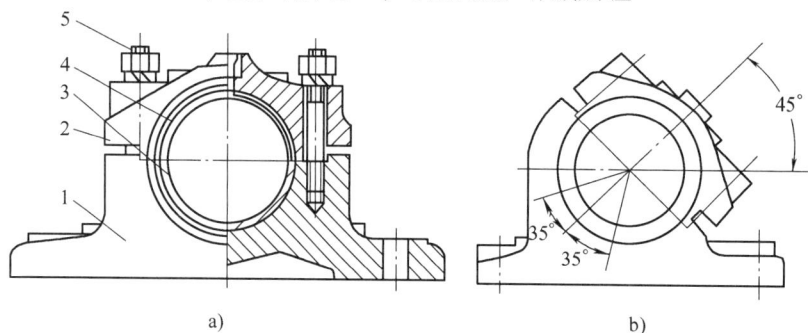

图 11-26　对开式滑动轴承

a）对开式正滑动轴承　b）对开式斜滑动轴承

1—轴承座　2—轴承盖　3—下轴瓦　4—上轴瓦　5—双头螺柱

对开式滑动轴承克服了整体式滑动轴承装拆不方便的缺点。轴承孔和轴颈之间的间隙可通过改变对开面上的垫片厚度来调整。当轴瓦磨损严重时，易于更换轴瓦，因此这种轴承应用很广泛。

（2）推力滑动轴承　推力滑动轴承用于承受轴向载荷，它主要由轴承座和止推轴颈组成。普通推力滑动轴承的承载面及轴上止推面都是平面，按轴颈轴线位置的不同分为立式（如图 11-27 所示）和卧式两类。在立式推力滑动轴承中，为便于对中、防止偏载，止推轴瓦的底部制成球面形状，并用销钉定位，防止其随轴颈转动。工作时润滑油由下部注入，从上部油管导出。

在推力滑动轴承中，轴颈结构有实心、空心、单环和多环等形式，如图 11-28 所示。其中实心式轴颈结构的止推面工作时因外缘和中心处线速度不等造成磨损不均，造成止推面上压力分配不均，以致中心处压强极高，因此应用不多。一般机器中大多采用空心式和环状式轴颈结构，其止推面是圆环面，受力状况得到改善，且有利于润滑油由中心凹孔处导入并储存。轴向载荷较大时可采用多环式轴颈结构，这种结构还可承受双向轴向载荷。止推环数目在工作面的压强不超过允许压强条件下，宜少不宜多。

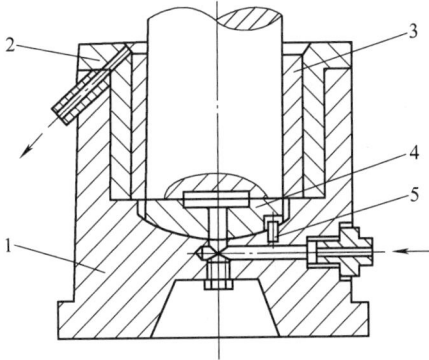

图 11-27 立式推力滑动轴承
1—轴承座 2—衬套 3—径向轴套
4—止推轴瓦 5—销钉

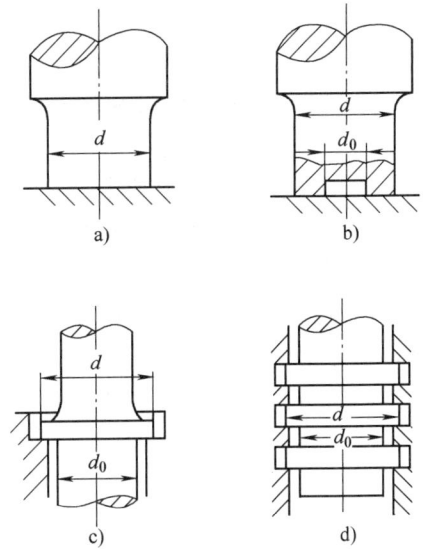

图 11-28 推力滑动轴承轴颈结构
a) 实心式 b) 空心式 c) 单环式 d) 多环式

2. 滑动轴承材料

（1）滑动轴承材料的性能要求 轴承盖和轴承座一般不与轴颈直接接触，只起支承轴瓦的作用，常用灰铸铁制造。只是在载荷很大及有冲击载荷的情况下才用铸钢制造。

滑动轴承材料是指轴瓦和轴承衬的材料。对滑动轴承材料的性能要求主要是由轴承的失效形式决定的。滑动轴承的主要失效形式是磨损、胶合和工作表面划伤，受变载荷时会发生疲劳破坏或轴承减摩层脱落等。因此，对滑动轴承材料的要求是：

1）摩擦因数小，具有良好的耐磨性和抗胶合性能。

2）有良好的嵌入性和磨合性 嵌入性是指轴承材料允许外来硬质颗粒嵌入而避免轴颈表面刮伤或减轻磨粒磨损的性质。一般硬度低、弹性模量低、塑性好的材料具有良好的嵌入性。

3）具有足够的抗疲劳强度和塑性。

4）导热性好、膨胀系数小。

5）工艺性好，价格便宜。

能同时满足上述性能要求的材料很难找到。常见的是用两层不同金属做成轴瓦，使其在性能上互补。

（2）常用的轴承材料

1）轴承合金。轴承合金主要是锡（Sn）、铅（Pb）、锑（Sb）、铜（Cu）的合金，其中以锡或铅作为基体的轴承合金称之为巴氏合金。由于轴承合金耐磨性、塑性、磨合性能好，导热及吸附油的性能也好，故宜用于高速、重载或中速、中载的情况。此种合金价格较贵，机械强度很低，不能单独制作轴瓦。使用时必须浇注在钢、铸铁轴瓦基体上或青铜轴瓦基体上作轴承衬使用。

2）青铜。青铜主要是铜与锡、铅或铝的合金，其中铸锡青铜（ZCuSnlOPbl）应用最普遍。青铜的摩擦因数小，耐磨性与导热性好，机械强度高，承载能力大，宜用于中速、中载或重载的场合。

3）粉末冶金材料。粉末冶金材料是用不同的金属粉末经高压烧结而成的多孔性结构材料，孔隙约占总体积的 10% ~35% 。这种轴承的孔隙中能吸储大量润滑油，故又称之为含油轴承。当轴颈旋转时，由于热膨胀使孔隙减小，润滑油被挤出起到润滑作用。而当停止工作冷却，润滑油受毛细管作用又被吸回到孔隙中。因此，这种轴承能在较长时间不供油的条件下工作。粉末冶金材料价格低廉，耐磨性好，但韧性差。适用于低速平稳、加油困难或要求清洁的机械（如食品、纺织机械等）。

4）非金属材料。用作轴承材料的非金属材料有塑料、橡胶和木材等，其中塑料应用最多。常用作轴承材料的塑料品种有酚醛塑料、聚酰胺（尼龙）和聚四氟乙烯等，塑料的特点是：耐磨、耐腐蚀，摩擦因数小，吸振性好，具有自润滑性能，但导热性差，承载能力低。

常用的轴瓦和轴衬材料的性能见表 11-16。

表 11-16　轴瓦和轴衬材料的性能

材　　料	牌　　号	$[p]$ /MPa	$[v]$ /m·s^{-1}	$[pv]$ /MPa·m·s^{-1}	应　　用
锡基轴承合金	ZChSnSb11-6	25	80	20	用于高速、重载下工作的重要轴承，变载荷下易疲劳，价格高
	ZChSnSb8-4	20	60	15	
铅锑轴承合金	ChPbSb16-16-2	15	12	10	用于中速、中载轴承，不宜受显著冲击，为锡锑轴承合金的代用品
	ChPbSb15-15-3	5	8	5	
铸锡青铜	ZCuSn10P1	15	10	15	用于中速、重载及受变载荷的轴承
	ZCuSn5Pb5Zn5	5	3	10	用于中速、中载的轴承
铸造铅青铜	ZCuPb30	25	12	30	用于高速、重载轴承，能承受变载荷和冲击载荷
铸铝铁青铜	ZCuAl10Fe3	15	4	12	最宜用于润滑充分的低速、重载轴承

3. 滑动轴承的轴瓦结构

轴瓦是滑动轴承中直接与轴颈接触的零件，它与轴颈表面具有一定速度的相对滑动。因此，从摩擦、磨损、润滑和导热等方面对轴瓦的结构和材料提出了较高的要求。因此，轴瓦结构的合理设计，轴瓦材料的正确选用，将直接关系到轴承的使用寿命和承载能力。

轴瓦的工作表面既是承载面又是摩擦面，因而是滑动轴承中的核心零件。如图 11-29 所示，轴瓦的结构有整体式、对开式和分块式等形式，整体式轴瓦用于整体式轴承；对开式轴瓦用于对开式轴承；大型滑动轴承为了便于运输、装配，一般采用分块式轴瓦。

为了把润滑油导入轴颈和轴瓦的整个摩擦表面，常在轴瓦上开设油孔和油沟，如图 11-29a、b 所示。油孔用来供油，油槽用来输送和分布润滑油。对于宽径比较小的轴承，只需开设一个油孔；对于宽径比较大的轴承，还需开设油沟，常见的油沟形式如图 11-30 所示。为了使润滑油能均匀分布在整个轴颈上，油沟的长度应适宜。若油沟长度过长，会使润滑油从轴瓦端部大量流失；而油沟尺寸过短，会使润滑油流不到整个接触表面。通常选取的油沟长度为轴瓦长度的 80% 左右。

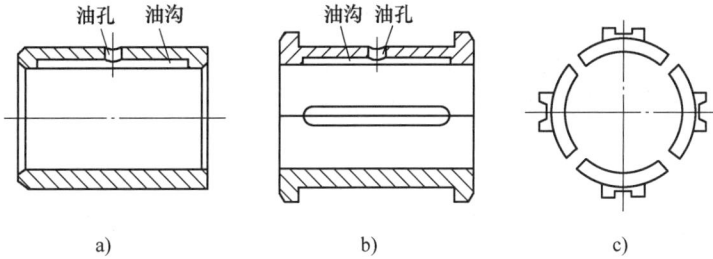

图 11-29 轴瓦结构

a）整体式　b）对开式　c）分块式

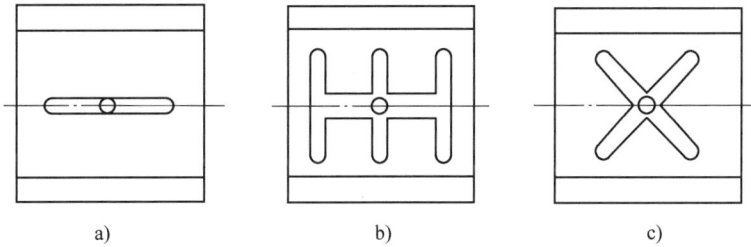

图 11-30 常见的油沟形式

轴瓦由单层材料或多层材料制成。双层轴瓦是在具有一定强度和刚度的轴瓦（衬背）内表面加了一层具有较好减摩性和耐磨性的减摩层（或称轴承衬）。轴承衬厚度应随轴承直径的增大而增大，一般为十分之几毫米到 6mm。在双层轴瓦轴承衬表面上再镀一层薄薄的锢、银等软金属，可制成的三层轴瓦，其磨合性、顺应性等会更好。

对开式轴瓦有厚壁轴瓦和薄壁轴瓦之分。厚壁轴瓦是用离心铸造法将轴承合金浇铸在轴瓦（衬背）的内表面上形成轴承衬，而薄壁轴瓦是将轴承衬通过压轧等方法贴附在低碳钢衬背上。薄壁轴瓦能采用连续轧制的工艺进行大批量生产，质量稳定，成本

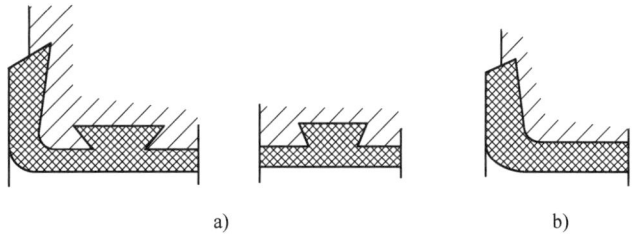

图 11-31 衬背内壁沟槽形式

a）钢或铸铁材料衬背　b）青铜材料衬背

低，但刚性差，装配后的形状完全取决于轴承座的形状。

为了保证轴承衬与轴瓦（衬背）贴附牢固，常在衬背的内表面制出各种形式的沟槽，如图 11-31 所示。

11.2.2 非液体摩擦滑动轴承的计算

非液体摩擦滑动轴承的主要失效形式是磨粒磨损和胶合（粘着）磨损，常用于工作要求不高、速度较低、载荷不大、难以维护等条件下工作的轴承。非液体摩擦滑动轴承工作在混合摩擦状态下，在摩擦表面间有些地方呈现液体摩擦，有些地方呈现边界摩擦。如果边界膜被破坏将会产生干摩擦，摩擦因数增大，磨损加剧，所以在非液体摩擦轴承中保持边界膜

不被破坏是十分重要的。边界膜的强度（边界膜抵抗破坏的能力）与油的油性、轴瓦材料、摩擦表面的压力和温度等有关。温度高，压力大，边界膜容易破坏。因此，设计准则是防止轴承在预定寿命内发生过度磨损和胶合破坏。但磨损和胶合过程相当复杂，影响因素很多，目前只能进行条件性验算。

实践证明：为了保证润滑油不致被过大的压力挤出，从而间接保证轴瓦不致过度磨损，就要限制轴承压强 $p \leqslant [p]$；为了轴承不致发热过高，防止吸附在金属表面的油膜发生破裂，需要限制轴承压强与轴径线速度的乘积 $pv \leqslant [pv]$。对于转速很低的轴承可以只验算 p、不验算 pv。对于跨距较大的轴，由于装配误差或轴的弯曲变形将会造成轴及轴瓦在边缘接触，局部压强很大，若速度很大则局部摩擦也很大，这时只验算轴承的压强 p 和 pv 值并不能保证安全可靠，还需验算 $v \leqslant [v]$。

1. 径向滑动轴承的计算

滑动轴承承受径向载荷 F_r 时，如图 11-32 所示，其验算公式为

$$p = \frac{F_r}{Bd} \leqslant [p] \tag{11-14}$$

$$pv = \frac{F_r}{Bd} \frac{\pi dn}{60 \times 1000} = \frac{F_r n}{19100B} \leqslant [pv] \tag{11-15}$$

$$v = \frac{\pi dn}{60 \times 1000} \leqslant [v] \tag{11-16}$$

式中　　　　F_r——径向载荷（N）；

　　　　　　B——轴瓦宽度（mm）；

　　　　　　d——轴颈直径（mm）；

　　　　　　v——轴颈的转速（m/s）；

$[p]$、$[pv]$、$[v]$——p、pv、v 相应的许用值，查表 11-15。

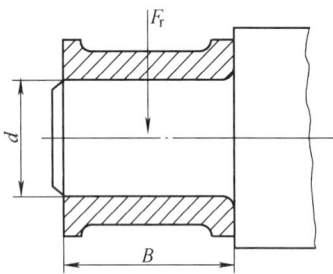

图 11-32　向心滑动轴承计算图

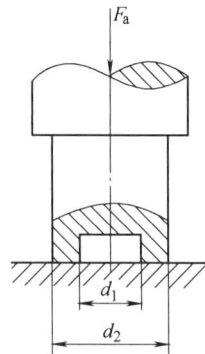

图 11-33　止推滑动轴承计算图

2. 止推滑动轴承的计算

如图 11-33 所示，当滑动轴承承受轴向力 F_a 时，其验算公式为

$$p = \frac{4F_a}{\pi(d_2^2 - d_1^2)zk} \leqslant [p] \tag{11-17}$$

$$pv_{\mathrm{m}} = \frac{4F_{\mathrm{a}}}{\pi(d_2^2 - d_1^2)zk} \times \frac{\pi d_{\mathrm{m}} n}{60 \times 1000} \leqslant [pv] \tag{11-18}$$

式中　F_{a}——轴向载荷（N）；

d_1——轴环的小径（mm）；

d_2——轴环的大径（mm）；

z——止推环环数；

k——考虑承载面积因油沟面减小的因数，$k = 0.8 \sim 0.9$；

d_{m}——止推轴环或轴颈的平均直径（mm），$d_{\mathrm{m}} = \dfrac{d_2 + d_1}{2}$；

v_{m}——止推轴环或轴颈平均直径处的圆周速度（m/s）；

$[p]$、$[pv]$——p、pv 相应的许用值，查表 11-17。

表 11-17　止推轴承的 $[p]$ 与 $[pv]$ 值

轴 材 料	未 淬 火 钢			淬 火 钢	
轴瓦材料	铸铁	青铜	轴承合金	青铜	轴承合金
$[p]$ /MPa	$2 \sim 2.5$	$4 \sim 5$	$5 \sim 6$	$7.5 \sim 8$	$8 \sim 9$
$[pv]$ /MPa·m·s^{-1}	$1 \sim 2.5$				

注：多环止推滑动轴承许用压强 $[p]$ 取表值的一半。

例 11-4　图 11-34 所示为一露天工作的电动绞车卷筒，已知钢绳拉力 $F = 30\mathrm{kN}$，卷筒转速 $n = 25\mathrm{r/min}$，卷筒轴轴颈 $d = 50\mathrm{mm}$，其余尺寸如图所示，试设计卷筒两端滑动轴承。

解　在外载荷 F 垂直向下的作用下，轴承承受径向载荷。为了轴的装配方便，故采用对开式滑动轴承。因为转速不高、露天工作，按非液体摩擦计算。为较好地保持轴承表面油膜，取宽径比 $B/d = 1.3$。

（1）计算轴承承受的最大载荷　当钢丝绳处在左、右两端时，轴承 A、B 分别承受最大载荷

$$F_{\mathrm{r}} = F_{\mathrm{rA}} = F_{\mathrm{rB}} = F \times 700/800 = 30 \times 700/800\mathrm{kN}$$
$$= 26.25\mathrm{kN}$$

（2）验算承载能力　因速度不高，载荷较大，轴瓦材料可选用 ZCuAl10Fe3，查表 11-15，$[p] = 15\mathrm{MPa}$，

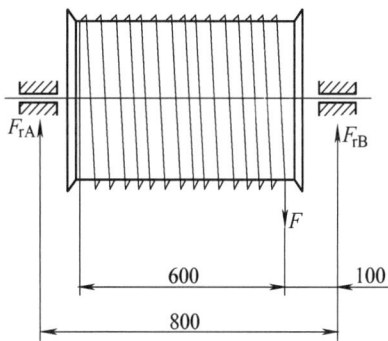

图 11-34　电动绞车卷筒

$[pv] = 12\mathrm{MPa} \cdot \mathrm{m} \cdot \mathrm{s}^{-1}$，$[v] = 4\mathrm{m/s}$。根据径向滑动轴承的验算公式，得

$$p = \frac{F_{\mathrm{r}}}{Bd} = \frac{26.25 \times 1000}{50 \times 1.3 \times 50}\mathrm{MPa} = 8.077\mathrm{MPa} < [p]$$

$$pv = \frac{F_{\mathrm{r}}n}{19100B} = \frac{26.25 \times 1000 \times 25}{19100 \times 50 \times 1.3}\mathrm{MPa} \cdot \mathrm{m} \cdot \mathrm{s}^{-1} = 0.529\mathrm{MPa} \cdot \mathrm{m} \cdot \mathrm{s}^{-1} < [pv]$$

$$v = \frac{\pi dn}{60 \times 1000} = \frac{3.14 \times 50 \times 25}{60 \times 1000}\mathrm{m/s} = 0.065\mathrm{m/s} < [v]$$

所以选用的轴承可以满足要求。

11. 2. 3 液体摩擦滑动轴承的工作原理

1. 液体动压油膜的形成原理

设有两平行平板，如图 11-35a 所示，静板 B 不动，动板 A 沿速度方向移动，板间任一剖面上的油膜厚度相等。当板上无载荷时，两板间油膜的速度图呈三角形分布，板 A、B 之间带进的油量等于带出的油量，油压沿 v 方向无变化。如果不提供压力油，则油膜无承载能力。

当两平板相互倾斜使其间的油膜成楔形，且动板 A 从间隙较大处向间隙较小处移动，如图 11-35b 所示。若各油层速度的分布规律如图中的虚线所示，那么进入间隙的油量必然大于流出间隙的油量，这显然不符合液体的不可压缩性和质量守恒原理。凡进入收敛性楔形间隙的油量，必须全部从出油口被挤出，这样油膜内部必产生一种压力，使油膜呈现如图 11-35b 中实线所示的速度分布规律。

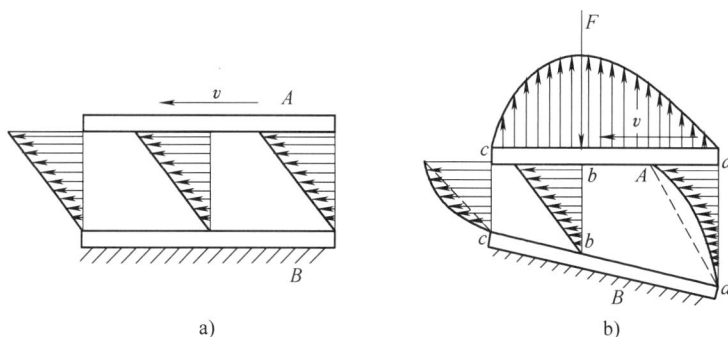

图 11-35　动压油膜的形成

显然，这时在 ab 段压力沿 v 方向逐渐增大，而在 bc 段压力沿 v 方向逐渐减小。在 a 和 c 之间必有一处 b 点的流速仍呈直线分布，其压力 p 达到最大值。由于油膜沿 v 方向各处的油压都大于入口和出口的油压，且压力分布如图 11-35b 上部曲线所示，因而能承受一定的外载荷。这种借助于相对运动而在楔形间形成的压力油膜，称为动压油膜，它使两板不直接接触而处于液体润滑状态，称为液体动压润滑。由上述分析可知，形成动压油膜的必要条件是：①相对滑动表面之间必须形成楔形间隙。②有一定的相对运动速度，其速度方向应保证润滑油从大口流向小口。③润滑油有一定的黏度且供油充分。

2. 径向液体动压轴承的工作过程

径向液体动压轴承的工作过程如图 11-36 所示。在径向滑动轴承中，其轴颈与轴承孔间具有一定间隙。静止时，轴颈在轴承孔的最下方，并与之直接接触，两表面间自然形成弯曲的楔形间隙（见图 11-36a）。当轴颈开始按图示方向转动时，速度很低，轴颈与轴承孔表面直接接触所产生的摩擦力（方向与轴颈转向相反），迫使轴颈沿内壁上爬而产生偏移（见图 11-36b）。随着转速增加，被轴颈带进楔形间隙的油量增多，逐渐形成了动压油膜，并迫使轴颈和轴承分开，在油膜压力的水平分力作用下，轴颈移向右下方（见图 11-36c）。当转速达到一定值时，油膜压力与外载荷相平衡，轴颈处于偏右下方的位置，并进入稳定运转状态（见图 11-36d）。

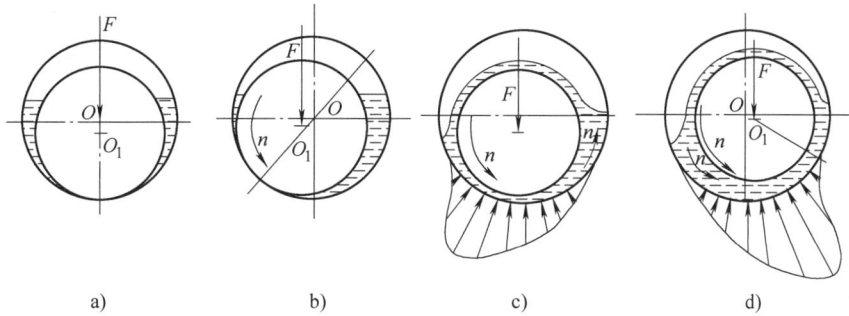

图 11-36　径向液体动压轴承的工作过程

径向滑动轴承本身已具备楔形间隙，故具备形成动压油膜的天然条件。对于一些高速运转的重要轴承，为了保证能得到液体摩擦所需的油膜，需要进行专门的设计和计算。

11.2.4　液体静压轴承简介

液体静压轴承是依靠一套给油装置，将高压油压入轴承的间隙中强制形成油膜，保证轴承在液体摩擦状态下工作。油膜的形成与相对滑动速度无关，承载能力主要取决于油泵的给油的压力，因此静压轴承对高速、低速、轻载、重载下都能胜任工作。在起动、停止和正常运转时期内，轴与轴承之间均无直接接触，理论上轴瓦没有磨损，轴承寿命长，可以长时间保持精度。但静压轴承需要附加一套可靠的给油装置，所以不如动压轴承应用普遍，一般用于低速、重载或要求高精度的机械装备中，如精密机床、重型机器等。

如图 11-37 所示，液体静压轴承在轴瓦内表面上开有几个对称的油腔，利用油泵供应具有一定压力的油，经过过滤和节流装置分别进入这几个油腔。当各油腔对油的作用力处于平衡状态时，轴就浮在轴承孔的中间，形成一个压力油膜将轴和轴承的工作表面完全隔开，而实现液体摩擦。进入各油腔的油经过油腔四周的间隙流到轴承两端和

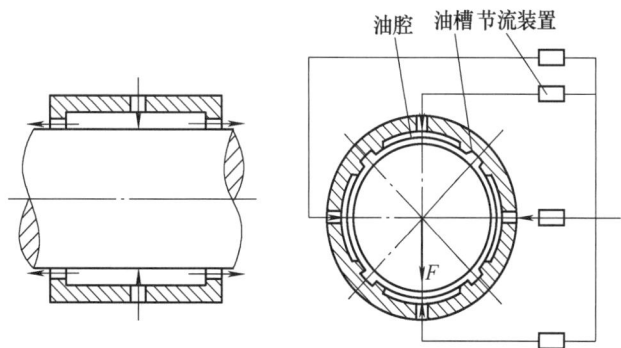

图 11-37　静压轴承

油腔间的回油槽流回油池。当外载荷作用时，依靠油路系统中的节流装置自动调节各油腔的压力，使各油腔对轴的作用力与外载荷维持平衡，保证油膜不被破坏，使轴承仍能在液体摩擦状态下工作。

11.2.5　气体轴承与电磁轴承简介

在超高速轴系中，对轴承提出了更高的要求：基本上应无磨损、无摩擦、无需保养管理（无润滑），而且工作十分可靠。气体轴承和电磁轴承可基本满足上述要求。

气体轴承用气体作润滑剂，由气膜将轴与轴瓦分开，使轴在轴承中无接触地旋转或呈悬浮状态。为了保证承载能力和工作稳定性，往往在转子或定子上刻有螺旋槽。常用空气作为

润滑气体，因为空气的黏度约为油的四五千分之一，空气轴承摩擦阻力很小，可在高转速下工作，转速每分钟可达几十万甚至几百万转，受温度影响很小，能在很大温度范围内应用，用于惯导陀螺电动机轴承、核反应堆内的支承和纺织机械等。气体轴承也有气体动压轴承和气体静压轴承两大类，其工作原理和液体润滑轴承基本相同。

利用电场力或磁场力使轴悬浮的轴承统称为电磁轴承，电悬浮的为静电轴承，磁悬浮的为磁性轴承，电磁混合悬浮的为电磁混合轴承。这种轴承可适用于高真空，圆周速度可达 200m/s，运转精度很高（达 0.1μm），工作温度范围大，无噪声，运转可靠。图 11-38 所示为有源磁轴承，转子靠电磁引力稳定地悬浮在所需的间隙位置上；传感器监控转子与定子之间的间隙，并输出测量信号，继而通过功率放大器控制电磁铁间的吸引力，稳定转子的位置。它用于导航技术、高速机械、稳定运转精度要求高的机械以及特殊条件下工作的小型机械（如高真空泵、放射性介质中工作的泵）等。

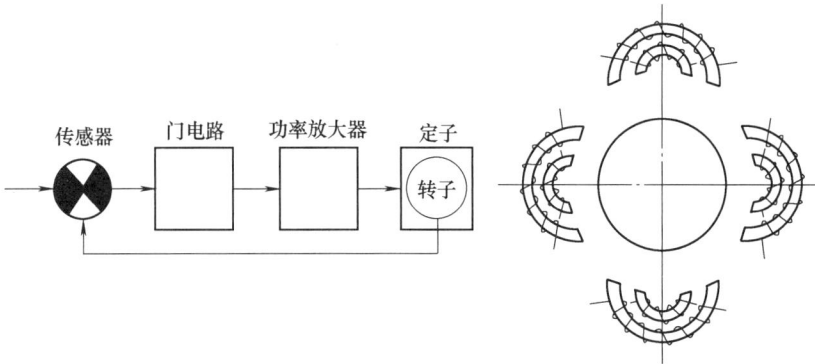

图 11-38　有源磁轴承原理图与调节电路

11.3　轴

轴是机械传动中必不可少的重要的非标准零件之一，主要用于支承转动的带毂零件（如齿轮、带轮等）并传递运动和动力，同时它被滑动轴承或滚动轴承所支承。

11.3.1　轴的分类和材料

1. 轴的分类

根据承受载荷情况的不同，轴可分为转轴、心轴、传动轴三种类型。

（1）转轴　同时承受弯矩和转矩作用的轴为转轴，转轴是机器中最常见的轴，如图 11-39 中的减速器输出轴。

（2）心轴　只承受弯矩作用的轴为心轴。心轴又分为固定心轴和转动心轴，工作时不转动的心轴为固定心轴，如图 11-40a 所示自行车前轮轴；工作时转动的心轴为转动心轴，如图 11-40b

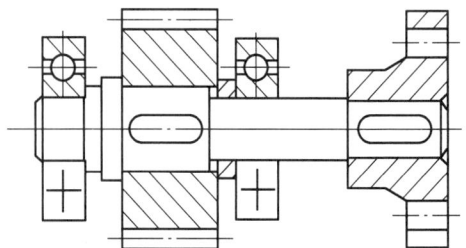

图 11-39　减速器输出轴

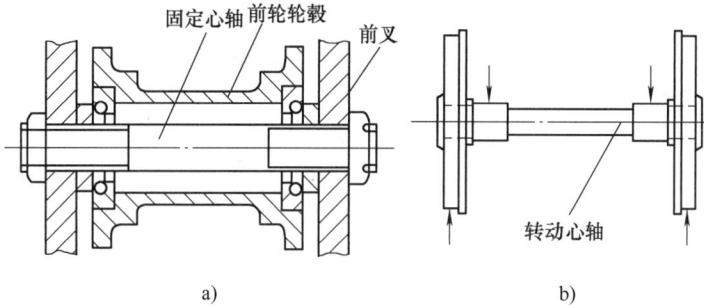

图 11-40　心轴

a) 自行车前轮轴　b) 火车轮轴

所示火车轮轴。

（3）传动轴　只承受转矩不承受或承受很小的弯距的轴为传动轴，如图 11-41 所示汽车变速箱与后桥之间传动轴。

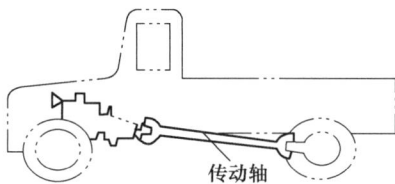

图 11-41　汽车传动轴

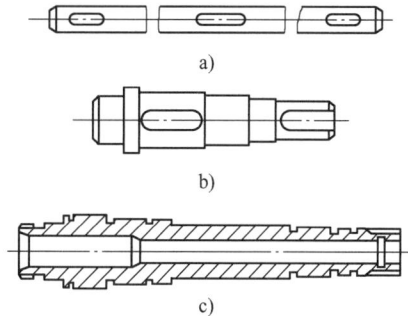

图 11-42　直轴

a) 光轴　b) 阶梯轴　c) 空心轴

根据轴线形状的不同，轴可分为直轴（见图 11-42）、曲轴（见图 11-43）和挠性钢丝软轴（见图 11-44）。曲轴主要用于作往复运动的机械中。挠性钢丝软轴可以把转矩和旋转运动灵活地传到任何位置，常用于振捣器等设备中。直轴应用最广泛，根据直径有无变化分为光轴（见图 11-42a）和阶梯轴（见图 11-42b）。直轴通常是实心的，但为了结构的需要或为了提高轴的刚度、减小轴的质量，也可以制成空心的（见图 11-42c）。阶梯轴加工方便，各轴段截面直径不同，一般两端细中间粗，符合等强度设计原则，且便于轴上零件的装拆和固定，所以阶梯轴应用最广。

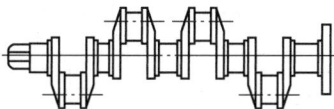

图 11-43　曲轴

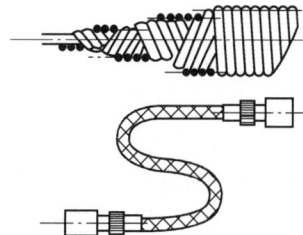

图 11-44　钢丝软轴

2. 轴的材料

轴一般承受交变循环应力，它的主要失效形式为疲劳断裂。轴又是起支撑作用的重要零件，所以轴的材料应具有足够的强度、刚度和韧性，对应力集中敏感性要小，具有良好的工艺性，与轴上零件有相对滑动处还应具有足够的耐磨性等。

轴的常用材料及主要力学性能见表 11-18，常用材料主要是优质碳素结构钢和合金结构钢。优质碳素结构钢与合金结构钢相比，其机械强度低，淬火性能不如合金结构钢，但价格相对低廉，对应力集中敏感性低，并能通过热处理改善其综合力学性能，故应用广泛，最常用的是 45 钢。对于要求减轻重量和有特殊要求（如提高轴颈耐磨性和耐蚀性、非常温工作条件）的轴，可考虑采用合金结构钢。由于合金结构钢与碳素结构钢的弹性模量相差不大，因此合金结构钢不能有效提高轴的刚度。

结构钢轴的毛坯通常采用圆钢锻造或轧制。球墨铸铁具有吸振性好、对应力集中敏感性低、成本价廉和强度较好等优点，常用于制造形状复杂的轴（如曲轴、凸轮轴等）。

表 11-18　轴的常用材料、热处理方法及主要力学性能

材料牌号	热处理方法	毛坯直径/mm	硬度 HBW	抗拉强度/MPa	屈服强度/MPa	弯曲疲劳强度/MPa	许用弯曲应力$[\sigma_b]_{-1}$	应用说明
Q235A	热轧或锻后空冷	≤100		400~420	225	170	40	用于不重要或载荷不大的轴
		100~250		375~390	215			
45 钢	正火	≤100	170~217	600	300	275	55	用于重要的轴，应用最广泛
	调质	≤200	217~255	650	360	300	60	
40Cr	调质	100	241~286	750	550	350	70	用于载荷较大，而无很大冲击的轴
40CrNi	调质	≤100	270~300	900	735	430	75	用于很重要的轴

11.3.2　轴的结构设计

轴的结构设计就是确定轴的合理外形和结构，即确定各轴段长度、直径以及其他细小尺寸在内的全部结构尺寸。

进行轴的结构设计时，应综合分析考虑的因素有：①轴的毛坯种类。②作用在轴上的载荷大小、方向及其分布情况。③轴承类型、尺寸和位置。④轴上零件安装、位置、固定、配合等。⑤轴的加工方法及其他特殊要求等。由于影响因素很多，并且轴的结构形式随不同情况而不同，因此轴没有标准的结构形式，设计具有较大的灵活性和多样性。但不论具体情况如何，轴的结构应满足的基本要求是：①保证轴和轴上零件有准确的工作位置。②便于轴上零件的装拆、调整和维护。③轴的受力合理，有利于提高轴的强度和刚度。④节约材料和减轻重量。⑤形状尽量简单，减小应力集中。⑥具有良好的工艺性。图 11-45 所示为某单级斜齿圆

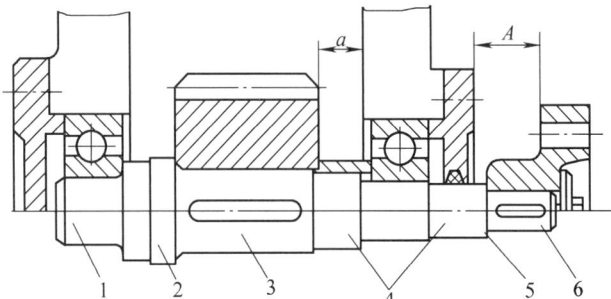

图 11-45　减速器输出轴的轴系结构装配简图
1—轴颈　2—轴环　3、6—轴头　4—轴身　5—轴肩

柱齿轮减速器输出轴的轴系结构装配简图。轴与轴承配合的部位为轴颈，与轮毂配合的部位为轴头，轴头与轴颈间的轴段为轴身。

1. 轴上零件的定位和固定

（1）轴上零件的轴向固定　轴上零件的轴向固定是为了防止轴上零件沿轴向窜动，常用的固定方法及其特点见表 11-19。

表 11-19　轴向定位和固定方法

方　法	图　例	特点及说明
轴肩或 轴环	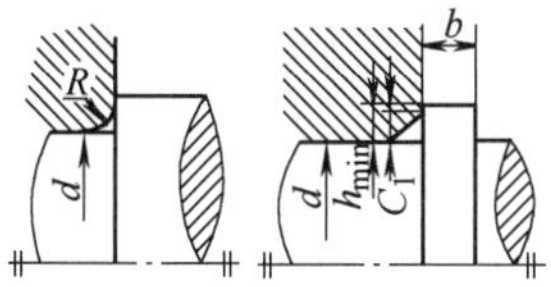	结构简单，固定可靠，能承受较大轴向力 轴肩高度 $h \geqslant R_1$（C_1），一般 $h_{\min} \geqslant$（$0.07 \sim 0.1$）d。安装轴承的轴肩高度 h 必须查轴承标准中的安装尺寸，以便拆卸轴承；轴环宽度 $b \approx 1.4h$；轴肩圆角半径 R 必须小于零件孔端的圆角半径 R_1 或倒角 C_1
套筒	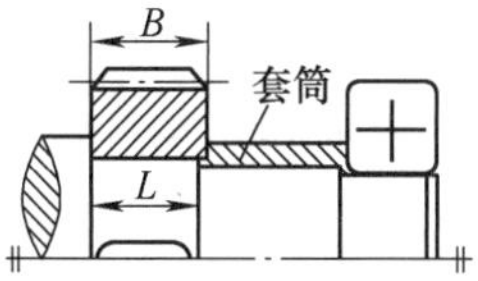	结构简单，定位可靠，能承受较大轴向力。能同时固定两个零件的轴向位置，但两零件相距不宜太远，不宜高速 为了使套筒（圆螺母、轴端挡圈等）可靠地贴紧轴上零件的端面，与轴上零件轮毂相配的轴头长度 L 应短于轮毂长度 $2 \sim 3\mathrm{mm}$
圆螺母与 止动垫圈	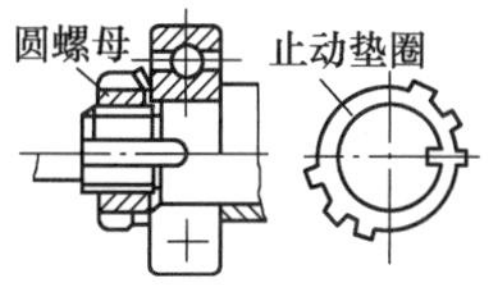	固定可靠，能承受较大轴向力，能实现轴上零件的轴向调整，但螺纹对轴的强度削弱较大，应力集中严重，应采用细螺纹
双螺母	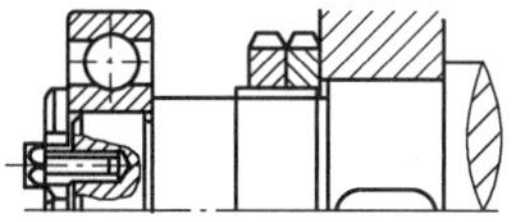	固定可靠，能承受较大轴向力，能实现轴上零件的轴向调整，常用于不便使用套筒的场合
轴端挡圈	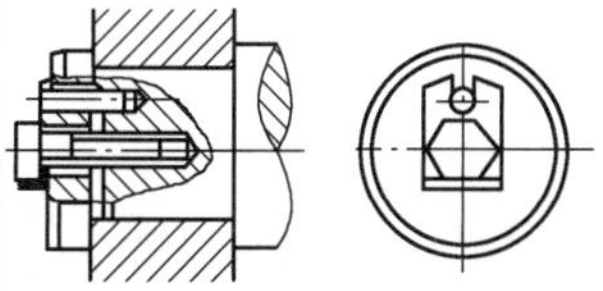	固定可靠，能承受较大的轴向力，用于轴端
锥面	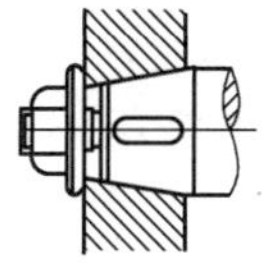	能消除轴与轮毂间的径向间隙，能承受冲击载荷，常用于高速轴端且对中性要求高或需经常拆卸的场合

（续）

方法	图 例	特点及说明
弹性挡圈		结构紧凑，装拆方便，但受力较小，常用作滚动轴承的轴向固定
紧定螺钉		承受轴向力很小，亦可起周向固定作用，用于转速很低或仅为防止零件偶然转动的场合
销		能同时起轴向和周向固定作用，承受轴向力不能太大，可起到过载剪断以保护机器的作用

（2）轴上零件的周向固定　轴上零件的周向固定是为了传递运动和转矩，避免轴上零件与轴发生相对转动，图 11-46 所示为常用的轴上零件的周向固定方法。

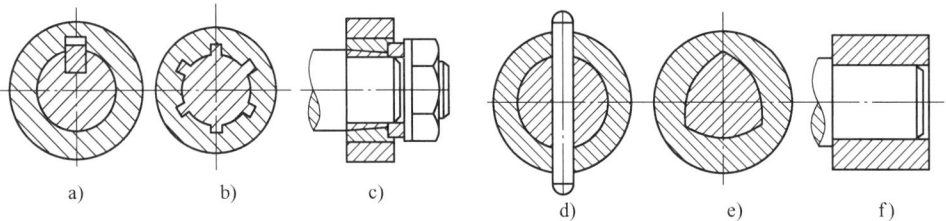

图 11-46　常用的周向固定方法
a）平键　b）花键　c）弹性环　d）销　e）成形联接　f）过盈配合

2. 轴的加工和装配工艺性

为了方便阶梯轴的加工、检验和装配等，设计时应注意：

1）阶梯级数应尽可能少，这样可使轴的形状简单，加工方便，并减少应力集中。

2）轴上各段的键槽、圆角半径、倒角、中心孔等尺寸应尽量统一。

3）轴上有多处键槽时，一般应使各键槽位于同一母线上，尽量采取同一规格尺寸，以便于加工。

4）轴上需车制螺纹的轴段应加工退刀槽（见图 11-47a），需磨削的轴段应有砂轮越程槽（见图 11-47b）。

5）轴端应有倒角。

6）为便于加工和测量，轴的端部应钻中心孔，如图 11-47c 所示。

7）过盈联接的轴头一般应有引导装配的锥度，如图 11-47d 所示。

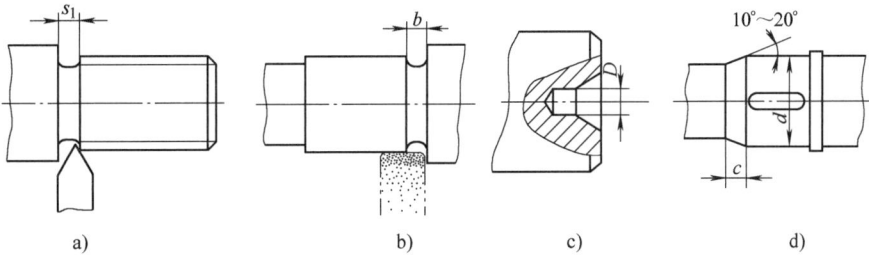

图 11-47　适应工艺要求的轴结构

8）零件装配时应尽量不接触其他零件的配合表面。

9）轴肩高度应考虑零件拆卸方便。

3. 提高轴承载能力的措施

1）合理选择材料，一般合金钢对应力集中比较敏感，结构设计时应注意。

2）阶梯轴相邻轴段的直径不要相差太大，过渡部分的圆角半径应尽可能大些，圆角半径受到限制的重要结构可采取凹切圆角或中间环（见图 11-48），以增大圆角半径，缓和应力集中。

3）对轴的表面采用碾压、喷丸等表面强化处理，降低轴表面粗糙度，可以显著提高轴的疲劳强度。

4）盘形铣刀铣出的键槽比面铣刀铣出的键槽应力集中小，渐开线花键端部比矩形花键的应力集中小。

5）合理改进轴上零件的结构可以改善轴的受力。图 11-49b 所示的卷筒结构比图 11-49a 所示的结构要合理，这是因为图 11-49b 中的轴只受弯矩，而图 11-49a 中的轴既受弯矩又受转矩。

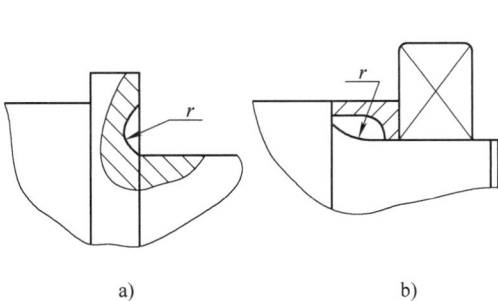

图 11-48　减少应力集中的措施
a) 凹切圆角　b) 中间环

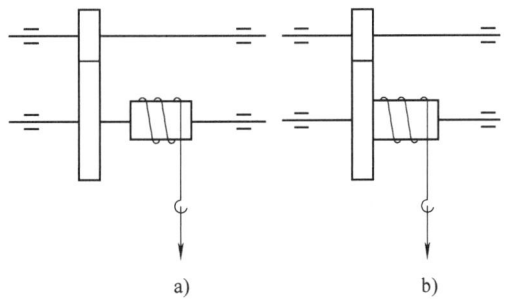

图 11-49　起重机卷筒的轮毂结构

6）合理安排轴上零件也有助于改善轴的受力状况。如图 11-50 所示，某轴的输入轮布置在中间，两输出轮布置在两边，可减小轴的转矩。

4. 轴各段直径和长度的确定

对于轴的直径，除满足强度和刚度要求外，还应考虑以下一些因素：

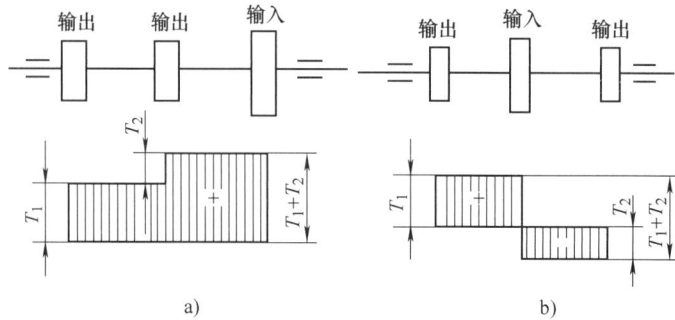

图 11-50 轴上传动零件的两种布置

1）轴颈直径必须符合相配轴承的内径。

2）安装联轴器、离合器等零件的轴头直径应与相应孔径范围相适应。

3）与齿轮等零件相配合的其他轴头直径，应采用标准直径（见 GB/T 2822—2005）。

4）轴上需车制螺纹的部分，其直径必须符合外螺纹大径的标准系列。

轴的长度，应根据轴上零件的宽度以及各零件之间的相互配置确定，并要注意：

1）留有装拆空间（如图 11-45 所示，尺寸 A 保证右端联轴器联接螺栓的装拆有足够的空间）。

2）装有螺母等紧固件的轴段长度应保证紧固件有一定的轴向调整余地。

3）轴上的旋转零件与机座之间应留有适当的空间，避免两者相碰（见图 11-45 中尺寸 a）。

例 11-5 图 11-51 所示为圆锥—圆柱齿轮减速器，试对该减速器的输出轴进行结构设计，并选择该轴上轴承。输入轴为小锥齿轮轴，输出轴通过弹性柱销联轴器 JC55×84 与工作机相连，输出轴单向旋转（从轴的左端看为顺时针方向）。工作转矩变化很小，运转平稳，每级齿轮传动的效率为 0.97（含一对滚动轴承）。已知电动机功率 $P = 11\text{kW}$，转速 $n_1 = 1460\text{r/min}$，锥齿轮的传动比 $i_1 = 3.6$，斜齿轮传动比 $i_2 = 4$，低速级标准斜齿轮螺旋角 $\beta = 14°56'35''$，法向模数 $m_n = 4\text{mm}$，大斜齿轮齿数 $z_2 = 94$，轮毂宽度 $B = 80\text{mm}$。拟减速器运转年限为 10 年，双班制工作。

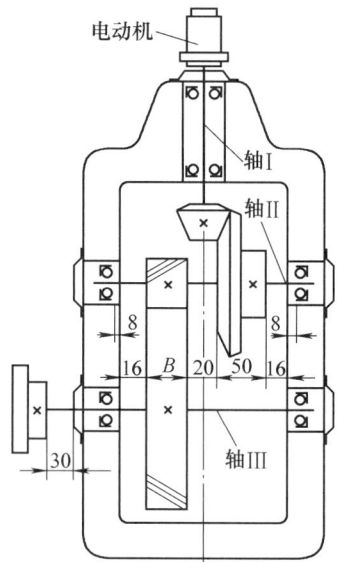

图 11-51 圆锥—圆柱齿轮减速器

解 选取轴的材料为 45 钢调质处理，结构设计过程列表如表 11-20 所示。

表 11-20 结构设计过程

设计项目	设计内容及依据	设计结果
1. 拟定轴上零件的装配方案	将图 11-52 所示输出轴的两种装配方案进行对比，显然，图 11-52b 比图 11-52a 结构多了一个用于轴向定位的长套筒，使机器的零件增多，质量增大。相比之下，图 11-52a 装配方案较合理，故选择此装配方案。	选图 11-52a 所示方案

设计项目		设计内容及依据	设计结果
2. 轴的结构设计	（1）轴向定位及各轴段直径与长度尺寸确定	如图 11-51、图 11-52 所示，根据轴上零件的尺寸及轴向定位的要求等，确定轴的各段直径和长度 1）轴段① 为了使所选的轴直径 d_1 与弹性柱销联轴器 JC55×84 孔径相配，此处轴直径 d_1 应等于联轴器孔径 55mm，即 $d_1 = 55$ mm。半联轴器与轴配合的毂长 84mm，为保证半联轴器固定可靠，应使轴端挡圈只压在半联轴器上而不压在轴的端面上，故取 $L_1 = 82$mm	$d_1 = 55$mm $L_1 = 82$mm
		2）轴段② 为满足联轴器的定位要求，轴段①的右端需设计一轴肩。轴肩高度 $h_1 \geqslant 0.07d = 0.07 \times 55\text{mm} = 3.85\text{mm}$ $d_2 = d + 2h_1 = (55 + 7.7)\ \text{mm} = 62.7\text{mm}$ 按标准直径取 $d_2 = 63$mm 轴承端盖总宽度为 20mm，考虑轴承端盖的装拆及便于对轴承加润滑脂，取端盖外端面与半联轴器右端面之间的距离为 30mm，故取 $L_2 = 50$mm	$d_2 = 63$mm $L_2 = 50$mm
		3）轴段③ 参照 $d_2 = 63$mm，选用单列圆锥滚子轴承 30213，其内径 65mm，故 $d_3 = 65$mm 滚子轴承 30213 的外径为 120mm，厚度 $T = 25$mm，定位轴肩高度为 4.5mm，正安装 轴承采用脂润滑时，与箱体内壁距离取 8mm 且为保证齿轮与箱体内壁不碰撞，取距离 16mm；为使齿轮定位可靠，取轴段④的长度比齿轮轮毂长度短 4mm，故 $L_3 = (25+8+16+4)\text{mm} = 53\text{mm}$	$d_3 = 65$mm $L_3 = 53$mm
		4）轴段④ 根据 $d_3 = 65$mm，为便于装拆，取安装齿轮处直径 $d_4 = 70$mm，齿轮左端与轴承之间用套筒定位 已知齿轮轮毂长为 80mm，由上面分析可知，$L_4 = (80-4)\text{mm} = 76\text{mm}$	$d_4 = 70$mm $L_4 = 76$mm
		5）轴段⑤ 齿轮右端采用轴肩定位，轴肩高度 $h_2 \geqslant 0.07d = 0.07 \times 70\text{mm} = 4.9\text{mm}$，取 $h_2 = 6$mm，则轴环处直径 $d_5 = d_4 + 2h_2 = (70 + 2 \times 6)\text{mm} = 82\text{mm}$；轴环宽度 $b \geqslant 1.4h_2 = 1.4 \times 6\text{mm} = 8.4\text{mm}$，考虑轴向力较大，取 $L_5 = 12$mm	$d_5 = 82$mm $L_5 = 12$mm
		6）轴段⑥ 根据轴承内径 65mm 和定位轴肩高度 4.5mm，得 $d_6 = (65 + 2 \times 4.5)\text{mm} = 74\text{mm}$；参见轴段③的计算，同理分析出 $L_6 = (20 + 50 + 16 + 8 - 12)\text{mm} = 82\text{mm}$	$d_6 = 74$mm $L_6 = 82$mm
		7）轴段⑦ 参见轴段③，同理得 $d_7 = 65$mm，$L_7 = 25$mm 因轴承同时承受轴向力和径向力，力较大而转速不高，故初步选用轻系列的单列圆锥滚子轴承	$d_7 = 65$mm $L_7 = 25$mm 选用单列圆锥滚子轴承 30213 支承

（续）

设计项目	设计内容及依据	设计结果
2. 轴的结构设计	（2）轴上零件的周向定位及配合	半联轴器与轴用 C 型平键联接，由标准查得平键尺寸：平键 $b \times h = 16\text{mm} \times 10\text{mm}$，键长 $L = 80\text{mm}$ 齿轮与轴用 A 型平键联接，由标准查得平键尺寸：平键 $b \times h = 20\text{mm} \times 12\text{mm}$，键长 $L = 70\text{mm}$ 滚动轴承与轴的周向固定用过渡配合来保证 轴的各段直径和长度确定后，参照有关配合选择轴上零件与轴的配合：半联轴器与轴的配合为 H7/k6，齿轮轮毂与轴的配合为 H7/n6，滚动轴承与轴的配合为 m6	
3. 绘制轴的结构与装配草图		（见图 11-53 ）

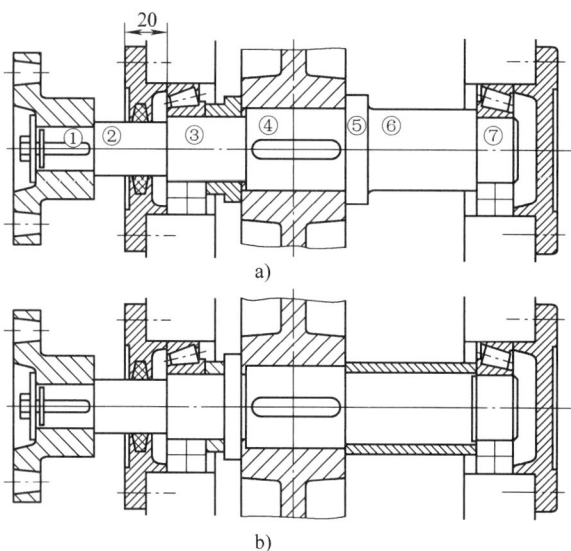

图 11-52 输出轴的两种结构

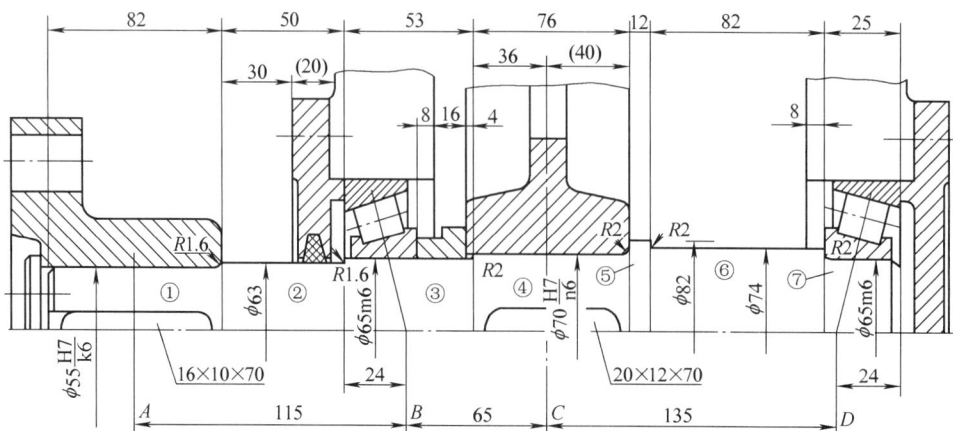

图 11-53 轴的结构与装配草图

11.3.3 轴的计算

1. 轴的强度计算

（1）以转轴为例说明轴的计算步骤和计算方法

1）按扭转强度估算轴的最小直径 d_{min}。由于设计初期轴的长度和跨距及支座反力等都未确定，无法求出轴所受的载荷。为此，应先按仅受转矩作用的扭转强度条件估算转轴上的轴段直径，即初估轴的最小直径 d_{min}。

由材料力学可知，实心圆轴扭转强度条件为

$$\tau_T = \frac{T}{W_T} = \frac{T}{\pi d^3/16} \approx \frac{9.55 \times 10^6}{0.2 d^3} \frac{P}{n} \leq [\tau_T] \tag{11-19}$$

式中　τ_T——轴的扭转切应力（MPa）；

　　　T——轴传递的转矩（N·mm）；

　　　W_T——抗扭截面系数（mm^3），对实心圆截面，$W_T = \pi d^3/16 \approx 0.2 d^3$；

　　　P——轴传递的功率（kW）；

　　　n——轴的转速（r/min）；

　　　d——轴的直径（mm）；

　　$[\tau_T]$——许用扭转切应力（MPa），见表 11-21。

对于转轴，初始设计时考虑到弯矩对轴的强度的影响，可将 $[\tau_T]$ 适当降低。将上式改写为轴径估算公式

$$d' \geq \sqrt[3]{\frac{9.55 \times 10^6 P}{0.2 [\tau_T] n}} = \sqrt[3]{\frac{P}{n}} \times C$$

$$d'_{min} = C\sqrt[3]{\frac{P}{n}} \tag{11-20}$$

式中　C——计算常数，取决于轴的材料和受载情况，见表 11-21。

应将估算出的轴径 d'_{min} 值按标准直径或按与轴相配零件的孔径进行圆整。

表 11-21　常用材料的 $[\tau_T]$ 和 C 值

轴的材料	Q235、20	Q275、35	45	40Cr、35SiMn、38SiMnMo
$[\tau_T]$/MPa	12 ~ 20	20 ~ 30	30 ~ 40	40 ~ 52
C	160 ~ 135	135 ~ 118	118 ~ 106	106 ~ 98

注：当轴所受弯矩较小或只受转矩、载荷较平稳、无轴向载荷或只受较小的轴向载荷、减速器的低速轴、轴只作单向旋转时，$[\tau_T]$ 取较大值，C 取较小值；否则，$[\tau_T]$ 取较小值，C 取较大值。

2）进行轴的结构设计，确定轴的各段直径和长度尺寸。

3）绘出轴的空间受力图。

4）求支点反力，绘出水平面弯矩图（M_H）、垂直面弯矩图（M_V）、合成弯矩图（$M = \sqrt{M_H^2 + M_V^2}$）和转矩图（T）。

5）计算当量弯矩 $M_e = \sqrt{M^2 + (\alpha T)^2}$，绘出 M_e 图；α 是根据转矩性质而定的折合因数。

对于不变转矩, $\alpha = 0.3$；脉动转矩, $\alpha = 0.6$；对称转矩, $\alpha = 1$；情况不明时按脉动转矩处理。

6) 按弯扭组合强度计算。由于轴类零件一般都采用钢材, 故按第三强度理论建立强度条件, 其校核公式和设计公式如下：

校核公式

$$\sigma_e = \frac{M_e}{W} = \frac{\sqrt{M^2 + (\alpha T)^2}}{0.1 d^3} \leqslant [\sigma_b]_{-1} \tag{11-21}$$

设计公式

$$d \geqslant \sqrt[3]{\frac{M_e}{0.1 [\sigma_b]_{-1}}} \tag{11-22}$$

式中　σ_e——弯曲正应力与扭转切应力的当量应力（MPa）；

M_e——当量弯矩（N·mm）；

W——抗弯截面系数（mm³）；

d——轴的直径（mm）；

$[\sigma_b]_{-1}$——对称循环状态下的许用弯曲应力（MPa）, 见表 11-17。

（2）计算公式说明

1) 由于传动轴只承受转矩, 故只需按扭转强度估算轴的最小直径 d_{min}。

2) 心轴只承受弯矩, 仍可按以上步骤进行轴的设计。采用以上两式计算时, 应注意 $[\sigma_b]_{-1}$ 有所不同：转动心轴取 $[\sigma_b]_{-1}$；对于固定心轴, 载荷变化取脉动循环状态下的许用弯曲应力 $[\sigma_b]_0$, 载荷平稳取静应力下的许用弯曲应力 $[\sigma_b]_{+1}$。不同状态下的许用弯曲应力可查机械设计手册。

3) 轴上开键槽的部位, 计算后轴头尺寸增大 5%, 双键增大 10%, 花键则以计算出的 d_{min} 作为内径。

4) 计算出的轴径应与结构设计中初步确定的直径进行比较, 若计算的直径大于初步确定的直径, 说明强度不够, 轴的直径应增大或改用更好的材料；若小于初步确定的直径, 除非相差很大, 一般就以结构设计的轴径为准。

5) 轴在弯矩作用下产生弯曲变形, 变形过大会影响机器的正常工作, 因此设计时必须根据轴的不同用途限制其变形量, 即对轴进行刚度计算。对于重要的, 尤其是高转速轴必须计算其临界转速, 使轴的工作转速避开临界转速, 以免发生共振。有关刚度计算和临界转速计算可参考相关设计手册。

例 11-6　若例 11-5 中输出轴的弹性柱销联轴器型号未知, 请选择其型号。再根据例 11-5 条件设计的轴的结构与装配草图, 试对该轴进行强度校核, 并绘制其零件工作图。

解　解题过程列于表 11-22 中。

表 11-22　解题过程

解题步骤	计算内容及依据	计算结果
1. 求输出轴上的功率 P_3、转速 n_3 和转矩 T_3	$P_3 = P\eta^2 = 11 \times 0.97^2 \text{kW} = 10.35 \text{kW}$	$P_3 = 10.35 \text{kW}$
	$n_3 = \dfrac{n_1}{i_1 i_2} = \dfrac{1460}{3.6 \times 4} \text{r/min} = 101.39 \text{r/min}$	$n_3 = 101.39 \text{r/min}$
	$T_3 = 9550 \times 10^3 \dfrac{P_3}{n_3} = 9550 \times 10^3 \times \dfrac{10.35}{101.39} \text{N·mm} = 974874 \text{N·mm}$	$T_3 = 974874 \text{N·mm}$

解题步骤	计算内容及依据	计算结果
2. 确定大斜齿轮分度圆直径、计算作用在大斜齿轮上的力	大斜齿轮螺旋角 $\beta = 14°56'35'' = 14.943°$，分度圆直径为 $$d_2 = \frac{z_2 m_n}{\cos\beta} = \frac{94 \times 4}{\cos 14.943°}\text{mm} = 389.16\text{mm}$$ 作用在齿轮上的圆周力 F_t、径向力 F_r 和轴向力 F_a 分别为 $$F_t = \frac{2T_3}{d_2} = \frac{2 \times 974874}{389.16}\text{N} = 5010\text{N}$$ $$F_r = F_t \frac{\tan\alpha_n}{\cos\beta} = 5010 \times \frac{\tan 20°}{\cos 14.943°}\text{N} = 1887\text{N}$$ $$F_a = F_t\tan\beta = 5010 \times \tan 14.943°\text{N} = 1337\text{N}$$	$d_2 = 389.16\text{mm}$ $F_t = 5010\text{N}$ $F_r = 1887\text{N}$ $F_a = 1337\text{N}$
3. 初估轴的最小直径 d_{min}、联轴器的型号	（1）选取轴的材料为 45 钢，调质处理 查表 11-21，取 $C = 112$，由下式初步估算轴的最小直径 $$d'_{min} = \sqrt[3]{\frac{P_3}{n_3}} \times C = \sqrt[3]{\frac{10.35}{101.39}} \times 112\text{mm} = 52.34\text{mm}$$ 输出轴的最小直径是安装联轴器①处的轴直径 d_1，如图 11-52a 所示，此处有一个键槽，故轴径应增大 5%，即 $$d_{min} = d'_{min} \times 1.05 = 52.34 \times 1.05\text{mm} = 54.96\text{mm}$$ 为了使所选的轴直径 d_1 与联轴器的孔径相配，故需同时选择联轴器的型号	$d_{min} = d_1 = 55\text{mm}$
	（2）联轴器的计算转矩 $T_{ca} = K_A T_3$，考虑到转矩变化很小，查联轴器工况因数表，取 $K_A = 1.3$，则 $$T_{ca} = K_A T_3 = 1.3 \times 974874\text{N} \cdot \text{mm} = 1267336\text{N} \cdot \text{mm} = 1267.3\text{N} \cdot \text{m}$$ 按照计算转矩 T_{ca} 应小于联轴器公称转矩的条件，查机械设计手册，选用 LX4 型联轴器，其公称转矩为 2500N·m，半联轴器的孔径为 55mm，故取 $d_{min} = d_1 = 55$mm。半联轴器与轴配合的毂长度为 84mm，配合为 H7/k6。标记为：LX4 型联轴器 JC55×84 GB/T 5014—2003（工作机端的半联轴器尺寸未考虑）	联轴器型号 JC55×84 GB/T 5014—2003
4. 轴的结构设计	因输出轴安装联轴器①处的轴直径 $d_1 = 55$mm，故轴的结构同例 11-5。轴的结构与装配草图如图 11-53 所示	如图 11-53 所示
5. 轴的受力分析与计算	（1）根据轴系结构图作轴的计算简图，如图 11-54a 所示 在确定轴的支点位置时，从手册中查得 30213 轴承的 $a \approx 24$mm。因此，简支梁轴的支承跨距为 $$L_2 + L_3 = (53 + 36 - 24)\text{mm} + (40 + 12 + 82 + 25 - 24)\text{mm}$$ $$= 65\text{mm} + 135\text{mm} = 200\text{mm}$$ （2）根据轴的计算简图作轴的弯矩图和转矩图 1）作水平面弯矩 M_H 图，如图 11-54b 所示 $$F_{HB}(L_2 + L_3) - F_t L_3 = 0$$ $$F_{HB} = \frac{F_t L_3}{L_2 + L_3} = \frac{5010 \times 135}{65 + 135}\text{N} = 3382\text{N}$$ $$F_{HB} + F_{HD} - F_t = 0$$ $$F_{HD} = F_t - F_{HB} = (5010 - 3382)\text{N} = 1628\text{N}$$	$L_2 + L_3 = 200\text{mm}$ $F_{HB} = 3382\text{N}$ $F_{HD} = 1628\text{N}$

（续）

解题步骤	计算内容及依据	计算结果
5. 轴的受力分析与计算	C 截面处水平面弯矩 M_{HC} 为 $M_{HC} = F_{HB}L_2 = 3382 \times 65 \text{N} \cdot \text{mm} = 219830 \text{N} \cdot \text{mm}$ 2）作垂直面弯矩 M_V 图，如图 11-54c 所示 由 $F_{VB}(L_2 + L_3) - F_r L_3 - F_a \dfrac{d_2}{2} = 0$ 得 $$F_{VB} = \frac{F_r L_3 + F_a \dfrac{d_2}{2}}{L_2 + L_3} = \left(\frac{1887 \times 135 + 1337 \times \dfrac{389.16}{2}}{65 + 135} \right) \text{N} = 2574\text{N}$$ $F_{VD} = F_r - F_{VB} = (1887 - 2574)\text{N} = -687\text{N}$ 负号说明 F_{VD} 的实际方向与计算简图假设方向相反 C 截面的左边垂直面弯矩 M_{VCZ} 为 $M_{VCZ} = F_{VB}L_2 = 2574 \times 65 \text{N} \cdot \text{mm} = 167310 \text{N} \cdot \text{mm}$ C 截面的右边垂直面弯矩 M_{VCY} 为 $M_{VCY} = F_{VD}L_3 = -687 \times 135 \text{N} \cdot \text{mm} = -92745 \text{N} \cdot \text{mm}$ 3）作合成弯矩图 M 图，如图 11-54d 所示 C 截面的左边合成弯矩 M_{CZ} 为 $M_{CZ} = \sqrt{M_{HC}^2 + M_{VCZ}^2} = \sqrt{219830^2 + 167310^2} \text{N} \cdot \text{mm} = 276257 \text{N} \cdot \text{mm}$ C 截面的右边垂直面弯矩 M_{CY} 为 $M_{CY} = \sqrt{M_{HC}^2 + M_{VCY}^2} = \sqrt{219830^2 + (-92745)^2} = 238594 \text{N} \cdot \text{mm}$ 4）作转矩图，如图 11-54e 所示 $T = F_t \cdot \dfrac{d_2}{2} = \left(5010 \times \dfrac{389.16}{2} \right) \text{N} \cdot \text{mm} = 974874 \text{N} \cdot \text{mm}$ 5）计算当量弯矩 M_e 轴在 C 截面处左侧的弯矩和转矩最大，故为轴的危险截面。因是单向转动，转矩可认为按脉动循环变化，故取 $\alpha = 0.6$。C 截面上的最大当量弯矩为 $M_e = \sqrt{M_{CZ}^2 + (\alpha T)^2} = \sqrt{276257^2 + (0.6 \times 974874)^2} \text{N} \cdot \text{mm} = 646881 \text{N} \cdot \text{mm}$	$M_{HC} = 219830 \text{N} \cdot \text{mm}$ $F_{VB} = 2574\text{N}$ $F_{VD} = -687\text{N}$ $M_{VCZ} = 167310 \text{N} \cdot \text{mm}$ $M_{VCY} = -92745 \text{N} \cdot \text{mm}$ $M_{CZ} = 276257 \text{N} \cdot \text{mm}$ $M_{CY} = 238594 \text{N} \cdot \text{mm}$ $T = 974874 \text{N} \cdot \text{mm}$ $M_e = 646881 \text{N} \cdot \text{mm}$
6. 校核轴强度	进行校核时，通常只校核危险截面的强度。见表 11-18 查得 $[\sigma_b]_{-1} = 60\text{MPa}$ 由设计式得 $d' \geqslant \sqrt[3]{\dfrac{M_e}{0.1[\sigma_b]_{-1}}} = \sqrt[3]{\dfrac{646881}{0.1 \times 60}} \text{mm} = 47.59\text{mm}$ C 截面上有一键槽，故应增大 5%，即 C 截面处的所需轴径 d 为 $d \geqslant d' \times 1.05 = 47.59 \times 1.05 \text{mm} \approx 50\text{mm} < 70\text{mm}$ 故该轴安全，强度富裕，但考虑到轴外伸端处的强度，不宜将 C 截面的轴颈减小，因此仍保持结构设计所定尺寸，这样轴的刚度也更大	轴安全
7. 绘制轴的零件工作图	查机械设计手册，确定轴上圆角和倒角尺寸、标注公差和表面粗糙度等，绘制轴工作图，如图 11-55 所示	如图 11-55 所示

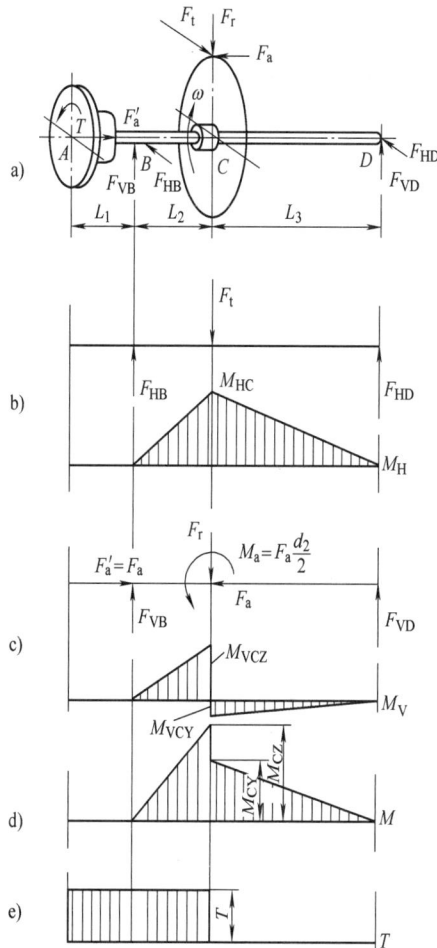

图 11-54　轴的受力分析及内力图

2. 轴的刚度计算

轴在受载情况下，如刚度不足，将产生过大的弹性变形，使机器不能正常工作，故对有刚度要求的轴，必须对其进行刚度校核计算。

轴的刚度分为弯曲刚度和扭转刚度两种。弯曲刚度用轴的挠度和偏转角来度量；扭转刚度用轴的扭转角来度量。通常是按弯曲刚度和扭转刚度的计算方法来计算轴的挠度 y 和偏转角 θ 及扭转角 φ，并控制其值小于或等于许用值，即 $y \leqslant [y]$、$\theta \leqslant [\theta]$、$\varphi \leqslant [\varphi]$。轴的挠度、偏转角及扭转角的许用值 $[y]$、$[\theta]$、$[\varphi]$ 见表 11-23。

3. 轴的振动

轴回转时，若受到周期性载荷的作用，便将产生不同程度的振动。当载荷的频率与轴的固有频率相同或接近时，就要发生共振。虽然大多数机器中的轴不受周期性外载荷的作用，但由于轴及轴上零件的材质不均、制造和安装误差等原因，导致轴和轴上零件总质心偏移而产生离心力，从而使轴受到周期性载荷作用产生振动。共振严重时，将导致轴和机器损坏。

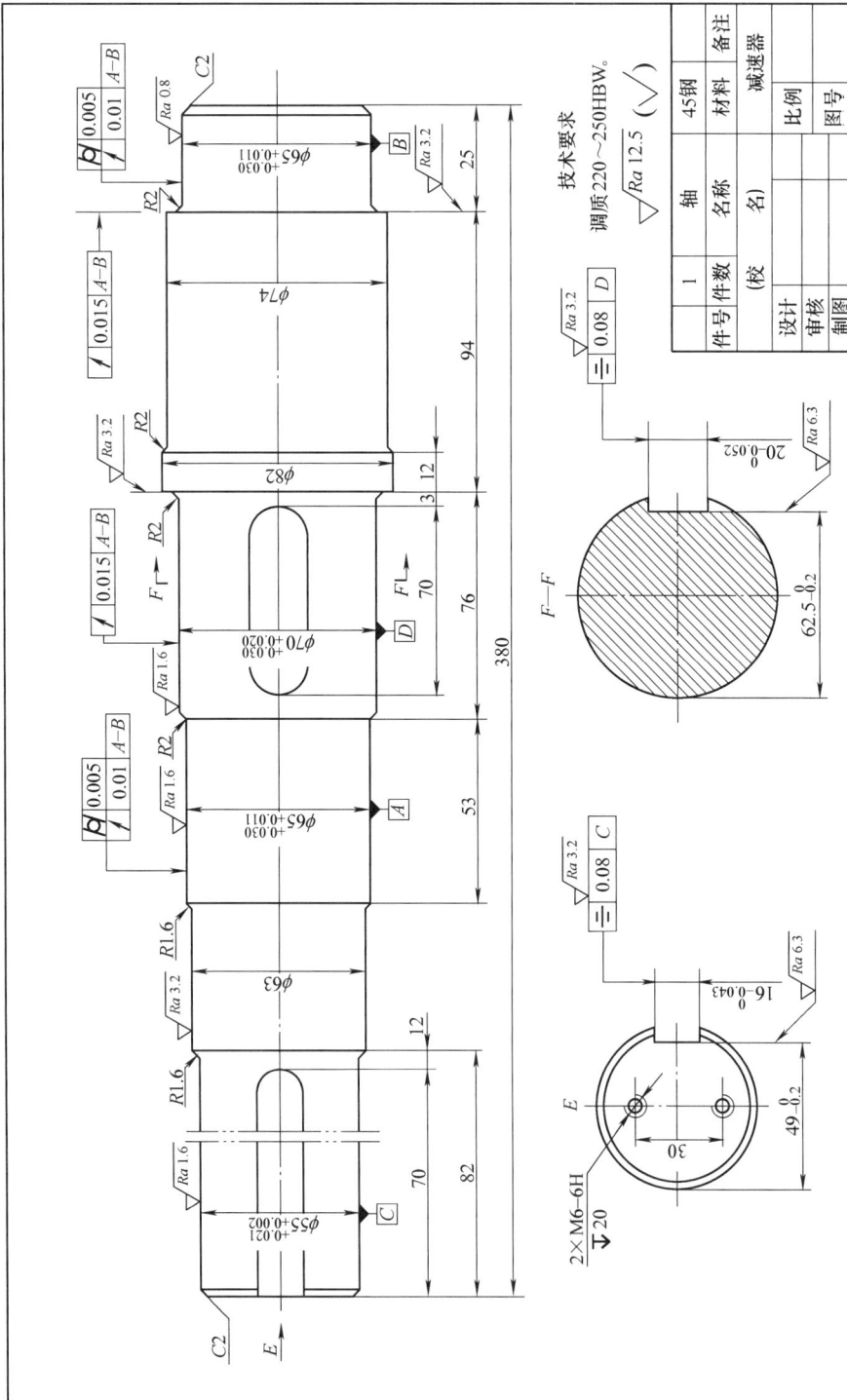

图11-55 轴的零件图

表 11-23　轴的许用挠度[y]、许用偏转角[θ]及许用扭转角[φ]

变形种类	适用场合	许 用 值	变形种类	适用场合	许 用 值
许用挠度 $[y]$/mm	一般用途的轴	$(0.0003 \sim 0.0005)l$	许用偏转角 $[\theta]$/rad	滑动轴承	0.001
	刚度要求较高的轴	$0.0002l$		深沟球轴承	0.005
	感应电动机轴	0.1Δ		调心球面轴承	0.05
	安装齿轮的轴	$(0.01 \sim 0.05)m_n$		圆柱滚子轴承	0.0025
	安装蜗轮的轴	$(0.02 \sim 0.05)m$		圆锥滚子轴承	0.0016
许用扭转角 $[\varphi]$/°·m^{-1}	一般传动	$0.5 \sim 1$		安装齿轮处轴截面	$0.001 \sim 0.002$
	较精密传动	$0.25 \sim 0.5$			
	重要传动	<0.25			

注：l 为支承间跨距，Δ 为电动机定子与转子间的间距，m_n 为齿轮法向模数，m 为蜗轮法向模数。

轴的振动可分为横向振动、纵向振动和扭转振动三类。由离心惯性力产生的弯曲变形引起的振动称为横向振动，由周期性变化的轴向力产生的轴向变形引起的振动称为纵向振动，因传递功率或载荷转矩的周期性变化产生的周期性扭转变形引起的振动称为扭转振动。一般机械中，轴的横向振动较为常见。

发生共振时的转速称为临界转速。轴的临界转速有许多个，最低的一个称为一阶临界转速，依次称为二阶临界转速、三阶临界转速等。当轴的工作转速接近各阶临界转速时，便将发生共振。图 11-56 所示为轴的工作转速 n 的范围，$n \leqslant (0.75 \sim 0.08)n_{c1}$（$n_{c1}$ 为轴的一阶临界转速）的轴称"刚性轴"，$1.4n_{c1} \leqslant n \leqslant 0.7n_{c2}$（$n_{c2}$ 为轴的二阶临界转速）的轴称为"挠性轴"。提高轴的刚度可提高轴的一阶临界转速，设计中常用此法使"刚性轴"的工作转速尽量远离其一阶临界转速以减小发生共振的可能性。

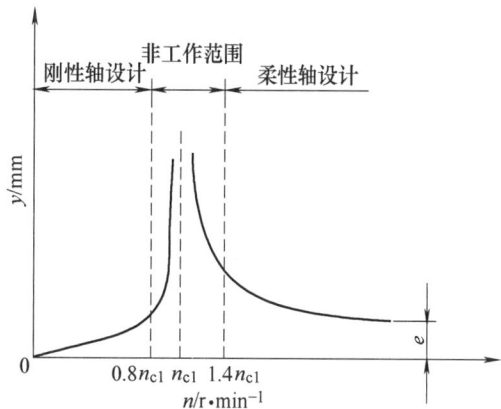

图 11-56　轴工作转速的范围

11.4　支承零部件的润滑与密封

支承零部件的润滑与密封主要是指轴承的润滑与密封。轴承中润滑剂不仅可以降低摩擦阻力，还具有散热、减小接触应力、吸收振动、防止锈蚀和减小噪声的作用。轴承工作时，润滑剂不允许很快流失，且外界灰尘、水分及其他杂物也不允许进入轴承，故应对轴承设置可靠的密封装置。根据轴承的实际工作条件，合理地选择润滑方式并设计可靠的密封结构，是保证滚动轴承正常工作的重要条件。

11.4.1　滚动轴承的润滑与密封

1. 滚动轴承的润滑

滚动轴承常用的润滑方式有油润滑和脂润滑，特殊条件下可用固体润滑剂（如二硫化钼、石墨等）。润滑的润滑方式与轴承速度有关，一般根据轴承的 dn 值（d 为滚动轴承内径，单位为 mm；n 为轴承转速，单位为 r/min）选择，脂润滑和油润滑的 dn 值界限见表11-24。

表11-24　脂润滑和油润滑的 *dn* 值界限

（单位：$\times 10^4 \text{mm} \cdot \text{r} \cdot \text{min}^{-1}$）

轴承类型	脂润滑	油　润　滑			
		油浴	滴油	循环油（喷油）	油雾
深沟球轴承	16	25	40	60	>60
调心球轴承	16	25	40	—	—
角接触球轴承	16	25	40	60	>60
圆柱滚子轴承	12	25	40	60	>60
圆锥滚子轴承	10	16	23	30	—
调心滚子轴承	8	12	—	25	—
推力球轴承	4	6	12	15	—

（1）脂润滑　当 *dn* 值较小时，可采用脂润滑。润滑脂是一种粘稠的凝胶状材料，故油膜强度高，承载能力强，不易流失，便于密封，一次加脂可使用较长时间。使用时，其充填量一般不超过轴承内部空间容积的 1/2～1/3，以免因润滑脂过多而引起轴承发热，影响正常工作。对于那些不便经常添加润滑剂的地方，或不允许润滑油流失而污染产品的工业机械来说，这种润滑方式十分适宜。

（2）油润滑　在高速高温的条件下，脂润滑不能满足要求时可采用油润滑。油润滑的优点是摩擦阻力小，润滑充分，且具有冷却散热和清洗滚道的作用，缺点是对密封和供油要求较高。采用脂润滑的轴承，如果设计方便，有时也可用油润滑，如封闭式齿轮箱中轴承的润滑。

润滑油的主要性能指标是黏度。转速越高，应选用黏度越低的润滑油；载荷越大，应选用黏度越高的润滑油。选用润滑油时，可根据工作温度和 *dn* 值确定油的黏度（见图11-57），然后根据黏度值从润滑油产品目录中选出相应的润滑油牌号。常用的油润滑方法有：

1）油浴润滑，如图11-58所示，把轴承局部浸入润滑油中，油面应不高于最低滚动体的中心。这种方法不适于高速轴承，因为剧烈搅动油液会造成很大的能量损失，以致引起油液和轴承的严重过热。

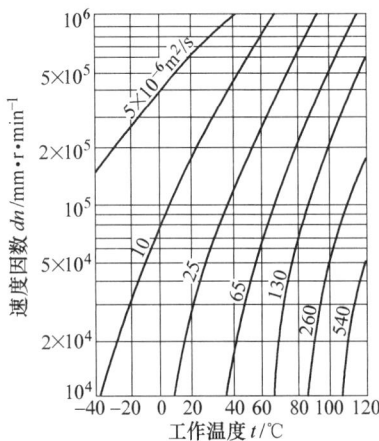

图11-57　润滑油黏度选择

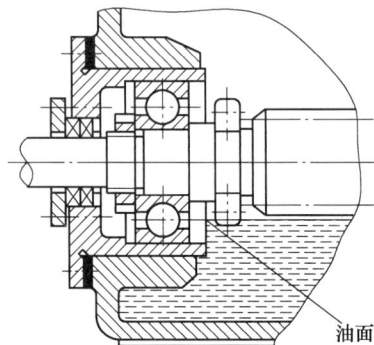

图11-58　油浴润滑

2）飞溅润滑，是闭式齿轮传动装置中轴承常用的润滑方法，它是利用转动齿轮将润滑齿轮的油飞溅到齿轮箱的内壁面上，然后通过适当的沟槽把油引入轴承中。

3）喷油润滑，适用于转速高、载荷大、要求润滑可靠的轴承，是用油泵将润滑油增压，通过油管或机座中特制油路，经油嘴将油喷到轴承内圈和保持架的间隙中。

此外，还有滴油润滑、油雾润滑等。

2. 滚动轴承的密封

轴承密封装置可分为接触式和非接触式两大类。

（1）接触式密封　在轴承盖内放置密封件，与转动轴表面直接接触而起密封作用。常用的密封件有毛毡、橡胶圈、皮碗等软性材料，也有用减摩性好的硬质材料石墨、青铜、耐磨铸铁等。轴与密封件接触表面需磨光，以增加防泄漏能力和延长密封件的寿命。几种常用的接触式密封装置如下：

1）毡圈密封，如图 11-59 所示，这种密封压紧力不能调整，但结构简单，用于轴与密封件接触表面圆周速度 $v < 5m/s$ 的脂润滑环境中。

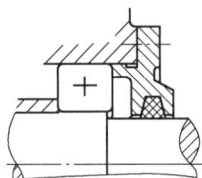

图 11-59　毡圈密封

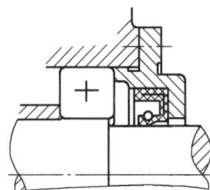

图 11-60　密封圈密封

2）密封圈密封（皮碗密封），密封圈是标准件，有 Q、J、U 等型号，由耐油橡胶或塑料制成。它利用密封圈唇边对耦合面的紧密接触进行密封，有弹簧箍的密封圈密封性能更好。密封圈唇口朝里主要是防漏油，如图 11-60 所示；密封圈唇口朝外主要是防灰尘。当采用两个密封圈背靠背放置时，可同时达到以上两个目的。这种密封使用方便、密封可靠，一般用于轴与密封件接触表面圆周速度 $v < 4m/s$ 的脂或油润滑环境中。

（2）非接触式密封　这种密封与轴没有直接接触，避免了接触式密封的缺点，故多用于速度较高的场合。常用的非接触式密封如下：

1）油沟密封，如图 11-61 所示，在轴与轴承盖间留有 $0.1 \sim 0.3mm$ 的间隙，并在轴承盖孔壁上车出宽 $3 \sim 4mm$、深 $4 \sim 5mm$ 的沟槽，在槽内充满润滑脂。这种密封装置结构简单，用于环境干燥清洁、轴与密封件接触表面圆周速度 $v < 5m/s$ 的脂润滑或低速油润滑环境中。

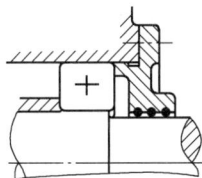

图 11-61　油沟密封

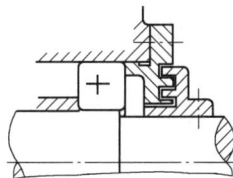

图 11-62　曲路密封

2）曲路密封（迷宫式密封），这种密封装置靠通过旋转密封件与静止密封件间的曲折外形，并在曲路中填入润滑脂起密封作用，如图 11-62 所示。可用于较为潮湿和污秽环境中工作的轴承，对油、脂润滑都有较好的密封效果，用于轴与密封件接触表面圆周速度 $v <$ 30m/s 的脂或油润滑环境中。

当密封要求较高时，可以将以上介绍的几种密封形式合理地组合使用，称为组合式密封。

11.4.2　滑动轴承的润滑

滑动轴承的润滑对其工作能力和使用寿命有很大的影响，因此设计轴承时应认真考虑这个问题。

滑动轴承常用润滑油作润滑剂，轴颈圆周速度较低时可用润滑脂，在速度特别高时可用气体润滑剂（如空气），工作温度特高或特低时可使用固体润滑剂（如石墨、二硫化硫、二硫化钼等）。

1. 润滑剂的选择

（1）润滑油的选择　选择润滑油主要考虑油的黏度和润滑性（油性）。由于润滑性尚无定量的理化指标，故通常只按黏度来选择。

选择润滑油的一般原则是：低速、重载、工作温度高时，应选较高黏度的润滑油；反之，可选用较低黏度的润滑油，具体可按轴承压强、滑动速度和工作温度参考表 11-25 选用。当轴承工作温度较高时，选用润滑油的黏度应比表中的高一些。此外，通常也可根据现有机器的成功使用经验，采用类比的方法来选择合适的润滑油。

表 11-25　滑动轴承润滑油的选择（不完全液体润滑、工作温度小于 60℃）

轴颈圆周速度 v/m·s^{-1}	轴承压强 $p < 3$MPa	轴颈圆周速度 v/m·s^{-1}	轴承压强 $p < 3 \sim 7.5$MPa
<0.1	L-AN68、L-AN100、L-AN150	<0.1	L-AN150
0.1~0.3	L-AN68、L-AN100	0.1~0.3	L-AN100、L-AN150
0.3~2.5	L-AN46、L-AN68	0.3~0.6	L-AN100
2.5~5.0	L-AN32、L-AN46	0.6~1.2	L-AN68、L-AN100
5.0~9.0	L-AN15、L-AN22、L-AN32	1.2~2.0	L-AN68
>9.0	L-AN7、L-AN10、L-AN15		

注：表中润滑油是以 40℃时运动黏度为基础的牌号。

（2）润滑脂的选择　润滑脂主要用于工作要求不高、难以经常供油的不完全油膜滑动轴承的润滑。

选用润滑脂时，主要是考虑其稠度（用针入度表示）和滴点，见表 11-26。选用的一般原则是：①低速、重载时应选用针入度小的润滑脂，反之则选用针入度大的润滑脂。②润滑脂的滴点一般应高于轴承工作温度 20~30℃ 或更高。③在潮湿或有水淋的环境下，应选用抗水性好的钙基脂或锂基脂。④温度高时应选用耐热性好的钠基脂或锂基脂。

表 11-26　滑动轴承润滑脂的选择

轴承压强 P/MPa	轴颈圆周速度 v/m·s^{-1}	最高工作温度/℃	选用润滑脂牌号
≤1.0	<1.0	75	3 号钙基脂
1.0~6.5	0.5~5.0	55	2 号钙基脂
>6.5	<0.5	75	1 号钙基脂
≤6.5	0.5~5.0	120	2 号钠基脂
>6.5	<0.5	110	1 号钙-钠基脂
1.0~6.5	<1.0	50~100	锂基脂
>6.5	<0.5	60	2 号压延基脂

注：1. 在环境潮湿，工作温度为 75~120℃的条件下，应考虑用钙-钠基润滑脂。

　　2. 在环境潮湿，工作温度在 75℃以下的条件下，没有 3 号钙基脂时也可以用铝基脂。

　　3. 工作温度为 110~120℃时可用锂基脂或钠基脂。

　　4. 集中润滑时，稠度要小一些。

2. 润滑方法和润滑装置

为了获得良好的润滑效果，除了正确选择润滑剂外，同时要考虑合适的润滑方法和润滑装置。

（1）润滑油润滑　根据供油方式的不同，润滑油润滑可分为间断润滑和连续润滑。间断润滑只适用于低速、轻载和不重要的轴承，需要可靠润滑的轴承应采用连续润滑。

1）人工加油润滑。在轴承上方设置油孔或油杯（见图 11-63），用油壶或油枪定期向油孔或油杯供油。其结构最简单，但不能调节供油量，只能起到间断润滑的作用，若加油不及时则容易造成磨损。

2）滴油润滑。依靠油的自重通过滴油油杯进行供油润滑。图 11-64 所示为针阀式滴油油杯，手柄卧倒时（见图 11-64b）针阀

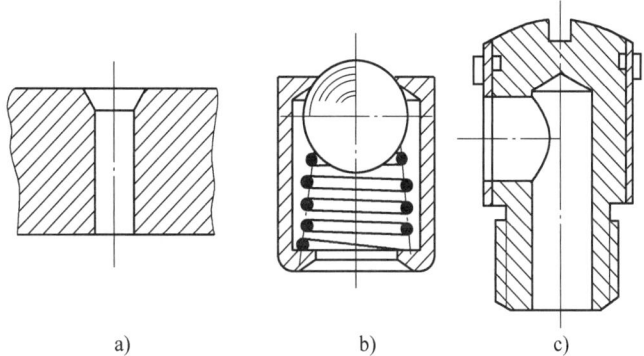

图 11-63　油孔和油杯

a）油孔　b）压配式压注油杯　c）旋套式注油油杯

受弹簧推压向下而堵住底部阀座油孔。手柄直立时（见图 11-64c）便提起针阀打开下端油孔，油杯中润滑油流进轴承，处于供油状态。调节螺母可用来控制油的流量，定期提起针阀可用作间断润滑。滴油润滑结构简单，使用方便，但供油量不易控制，如油杯中油面的高低及温度的变化、机器的振动等都会影响供油量。

3）油绳润滑。油绳润滑的润滑装置为油绳式油杯，如图 11-65 所示。油绳的一端浸入油中，利用毛细管作用将润滑油引到轴颈表面，其结构简单，油绳还能起到过滤作用，比较适用于多尘的场合。由于其供油量少且不易调节，因而主要应用于小型或轻载轴承，不适用于大型或高速轴承。

4）油环润滑。如图 11-66 所示，轴颈上套一油环，油环下部浸入油池内，靠轴颈摩擦力带动油环旋转，从而将润滑油带到轴颈表面。这种装置只适用于连续运转的水平轴轴承的润滑，并且轴的转速应在 50~3000r/min 范围内。

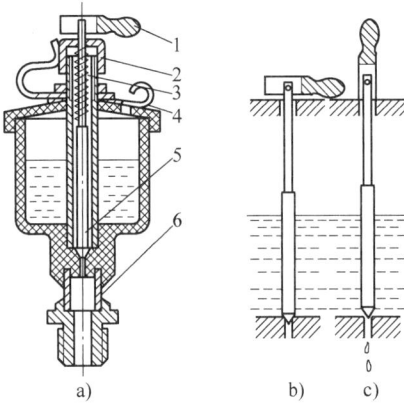

图 11-64　针阀式滴油油杯

1—手柄　2—调节螺母　3—弹簧　4—油孔盖板

5—针阀杆　6—观察孔

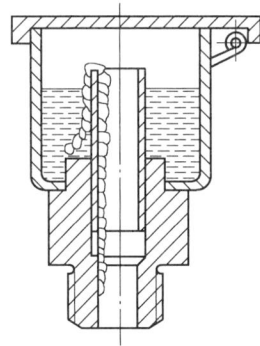

图 11-65　油绳式油杯

5）飞溅润滑。飞溅润滑常用于闭式箱体内的轴承润滑（见图 11-67），它利用浸入油池中的齿轮、曲轴等旋转零件或附装在轴上的甩油盘，搅动润滑油并使之飞溅到箱壁上，再沿油沟进入轴承。为控制搅油功率损失和避免因油的严重氧化而降低润滑性，浸油零件的圆周速度不宜超过 12～14m/s（但圆周速度也不宜过低，否则会影响润滑效果），浸油也不宜过深。

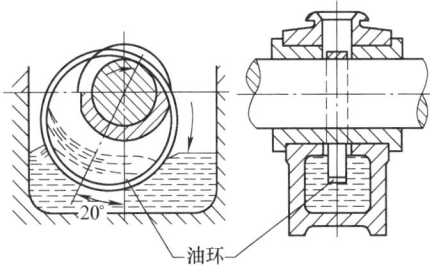

图 11-66　油环润滑

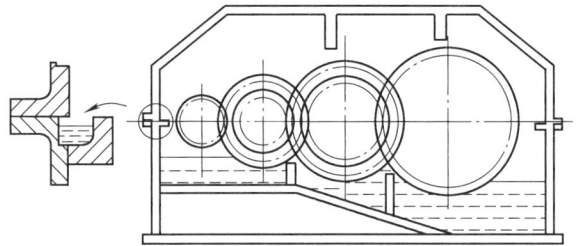

图 11-67　飞溅润滑

6）压力循环润滑。压力循环润滑利用油泵供给充足的润滑油来润滑轴承，用过的油又流回油池，经过冷却和过滤后可循环使用。压力循环润滑方式的供油压力和流量都可调节，同时油可带走热量，冷却效果好，工作过程中润滑油的损耗极少，对环境的污染也较少，因而广泛应用于大型、重型、高速、精密和自动化的各种机械设备中。

（2）润滑脂润滑　润滑脂润滑一般为间断供应，常用旋盖式油杯（见图 11-68）或黄油枪加脂，即定期旋转杯盖，将杯内润滑脂压进轴承或用黄油枪通过压注油杯（见图 11-63b）向轴承内补充润滑脂。润滑脂润滑也可以集中供应，适用于多点润滑的场合，供脂可靠，但组成设备比较复杂。

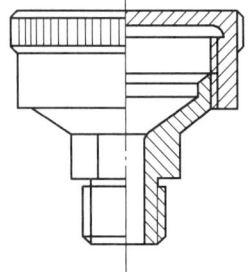

图 11-68　旋盖式油杯

3. 润滑方法的选择

可根据由下面经验公式求得的 k 值选择滑动轴承的润滑方法

$$k = v \sqrt{pv} \tag{11-23}$$

式中　p——轴承压强（MPa）；

　　　v——轴颈圆周速度（m/s）。

当 $k \leqslant 6$ 时，用润滑脂润滑；$6 < k \leqslant 50$ 时，用润滑油润滑（可用针阀式滴油油杯等）；$50 < k \leqslant 100$ 时，用油环润滑或飞溅润滑；$k > 100$ 时，必须用压力循环润滑。

本 章 小 结

支承零部件在机械传动中非常重要，它是机械设计制作和机械应用中广泛采用的部件。本章对滚动轴承、滑动轴承及轴的工作原理、类型选择、有关计算及结构设计、支承零部件位置调整、润滑密封方式和装置作了较详细介绍，以结合课程设计内容更好地帮助学生完成机械设计课程设计工作。滚动轴承的选用、支承零部件组合结构设计是本章的重点。

思 考 题

11-1　滚动轴承由哪些基本元件构成，各有何作用？

11-2　球轴承和滚子轴承各有何优缺点，适用于什么场合？

11-3　什么是滚动轴承的基本额定寿命？在额定寿命期内，一个轴承是否会发生失效？

11-4　什么是接触角，接触角的大小对轴承承载有何影响？

11-5　选择滚动轴承类型时主要考虑哪些因素？

11-6　怎样确定一对角接触球轴承或圆锥滚子轴承的轴向载荷？

11-7　滚动轴承为什么要预紧，预紧的方法有哪些？

11-8　滚动轴承的组合设计时应考虑哪些方面的问题？

11-9　滑动轴承的摩擦状态有哪几种，各有什么特点？

11-10　滑动轴承的主要特点是什么？什么场合应采用滑动轴承？

11-11　对滑动轴承材料性能的基本要求是什么？常用的轴承材料有哪几类？

11-12　在滑动轴承上开设油孔和油槽时应注意哪些问题？

11-13　非液体摩擦滑动轴承的失效形式和设计准则是什么？

11-14　轴在机器中的功用是什么？按承载情况轴可分为哪几类，试举例说明。

11-15　轴的常用材料有哪些？若轴的工作条件、结构尺寸不变，仅将轴的材料由碳钢改为合金钢，为什么只能提高轴的强度而不能提高轴的刚度？

11-16　确定轴的各轴段直径和长度前，为什么应先按扭转强度条件估算轴的最小直径？

11-17　轴的结构设计时应考虑哪些问题？

11-18　轴上零件的轴向、周向固定各有哪些方法，各有何特点？

11-19　多级齿轮减速器中，为什么低速轴的直径要比高速轴的直径大？

11-20　轴受载后如果产生过大的弯曲变形或扭转变形，对轴的正常工作有何影响？试举例说明。

11-21　当轴的强度不足或刚度不足时，可分别采取哪些措施来提高其强度和刚度？

11-22　滚动轴承的工作速度对选择轴承润滑方式有何影响？

11-23　滑动轴承润滑的目的是什么？常用的润滑剂有哪些？

习 题

11-1 写出下列轴承代号含义：

6201　　7206C　　7308AC　　30312/P6x　　6310/P5

11-2 轴上的 6208 轴承，所承受的径向载荷 $F_r = 3000$N，轴向载荷 $F_a = 1270$N，试求其当量动载荷 P。

11-3 一齿轮轴上装有一对型号为 30208 的轴承（反装），已知 $F_a = 5000$N（方向向左），$F_{r1} = 8000$N，$F_{r2} = 6000$N，试计算两轴承上的轴向载荷。

11-4 一带传动装置的轴上拟选用单列向心球轴承，已知轴颈直径 $d = 40$mm，转速 $n = 800$r/min，轴承的径向载荷 $F_r = 3500$N，载荷平稳。若轴承预期寿命 $L_h' = 10000$h，试选择轴承型号。

11-5 某减速器主动轴用两个圆锥滚子轴承 30212 支承，如图 11-69 所示。已知轴的转速 $n = 960$r/min，$F_a = 650$N，$F_{r1} = 4800$N，$F_{r2} = 2200$N，工作时受中等冲击，正常工作温度，要求轴承的预期寿命为 15000h，试判断该对轴承是否合适。

11-6 如图 11-70 所示，轴支承在两个 7207ACJ 轴承上，两轴承宽度中点间的距离为 240mm，轴上载荷 $F_r = 2800$N，$F_a = 750$N，方向和作用点如图所示。试计算轴承 C、D 所受的轴向载荷 F_{AC}、F_{AD}。

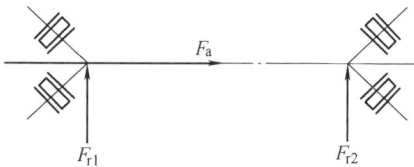

图 11-69　习题 11-5 图

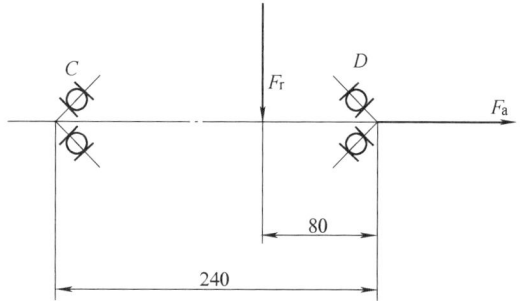

图 11-70　习题 11-6 图

11-7 图 11-71 所示为从动锥齿轮轴，从齿宽中点到两个 30000 型轴承压力中心的距离分别为 60mm 和 195mm，齿轮的平均分度圆直径 $d_{m2} = 212.5$mm，齿轮受轴向力 $F_a = 960$N，所受圆周力和径向力的合力 $F_r = 2710$N，轻度冲击，转速 $n = 500$r/min，轴承的预期设计寿命为 30000h，轴颈直径 $d = 35$mm，试选择轴承型号。

11-8 一常温工作的蜗杆传动，已知蜗杆轴的轴颈 $d = 45$mm，转速 $n = 220$r/mm，径向载荷 $F_{r1} = 2100$N，$F_{r2} = 2600$N，蜗杆的轴向力 $F_a = 800$N（方向向右），要求轴承对称布置，寿命为两班制工作 5 年，载荷有轻微冲击。拟

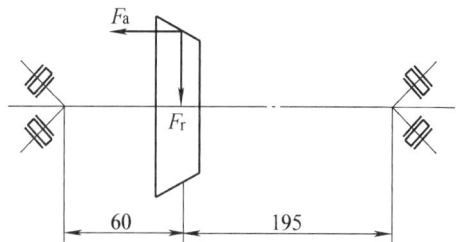

图 11-71　习题 11-7 图

从向心球轴承、角接触球轴承、圆锥滚子轴承中选择。试确定轴承型号，并判定哪种方案最佳。

11-9 说明图 11-10 中两组垫片的作用有何不同。

11-10 校核一非液体摩擦滑动轴承，其径向载荷 $F_r = 16000$N，轴颈直径 $d = 80$mm，转速 $n = 100$r/min，轴承宽度 $B = 80$mm，轴瓦材料为 ZCuSn5Pb5Zn5。

11-11 一非液体摩擦滑动轴承，已知轴颈直径 $d = 60$mm，转速 $n = 960$r/min，轴承宽度 $B = 60$mm，轴瓦材料为 ZCuPb30，求其所能承受的最大径向载荷。

11-12 设计一蜗轮轴的非液体摩擦滑动轴承，已知蜗轮轴的转速 $n = 60$r/min，轴颈直径 $d = 80$mm，径向载荷 $F_r = 7000$N，轴瓦材料为锡青铜，轴的材料为 45 钢。

11-13 已知一传动轴传递的功率为 37kW，转速 $n = 900$r/min，轴的扭转切应力不允许超过 40MPa。要

求:

（1）分别按以下两种情况求该轴直径：1）实心轴。2）空心轴，空心轴内外径之比为 0.7。

（2）求两种情况下轴的质量之比（取实心轴质量为 1）。

11-14　图 11-72 所示为某减速器输出轴的结构与装配图，试指出其设计错误并画出正确的结构与装配图。

11-15　观察、拆装图 11-10 所示轴系部件，对照分析是否符合轴与轴承组合设计的要求？

11-16　图 11-73 所示为一减速器轴，由一对 6206 轴承支承，试确定下列尺寸：齿轮轴孔倒角 C_1，轴上轴承处的圆角 r_1 及轴肩高度 h，轴环直径 d，轴上齿轮处的圆角 r_2 及轴段长度 l，轴端倒角 C。

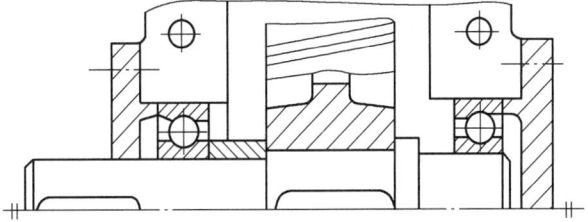

图 11-72　习题 11-14 图

11-17　已知一单级直齿圆柱齿轮减速器，电动机直接驱动，电动机功率 $P = 22\text{kW}$，转速 $n_1 = 1440\text{r/min}$，齿轮模数 $m = 4\text{mm}$，齿数 $z_1 = 18$，$z_2 = 82$，支承间跨距 $l = 180\text{mm}$，齿轮对称布置，轴的材料为 45 钢调质，试按弯扭合成强度条件确定输出轴危险界面处的直径 d。

11-18　试设计图 11-74 所示二级斜齿圆柱齿轮减速器的低速轴，已知该轴传递的功率 $P = 5\text{kW}$，转速 $n = 42\text{r/min}$，该轴上齿轮参数为：$\alpha_n = 20°$，$m_n = 3\text{mm}$，$z = 110$，齿宽为 80mm，$\beta = 9°22'$，左旋，两轴承间距为 206mm，轴承型号初定为 6412。

11-19　滚动轴承采用脂润滑时，润滑脂的填充量对轴承工作有什么影响？采用浸油润滑时，油面高度如何确定？

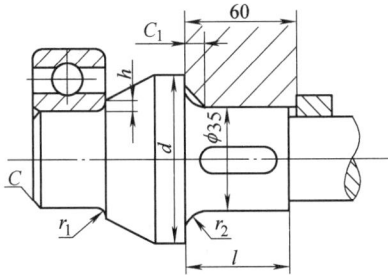

图 11-73　习题 11-16 图

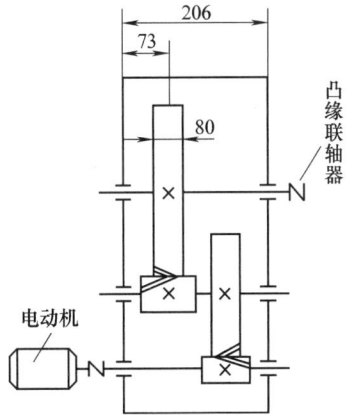

图 11-74　习题 11-18 图

第 12 章　联轴器、离合器和制动器

联轴器和离合器是机械传动中重要的轴系部件，主要用来联接两轴（有时也可联接轴与其他回转零件）使其一同转动，并传递运动和动力。两轴用联轴器联接，机器运转时不能分离，只有在机器停车并将联接拆开后，两轴才能分离；两轴用离合器联接，则可在机械运转中随时分离或接合。制动器是使机器在很短时间内停止运转并刹住不动的装置，制动器也可在短期内用来降低或调整机器的运转速度。

12.1　联轴器

12.1.1　联轴器的类型、特点和应用

联轴器所联接的两轴，由于机器的结构要求、制造及安装误差、承载后变形、温度变化和轴承磨损等原因，不能保证严格对中，使两轴线之间出现相对位移，其位移的情况有：轴向位移、径向位移、角度位移和综合位移，如图 12-1 所示。这就要求设计联轴器时，要从结构上采取各种不同的措施，使之具有适应一定范围的相对位移的性能。

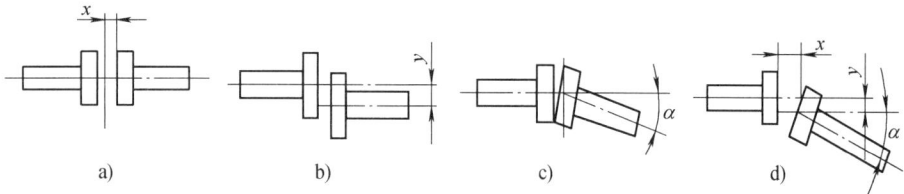

图 12-1　轴线的相对位移

a）轴向位移　b）径向位移　c）角度位移　d）综合位移

根据联轴器对各种相对位移有无补偿能力（即能否在发生相对位移条件下保持联接的功能），普通联轴器可分为刚性联轴器（无补偿能力）和挠性联轴器（有补偿能力）两大类。挠性联轴器又可按是否具有弹性元件，分为无弹性元件的挠性联轴器和有弹性元件的挠性联轴器两个类别。普通联轴器的分类如下：

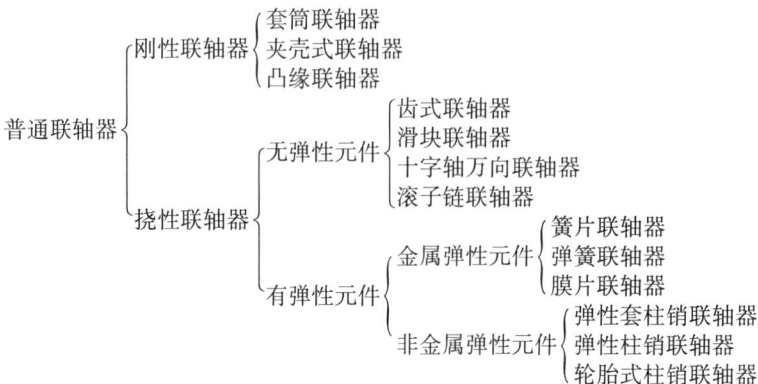

1. 刚性联轴器

这类联轴器有套筒式、夹壳式和凸缘式等，这里只介绍较为常用的凸缘联轴器。

凸缘联轴器是把两个带有凸缘的半联轴器用键分别与两轴联接，然后用螺栓把两个半联轴器联成一体，以传递运动和转矩（见图12-2）。这类联轴器按对中方式不同可分为以下两种结构形式：

1）如图12-2a所示，两个半联轴器通过铰制孔用螺栓对中联接。此种联轴器装拆较方便，且能传递较大转矩。

2）如图12-2b所示，凸缘联轴器有对中榫，靠一个半联轴器的凸肩与另一个半联轴器上的凹槽相配合而对中，用普通螺栓实现联接，依靠接合面间的摩擦力传递转矩，对中精度高，装拆时轴必须作轴向移动。

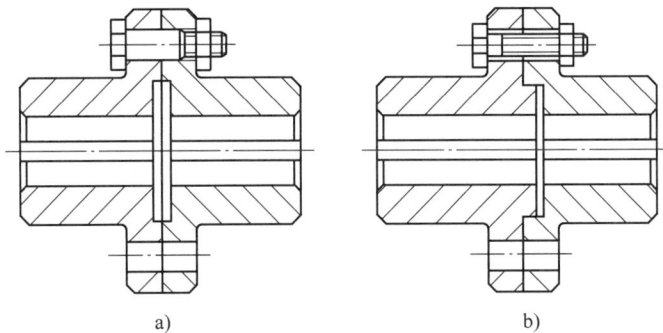

a)　　　　　　　　　b)

图 12-2　凸缘联轴器

半联轴器常用材料为灰铸铁、中碳钢及铸钢。

凸缘联轴器结构简单，价格低廉，能传递较大的转矩，但不能补偿两轴线的相对位移，也不能缓冲减振，故只适用于联接的两轴能严格对中、载荷平稳的场合。

2. 挠性联轴器

（1）无弹性元件的挠性联轴器　这类联轴器具有挠性，所以可补偿两轴的相对位移。但又因无弹性元件，故不能缓冲减振。下面介绍常用的两种：

1）滑块联轴器。如图12-3所示，滑块联轴器由两个在端面上开有凹槽的半联轴器1、3和一个两面带有凸榫的中间盘2所组成。两凸榫的中心线互相垂直，并嵌在两半联轴器的凹槽中。当被联接的两轴有径向偏移时，凸榫将在联轴器的凹槽中滑动。由于滑块作偏心回转，由其引起的惯性离心力将使工作表面压力增大而加快磨损，因此需对其工作表面实施润滑。

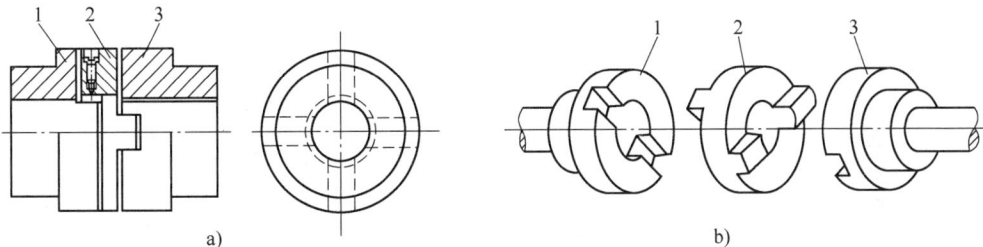

a)　　　　　　　　　b)

图 12-3　滑块联轴器

1、3—半联轴器　2—中间盘

滑块联轴器的常用材料为中碳钢，并需进行表面淬火处理，这种联轴器结构简单，径向尺寸小，主要用于两轴径向位移较大、无冲击及低速的场合。

2）万向联轴器。如图 12-4 所示，万向联轴器由两个叉形接头 1、3 和一个十字轴 2 组成。由于中间联接件十字轴联接的两叉形半联轴器均能绕十字轴的轴线转动，因此联轴器的两轴线能成任意角度 α，而且在机器运转时，夹角发生改变仍可正常传动。但 α 角越大，传动效率越低，所以一般 α 最大不超过 35° ~ 45°。

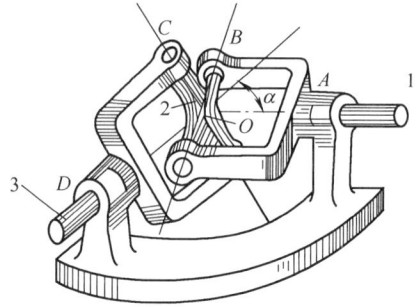

图 12-4 万向联轴器

1、3—叉形接头 2—十字轴

这种联轴器的缺点是：当主动轴角速度为常数时，从动轴的角速度并不是常数，而是在一定范围内变化，因而在传动中将产生附加动载荷。为了改善这种情况，可将万向联轴器成对使用，称为双万向联轴器，如图 12-5 所示。使用双万向联轴器时，应使主、从动轴和中间轴位于同一平面内，两个叉形接头也位于同一平面内，而且使主、从动轴与联接轴所成夹角 α 相等（见图 12-6），这样才能使主、从动轴同步转动，避免附加动载荷的产生。

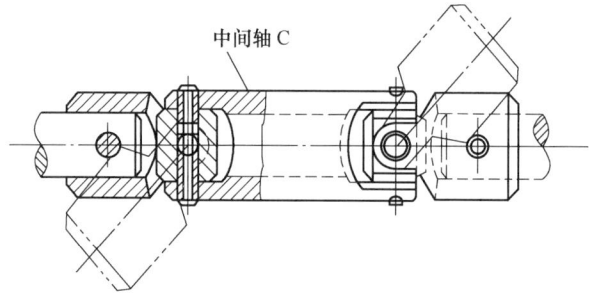

图 12-5 双万向联轴器

万向联轴器结构紧凑、维护方便，广泛应用于汽车、拖拉机、组合机床等机械的传动系统中。小型万向联轴器已标准化，设计时可按标准选用。

（2）有弹性元件的挠性联轴器 这类联轴器因装有弹性元件，不仅可以补偿两轴间的相对位移，而且具有缓冲减振能力。下面介绍常用的两种。

1）弹性套柱销联轴器。如图 12-7 所示，弹性套柱销联轴器结构上与凸缘联轴器相似，只是用带弹性套的柱销代替联接螺栓。

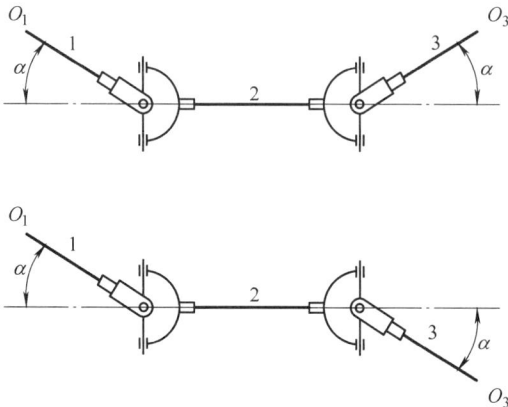

图 12-6 双万向联轴器的安装

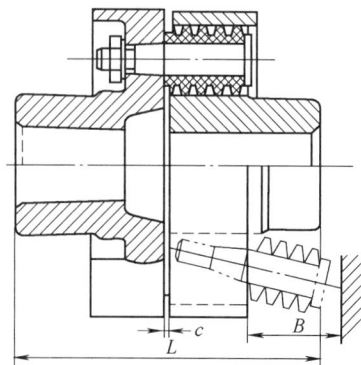

图 12-7 弹性套柱销联轴器

弹性套材料为天然橡胶或合成橡胶,这种联轴器的工作温度须在 – 20 ~ + 70°C 范围内。

这种联轴器的特点是结构简单,安装方便,更换容易,尺寸小,重量轻,但其寿命较短,因此它适用于冲击载荷不大,需正反转或起动频繁的、由电动机驱动的各种中小功率传动轴系中。

2)弹性柱销联轴器。如图 12-8 所示,弹性柱销联轴器与弹性套柱销联轴器结构相似,只是柱销材料为尼龙。由于柱销与柱销孔为间隙配合,且柱销富有弹性,因而具有补偿两轴相对位移和缓冲的性能。为了改善柱销与柱销孔的接触条件和补偿性能,柱销的一端制成鼓形,且柱销两端装有挡板,以防止柱销脱落。另外,由于尼龙柱销对温度较敏感,故这种联轴器的工作温度也须在 – 20 ~ + 70°C 范围内。

图 12-8 弹性柱销联轴器

与弹性套柱销联轴器相比,弹性柱销联轴器结构更为简单,便于制造维修,耐久性好,适用于联接起动及换向频繁的传递转矩较大的中、低速轴系中。

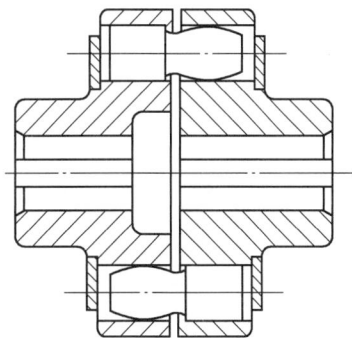

12.1.2 联轴器的选择

1. 联轴器的类型选择

机械中常用的联轴器多数已经标准化,选择时应根据使用要求和工作条件来确定。具体选择时应考虑以下因素:

(1)所需传递转矩的大小和性质以及对缓冲和减振方面的要求 一般载荷平稳、传动转矩大、转速平稳、同轴度好、无相对位移的场合,应选用刚性联轴器;载荷变化较大、要求缓冲减振或者同轴度不易保证的场合,应选用有弹性元件的挠性联轴器。

(2)联轴器的工作转速高低和引起的离心力大小 对于高速传动轴,应选用平衡精度高的联轴器,例如膜片联轴器、齿式联轴器等,而不应选用存在偏心的滑块联轴器。

(3)两轴相对位移的大小 安装调整后难以保证两轴精确对中或者工作过程中有较大位移量的两轴联接,应选用带有弹性元件的挠性联轴器。

此外,还应考虑联轴器的可靠性、使用寿命和工作环境,以及联轴器的制造、安装、维护和成本等因素。

2. 联轴器的型号选择

选择联轴器的型号时,先按下式计算其计算转矩

$$T_c = KT \tag{12-1}$$

式中 T_c ——轴的计算转矩(N·m);

K ——工作情况因数,见表 12-1;

T ——轴的名义转矩(N·m)。

然后,根据计算转矩 T_c、轴的转速 n 和轴端直径 d 查阅有关手册,选择适合型号的联轴器。选择时应满足:①计算转矩 T_c 不超过联轴器的公称转矩 T_n,即 $T_c \leq T_n$。②转速 n 不超过联轴器的许用转速 $[n]$,即 $n \leq [n]$。③轴端直径不超过联轴器的孔径范围。

表 12-1　联轴器的工作情况因数 *K*

动　力　机		*K*					
		工　作　机					
		Ⅰ类	Ⅱ类	Ⅲ类	Ⅳ类	Ⅴ类	Ⅵ类
电动机、汽轮机		1.3	1.5	1.7	1.9	2.3	3.1
内燃机	四缸及四缸以上	1.5	1.7	1.9	2.1	2.3	3.3
	二缸	1.8	2.0	2.2	2.4	2.8	3.6
	单缸	2.2	2.4	2.6	2.8	3.2	4.0

注：工作机分类如下：
　　Ⅰ类——转矩变化很小的机械，如发电机、小型通风机、小型离心泵。
　　Ⅱ类——转矩变化小的机械，如透平压缩机、木工机床、运输机。
　　Ⅲ类——转矩变化中等的机械，如搅拌器、增压泵、有飞轮的压缩机、冲床。
　　Ⅳ类——转矩变化和冲击载荷中等的机械，如织布机、水泥搅拌器、拖拉机。
　　Ⅴ类——转矩变化和冲击载荷大的机械，如造纸机械、挖掘机、起重机、碎石机。
　　Ⅵ类——转矩变化大并有极强烈冲击载荷的机械，如压延机械、无飞轮的活塞泵、重型初轧机。

12.1.3　联轴器的安装与维护

联轴器的结构形式很多，具体装配的要求、方法都不一样，对于安装来说，总的原则是严格按照图样要求进行装配，这里只介绍一些联轴器装配中经常需要注意的问题。对于应用在高速旋转机械上的联轴器，一般在制造厂都做过动平衡试验，动平衡试验合格后画上各部件之间互相配合方位的标记。在装配时必须按制造厂给定的标记组装，这一点是很重要的。如果不按标记任意组装，很可能发生由于联轴器的动平衡不好引起机组振动。

为了保证联轴器正常运转，达到预定的工作性能和使用寿命，在安装联轴器时，必须进行适当的调整，以使联轴器所联的两轴具有较高的同轴度。即使是对具有补偿性能的可移式联轴器，也应进行调整以减小相对位移量，将相对位移量控制在该联轴器正常运转所允许的范围内。

各种联轴器在装配后，均应盘车，看看转动情况是否良好。总之，联轴器的正确安装能改善设备的运行情况，减少设备的振动，延长联轴器的使用寿命。

12.2　离合器

12.2.1　离合器的类型、特点和应用

离合器在机器运转中可将传动系统随时分离或接合。根据离合方法不同，离合器分为操纵离合器和自控离合器两大类。前者按不同的操纵方式又分为机械离合器、电磁离合器、液压离合器和气压离合器，后者按不同特性可分为超越离合器、离心离合器和安全离合器等。

根据工作原理不同，又可将离合器分为嵌合式离合器和摩擦式离合器。嵌合式离合器结构简单，尺寸小，传递转矩大，主、从动轴可同步回转，但接合时有冲击，只能在停机或低速时接合；摩擦式离合器离合平稳，可实现高速接合，且具有过载打滑的保护作用，但主、从动轴不能保证严格同步，并且接合时产生磨损与摩擦。下面介绍几种常用的离合器。

1. 牙嵌离合器

如图 12-9 所示，牙嵌离合器由两个端面带牙的半离合器 1、2 组成。其中半离合器 1 固定在主动轴上，半离合器 2 用导向键 3 或花键与从动轴联接，并由滑环 4 操纵沿轴向移动实现离合器的接合和分离，在半离合器 1 上还固定有对中环 5，可保证两轴对中。

牙嵌离合器常用的牙型有：三角形、梯形、矩形和锯齿形，如图 12-10 所示。其中梯形牙应用较广，其强度高，传递转矩大，能自动补偿牙面磨损所产生的间隙，同时由于嵌合牙间有轴向分力，故便于分离；三角形牙只能传递中、小转矩；矩形牙不便于离合，且磨损后无法补偿；锯齿形牙只能传递单向转矩。

牙嵌离合器的牙数一般取 3 ~ 60。传递大转矩时应选用较少牙数，要求接合迅速时宜选用较多牙数。

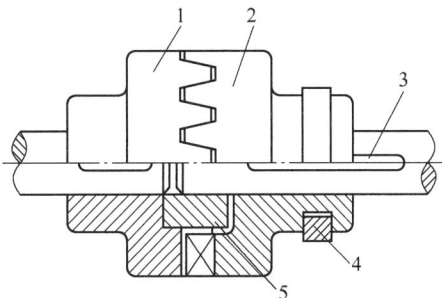

图 12-9 牙嵌式离合器
1、2—半离合器 3—导向键 4—滑环
5—对中环

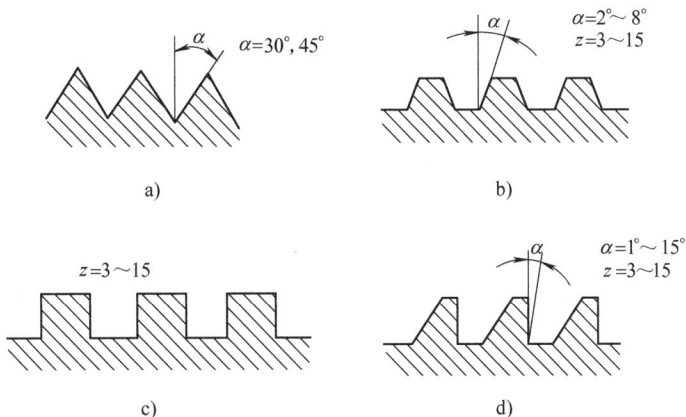

图 12-10 牙嵌离合器的常用牙型
a) 三角形 b) 梯形 c) 矩形 d) 锯齿形

牙嵌离合器的主要失效形式是牙面的磨损和牙根折断，所以此类离合器的牙面应具有较高的硬度，牙根要有良好的韧性。制造牙嵌离合器的材料常用低碳钢渗碳淬火或中碳钢表面淬火处理，硬度应分别达到 52 ~ 62HRC 和 48 ~ 52HRC。不重要的和在静止时接合的离合器可使用铸铁。

2. 片式离合器

片式离合器是摩擦式离合器的主要类型，它分为单片式和多片式。图 12-11 所示为单片离合器，它是靠一定压力下主动片 1 和从动片 2 接合面上的摩擦力传递转矩，操纵滑环 4 使从动片作轴向移动以实现接合和分离。单片离合器结构简单，但径向尺寸较大，只能传递不大的转矩。

图 12-12 所示为多片离合器，它主要由外摩擦片组 4 和内摩擦片组 5 组成。外摩擦片组装在壳体 2 上，并同主动轴 1 转动。内摩擦片组 5 装在套筒 9 上，并与从动轴 10 一起转动。

内、外片相间地叠合，当滑环 7 由操纵机构控制向左移动时，使杠杆 8 绕支点顺时针转动，通过压板 3 将两组摩擦片压紧，实现接合；滑环 7 向右移动，则实现分离。

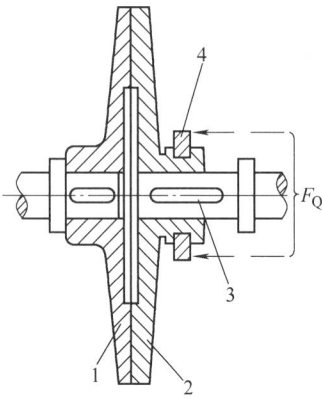

图 12-11　单片离合器

1—主动片　2—从动片

3—导向键　4—滑环

图 12-12　多片离合器

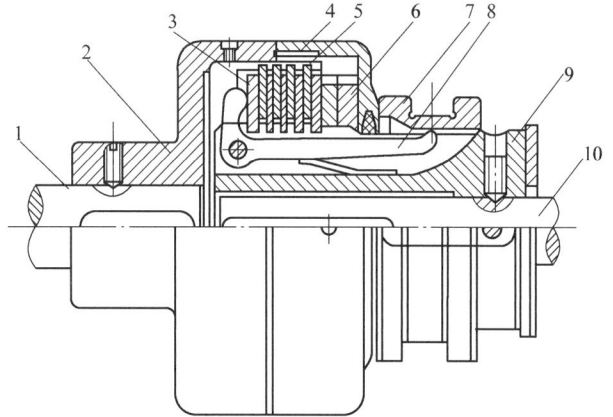

1—主动轴　2—壳体　3—压板　4—外摩擦
片组　5—内摩擦片组　6—螺母　7—滑环
8—杠杆　9—套筒　10—从动轴

图 12-13a 所示为外摩擦片结构，内摩擦片结构有平板形（见图 12-13b）和碟形（见图 12-13c）两种。后者接合时被压平，分离时借其弹力作用可以更加快速。

多片离合器摩擦片的数目越多，传递的转矩越大，但片数过多会降低分离动作的灵活性，所以一般限制内、外片总数不超过 25 ~ 30。

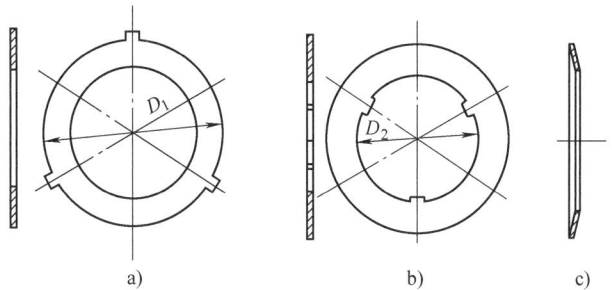

图 12-13　摩擦片

3. 超越离合器

常用的有棘轮超越离合器和滚柱式超越离合器。棘轮超越离合器（见图 5-9）结构简单，对制造精度要求低，在速度较低的传动中应用广泛。

图 12-14 所示为滚柱式超越离合器，当其星轮 1 顺时针转动时，滚柱 3 受摩擦力作用被楔紧在星轮与外圈之间，从而带动外圈 2 一起转动，此时为接合状态；当星轮 1 逆时针转动时，滚柱 3 处在槽中较宽的部分，离合器为分离状态，因此它只能传递单向转矩。若外圈和星轮同时顺时针回转，当外圈转速大于星轮转速时，离合器为分离状态，即套筒可超越星轮转动，故称其为超越离合器。

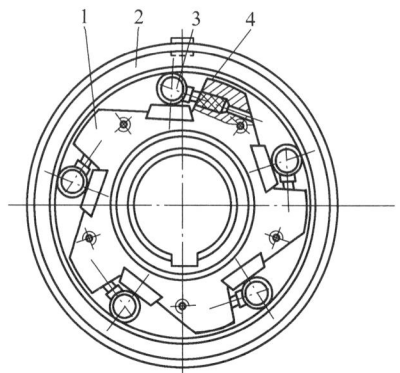

这种离合器工作时没有噪声，宜于高速传动，但制造精度要求较高。

图 12-14　滚柱式超越离合器

1—星轮　2—外圈　3—滚柱　4—弹簧柱

12.2.2 离合器的使用与维护

离合器在使用的过程中，如果操作不熟练或违反操作规程，常产生滑转现象，时间过久就会发热和加速磨损，因此离合器的正确使用要点是：分离迅速彻底，接合柔和平稳。要做到这些要求，必须注意以下要点：

1）离合器接合要缓慢，但当要全面接合时，动作要迅速。

2）分离离合器时动作要迅速，做到快而彻底。

3）不应采用半分离状态来降低机车的速度。

4）离合器分离时间不宜过长，若需较长时间停车，应换成空挡。

5）离合器在使用一段时间后，必须对其分离间隙进行调整。另外，还要经常清洗离合器的油污，以保证离合器正常工作。

12.3 制动器

制动器是用于机构或机器减速或停止的装置，有时也可用作调节或限制机构或机器的运动速度，它是保证机构或机器正常工作的重要部件。为了减小制动力矩和制动器的尺寸，通常将制动器配置在机器的高速轴上。

12.3.1 制动器的类型

制动器的类型很多，按工作状态，制动器可分为常闭式和常开式。常闭式制动器靠弹簧或重力的作用经常处于紧闸状态，而机构运行时，则用人力或松闸器使制动器松闸；常开式制动器经常处于松闸状态，只有在施加外力时才能使其紧闸。

按照构造特征，常用制动器分类如下：

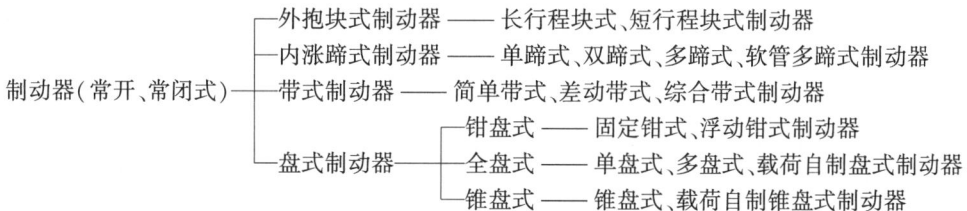

制动器（常开、常闭式）
- 外抱块式制动器 —— 长行程块式、短行程块式制动器
- 内涨蹄式制动器 —— 单蹄式、双蹄式、多蹄式、软管多蹄式制动器
- 带式制动器 —— 简单带式、差动带式、综合带式制动器
- 盘式制动器
  - 钳盘式 —— 固定钳式、浮动钳式制动器
  - 全盘式 —— 单盘式、多盘式、载荷自制盘式制动器
  - 锥盘式 —— 锥盘式、载荷自制锥盘式制动器

12.3.2 常用制动器的性能比较

部分制动器已经标准化，其选择计算方法可查阅机械设计手册。下面介绍几种常见的简单制动器。

1. 短行程块式制动器

图 12-15 所示为短行程电磁铁制动器的结构图。在图示状态中，电磁铁线圈 3 断电，弹簧 6 回复将左、右两制动臂 2 接近，两个瓦块 1 同时闸紧制动轮 7，此时为制动状态。当电磁铁线圈通电时，电磁铁 4 绕 O 点逆时针转动，迫使推杆 5 向右移动，弹簧 6 被压缩，左、右两制动臂 2 的上端距离较大，两瓦块 1 离开制动轮 7，制动器则处于开启状态。

这种制动器简单可靠，散热好，外形尺寸大，杠杆系统复杂，适用于工作频繁及空间较大的场合，在起重运输机械中应用较广。

2. 内涨蹄式制动器

内涨蹄式制动器有单蹄、双蹄、多蹄和软管多蹄等形式，其中双蹄式应用较广。图 12-16 所示为领从蹄式双蹄制动器。两个固定支承销 4 将制动蹄 1 和 3 的下端铰接安装，制动分泵 2 是双向作用的。制动时，分泵压力 *F* 使制动蹄 1 和 3 压紧制动毂，从而产生制动转矩。

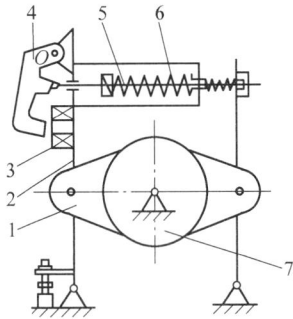

图 12-15　短行程电磁铁制动器的结构图

1—瓦块　2—制动臂　3—电磁线圈

4—电磁铁　5—推杆　6—弹簧

7—制动轮

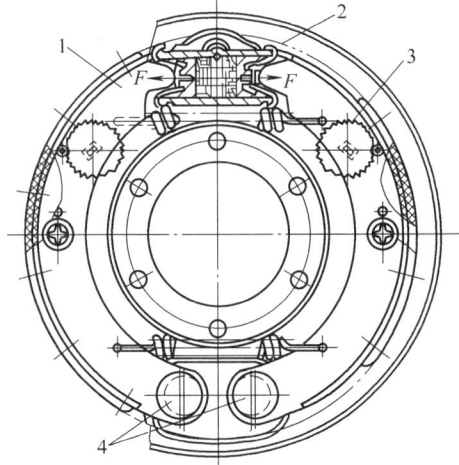

图 12-16　领从蹄式双蹄制动器

1、3—制动蹄　2—制动分泵　4—支承销

这种制动器结构紧凑，散热性好，密封容易，多用于安装空间受限制的场合，广泛用于轮式起重机及各种车辆，如汽车、拖拉机等的车轮中。

3. 带式制动器

图 12-17 所示为带式制动器的结构图，它由制动轮 1、制动钢带 2 和制动杠杆 3 组成。在重锤 4 的作用下，制动带 2 紧包在制动轮 1 上，从而实现制动。松闸时，则由电磁铁 5 或人力提升重锤来实现。另外，在杠杆上还装有紧闸用的缓冲器 6，以减轻紧闸的冲击。制动钢带的外围装有固定的挡板 7，并利用其上的均布调节螺钉 8 以保证制动带与制动轮分开的间隙均匀。

带式制动器的结构简单紧凑，包角大，制动力矩也大，但制动带磨损不均匀，易断裂，且对轴的横向作用力也大。这种制动器适于用在转矩较大而要求紧凑的制动场合，如用于移动式起重机中。

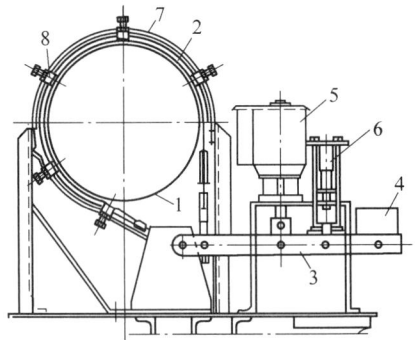

12.3.3　制动器的类型选择

应根据使用要求和工作条件来选定制动器的类型，选择时应考虑以下几点：

1）主要依据制动转矩的大小、工作性质和工作条件选择常开或常闭式制动器。例如，对于起重机械的起升和变幅机构，都必须采用常闭式制动器，而为了控制制动转矩的大小以便准确停车，对于车辆及起重机械的运行和旋转机构

图 12-17　带式制动器的结构图

1—制动轮　2—制动钢带　3—制动杠杆

4—重锤　5—电磁铁　6—缓冲器

7—挡板　8—调节螺钉

等，则多采用常开式制动器。

2）依据制动器的工作要求选择制动器。例如，支持物品用制动器的制动转矩必须有足够的余量，即应保证一定的安全因数，对于安全性有高度要求的机构需装设双重制动器，如运送熔化金属的起升机构，规定必须装设两个制动器，其中每一个制动器都能安全地支持铁液包而不致坠落。

3）考虑使用制动器的场所空间大小。如安装制动器的地点有足够的空间时，则可选用外抱块式制动器；空间受限制时，则可采用内涨蹄式、带式或盘式制动器。

本 章 小 结

本章的重点内容是各种联轴器、离合器和制动器的工作特点和应用场合，在进行机械系统方案设计时，应能够根据具体工作要求，正确选择它们的类型。

思 考 题

12-1　联轴器和离合器的功用有何相同点和不同点？

12-2　常用的联轴器有哪些类型，各有何特点？列举你所知道的应用实例。

12-3　选用套筒联轴器时，可采用哪些对中方式，各种对中方式有什么特点？

12-4　无弹性元件的挠性联轴器和有弹性元件的挠性联轴器补偿位移的方式有何不同？

12-5　什么是万向联轴器？它为什么常成对使用，在成对使用时应如何布置才能保证从动轴的角速度和主动轴的角速度随时相等？

12-6　离合器应满足哪些基本要求？常用离合器有哪些类型？主要特点是什么？用在哪些场合？

12-7　片式离合器与牙嵌离合器的工作原理有什么不同，各有什么优缺点？

第 13 章　机械运转的调速和平衡简介

13.1　机械运转的速度波动及其调节

机械的运转，取决于外力对该系统所做的功。如果驱动力所做的功在每段时间内都等于阻抗力所做的功，则机械的构件将做匀速运动。但机械在工作时，许多情况下驱动力所做的功在某段时间内不等于阻抗力所做的功。当驱动功大于阻抗功时，出现盈功，机械的动能增大；当驱动功小于阻抗功时，出现亏功，机械的动能减小，动能增减将导致机械运动速度波动。机械运动速度的波动将在运动副中造成附加压力，降低机械的效率、使用寿命和工作质量，为此应采取一定的措施把速度波动限制在一定范围内。机械速度的波动可分为周期性速度波动和非周期性速度波动两类。

13.1.1　周期性速度波动及其调节

1. 周期性速度波动的原因

在一个运转周期内，当驱动力所做的功等于阻抗力所做的功，即没有动能增减时，机械的平均速度保持不变。但在运转周期内的任一时刻，驱动力做的功并不等于阻抗力做的功，从而导致了机械运转过程中的速度周期性波动。

如图 13-1 所示，φ_T 为一个运动周期，也是驱动力矩 M_d 和阻抗力矩 M_r 的变化周期。在该周期内任一区段，由于驱动力矩和阻抗力矩是变化的，因此它们所做的功不总是相等。如在 ab 段，$M_d(\varphi) > M_r(\varphi)$，即 $\int_{\varphi_a}^{\varphi_b}(M_d - M_r)\mathrm{d}\varphi > 0$，因此在该区段内，外力对系统做正功（盈功），系统动能将增加（$\Delta E > 0$），机械速度增大。而在 bc 段，$M_d(\varphi) < M_r(\varphi)$，即 $\int_{\varphi_b}^{\varphi_c}(M_d - M_r)\mathrm{d}\varphi < 0$，因此在该区段内，外力对系统做负功（亏功），系统动能将减少（$\Delta E < 0$），机械速度减小。

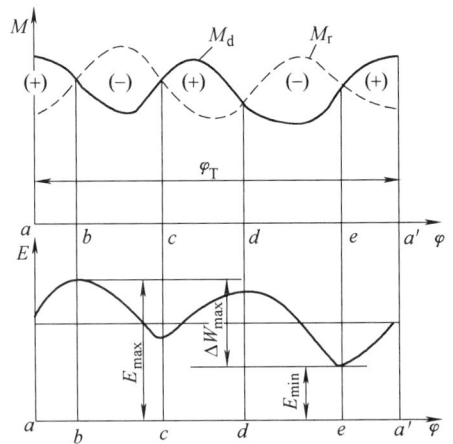

图 13-1　机械运转的功能曲线

由于在一个运动周期 φ_T 内，驱动力矩所做的功等于阻抗力矩所做的功，即

$$\int_{\varphi}^{\varphi+\varphi_T}(M_d - M_r)\mathrm{d}\varphi = 0 \tag{13-1}$$

所以经过了一个运动周期 φ_T 后，系统的动能增量为零，机械系统的动能恢复到周期初始时的值，机械速度也恢复到周期初始时的大小。由此可知，在稳定运转过程中机械速度将呈周期性波动。

2. 平均角速度和速度不均匀因数

平均角速度 ω_m 是指一个运动周期内角速度的平均值，即

$$\omega_m = \frac{\int_0^{\varphi_T} \omega d\varphi}{\varphi_T} \tag{13-2}$$

在工程上，ω_m 常用最大角速度 ω_{max} 与最小角速度 ω_{min} 的算术平均值来近似计算，即

$$\omega_m \approx \frac{\omega_{min} + \omega_{max}}{2} \tag{13-3}$$

构件的最大角速度与最小角速度之差($\omega_{max} - \omega_{min}$)表示构件角速度波动的幅度，但它不能表示机械运转的速度不均匀程度，因为当角速度波动幅度相同时，对低速机械运转性能的影响较严重，而对高速机械运转性能的影响较小。因此，我们可以用速度不均匀因数 δ 来表示机械速度波动的程度，其定义为角速度波动的幅度($\omega_{max} - \omega_{min}$)与平均角速度 ω_m 之比，即

$$\delta = \frac{\omega_{max} - \omega_{min}}{\omega_m} \tag{13-4}$$

不同类型的机械允许速度波动的程度不同，表 13-1 列出了一些常用机械的速度不均匀因数许用值[δ]，供设计时参考。

表 13-1　常用机械速度不均匀因数的许用值[δ]

机械名称	交流发电机	直流发电机	纺纱机	汽车,拖拉机	造纸机,织布机
[δ]	$\frac{1}{200} \sim \frac{1}{300}$	$\frac{1}{100} \sim \frac{1}{200}$	$\frac{1}{60} \sim \frac{1}{100}$	$\frac{1}{20} \sim \frac{1}{60}$	$\frac{1}{40} \sim \frac{1}{50}$
机械名称	水泵,鼓风机	金属切削机床	轧压机	碎石机	冲床,剪床
[δ]	$\frac{1}{30} \sim \frac{1}{50}$	$\frac{1}{30} \sim \frac{1}{40}$	$\frac{1}{10} \sim \frac{1}{25}$	$\frac{1}{5} \sim \frac{1}{20}$	$\frac{1}{7} \sim \frac{1}{10}$

为了使所设计机械的速度不均匀因数不超过许用值，即

$$\delta \leq [\delta] \tag{13-5}$$

常用的方法是在机械中安装一个具有很大转动惯量的回转构件——飞轮，来调节机械的周期性速度波动。

3. 飞轮调节周期性速度波动的基本原理

如图 13-1 所示，机械系统的动能在运动周期 φ_T 内是变化的，并假设构件的转动惯量 J 为常数，则当 $E = E_{max}$ 时，$\omega = \omega_{max}$；当 $E = E_{min}$ 时，$\omega = \omega_{min}$。显然，在一个周期内，当机械速度从 ω_{min} 上升到 ω_{max}(或由 ω_{max} 下降到 ω_{min})时，外力对系统所做的盈功（或亏功）达到最大，称为最大盈亏功 ΔW_{max}，并且有

$$\Delta W_{max} = E_{max} - E_{min} = \frac{1}{2} J \omega_{max}^2 - \frac{1}{2} J \omega_{min}^2 \tag{13-6}$$

由式(13-3)、式(13-4)和式(13-6)可得

$$\Delta W_{max} = J \omega_m^2 \delta$$

即

$$\delta = \frac{\Delta W_{max}}{J \omega_m^2} \tag{13-7}$$

如果在机械中安装一个转动惯量为 J_F 的飞轮，则式(13-7)改写为

$$\delta = \frac{\Delta W_{max}}{(J + J_F)\omega_m^2} \tag{13-8}$$

由式（13-8）可见，装上飞轮后系统的总转动惯量增加了，速度不均匀因数将减小。对于一个具体的机械系统，其稳定工作时的最大盈亏功 ΔW_{max} 和平均角速度 ω_m 都是确定的，因此理论上总能有足够大的转动惯量 J_F 来使机械的速度波动控制在允许范围内。

飞轮在机械中的作用，实质上相当于一个能量储存器。当外力对系统做盈功时，它以动能形式把多余的能量储存起来，使机械速度上升的幅度减小；当外力对系统做亏功时，它又释放储存的能量，使机械速度下降的幅度减小。

13.1.2 非周期性速度波动及其调节

1. 非周期性速度波动的原因

在稳定运转过程中，由于某些原因使得驱动力所做的功突然大于阻抗力所做的功，或者阻抗力所做的功突然大于驱动力所做的功，两者在一个运转周期内做的功不再相等，破坏了稳定运转的平衡条件，使得机器主轴的速度出现非周期性波动。例如，在内燃机驱动的发电机组中，由于用电负荷的突然减少，导致发电机组中的阻抗力也随之减少，而内燃机提供的驱动力未变，发电机转子的转速升高，随着用电负荷的继续减少，将导致发电机转子的转速继续升高，有可能发生飞车事故。反之，若用电负荷的突然增加，导致发电机组中的阻抗力也随之增加。而内燃机提供的驱动力未变，发电机转子的转速降低。随着用电负荷的继续增加，将导致发电机转子的转速的继续降低，甚至发生停车事故。因此，必须研究这种非周期性速度波动的调节方法。

2. 非周期性速度波动的调节方法

由于机械运转的平衡条件受到破坏，从而导致机械系统的运转速度发生非周期性的变化。为使机械系统中的驱动力所做的功与阻抗力所做的功建立新的平衡关系，必须在机械系统中设置调速系统，并称之为调速器。当以内燃机、汽轮机等无自调性的机器为原动机，且无变速器时，一般需要安装调速器。

调速器的种类很多，常用的调速器有机械式调速器和电子式调速器两种。下面以机械式调速器为例说明调速过程。

图 13-2 所示为内燃机驱动的发电机机组中的机械式调速器示意图。

通过套筒 6 把调速器安装在机械主

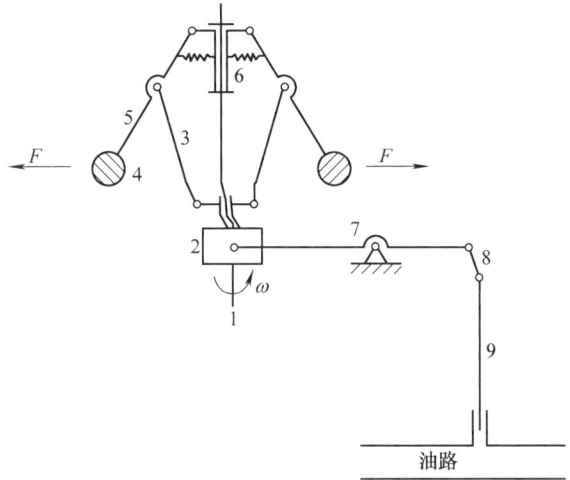

图 13-2 机械式调速器
1—主轴 2、6—套筒 3—构件 4—重球 5—连杆
7、8、9—杆件

轴 1 上，当主轴 1 的速度增加时，安装在连杆 5 末端的重球 4 所产生的离心惯性力 F 使构件 3 张开，并带动套筒 2 往上移动。再通过杆件 7、8、9，减少油路的流通面积，从而减少内燃机的驱动力。套筒经过多次的振荡后，停留在固定位置，从而建立起新的平衡关系。反之，由于外载荷的突然增加而造成机械主轴转速下降时，调速器中的重球 4 所受的离心惯性

力也随之减小。重球往里靠近，构件 3 合上，套筒 2 下移，油路开口增加，进油量的增加导致内燃机的驱动力增加。当与外载荷平衡时，套筒经过几次振荡后停留在固定位置，被打破的平衡关系重新建立起来。

不同的专业机器使用的调速器种类不同，在风力发电机中，要随风力的强弱调整叶片的角度，实现调整风力发电机主轴转速的目的；水力发电机中，调速器安装在水轮机中，通过调整水轮机叶轮的角度，改变进水的流量，实现调整发电机主轴转速的目的。

关于调速器的详细原理与设计可参阅一些介绍调速器的专业书籍。

13.2 机械的平衡

13.2.1 机械平衡的目的和分类

1. 机械平衡的目的

机械在运转过程中，构件所产生的不平衡惯性力将会在运动副中引起附加动压力。这不仅会增加运动副中的摩擦力和构件的内应力，导致磨损加剧、效率降低，并影响构件的强度，而且由于惯性力随机械的运转而作周期性变化，将会使机械及其基础产生强迫振动，从而导致机械工作质量和可靠性下降、零件材料内部疲劳损伤加剧，并因振动而产生噪声污染。一旦振动频率接近机械系统的固有频率，还将会引起共振，有可能使机械设备遭到破坏，甚至危及人员及厂房安全，这一问题在高速、重型及精密机械中尤为突出。因此，研究机械中惯性力的变化规律，采用平衡计算和平衡实验的方法对惯性力加以平衡，以消除或减轻惯性力的不良影响，可以减轻机械振动，改善机械工作性能，提高机械工作质量，延长机械使用寿命，减轻噪声污染。

2. 机械平衡的类型

（1）回转件的平衡　绕固定轴线回转的构件称为回转件（又称为转子），其惯性力和惯性力矩的平衡问题称为转子的平衡。根据转子工作转速的不同，转子的平衡又分为以下两类。

1）刚性转子的平衡。对于刚性较好、工作转速较低的转子，由于其工作时旋转轴线挠曲变形可以忽略不计，故称为刚性转子。刚性转子的平衡可以通过重新调整转子上质量的分布，使其质心位于旋转轴线的方法来实现。平衡后的转子，在其回转时各惯性力形成一个平衡力系，从而抵消了运动副中产生的附加动压力。

2）挠性转子的平衡。对于刚性较差、工作转速较高的转子，由于其工作时旋转轴线挠曲变形较大不可忽略，故称为挠性转子。由于挠性转子在运转过程中会产生较大的弯曲变形，且由此所产生的离心惯性力也随之明显增大，所以挠性转子平衡问题的难度将会大大增加。

（2）机构的平衡　对于存在有往复运动或平面复合运动构件的机构，其惯性力和惯性力矩不可能在构件内部消除，但所有构件上的惯性力和惯性力矩可合成为一个通过机构质心并作用于机架上的总惯性力和惯性力矩。因此，这类平衡问题必须将整个机构加以研究，应设法使其总惯性力和总惯性力矩在机架上得到完全或部分平衡，所以这类平衡又称为机构在机架上的平衡。

本书主要讨论刚性转子的平衡问题，关于挠性转子及机构的平衡问题，可参阅转子动力学及机构学等有关书籍。

13.2.2　刚性转子的平衡

在转子的设计阶段，尤其是在对高速转子及精密转子进行结构设计时，必须对其进行平衡计算，以检查其惯性力和惯性力矩是否平衡。若不平衡，则需要在结构上采取措施消除不平衡惯性力的影响，这一过程称为转子的平衡设计。

1. 静平衡设计

对于径宽比 $D/b \geqslant 5$ 的转子，如砂轮、飞轮、齿轮等构件，可近似地认为其不平衡质量分布在与其轴线垂直的同一回转平面内。在这种情况下，若转子的质心不在回转轴线上，当其转动时其偏心质量就会产生离心惯性力，因这种不平衡现象在转子静态时即可表现出来，故称为静不平衡。为了消除惯性力的不利影响，设计的关键是根据转子结构定出需要增加或减去的偏心质量的大小和方位。

图 13-3a 所示的转子，已知分布于同一回转平面内的偏心质量分别为 m_1、m_2 和 m_3，从回转中心到各偏心质量中心的矢径分别为 r_1、r_2 和 r_3。当转子以等角速度 ω 转动时，各偏心质量所产生的离心惯性力分别为 $F_1 = m_1 \omega^2 r_1$、$F_2 = m_2 \omega^2 r_2$ 和 $F_3 = m_3 \omega^2 r_3$。

F_1、F_2 和 F_3 为一平面汇交力系，为了平衡这一平面汇交力系，可在此平面内的适当方位增加一个平衡质量 m_b，矢径为 r_b，所产生的离心惯性力为 F_b，使之满足

$$F_1 + F_2 + F_3 + F_b = 0 \tag{13-9}$$

即

$$m_1 \omega^2 r_1 + m_2 \omega^2 r_2 + m_3 \omega^2 r_3 + m_b \omega^2 r_b = 0$$

公式两边同时消去 ω^2 后可得

$$m_1 r_1 + m_2 r_2 + m_3 r_3 + m_b r_b = 0$$

写成一般形式

$$\Sigma m_i r_i + m_b r_b = 0 \tag{13-10}$$

式中，质量与矢径的乘积 $m_i r_i$ 称为质径积，它表示在同一转速下转子上各离心惯性力的相对大小和方位。

在转子的设计阶段，由于式 (13-10) 中的 m_i、r_i 均为已知，因此由式 (13-10) 即可求出为了使转子静平衡所需增加的平衡质量的质径积 $m_b r_b$ 的大小及方位。图 13-3b 所示为用图解法求 $m_b r_b$ 的大小及方位的过程。

由上述分析可得出如下结论：

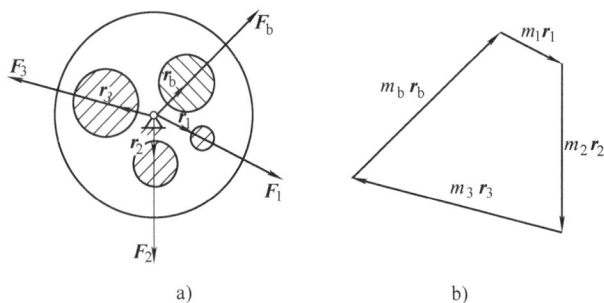

a)　　　　　b)

图 13-3　刚性转子的静平衡设计

1）静平衡的条件为分布于转子上的各个偏心质量的离心惯性力的合力为零，或质径积的矢量和为零。

2）对于静不平衡的转子，无论它有多少个偏心质量，都只需要适当地增加一个平衡质量即可获得平衡，即对于静不平衡的转子，需加平衡质量的最小数目为 1。

当求出平衡质量的质径积 $m_b r_b$ 后，就可以根据转子结构的特点来选定 r_b，所需的平衡质量大小也就随之确定了，安装方向即为矢量图上所指的方向。为了使设计出来的转子质量

不致过大，一般应尽可能将 r_b 选大些，这样可使 m_b 小些。

若转子的实际结构不允许在矢径 r_b 的方向上安装平衡质量，也可以采取在矢径 r_b 的相反方向上去掉一部分质量 m_b 的办法来使转子得到平衡。

由上面的分析可知，一个静不平衡的转子无论有多少个偏心质量，都只需在同一个平衡面内增加或减去一个平衡质量，就可以获得平衡，故又称为单面平衡。

2. 动平衡设计

对于径宽比 $D/b < 5$ 的转子，如多缸发动机的曲柄、汽轮机转子等，由于其轴向宽度较大，其质量分布在几个不同的回转平面内，这时即使转子的质心在回转轴线上，但由于各偏心质量所产生的离心惯性力不在同一回转平面内，所形成的惯性力偶仍使转子处于不平衡状态。由于这种不平衡只有在转子运动的情况下才能显示出来，故称其为动不平衡。显然，对这类转子需进行动平衡设计。

如图 13-4a 所示，设转子上的偏心质量 m_1、m_2 和 m_3 分别分布在三个不同的回转平面 1、2、3 内，其质心的矢径分别为 r_1、r_2 和 r_3。当转子以等角速度 ω 转动时，它们所产生的离心惯性力 F_1、F_2 和 F_3 形成一空间力系。为了使该空间力系及其由各力所构成的力偶矩得以平衡，可根据转子的实际结构选定两个垂直于转子轴线的平面 T'、T'' 作为平衡基面，并设 T' 与 T'' 相距 l。

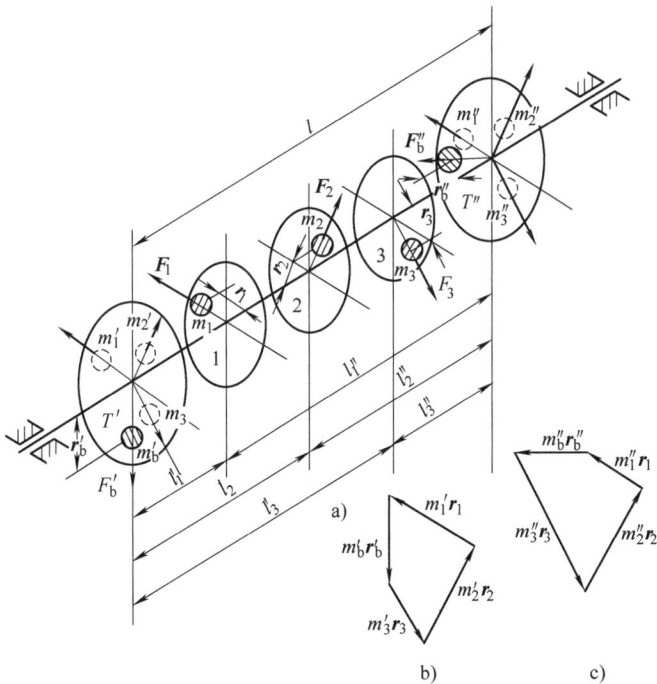

图 13-4　转子的动平衡设计

设平面 1 到平面 T'、T''的距离分别为 l_1'、l_1''，则 F_1 可用分解到平面 T' 和 T''中的力 F_1'、F_1''来代替。由理论力学的知识可知

$$F_1' = \frac{l_1''}{l}F_1$$

$$F_1'' = \frac{l_1'}{l}F_1$$

式中　F_1'、F_1''——平面 T'、T'' 中矢径为 r_1 的偏心质量 m_1'、m_1'' 所产生的离心惯性力。

由此可得

$$F_1' = m_1'r_1\omega^2 = \frac{l_1''}{l}m_1r_1\omega^2$$

$$F_1'' = m_1''r_1\omega^2 = \frac{l_1'}{l}m_1r_1\omega^2$$

这样，由上式即可求得平面 T'、T'' 中矢径为 r_1 的偏心质量 m_1'、m_1''。

同理也可求得平面 T'、T'' 中矢径为 r_2 的偏心质量 m_2'、m_2''，平面 T'、T'' 中矢径为 r_3 的偏心质量 m_3'、m_3''。即

$$\left. \begin{array}{ll} m_1' = \dfrac{l_1''}{l}m_1, & m_1'' = \dfrac{l_1'}{l}m_1 \\[2mm] m_2' = \dfrac{l_2''}{l}m_2, & m_2'' = \dfrac{l_2'}{l}m_2 \\[2mm] m_3' = \dfrac{l_3''}{l}m_3, & m_3'' = \dfrac{l_3'}{l}m_3 \end{array} \right\} \tag{13-11}$$

以上分析表明：原分布在平面 1、2、3 上的偏心质量 m_1、m_2 和 m_3，完全可以用平面 T'、T'' 上的 m_1' 和 m_1''、m_2' 和 m_2''、m_3' 和 m_3'' 所代替，它们的不平衡效果是一样的。经过这样的处理后，刚性转子的动平衡设计问题就可以用静平衡设计的方法来解决了。

对于平面 T'，由式（13-10）可得

$$m_1'r_1 + m_2'r_2 + m_3'r_3 + m_b'r_b' = 0 \tag{13-12}$$

无论是用解析法还是图解法，均可解出 $m_b'r_b'$ 的大小及方位，图 13-4b 所示为用图解法求出质径积 $m_b'r_b'$ 的过程。沿 $m_b'r_b'$ 方向适当选定 r_b' 的大小，即可求得平面 T' 内应加的平衡质量 m_b'。

同理，对于平面 T''

$$m_1''r_1 + m_2''r_2 + m_3''r_3 + m_b''r_b'' = 0 \tag{13-13}$$

图 13-4c 所示为求出质径积 $m_b''r_b''$ 的过程。沿 $m_b''r_b''$ 方向选定 r_b'' 的大小，也可求出平面 T'' 内应加的平衡质量 m_b''。此时，原平面 1、2、3 内的偏心质量 m_1、m_2 和 m_3 就可以被平面 T'、T'' 内的平衡质量 m_b'、m_b'' 所平衡。

由上述分析可得出如下结论：

1）动平衡的条件为当转子转动时，转子上分布在不同平面内的各个质量所产生的空间离心惯性力系的合力及合力矩均为零。

2）对于动不平衡的转子，无论它有多少个偏心质量，都只需要在任选的两个平衡平面 T'、T'' 内各增加或减少一个合适的平衡质量即可使转子获得动平衡，即对于动不平衡的转子，需加平衡质量的最小数目为 2，因此动平衡又称为双面平衡。

3）由于动平衡同时满足静平衡条件，所以经过动平衡的转子一定静平衡，反之经过静平衡的转子则不一定是动平衡的。

13. 2. 3　刚性转子的平衡实验

经过上述平衡设计的刚性转子在理论上是完全平衡的，但是由于制造和装配误差及材质

不均匀等原因，实际生产出来的转子在运转时还会出现不平衡现象，由于这种不平衡现象在设计阶段是无法确定和消除的，因此需要用实验的方法对其做进一步平衡。

1. 刚性转子的静平衡实验

静不平衡刚性转子只需进行静平衡实验。静平衡实验所用的设备称为静平衡架，图13-5所示为导轨式静平衡架，在用它平衡转子时，首先应将两导轨调整为水平且互相平行，然后将需要平衡的转子放在导轨上让其轻轻地自由滚动。如果转子上有偏心质量存在，其质心必偏离转子的旋转轴线，在重力的作用下，待转子停止滚动时，其质心 S 必在轴心的正下方，这时在轴心的正上方任意矢径处加一平衡质量（一般用橡皮泥）。反复实验，加减平衡质量，直至转子能在任何位置保持静止为止。最后根据所加质量及其位置，可得到其质径积。再根据转子的结构，在合适的位置上增加或减少相应的平衡质量，使转子最终达到平衡。

这种静平衡方法的精度主要取决于转子与轨道间的滚动摩擦阻力的大小。

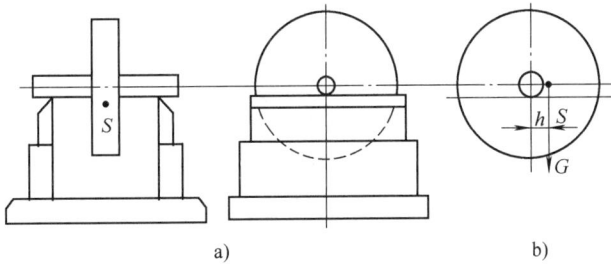

图 13-5　刚性转子的静平衡实验示意图

2. 刚性转子的动平衡实验

对于径宽比 $D/b < 5$ 的刚性转子，需要通过动平衡实验来确定需加于两个平衡平面中的平衡质量的大小及方位。

动平衡实验一般需要在专用的动平衡机上进行，生产中使用的动平衡机种类很多，虽然其构造及工作原理不尽相同，但其作用都是用来确定需加于两个平衡平面中的平衡质量的大小及方位。目前使用较多的动平衡机是根据振动原理设计的，它利用测振传感器将转子转动时产生的惯性力所引起的振动信号变为电信号，然后通过电子线路加以处理和放大，最后通过计算求出被测转子的不平衡质量的质径积的大小和方位。

图13-6所示为一种带微型计算机系统的硬支承动平衡机的工作原理示意图。该动平衡机由机械部分、振动信号预处理电路和微机三部分组成。它利用平衡机主轴箱端部的小发电机信号作为转速信号和相位基准信号，由发电机拾取的信号经处理后成为方波或脉冲信号，利用方波的上升沿或正脉冲通过计算机的PIO口触发中断，使计算机开始

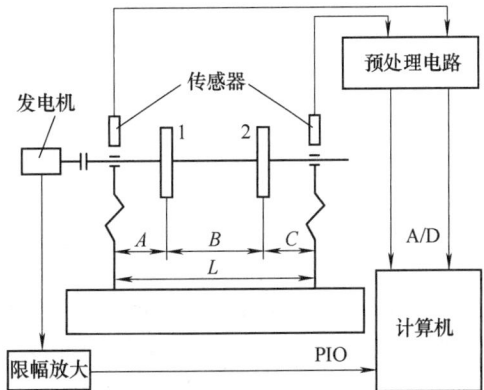

图 13-6　刚性转子的动平衡实验示意图

和终止计数，以此达到测量转子旋转周期的目的。由传感器拾取的振动信号，在输入 A/D 转换器之前需要进行一些预处理，这一工作是由信号预处理电路来完成的，其主要工作是滤波和放大，并把振动信号调整到 A/D 卡所要求的输入量的范围内。振动信号经过预处理电路处理后，即可输入计算机，进行数据采集和计算，最后由计算机给出两个平衡平面上需加平衡质量的大小和相位，而这些工作都是由软件来完成的。

本 章 小 结

机械速度的波动可分为周期性速度波动和非周期性速度波动两类。本章介绍了两类速度波动产生的原因及调节的方法。

绕固定轴线回转的构件称为回转件（又称为转子），其惯性力和惯性力矩的平衡问题称为转子的平衡。根据转子工作转速的不同，转子的平衡又分为刚性转子的平衡和挠性转子的平衡两类。本章重点介绍了刚性转子的静平衡设计和动平衡设计，以及刚性转子的静平衡实验和动平衡实验。

思 考 题

13-1 机械系统速度的波动有哪几种类型，它们各对机械系统有什么影响？

13-2 试述机械运转的速度周期性波动的原因及调节方法。

13-3 什么叫机械运转的非周期性速度波动，它产生的原因和调节方法是什么？

13-4 什么叫机械运转的不均匀因数，它表示机械运转的什么性质？

13-5 设计机器时，如果许用不均匀因数 $[\delta]$ 取得过大或过小，各会产生什么后果？

13-6 什么叫静平衡？什么叫动平衡？

13-7 刚性转子平衡的条件是什么？

13-8 在平衡计算以后，为什么还要进行平衡实验？动平衡实验机主要测定哪些参数？

习 题

13-1 图 13-7 所示的盘形回转件中，有四个偏心质量位于同一回转平面内，其大小及回转半径分别为 $m_1 = 5\text{kg}$、$m_2 = 7\text{kg}$、$m_3 = 8\text{kg}$、$m_4 = 6\text{kg}$，$r_1 = r_4 = 100\text{mm}$、$r_2 = 200\text{mm}$、$r_3 = 150\text{mm}$，位置如图 13-7 所示。设平衡质量 m 的回转半径 $r = 250\text{mm}$，试求平衡质量 m 的大小及方位。

13-2 图 13-8 所示的转子中，已知各偏心质量 $m_1 = 10\text{kg}$、$m_2 = 15\text{kg}$、$m_3 = 20\text{kg}$、$m_4 = 10\text{kg}$，它们的回转半径分别为 $r_1 = 300\text{mm}$、$r_2 = r_4 = 150\text{mm}$、$r_3 = 100\text{mm}$，又知各偏心质量所在回转平面间的距离为 $l_1 = l_2 = l_3 = 200\text{mm}$，各偏心质量间的方位角为 $\alpha_1 = 120°$、$\alpha_2 = 60°$、$\alpha_3 = 90°$、$\alpha_4 = 30°$。若置于平衡基面 I 和 II 中的平衡质量 m_I 和 m_{II} 的回转半径均为 400mm，试求 m_I 及 m_{II} 的大小和位置。

13-3 如图 13-9 所示，用去重法平衡同轴转子 1 及带轮 2，已知其上三个偏心质量和所在半径分别为：$m_1 = 0.3\text{kg}$、$m_2 = 0.1\text{kg}$、$m_3 = 0.2\text{kg}$，$r_1 = 90\text{mm}$、$r_2 = 200\text{mm}$、$r_3 = 150\text{mm}$，各偏心质量的相位和轴向位置：$l_1 = 20\text{mm}$、$l_2 = 80\text{mm}$、$l_3 = 100\text{mm}$、$l = 300\text{mm}$，$\alpha_2 = 45°$、$\alpha_3 = 30°$。取转子两端面 I 和 II 为平衡基面，去重半径为 230mm，求应去除的不平衡质量的大小及位置。

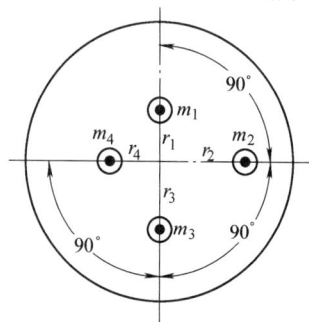

图 13-7 习题 13-1 图

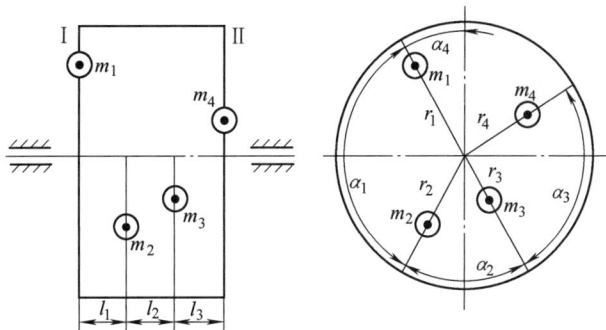

图 13-8   习题 13-2 图

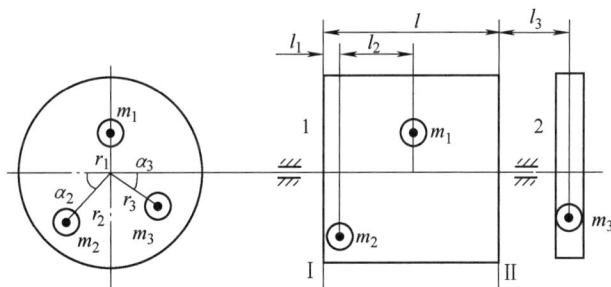

图 13-9   习题 13-3 图

13-4   图 13-10 所示大型转子沿轴向有三个偏心质量,其质量和所在半径分别为: $m_1 = 4\text{kg}$、$m_2 = 2\text{kg}$、$m_3 = 3\text{kg}$,$r_1 = 160\text{mm}$、$r_2 = 200\text{mm}$、$r_3 = 150\text{mm}$,各偏心质量的相位和轴向位置: $\alpha_2 = 15°$、$\alpha_3 = 30°$,$l_1 = 200\text{mm}$、$l_2 = 400\text{mm}$、$l_3 = 200\text{mm}$、$l_4 = 150\text{mm}$。如选择转子两个端面 Ⅰ 和 Ⅱ 做为平衡基面,求所需加的平衡质径积的大小和位置。如选端面 Ⅱ 及转子中截面 Ⅲ 做平衡基面,质径积的大小有何改变?

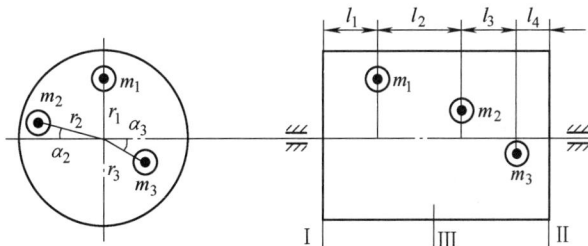

图 13-10   习题 13-4 图

第 14 章　弹　　簧

弹簧是一种弹性元件，广泛应用于各种机械设备、仪器仪表和车辆之中。其工作特点是：受载后弹簧变形较为显著，卸载后又能立即恢复原状。

14.1　弹簧的功用和类型

1. 弹簧的功用

弹簧的主要功用为：

1）缓冲和吸振，如汽车（见图 14-1）和火车车厢下的减振弹簧及各种缓冲器用的弹簧等。

2）控制机构的运动，如制动器、离合器的控制弹簧和内燃机中的阀门弹簧等。

3）储存和输出能量，如机械钟表、仪器、玩具等使用的发条、枪栓弹簧等，都是利用释放储存在弹簧中的能量来提供动力。

4）测量力和力矩，如弹簧秤（见图 14-2）、测力器等，利用弹簧变形大小来测量力和力矩。

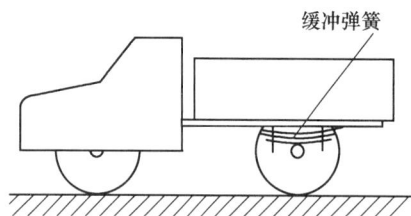

图 14-1　车辆的缓冲弹簧

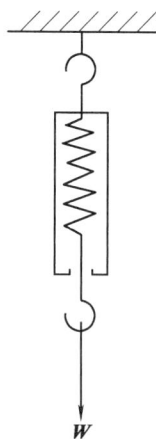

图 14-2　弹簧秤

2. 弹簧的类型

弹簧的种类很多，金属弹簧的基本类型见表 14-1。按照所承受的载荷不同，弹簧可以分为拉伸弹簧、压缩弹簧、扭转弹簧和弯曲弹簧等；而按照弹簧的形状不同，又可分为螺旋弹簧、板簧和盘簧等。

弹簧也有用非金属材料制成的，例如弹性套柱销联轴器中的弹性套就是用橡胶制成的。图 14-3 所示为单曲囊式空气弹簧。

表 14-1　金属弹簧的基本类型

载荷		简　图	说　明
拉伸	拉伸弹簧	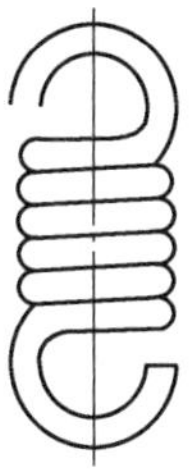	此种弹簧刚度稳定,结构简单,制造方便,应用广泛
压缩	圆截面压缩弹簧	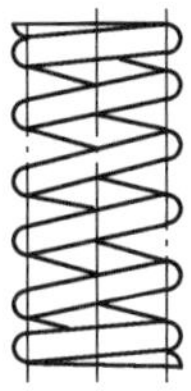	此种弹簧刚度稳定,结构简单,制造方便,应用广泛
	变节距压缩弹簧	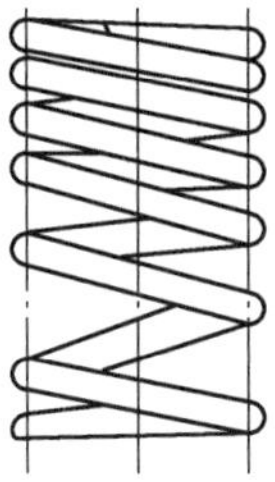	此种弹簧所受的载荷增大到一定程度后,随着载荷的增加,其弹簧圈会由小节距依次逐渐并紧。这种弹簧具有较好的减振和防振作用,常用于高速、变载荷的机构
	圆锥螺旋弹簧	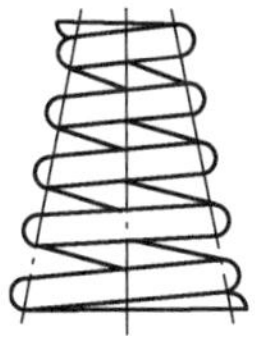	此种弹簧防振能力比变节距压缩弹簧强,结构紧凑,稳定性好,多用于需承受较大轴向载荷以及需减振的场合
	碟形弹簧	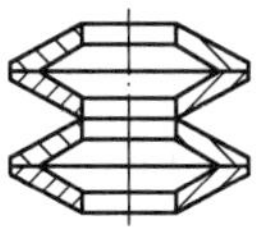	此种弹簧缓冲及减振能力较强,制造及维护方便,主要用于重型机械的缓冲和减振装置
	截锥涡卷弹簧	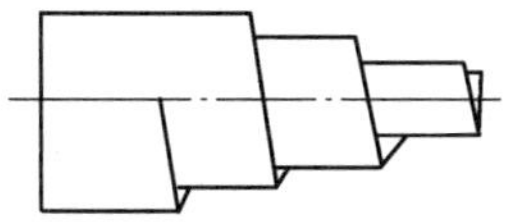	此种弹簧比圆锥螺旋弹簧吸收的能量大,但制造困难,只在空间受限制时,用以代替圆锥螺旋弹簧
	环形弹簧	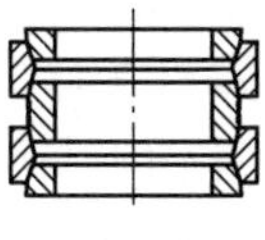	此种弹簧可承受较大的压力,缓冲能力很强,常用于重型设备的缓冲装置

（续）

载荷		简　图	说　明
扭转	扭转弹簧		此种弹簧结构简单,主要用于各种机械装置中的压紧和储能
	平面涡卷弹簧		此种弹簧能储存较大的能量,常用于钟表及仪表中的动力装置
弯曲	板簧		此种弹簧变形大、吸振能力强,主要用于各种车辆的缓冲和减振装置

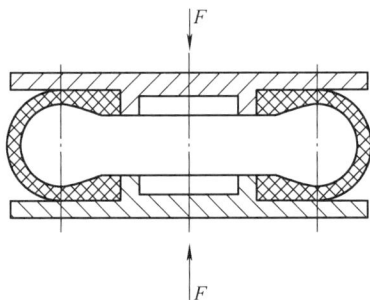

图 14-3　单曲囊式空气弹簧

14.2　圆柱螺旋弹簧的结构形式、材料及制造

1. 圆柱螺旋弹簧的结构形式

圆柱螺旋弹簧可分为圆柱螺旋压缩弹簧和圆柱螺旋拉伸弹簧两种。圆柱螺旋压缩弹簧的端部结构形式最常用的有 YⅠ型、YⅡ型和 YⅢ型,如图 14-4 所示。其中 YⅠ型的两个端面圈与邻圈并紧且磨平,YⅢ型的两个端面圈并紧不磨平,YⅡ型加热卷绕时弹簧丝两端锻扁且与邻圈并紧（端面可磨平,也可不磨平）。在重要的场合下,应采用两端圈并紧并磨平的 YⅠ型端部结构,以保证弹簧轴线与支承面垂直,从而使弹簧受压时不致歪斜。YⅢ型则主要用于弹簧直径较大的次要场合。

圆柱螺旋拉伸弹簧在自由状态下各圈相互并拢,即间距等于零。为了便于安装和加载,在其端部制有钩环,如图 14-5 所示。LⅠ、LⅡ型的钩环由弹簧直接弯曲而成,这种弹簧主要用于弹簧丝直径 $d \leqslant 10\text{mm}$ 的不重要场合;LⅦ型与 LⅧ型的挂钩不与弹簧丝连成一体,挂钩可任意转动。在受力较大的场合,最好采用 LⅦ型钩环,但其价格较贵。

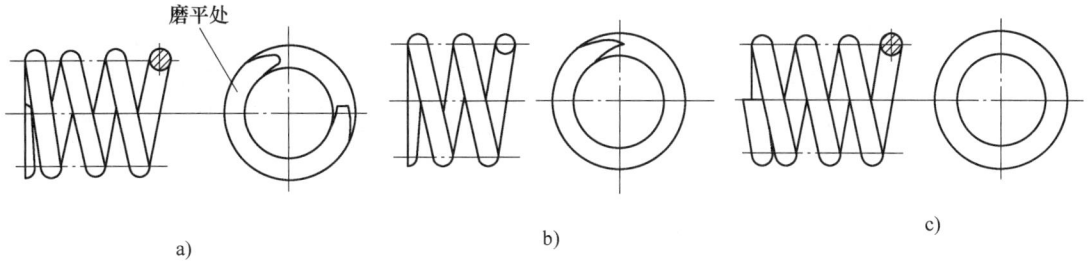

图 14-4　圆柱螺旋压缩弹簧的端部结构形式

a) Y I 型　b) Y II 型　c) Y III 型

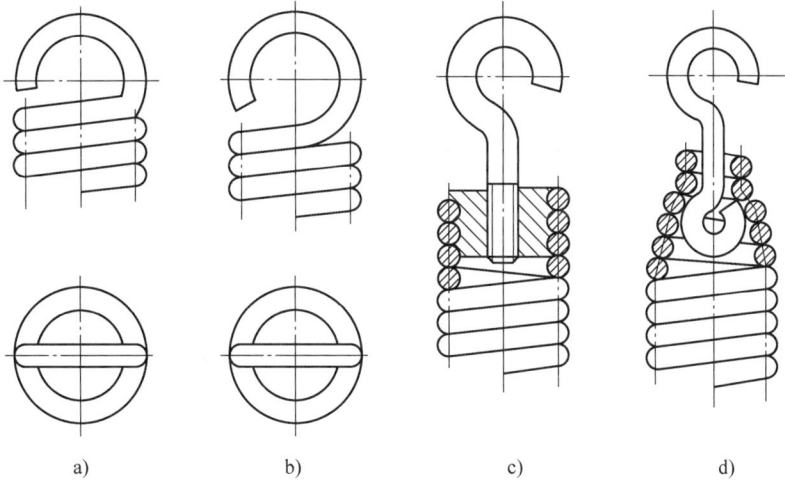

图 14-5　圆柱螺旋拉伸弹簧的端部结构形式

a) L I 型(半圆钩环)　b) L II 型(圆钩环)　c) L VII 型(可调式拉簧)

d) L VIII 型(两端具有可转钩环)

2. 弹簧的材料及许用应力

为了使弹簧能可靠地工作,弹簧材料必须具有高的弹性极限和疲劳极限,同时应具有足够的韧性和塑性,以及良好的热处理性能。常用的弹簧材料有碳素弹簧钢、合金弹簧钢、弹簧用不锈钢和有色金属合金等。几种主要弹簧钢丝的抗拉强度 σ_b 值见表 14-2,弹簧材料的许用应力见表 14-3。

表 14-2　弹簧钢丝的抗拉强度 σ_b　　　　　　（单位：MPa）

钢丝直径/mm	碳素弹簧钢丝			琴钢丝			弹簧用不锈钢		
	B 级	C 级	D 级	G1 组	G2 组	F 组	A 组	B 组	C 组
0.90	1710	2010	2350	2108	2305		1471	1863	1765
1.0	1660	1960	2300	2059	2256		1471	1863	1765
1.2	1620	1910	2250	2010	2206		1373	1765	1667
1.4	1620	1860	2150	1961	2158		1373	1765	1667
1.6	1570	1810	2110	1912	2108		1324	1667	1569

（续）

钢丝直径/mm	碳素弹簧钢丝			琴钢丝			弹簧用不锈钢		
	B 级	C 级	D 级	G1 组	G2 组	F 组	A 组	B 组	C 组
1.8	1520	1760	2010	1883	2053		1324	1667	1569
2.0	1470	1710	1910	1814	2010	1716	1324	1667	1569
2.2	1420	1660	1810	—	—		—	—	—
2.3	—	—	—	1765	1961	1716	1275	1569	1471
2.5	1420	1660	1760	—	—		—	—	—

注：表中 σ_b 均为下限值。

表 14-3 弹簧材料的许用应力 （单位：MPa）

钢丝类型或材料		油淬火回火钢丝	碳素钢丝琴钢丝	不锈钢丝	青铜线	65Mn	55Si2Mn 55Si2MnB 60Si2Mn 60Si2MnA 50CrVA	55CrMnA 60CrMnA
压缩弹簧许用切应力 τ_p	Ⅲ类	$0.55\sigma_b$	$0.5\sigma_b$	$0.45\sigma_b$	$0.4\sigma_b$	570	740	710
	Ⅱ类	$(0.4\sim0.47)\sigma_b$	$(0.38\sim0.45)\sigma_b$	$(0.34\sim0.38)\sigma_b$	$(0.3\sim0.35)\sigma_b$	455	570	570
	Ⅰ类	$(0.35\sim0.40)\sigma_b$	$(0.3\sim0.38)\sigma_b$	$(0.28\sim0.34)\sigma_b$	$(0.25\sim0.30)\sigma_b$	340	445	430
拉伸弹簧许用切应力 τ_p	Ⅲ类	$0.44\sigma_b$	$0.40\sigma_b$	$0.36\sigma_b$	$0.32\sigma_b$	380	495	475
	Ⅱ类	$(0.32\sim0.38)\sigma_b$	$(0.30\sim0.36)\sigma_b$	$(0.27\sim0.30)\sigma_b$	$(0.24\sim0.28)\sigma_b$	325	420	405
	Ⅰ类	$(0.28\sim0.32)\sigma_b$	$(0.24\sim0.30)\sigma_b$	$(0.22\sim0.27)\sigma_b$	$(0.20\sim0.24)\sigma_b$	285	370	360
扭转弹簧许用切应力 τ_p	Ⅲ类	$0.8\sigma_b$	$0.8\sigma_b$	$0.75\sigma_b$	$0.75\sigma_b$	710	925	890
	Ⅱ类	$(0.6\sim0.68)\sigma_b$	$(0.6\sim0.68)\sigma_b$	$(0.55\sim0.65)\sigma_b$	$(0.55\sim0.65)\sigma_b$	570	740	710
	Ⅰ类	$(0.50\sim0.60)\sigma_b$	$(0.50\sim0.60)\sigma_b$	$(0.45\sim0.55)\sigma_b$	$(0.45\sim0.55)\sigma_b$	455	590	570

注：弹簧按所受载荷的情况分为三类：

Ⅰ类——受循环载荷作用次数在 1×10^6 以上的弹簧。

Ⅱ类——受循环载荷作用次数在 $(1\times10^3)\sim(1\times10^6)$ 范围内及受冲击载荷的弹簧。

Ⅲ类——受静载荷及受循环载荷作用次数在 1×10^3 以下的弹簧。

3. 弹簧的制造

螺旋弹簧的制造工艺包括卷制、挂钩的制作或端面圈的精加工、热处理、工艺试验及强压处理。

螺旋弹簧大量生产时，用万能自动卷簧机卷制；单件及小批生产时，则用卧式车床或手动卷绕机卷制。

卷制分冷卷及热卷两种，对于直径 $d<8\text{mm}$ 的弹簧丝，或弹簧圈直径较大易于卷绕时，采用冷卷法；直径较大的弹簧丝制作的强力弹簧则用热卷法。热卷时的温度随弹簧丝的粗细在 $800\sim1000℃$ 的范围内选择。不论采用冷卷或热卷，卷制后均应视具体情况对弹簧的节距作必要的调整。

对于重要的压缩弹簧，为了保证两端的承压面与其轴线垂直，应在专用磨床上磨平端面；对于拉伸及扭转弹簧，为了便于安装及加载，两端应制有钩环或杆臂。

在完成上述工序后，弹簧均应进行热处理，热处理后的弹簧表面不应出现显著的脱碳层。冷卷后的弹簧只作回火处理，以消除卷制时产生的内应力，热卷后的弹簧需作淬火并低温回火处理。

弹簧制作完成后，还需进行工艺试验和根据弹簧技术条件的规定进行精度、冲击、疲劳等试验，以检验弹簧是否符合技术要求。

14.3 圆柱螺旋弹簧的特性曲线、主要参数及几何尺寸计算

1. 圆柱螺旋弹簧的特性曲线

圆柱螺旋弹簧工作应力应在弹簧材料的弹性极限范围以内，这时载荷和变形成线性关系。用来表示弹簧所受载荷 F 与变形量 λ 之间关系的曲线称为弹簧的特性曲线。图 14-6 所示为圆柱螺旋压缩弹簧的受载与变形图及其特性曲线，图 14-7 所示为圆柱螺旋拉伸弹簧的受载与变形图及其特性曲线。

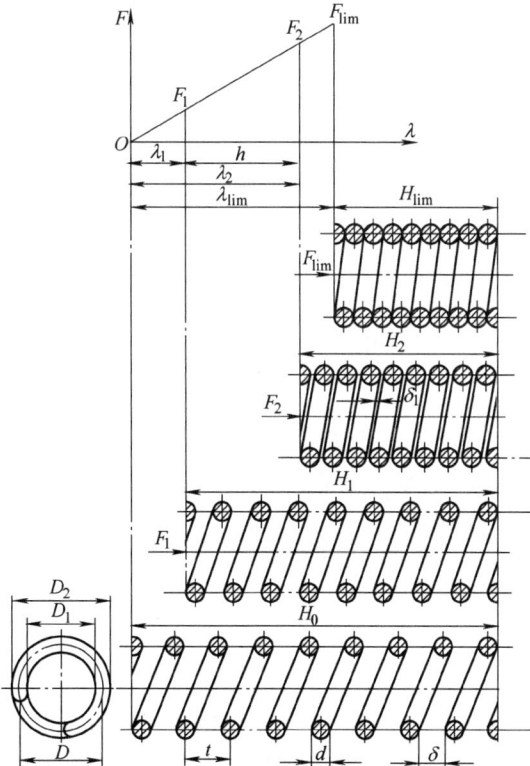

图 14-6 圆柱螺旋压缩弹簧的受载与变形图及其特性曲线

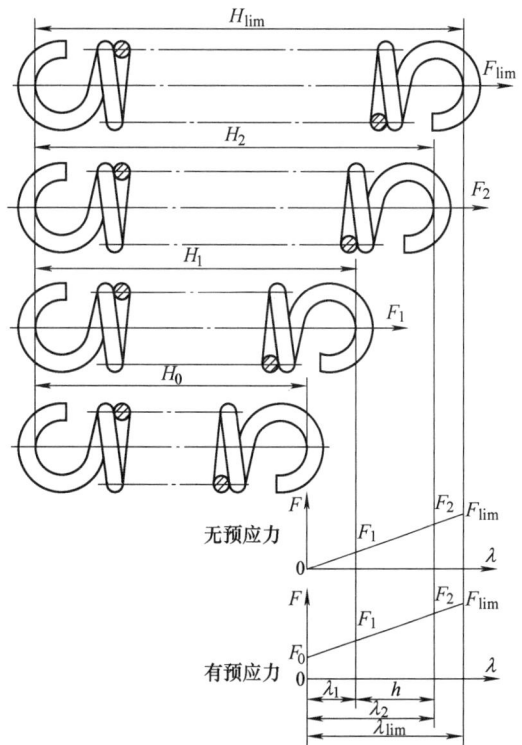

图 14-7 圆柱螺旋拉伸弹簧的受载与变形图及其特性曲线

在自由状态下，弹簧高度（拉伸弹簧为长度）为 H_0。为了使弹簧可靠地安装在工作位置上，安装时通常预加一最小工作载荷 F_1，这时弹簧的变形量为 λ_1，高度为 H_1。当弹簧受

到最大工作载荷 F_2 作用时，变形量为 λ_2，高度为 H_2。最大工作载荷下的变形量 λ_2 与最小工作载荷下的变形量为 λ_1 之差，称为弹簧的工作行程，用 h 表示，即

$$h = \lambda_2 - \lambda_1 \qquad (14\text{-}1)$$

使弹簧丝的应力达到材料的弹性极限时的载荷 $F_{\lim}$ 称为极限载荷。在弹簧的极限载荷 $F_{\lim}$ 作用下，弹簧的变形量为 $\lambda_{\lim}$，对应的弹簧高度为 $H_{\lim}$。

在弹性极限范围内，由于等节距的圆柱螺旋弹簧的特性曲线为一直线，则有

$$\frac{F_1}{\lambda_1} = \frac{F_2}{\lambda_2} = k \qquad (14\text{-}2)$$

式中 k——弹簧的刚度，它是表示弹簧特性的主要参数之一，刚度越大，使弹簧产生单位变形所需要的力越大，因此弹簧的弹力也越大。

通常取弹簧的最小工作载荷 $F_1 = (0.1 \sim 0.5)F_2$。最大工作载荷 F_2 由弹簧在机构中的工作条件决定，但不应达到极限载荷 $F_{\lim}$，一般取 $F_2 \leqslant 0.8 F_{\lim}$。

2. 圆柱螺旋弹簧的几何尺寸

（1）圆柱螺旋弹簧的主要参数　如图 14-8 所示，圆柱螺旋弹簧的主要参数有：簧丝线径 d、弹簧中径 D、节距 t、螺旋升角 α、工作圈数 n、弹簧刚度 k 及旋绕比 C 等。

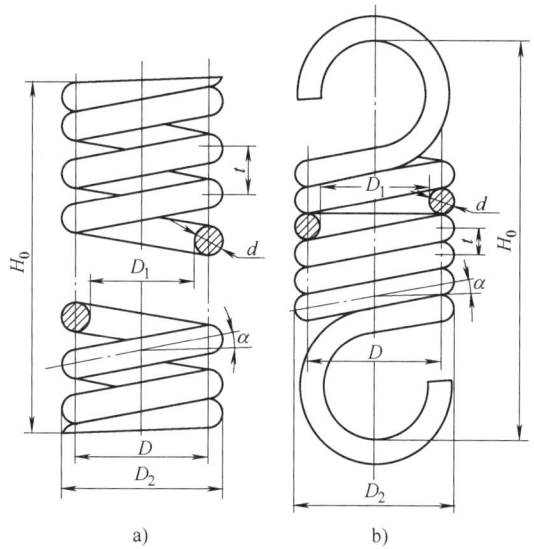

弹簧刚度和旋绕比是弹簧的两个重要

图 14-8　圆柱螺旋弹簧的几何尺寸

a）压缩弹簧　b）拉伸弹簧

参数。在弹簧丝直径 d 和其他条件相同的情况下，旋绕比 C 越小，弹簧刚度 k 越大，弹簧越硬，弹簧的卷制越困难；反之，若旋绕比 C 取得过小，则弹簧刚度过小，工作时容易颤动。C 值的常用范围为 $5 \sim 10$，设计时可根据弹簧丝的直径选取，如表 14-4 所示。

表 14-4　旋绕比 C 的选取

d/mm	$0.2 \sim 0.4$	$0.5 \sim 1.0$	$1.2 \sim 2.0$	$2.5 \sim 6.0$	$7.0 \sim 16$	$\geqslant 18$
$C = D/d$	$7 \sim 14$	$5 \sim 12$	$5 \sim 10$	$4 \sim 9$	$4 \sim 8$	$4 \sim 6$

弹簧的工作圈数 n 等于总圈数 n_1 减去支撑圈数 n_z。为使弹簧具有稳定的工作性能，应使弹簧的有效圈数 $\geqslant 2$，支撑圈的圈数一般为 1.5、2、2.5。为使弹簧工作平稳，总圈数最好为 0.5 的倍数。

（2）圆柱螺旋弹簧的几何尺寸　圆柱螺旋弹簧的几何尺寸有：簧丝线径 d、弹簧外径 D_2、内径 D_1、中径 D、节距 t、螺旋升角 α、有效圈数 n、自由高度 H_0 等。圆柱螺旋弹簧的几何尺寸计算见表 14-5。

螺旋弹簧的旋向分右旋和左旋，无特殊要求时一般使用右旋。

表 14-5 圆柱螺旋弹簧的几何尺寸计算

几 何 尺 寸	压 缩 弹 簧	拉 伸 弹 簧
簧丝线径 d	由强度设计计算确定	
弹簧外径 D_2	$D_2 = D + d$	
弹簧中径 D	$D = Cd$	
弹簧内径 D_1	$D_1 = D - d$	
间距 δ	$\delta = t - d$	$\delta = 0$
节距 t	$t = \delta + d + \dfrac{\lambda_{\max}}{n} = \dfrac{D}{3} \sim \dfrac{D}{2}$	$t = d$
螺旋升角 α	$\alpha = \arctan \dfrac{t}{\pi D}$（对压缩弹簧,推荐 $\alpha = 5° \sim 9°$）	
工作圈数 n	由刚度计算决定	
弹簧总圈数 n_1	$n_1 = n + (1.5 \sim 2.5)$	$n_1 = n$
弹簧自由高度 H_0	两端并紧磨平(YⅠ型) $H_0 = nt + (n_1 - n - 0.5)d$ 两端并紧磨平(YⅡ型) $H_0 = nt + (n_1 - n + 1)d$	
弹簧展开长度 L	$L = \dfrac{\pi D n_1}{\cos\alpha}$	$L = \pi D n + $ 钩环长度

本 章 小 结

本章的重点内容是圆柱螺旋弹簧的种类, 弹簧的制造过程, 弹簧的几何尺寸计算及其特性曲线。

思 考 题

14-1 按形状和承受载荷的不同, 金属弹簧可分为哪些主要类型, 哪种弹簧应用最广?

14-2 对制造弹簧的材料有哪些主要要求, 常用金属材料有哪些?

14-3 什么是弹簧的特性曲线? 弹簧的刚度是如何定义的?

*第15章 机械传动系统设计

15.1 概述

15.1.1 传动系统

一般机器是由原动机、传动系统和工作机三部分组成。原动机是机器完成工作任务的动力来源，最常用的是电动机。工作机是直接完成生产任务的执行装置，可以通过选择合适的机构或其组合来实现。传动系统则是把原动机的运动和动力转化为符合执行机构需要的中间传动装置。

原动机的运动和动力与工作机所要求的往往存在很大差距，主要表现在：

1）工作机所需的速度、转矩与原动机提供的不一致。

2）原动机的输出轴通常只作匀速单方向回转运动，而工作机所要求的运动形式往往是多种多样的，如直线运动、间歇运动、螺旋运动、变速运动等。

3）很多工作机在工作中需要变速，如果采用调整原动机速度的方法来实现往往很不经济，甚至难以实现。

4）某些情况下，需要一个原动机带动若干个装置并输出不同的运动形式和速度。

因此，只有利用传动系统才能解决原动机与工作机之间的供求矛盾。

根据工作原理不同，传动系统可分为机械传动、液压或气压传动、电力传动三类。本书仅讨论机械传动系统。

15.1.2 常用机械传动的类型及主要特性

根据传力原理，机械传动可分为摩擦传动、啮合传动和推压传动三种；根据结构形式，机械传动又可分为直接接触传动和有中间传动件的传动。常用机械传动形式及其主要性能见表 15-1。

表 15-1 常用机械传动形式及其主要性能

传动类型			传动效率	单级传动比	圆周速度 /m·s^{-1}	外廓尺寸	相对成本	主要性能特点
啮合传动	直接接触	齿轮传动	0.92~0.96(开式) 0.96~0.99(闭式)	≤3~5(开式) ≤7~10(闭式)	≤5 ≤200	中小	中	瞬时传动比恒定,功率和速度适应范围广,效率高,寿命长
		蜗杆传动	0.4~0.45(自锁) 0.7~0.92(不自锁)	8~80	15~50	小	高	传动比大,传动平稳,结构紧凑,可实现自锁,但效率低

传动类型		传动效率	单级传动比	圆周速度/m·s⁻¹	外廓尺寸	相对成本	主要性能特点
啮合传动	直接接触 螺旋传动	0.3~0.6(滑动螺旋) ≥0.9(滚动螺旋)		高、中低	小	中	传动平稳,能自锁,增力效果好
	有中间件 链传动	0.9~0.93(开式) 0.95~0.97(闭式)	≤5(8)	5~25	大	中	平均传动比准确,可在高温下工作,传动距离大,高速时有冲击和振动
	同步带传动	0.95~0.98	≤10	50(80)	中	低	传动平稳,能保证恒定传动比
摩擦传动	直接接触 摩擦轮传动	0.85~0.95	≤5~7	≤15~25	大	低	过载打滑,传动平稳,可在运转中调节传动比
	有中间件 带传动	0.94~0.96(平带) 0.92~0.97(V带)	≤5~7	5~25(30)	大	低	过载打滑,传动平稳,能缓冲吸振,传动距离大,不能保证定传动比
推压传动	直接接触 凸轮机构	低		中、低	小	高	从动件可实现各种运动,高副接触磨损较大
	有中间件 连杆机构	高		中	小	低	结构简单,易制造,能传递较大的载荷,耐冲击,可远距离传动

15.2 机械传动系统方案设计

传动系统方案设计是在原动机和工作机的方案确定之后进行的,其主要任务是选择合理的传动路线,确定合适的传动机构形式及布置顺序,可以用机构运动简图或方框图来简单明了地表示运动和动力的传递路线以及各部分的组成和联接关系。

15.2.1 传动路线的选择

根据能量从原动机到工作机之间的传递形式不同,传动路线可分为单流传动、分流传动和汇流传动三种基本形式,如图15-1所示。

单流传动应用最广,其传动路线结构简单,全部能量依次通过每个传动机构,适用于只有一个原动机和一个工作机的传动系统。若工作机较多,而总功率不大时,可采用分流传动。对于低速、重载、大功率的工作机,为了减少机器的体积、重量和转动惯量,可以采用多个原动机共同驱动一个工作机的汇流传动。在实际应用中,常常根据需要把上述三种基本形式结合起来,形成复合传动。

传动路线的选择主要根据工作机的工作特性、工作机和原动机的数目以及对传动系统性能的要求决定,以传动系统结构简单紧凑、传动精度高、效率高、成本低为原则。

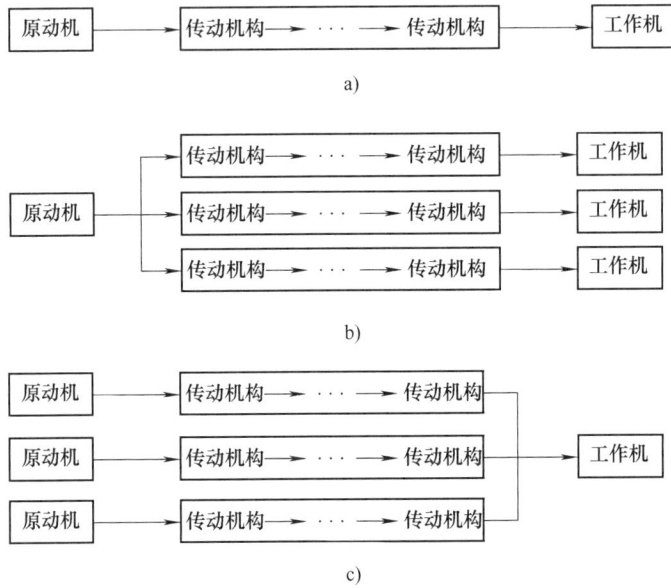

图 15-1 传动路线的基本形式

a）单流传动　b）分流传动　c）汇流传动

15.2.2　传动机构类型的选择

选择不同类型的传动机构会得到不同的传动方案。为了获得理想的传动方案，需要根据传动效率、外廓尺寸、质量要求、运动性能、成本及生产条件等主要性能指标，结合各种传动机构的性能特点，合理地选择传动机构类型。选择的基本原则是：

1）小功率宜选用结构简单、价格便宜、标准化程度高的传动，以降低制造费用。

2）大功率宜优先选用传动效率高的传动，以节约能源、降低生产费用。

3）速度低、传动比大时，可选用单级蜗杆传动、多级齿轮传动、带—齿轮传动、带—齿轮—链传动等多种方案，需要综合分析比较，选出合适的传动方案。

4）工作中可能出现过载的设备，宜在传动系统中设置一级摩擦传动，以便起到过载保护作用。但摩擦有静电发生，所以在易燃、易爆的场合，不能采用摩擦传动。

5）工作环境恶劣、粉尘较多时，应尽量采用闭式传动，以延长传动机构使用寿命，或采用链传动。

6）生产批量较大时，应尽量选用标准的传动装置（如各种标准减速器），以降低成本，缩短制造周期。

7）载荷经常变化、频繁换向的传动，宜在传动系统中设置一级具有缓冲、吸振功能的传动，如带传动。

8）要求严格控制传动的噪声时，应优先选用带传动、蜗杆传动、摩擦传动或螺旋传动，如需要采用其他传动机构，应从制造和装配精度、结构等方面采取措施，力求降低噪声。

实现同一种运动形式的变换可能会有好几种选择方案，下面将各种常用机构的运动形式转变列于表 15-2 中，供选择参考。

表 15-2　各种常用机构的运动形式转变

运动形式转换				基本机构	其他机构
原动件	从动件要实现的运动				
连续转动	连续回转	变向	平行轴 同向	内啮合圆柱齿轮机构、带传动、链传动	双曲柄机构、转动导杆机构
			平行轴 反向	外啮合圆柱齿轮机构	摩擦轮机构、交叉带传动、反平行四杆机构
			相交轴	锥齿轮机构	圆锥摩擦轮机构
			空间交错轴	蜗杆传动、交错轴斜齿轮机构	双曲柱面摩擦轮机构、半交叉带传动
		变速	增、减速	齿轮机构、蜗杆传动、带传动、链传动	摩擦轮传动
			变速	齿轮机构、无级变速机构	塔轮带传动、塔轮链传动
	间歇回转			槽轮机构、棘轮机构	不完全齿轮机构、凸轮机构
	摆动	无急回要求		摆动从动件凸轮机构	曲柄摇杆机构（$K=1$)
		有急回要求		曲柄摇杆机构、摆动导杆机构	摆动从动件凸轮机构
	移动	连续移动		螺旋传动、齿轮齿条传动	带、链等挠性件传动
		往复移动	无急回要求	对心曲柄滑块机构、移动从动件凸轮机构	正弦机构、不完全齿轮（上下）齿条机构
			有急回要求	偏置曲柄滑块机构、移动从动件凸轮机构	
	间歇移动			不完全齿轮齿条机构	移动从动件凸轮机构
	平面复杂运动 特定运动轨迹			连杆曲线机构（连杆上特定点的运动轨迹）	
摆动	摆动			双摇杆机构	摩擦轮传动、齿轮机构
	移动			摆杆滑块机构、摇块机构	齿轮齿条机构
	间歇回转			棘轮机构	

15.2.3　传动机构的布置顺序选择

传动系统有多个传动机构时，需要合理布置各机构的顺序。布置时一般应考虑以下几方面：

（1）运转平稳，减小振动　一般将传动平稳、动载荷小的机构布置在高速级，如带传动传动平稳、能缓冲吸振，且有过载保护作用，故一般布置在高速级；而链传动运转不均匀，有冲击，一般布置在低速级，又如斜齿轮传动比直齿轮平稳，故在齿轮传动中把斜齿轮传动布置在高速级，或在要求传动平稳的场合选用斜齿轮传动。

（2）提高传动系统的效率　对于采用锡青铜为蜗轮材料的蜗杆传动，应布置在高速级，以利于形成润滑油膜，提高承载能力和传动效率。

（3）结构简单紧凑，易于加工制造　一般将改变运动形式的机构和传动（如凸轮机构、连杆机构、螺旋传动等）布置在传动系统的最后一级（靠近工作机或直接作为工作机的执行机构），这样可使传动系统简单，结构紧凑，同时可减小传动系统的惯性冲击。大尺寸、大模数的锥齿轮加工较困难，应尽量布置在高速级并限制其传动比，以减小其直径和模数。因高速级转矩小，把带传动布置在高速级能减小其外廓尺寸。

（4）承载能力大，使用寿命长　开式齿轮传动的工作环境较差，润滑条件不好，磨损严重，寿命较短，应布置在低速级。采用铝青铜或铸铁作为蜗轮材料的蜗杆传动常布置在低速级，使齿面滑动速度较低，有利于防止产生胶合或严重磨损。

（5）有利于传动系统润滑和密封　虽然确定润滑方法和设计润滑系统应在技术设计阶段才能具体进行，但总体布置时应为其创造有利条件，如采用油浴润滑时，应考虑油面高度，使各级传动都有合适的浸油深度或能飞溅到；当采用油雾润滑时，应考虑油雾喷嘴的数量和方便安置，使各级传动都在有效喷雾润滑区内；当采用循环润滑时，应考虑便于供油管的布置等。

（6）无级变速的布置要合理　当传动系统中含有机械无级变速传动时，对恒功率传动，应把无级变速传动布置在传动系统的高速端，最好与电动机直接联接，但应注意勿使最高转速超过其许用值；对于等转矩传动，无级变速传动的布置位置一般不受限制。

例15-1　在一由电动机驱动的带式输送机的传递系统设计中提出了四种传动方案，如图15-2 所示，要求对它们进行比较。如果该输送机用在矿井巷道中工作，问哪种方案较好？

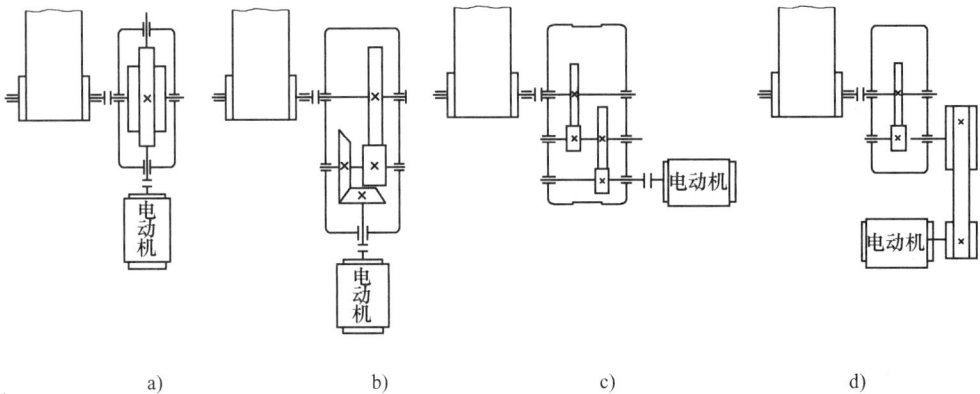

图 15-2　带式输送机的四种传动方案

解　1）方案a 结构最紧凑，若在大功率和长期运转条件下使用，由于蜗杆传动效率低，功率损耗大，很不经济。

方案 b 宽度尺寸较小，适用于在恶劣环境下长期工作，但锥齿轮加工比圆柱齿轮加工困难。

方案 c 与方案 b 相比，宽度尺寸较大，输入轴线与工作机位置为水平布置，适合在恶劣环境下长期工作。

方案 d 比方案a、b、c 制造成本低，且带传动有过载保护作用，但宽度和长度尺寸均较大，带传动不适合繁重的工作条件和恶劣的环境。

2）矿井巷道中工作的特点是环境恶劣，需要长期工作。从上述四种方案比较可知，方案 b 和 c 较好，由于方案 b 的宽度尺寸比方案 c 小，更适合于矿井巷道作业，因此选择方案 b 最为合理。

15.3　传动系统的运动和动力计算

传动方案确定后，需要进行运动和动力参数的计算，以便进行传动系统中各相关零部件的设计计算。

15.3.1 传动方案的运动参数计算

传动系统的运动参数计算包括各级传动比的分配、各轴转速以及传动零件的线速度计算。

1. 传动比分配

串联传动系统的总传动比

$$i_{总} = \frac{n_d}{n_w} = i_1 i_2 \cdots i_n \tag{15-1}$$

式中　　　n_d——原动机输出轴转速（r/min）;

　　　　　n_w——工作机输入轴转速（r/min）;

i_1、i_2、$\cdots$、i_n——传动系统中的各级装置的传动比。

传动系统总传动比的分配会直接影响到传动机构的尺寸、重量、润滑条件、传动性能等。分配时，应考虑以下原则：

1）各级传动比应在合理的范围内（见表15-1）选取。

2）应使各级传动零件尺寸协调，结构布局合理，不产生干涉碰撞。

3）尽量减小外廓尺寸和整体重量。由同类传动机构组成的传动系统（如多级齿轮传动），分配传动比时，若为减速传动，一般应按传动比逐级减小的原则分配；反之，若为增速传动，应按逐级增大的原则分配。

4）设计减速器时，应尽量使各级大齿轮直径接近相等，浸油深度大致相同（低速级大齿轮浸油稍深），以确保润滑良好。

2. 转速和线速度计算

由传动比计算公式可得从动轴转速

$$n_2 = \frac{n_1}{i_{12}} \tag{15-2}$$

式中　n_1——主动轴转速（r/min）。

在选择润滑方式和选取齿轮精度时，需要计算传动零件的线速度 v(m/s)，其计算公式为

$$v = \frac{\pi d n}{60 \times 1000} \tag{15-3}$$

式中　d——传动零件计算直径（mm）;

　　　n——传动零件转速（r/min）。

15.3.2 传动系统的动力参数计算

动力参数计算包括传动系统的总效率计算、各轴的功率和转矩的计算。

1. 传动系统的总效率计算

常用的单流传动系统的总效率 $\eta_{总}$ 为各环节效率的乘积，即

$$\eta_{总} = \eta_1 \eta_2 \cdots \eta_n \tag{15-4}$$

式中　η_1、η_2、$\cdots$、η_n——各传动机构、联轴器、每对轴承、齿轮副等的传动效率。

常用传动机构的效率见表15-1，也可以查阅《机械设计手册》。常用传动零件和装置的

传动效率见表15-3。

2. 功率计算

传动系统中，对各传动零件进行工作能力计算时，均以其输入功率为计算功率。

以图15-3所示二级圆柱齿轮传动系统为例，说明各轴功率的计算方法。若已知该传动系统的输入功率$P_\text{入}$或输出功率$P_\text{出}$，由手册查得齿轮的啮合效率η_g和轴承效率η_r。设Ⅰ、Ⅱ、Ⅲ轴的输入功率分别为$P_\text{Ⅰ}$、$P_\text{Ⅱ}$、$P_\text{Ⅲ}$（kW），则

$$\left.\begin{aligned}
P_\text{Ⅰ} &= P_\text{入} \\
P_\text{Ⅱ} &= P_\text{Ⅰ}\,\eta_\text{r}\,\eta_\text{g12} \\
P_\text{Ⅲ} &= P_\text{Ⅱ}\,\eta_\text{r}\,\eta_\text{g34} \\
P_\text{出} &= P_\text{Ⅲ}\,\eta_\text{r}
\end{aligned}\right\} \tag{15-5}$$

表 15-3　常用传动零件和装置的传动效率

传 动 零 件		传 动 效 率
一对滚动轴承(球轴承取大值)		0.99 ~ 0.995
一对滑动轴承(液体摩擦取大值,润滑不良取小值)		0.97 ~ 0.995
联轴器	滑块联轴器	0.97 ~ 0.99
	齿轮联轴器	0.99
	弹性联轴器	0.99 ~ 0.995
	万向联轴器	0.95 ~ 0.98
带式输送机		0.94 ~ 0.96

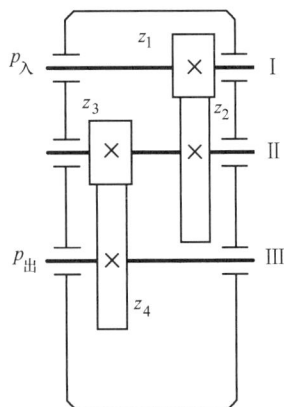

图 15-3　齿轮传动系统

3. 转矩计算

计算出各轴的输入功率和转速后，即可按下式计算各轴的转矩T。

$$T_\text{i} = 9550\,\frac{P_\text{i}}{n_\text{i}} \tag{15-6}$$

将式（15-5）计算的功率分别代入式(15-6)，可求出各轴的转矩。

例15-2　图15-4所示为一带式输送机传动方案，已知输送带工作拉力$F = 4\text{kN}$，带速$v = 1\text{m/s}$，卷筒直径$D = 500\text{mm}$，卷筒传动效率$\eta_\text{筒} = 0.96$；电动机额定功率$P_\text{d} = 4.85\text{kW}$，转速$n_\text{d} = 1440\text{r/min}$，试计算该传动系统的运动和动力参数。

解　（1）传动比分配

工作机转速

$$n_\text{w} = \frac{60 \times 1000v}{\pi D} = \frac{60 \times 1000 \times 1}{3.14 \times 500}\text{r/min} = 38.2\text{r/min}$$

总传动比

$$i_\text{总} = \frac{n_\text{d}}{n_\text{w}} = i_1 \cdot i_2 \cdot i_3 = \frac{1440}{38.2} = 37.7$$

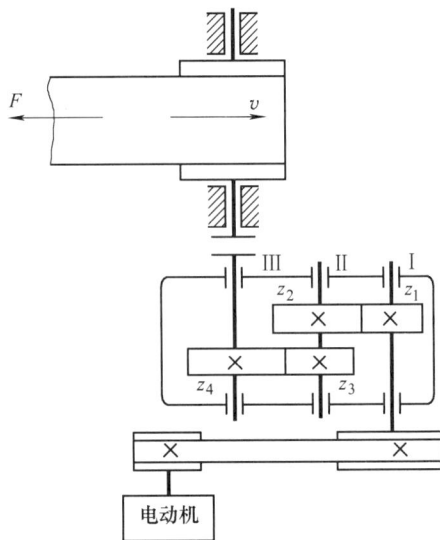

图 15-4　带式输送机传动系统

根据传动比的一般分配原则（见机械设计手册，从略），参考表 15-1，取 V 带传动比为 $i_1 = 3$，高速级齿轮传动比为 $i_2 = 4$，则低速级齿轮传动比为 $i_3 = \dfrac{i_总}{i_1 \cdot i_2} = 3.14$。

（2）计算各轴转速

$$n_I = \frac{n_d}{i_1} = \frac{1440}{3} \text{r/min} = 480\text{r/min}$$

$$n_{II} = \frac{n_1}{i_2} = \frac{480}{4} \text{r/min} = 120\text{r/min}$$

$$n_{III} = \frac{n_3}{i_3} = \frac{120}{3.14} \text{r/min} = 38.2\text{r/min}$$

（3）计算各轴功率

工作机功率

$$P_w = \frac{Fv}{1000} = \frac{4000 \times 1}{1000} \text{kW} = 4\text{kW}$$

取一对滚动轴承效率为 $\eta_r = 0.99$，齿轮啮合效率 $\eta_g = 0.97$，联轴器效率 $\eta_c = 0.99$，V 带传动效率 $\eta_b = 0.96$，则各轴的输入功率为：

带传动输入功率 $\qquad P_0 = P_d = 4.85\text{kW}$

$$P_I = P_d\eta_b = 4.85 \times 0.96\text{kW} = 4.65\text{kW}$$

$$P_{II} = P_I\eta_g\eta_r = 4.65 \times 0.97 \times 0.99\text{kW} = 4.47\text{kW}$$

$$P_{III} = P_{II}\eta_g\eta_r = 4.47 \times 0.97 \times 0.99\text{kW} = 4.29\text{kW}$$

（4）计算各轴转矩

$$T_0 = 9550\frac{P_0}{n_0} = 9550 \times 4.85/1440\text{N} \cdot \text{m} = 32.16\text{N} \cdot \text{m}$$

$$T_I = T_0 i_1\eta_b = 32.16 \times 3 \times 0.96\text{N} \cdot \text{m} = 92.62\text{N} \cdot \text{m}$$

$$T_{II} = T_I i_2\eta_r\eta_g = 92.62 \times 4 \times 0.99 \times 0.97\text{N} \cdot \text{m} = 355.77\text{N} \cdot \text{m}$$

$$T_{III} = T_{II} i_3\eta_r\eta_g = 355.77 \times 3.14 \times 0.99 \times 0.97\text{N} \cdot \text{m} = 1072.77\text{N} \cdot \text{m}$$

15.4　计算机辅助设计简介

15.4.1　计算机辅助设计

随着计算机应用的日益普及，利用计算机辅助机械设计已经成为一种发展趋势。计算机辅助设计（Computer Aided Design，简称 CAD），是指人们利用计算机完成机械零件或产品设计中的计算、分析、模拟、制图、编制技术文件等工作。CAD 技术的应用，可以极大地减轻设计者的劳动，缩短产品的设计开发周期，提高设计质量，使设计更加规范化、标准化、系列化。

但是，无论 CAD 技术如何发展，都需要设计者根据已经具有的设计知识和思想，编写能被计算机接受的程序软件。本节由于篇幅所限，仅介绍在机械设计中常用的计算机辅助计算内容，重点介绍其中的数表、图表转换问题。

15. 4. 2 机械 CAD 中常用数据的处理方法

在进行机械设计的过程中，需要查阅大量的设计资料，在这些设计资料中，许多数据被列成表格或绘制成线图。进行 CAD 设计时，除了按设计步骤编写计算程序外，还需要将这些设计资料储存在计算机中，以便在设计过程中调用。下面简单介绍对数据表格、线图处理的一般方法和程序框图。

从总体上讲，设计资料的处理方法主要有以下两种：

（1）程序化 即在应用程序内对各种数表及线图进行查询、处理或计算。具体处理方法有两种：

1）将数表中的数据或线图拟合成公式，则可用表达式或函数描述这些公式，实现设计资料的程序化。

2）将数表或线图经离散化后按一维、二维或三维数组存入计算机，然后用查询、插值等方法检索所需数据。

（2）按数据库存储 将数表及线图中的数据按数据库的规定进行文件结构化，如确定文件名、字段名、字段类型、字段宽度等，然后存放在数据库中，数据独立于应用程序，但又能为所有程序提供服务。

本节只讨论数据资料程序化问题。

1. 数表的程序化

机械设计中使用的表格可以分为一元、二元和多元数表，我们只简单介绍一元和二元数表的程序化。

（1）一元数表的程序化 若所查取的数表值与一个变量有关，这类数表称为一元数表函数。对这类数表程序化的方法是用一维数组的检索形式来完成，见表15-4。对于不同的轴径 D，所选用的平键和键槽尺寸是不同的。

表 15-4　平键和键槽尺寸　　　　　　　　（单位：mm）

参数名称	序　　号	轴　径 d	键宽 b	键高 h
程序变量名称	I	$D(I)$	$B(I)$	$H(I)$
数	1	>8 ~ 10	3	3
	2	>10 ~ 12	4	4
	⋮	⋮	⋮	⋮
据	7	>38 ~ 44	12	8
	8	>44 ~ 50	14	9

对此表采用一维整型有序表查找法检索与轴径 D 对应的键宽 b 和键高 h，程序框图如图 15-5 所示。程序中，数组 $d[n]$、$b[n]$、$h[n]$ 分别存放表15-4 中的轴径范围 $D(I)$、键宽 $B(I)$ 以及键高 $H(I)$，B、H 为检索到的与 D 相对应的键宽和键高。

（2）二元列表的程序化 若所查取的数据与两个变量有关，则这类数表为二元数表函数。其处理方法和步骤基本上与一元数表相似，对数表的处理用二维数组。见表 15-5，D、d 分别为大、小轴径，r 为轴肩处的圆角半径。对于不同的轴径，其轴肩的应力集中系数是不同的。

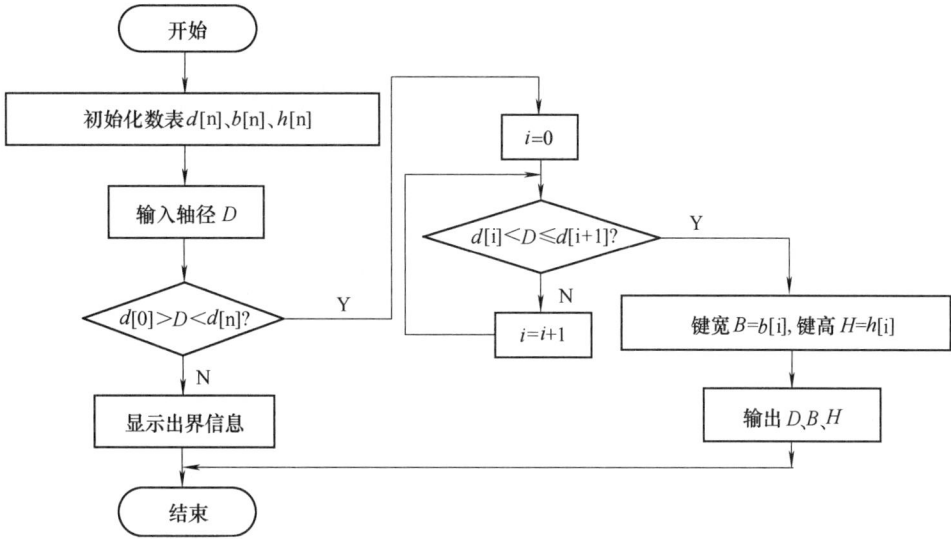

图 15-5 平键和键槽尺寸检索程序框图

表 15-5 轴肩圆角处的理论应力集中系数 α

r/d	D/d									
	6.0	3.0	2.0	1.50	1.20	1.10	1.05	1.03	1.02	1.01
0.04	2.59	2.40	2.33	2.21	2.09	2.00	1.88	1.80	1.72	1.61
0.10	1.88	1.80	1.73	1.68	1.62	1.59	1.53	1.49	1.44	1.36
0.15	1.64	1.59	1.55	1.52	1.48	1.46	1.42	1.38	1.34	1.26
0.20	1.49	1.46	1.44	1.42	1.39	1.38	1.34	1.31	1.27	1.20
0.25	1.39	1.37	1.35	1.34	1.33	1.31	1.29	1.27	1.22	1.17
0.30	1.32	1.31	1.30	1.29	1.27	1.26	1.25	1.23	1.20	1.14

程序采用二维有序数表查找法检索与结构参数 D/d、r/d 相关的应力集中系数 α，图 15-6所示为程序框图。程序中 $d[m]$、$r[n]$ 数组分别存放比值 D/d、r/d，二维数组 $a[m][n]$ 存放与之对应的应力集中系数 α，D、R 为待检索轴径的两项值 D/d、r/d，A 为检索得到的理论应力集中系数。

（3）列表函数的插值　由于列表函数只能给出有限节点 x_1、x_2、$\cdots$、x_n 处的函数值 y_1、y_2、$\cdots$、y_n，当自变量为两节点之间的某值时，就要用插值法求取函数值。线性插值法是最简单、也是最常用的插值方法。

线性插值是通过两个已知点函数值 $y_1 = f(x_1)$，$y_2 = f(x_2)$，构造一个一次函数式 $P_1(x)$，使其满足 $P_1(x_1) = y_1$，$P_1(x_2) = y_2$。由解析几何得插值公式为

$$y = P_1(x) = \frac{x - x_2}{x_1 - x_2} y_1 + \frac{x - x_1}{x_2 - x_1} y_2 \tag{15-7}$$

其程序流程图如图 15-7 所示。框图中 n 为给定的插值节点数，$x[n]$ 为存放各节点上自变量数据的数组，要求数据由小到大排列；y 为存放相应节点处函数值的数组；t 为插值点自变量的数值；f 为插值点 t 处的函数值。

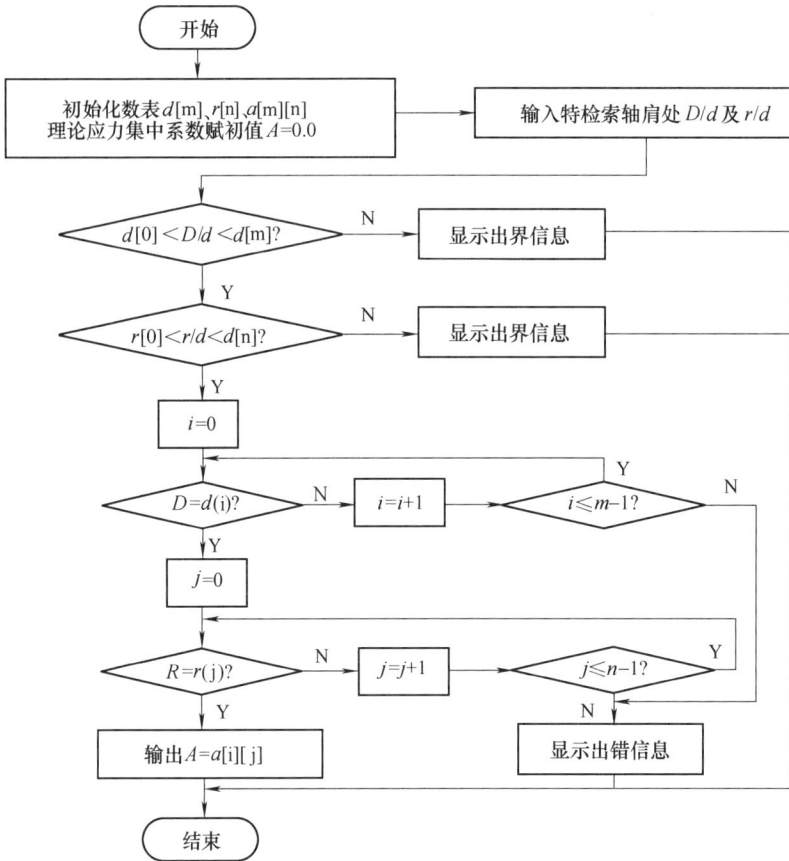

图 15-6　轴肩圆角处的理论应力集中系数检索程序框图

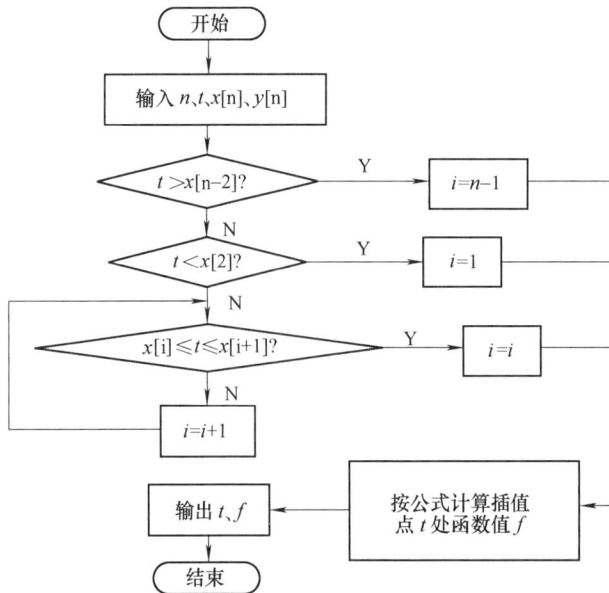

图 15-7　线性插值法程序框图

插值点区间的确定：当 $t < x[1]$ 时，取最初两点 $y[1]$ 及 $y[2]$ 进行线性插值（外插），此时取 $i = 1$；当 $t > x[n-2]$ 时，取最后两点 $y[n-1]$ 及 $y[n]$ 进行线性插值，此时取 $i = n-1$；当插值点落在 $x[i]$ 与 $x[i+1]$ 之间时，则取 $y[i]$ 与 $y[i+1]$ 两点进行内插，此时取 $i = i$。

2. 数表和线图的公式化

机械设计中，为了便于手工计算，常把系数或参数以图表的形式表示出来，有些还以曲线族的形式给出。线图的程序化常用以下处理方法。

1）一些由解析式制作成图表的，设法查找出原来的解析表达式，这种表达既方便编程又计算精确，例如单根 V 带能传递的功率为

$$P_0 = \frac{\left[\left(\dfrac{CL_\mathrm{d}}{7200Tv} \right)^{0.09} - \dfrac{2yE}{d_1} - \dfrac{qv^2}{A} \right] Av \left(1 - \dfrac{1}{e^{f\alpha}} \right)}{1000} \tag{15-8}$$

又如考虑传动比影响的功率增量

$$\Delta P_0 = K_\mathrm{b} n_1 \left(1 - \frac{1}{K_\mathrm{i}} \right) \tag{15-9}$$

2）在线图上选择合适的节点，将线图离散化为数表，再利用上述的数表程序化方法处理。

3）对于一些实验曲线，如果是直线、折线，则很容易建立它们的函数关系式。在齿轮强度计算中，齿轮材料的疲劳极限，可用式（15-7）所示的直线方程（区域中线）表示，以方便编程。又如在 V 带设计时普通 V 带的选型图（见图 10-11）中，各种型号 V 带的边界线均为直线，因此可以运用直线方程来确定边界上的坐标，该线图采用的是对数坐标系，其数学模型为

$$\lg N_\mathrm{k} = \lg N_\mathrm{A} + \frac{(\lg N_\mathrm{B} - \lg N_\mathrm{A})(\lg P_\mathrm{k} - \lg P_\mathrm{A})}{\lg P_\mathrm{B} - \lg P_\mathrm{A}} = C \tag{15-10}$$

即

$$N_\mathrm{k} = 10^C$$

根据以上两式可编写自动检索带型的程序。

4）用曲线拟合的方法求出线图的经验公式，再将公式编入程序使用。

15. 4. 3 CAD 机械零件程序设计步骤简介

机械零件程序设计的一般步骤：

（1）按设计过程画出程序框图 根据设计者的设计意图，按照设计过程的先后顺序，画出程序框图，这是 CAD 程序设计的关键。

（2）数表和线图的处理 按照设计的内容进行程序的数值化和线性化处理，将图表形式转化为数字化形式。

（3）确定程序变量名称 在整个的程序设计中，对于不同部位的计算，要确定程序的变量名称，以便程序的编写和检测。

（4）编写计算程序 采用适当的程序语言，如 Fortran、Basic、C 语言等，来编写整个设计的机械零件的计算过程。

（5）程序检查与调试 对于编写完的机械零件设计的程序，要进行检查和调试，以检查整个程序的设计和编写是否正确，是否达到设计的要求。

（6）输出设计结果　对于任何一个零件的设计，我们都要得出它的最终设计结果，并对结果进行输出，以便进行加工生产。

15.5　机械创新设计简介

15.5.1　创新设计的含义

创新是技术和经济发展的原动力，是国民经济发展的重要因素。当今世界各国之间在政治、经济、军事和科学技术方面的剧烈竞争，实质上是人才的竞争，而人才竞争的关键是人才创新能力的竞争。

创造强调新颖性和独特性，而创新是创造的某种实现。创新设计是建立在创造性思维之上的设计过程。创造性思维是能产生新颖性思维结果的思维，创造性思维就是突破习惯性思维定势的思考，追求新颖、求异的过程。

创造性思维具有以下特征：

（1）开放性　开放性是相对封闭性而言的。封闭性思维是一种闭关自守、画地为牢的思维方式，它往往局限于固定的条条框框中，缺乏异域走马的勇气。在解决问题时，习惯于在已有的经验和知识中寻求自以为有价值的方案，而开放性表现为敢于突破思维定势。

（2）求异性　求异性是相对于求同性而言的。求同思维是一种人云亦云，照葫芦画瓢式的非创造性思维方式。求异性则表现为一种试图与众人、前人有所不同的，独具卓识见解的思维品质，它是获得新颖性创造成果的重要前提。

（3）非显而易见性　非显而易见性是指创造性思维结果是不可以轻易预见的，并不是靠简单的逻辑推理所能得到的，这是创造性思维区别于其他形式逻辑思维的重要标志。

15.5.2　创新设计方法

创造发明是有规律的，创造发明成果的背后隐藏着创造者的技巧和方法。创造发明的一般过程包括寻求课题、揭示实质和形成方案等三步，每一步都有适宜的创造方法。下面作一简单介绍。

1. 确定课题的常用方法

（1）智力激励法　智力激励法又称为"头脑风暴"，是一种适宜于群体的思维激励法。该方法通过在短时间内，群体思维的互相激发，力争引起思维的"共振"而产生大量的创造性思想。该方法在实施时分两步进行：

1）准备。首先，选定研究的课题和参加会议人员（其中含专业人员和思维活跃的少量非专业人员），并物色能启发大家思维的人作为主持人。提前布置课题，让大家充分思考、酝酿。

2）开会。组织小型会议（5～10人为宜），会议时间大约为30～120分钟。会议的原则是：

① 自由思考。会议提倡任意联想、想象，自由畅谈。充分运用发散思维、逆向思维、侧向思维等方法，抛弃各种规则框框的限制，作大胆思考，提出的想象法越新奇越好。

② 严禁评判。在会议上严禁对别人提出的想法"批评"或"吹捧"，以防阻塞思路。

③ 以量求质。鼓励大家提设想,越多越好,设想越多,有价值的设想可能就越多。

④ 结合改善。与会者注意倾听别人的设想,设法综合别人的设想、补充别人的设想,再进一步改善自己的设想,在互相启发的氛围中思维变得敏捷,容易得到灵感,这正是"激励"的效果。

由于互相激励引出联想,产生"共振"和"连锁"反应,使思路大为开阔,从而产生出意想不到的效果。

(2) 缺点列举法 简单地说,缺点列举法就是挑毛病、找差距的方法。只要认真,人们对任何事物都能挑出毛病,列举出缺点来,并提出改进的设想。改进缺点是创造课题的来源,对机械零件设计可以沿着以下思路寻找缺点:①功能性缺点;②原理性缺点;③结构性缺点;④材料及热处理性缺点;⑤制造工艺性缺点;⑥使用维修性缺点。

在缺点列举的基础上,可以根据自己的理解选择值得改进的缺点,确定创造的目标,在克服缺点的过程中实现创造。

例如,一般的自行车辐条像一根细长的螺栓,一端为螺栓头,另一端为螺纹。当更换后轮的辐条时,须将自行车的飞轮拆下,将辐条穿过飞轮,再固定另一端,十分不便,更换损坏的辐条较费时,存在维修不便的缺点。针对这一缺点,有人发明了一种新型辐条,将螺栓头改变为 Z 字形弯钩(见图 15-8b),安装时不用拆卸飞轮即可将辐条穿过,节省了维修时间,而且联接可靠,装拆方便。

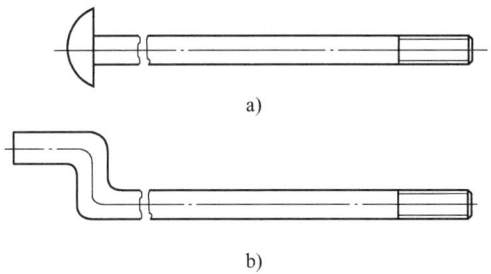

图 15-8 自行车辐条的改进

a)一般辐条 b)新型辐条

(3) 希望点列举法 是指根据需要对某一事物提出希望具有的若干特性,这些特性无论能否实现,都一一列出,作为改进的努力方向。设法实现希望点,是创造性课题的来源之一。例如,列举出带传动的希望点:得到较准确的平均传动比,获得较大的传动能力等,进而产生新型带传动——同步带传动和链式带传动等。

2. 揭示实质的常用方法——原点回归法

在发明创造中,如果把前人创造的终点作为自己创造的始点,思路仍离不开前人的思路方向,于是创造也只能是前人创造的改进,其结果是改进型的创造发明,较难获得重大的突破。

若从创造的终点按人们研究的创造方向反向追索其创造的原点,再以原点为中心进行各个方向上的发散并寻找其他的创造思路方向,用新的思想、新的技术在新找到的思维方向上重新进行创造,突破前人的思维束缚,往往能取得较大的成果。这种先回归到原点,再从原点出发解决问题的方法称为原点回归法。

例如,在轴承设计中仅沿常规方向思考,涉及的轴承大同小异,难以取得突破(见图 15-9)。若回到原点去思考实现轴承功能的各种可能的方法,寻找另外的创造方向,再结合当前的新技术,有可能取得突破,如磁性轴承、气压轴

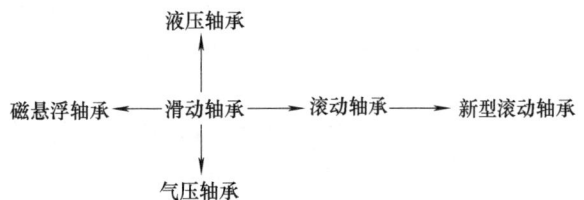

图 15-9 原点回归法设计轴承

承、液压轴承等新型轴承。其中，磁性轴承中轴瓦和轴颈采用磁性材料制造，且轴和轴瓦具有相同的磁性，利用同性相斥原理，轴颈与轴瓦便互不接触而呈悬浮状态，在旋转过程中摩擦力最小。

机械设计中寻找原点就是抽象出机械实现的功能，例如键联接是寻求一种轴与轮毂联接且能够用于传递一定转矩的方法，联轴器是将两个轴联接在一起并传递运动和转矩。机械创新的原点回归法也可以认为是功能抽象法，运用此法的关键是正确抽象出实现的功能。

3. 形成方案的常用方法

（1）组合创造法　组合创造法是将两个或两个以上的事物通过巧妙地结合，获得具有同一主题新事物的方法。组合能带来创新。据统计，市场上组合发明的产品占有很大的比例。常见的组合创造法有以下四种：

1）主体添加。主体添加是以某事物为主体，再添加另一附属事物，以实现创造的方法。主体添加附属事物后，促使主体功能增加或性能改善，以"添"促变。例如，螺栓杆端部添加槽（一字槽、十字槽、内六角槽）、带橡皮的铅笔、带吸管的易拉罐，以及弹性套柱销联轴器等都属于主体添加型发明。

2）同物组合。同物组合是把两个相同或相近的事物简单叠合的方法。同物组合的原理是以量变促质变，弥补单个事物单独使用时功能或性能上的缺陷。例如，使用单万向联轴器时，从动轴转速与主动轴不同，若将两个单万向联轴器组合成双万向联轴器，在一定的条件下能够克服上述缺点；又如双管日光灯、多楔带、人字齿轮甚至多级火箭等，都是同物组合的结果。

同物组合法虽然简单，但其创造性却很强，同物组合也能推动重大的发明创造。

3）异物组合。异物组合是将两种或两种以上不同种类的事物珠联璧合，以获得新创造的方法。例如将摩擦型平带传动和啮合型齿轮传动的原理组合，产生了同步带传动；将平带传动和链传动的原理结合，出现了齿孔带传动，都解决了平带传动中传动比不恒定的问题。

异物组合不是简单地凑合，而是有机地综合，它比主体添加的思维深度更深、更广。异物的来源很广，可受到多方面信息的启发联想组合。

4）重组组合。重组组合是指在同一事物的不同层次上分解原来的事物或组合，再以新方式重新组合的方法。重组组合只改变事物内部各组成部分之间的相互位置，从而优化事物的性能，它是在同一事物上施行的，一般不增加新内容。例如，改变蜗杆传动中蜗杆相对蜗轮的位置，如采用上置、下置和侧置，会得到不同性能的蜗杆减速器。

（2）属性改变法　事物的属性（功能、结构、形状、材料等）发生改变，可能使事物的功能增加或性能改善，从而推动发明创造。例如，将直齿轮传动改为斜齿轮传动，可以增大重合度，提高传动平稳性和传动能力。在机械设计中，常用下列方法：

1）形状改变。改变零件功能面形状，如凸轮机构中从动件由尖顶式改变为滚子式或平底式，螺纹联接件扳拧形式的改变及螺栓、螺钉、螺柱的尾端结构改变而产生的系列螺纹联接件。

2）位置改变。改变零件之间的相对位置或将同一功能赋予不同的构件，例如蜗杆下置式传动改为蜗杆上置式传动，铰链四杆机构取不同的构件为机架则变为不同的机构。

3）数目改变。改变零件的数目或有关几何形状的数目，如平键变为花键。

4）尺寸改变。改变零件或表面的尺寸，从而产生形态变化，如铰链四杆机构中，改变构件的长度，使机构的运动方式产生变化。

（3）移植创造法　将某领域的原理、方法及成果引用或渗透到其他领域，用以创造新事物或变革旧事物，称之为移植创造。常见的方法有：

1）原理移植。将某一学科的技术原理向新的领域推广，如将磁性物质同性相斥的原理推广到机械设计中，有磁悬浮轴承、磁悬浮列车等的诞生。

2）方法移植。解决问题的途径和手段的移植，"发泡"是蒸馒头、做面包时使其松软的方法，移植到其他领域得到发泡水泥、发泡肥皂、发泡冰淇淋、发泡保温材料、海绵橡胶等多种创造成果。

3）结构移植。将某一事物的结构形式或结构特征向另一事物移植，它是结构变革的基本途径之一。例如，当普通花键用于动联接时，摩擦磨损较大，在摩擦面间加上滚珠得到滚珠花键，比同样外部尺寸的普通花键的承载能力高出几倍。

4）环境移植。事物本身不变化，但应用的场合或领域变化，可以产生新的使用价值。例如，家用远红外防盗报警器移植到课桌上，用于坐姿不良时的提醒报警，可预防近视眼病的发生。

（4）检核表法　检核表法是一种有序提问题强制思考的方法，通过一系列问题与回答，可以深入思考，找到解决问题的思路或方法。检核表有多种，其中奥斯本检核表的内容包括以下9方面：①有无其他用途；②能否借用；③能否改变；④能否扩大；⑤能否缩小；⑥能否代用；⑦能否重新调整；⑧能否颠倒；⑨能否组合。在创造过程中人们以检核表的形式进行逐项思考，就会引导创造思维的迸发，从而提出新的设想。

这里仅介绍了机械创新设计的一般思路和方法，以开阔思路，使读者培养创新意识，并在今后的工作中会运用这些方法，获得创新设计的成果。

本 章 小 结

本章主要介绍了有关机械总体设计时需要解决的一般问题，为后续的课程设计打基础。同时，简单介绍了机械 CAD 的基本方法和一些要解决的基本问题。最后对机械的创新设计作了简单的介绍，重点在于了解创新设计的途径和一般方法并培养创新意识。

思 考 题

15-1　选择传动类型的基本原则是什么？

15-2　选择传动路线的主要依据是什么？布置传动顺序时，应考虑哪些问题？

15-3　如何分配机械传动系统的总传动比？

15-4　计算机辅助设计中如何处理图表数据？试举例说明。

15-5　试举出 3 个创新设计的例子，并说明应用了哪种设计技法？

习 题

15-1　图 15-10 所示为一带式输送机的传动方案，试分析该方案中各级传动安排有何不合理之处，并画出你认为合理的传动方案。

15-2　图 15-4 所示的带式输送机传动方案，已知输送带工作机卷筒转矩为 $T = 5kN \cdot m$，转速 $n = 100r/min$，卷筒直径 $D = 500mm$，卷筒传动效率 $\eta_{筒} = 0.96$，试确定：

（1）传动装置的总效率。

（2）电动机额定功率 P_d。

（3）假定电动机转速为 $n_d = 1440 r/min$，试计算该传动系统的总传动比，并进行合理分配。

（4）确定传动系统的运动和动力参数。

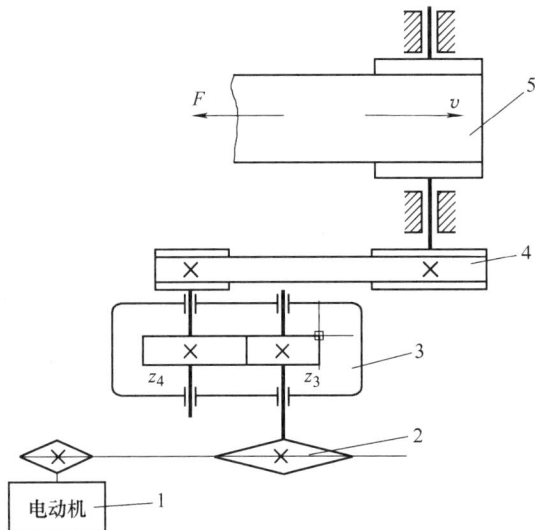

图 15-10　带式输送机的传动方案

1—电动机　2—链传动　3—齿轮减速器　4—带传动　5—工作机

15-3　试对直齿圆柱齿轮设计中齿面强度的计算绘制程序流程图。

15-4　给出 5 种把回转运动转变为直线运动的机构，画出机构运动方案简图，并比较各自的优缺点。

参 考 文 献

[1] 王宁侠, 魏引焕. 机械设计基础[M]. 北京: 机械工业出版社, 2005.

[2] 柴鹏飞. 机械设计基础[M]. 北京: 机械工业出版社, 2004.

[3] 胥宏. 机械设计基础[M]. 北京: 科学出版社, 2006.

[4] 万苏文. 机械设计基础[M]. 重庆: 重庆大学出版社, 2005.

[5] 赵冬梅. 机械设计基础[M]. 西安: 西安电子科技大学出版社, 2004.

[6] 丁守宝, 李皖. 机械设计基础[M]. 合肥: 合肥工业大学出版社, 2005.

[7] 郭仁生, 魏宣燕, 等. 机械设计基础[M]. 北京: 清华大学出版社, 2005.

[8] 申永胜. 机械原理教程[M]. 北京: 清华大学出版社, 2001.

[9] 张莹. 机械设计基础[M]. 北京: 机械工业出版社, 1997.

[10] 徐起贺, 孟玲琴, 刘静香. 现代机械原理[M]. 西安: 陕西科学技术出版社, 2004.

[11] 刘明保, 李宏德, 王志伟. 实用机械设计[M]. 长春: 吉林科学技术出版社, 2003.

[12] 吴宗泽, 刘莹. 机械设计教程[M]. 北京: 机械工业出版社, 2003.

[13] 陆玉, 何在洲, 佟延伟. 机械设计课程设计[M]. 北京: 机械工业出版社, 2005.

[14] 徐锦康, 周国民, 刘极峰. 机械设计[M]. 北京: 机械工业出版社, 1998.

[15] 秦彦斌, 陆品. 机械设计导教·导学·导考[M]. 西安: 西北工业大学出版社, 2005.

[16] 吴宗泽. 机械设计[M]. 北京: 高等教育出版社, 2001.

[17] 孙桓, 陈作模. 机械原理[M]. 6版. 北京: 高等教育出版社, 2000.

[18] 胡家秀. 机械设计基础[M]. 北京: 机械工业出版社, 2003.

[19] 董刚, 李建功, 潘凤章. 机械设计[M]. 3版. 北京: 机械工业出版社, 2003.

[20] 濮良贵, 纪名刚. 机械设计[M]. 6版. 北京: 高等教育出版社, 2003.

[21] 傅祥志. 机械原理[M]. 2版. 武汉: 华中科技大学出版社, 2000.

[22] 李秀珍, 曲玉峰. 机械设计基础[M]. 3版. 北京: 机械工业出版社, 2002.

[23] 徐灏. 机械设计手册[M]. 2版. 北京: 机械工业出版社, 2001.

[24] 谭放鸣. 机械设计基础[M]. 北京: 化学工业出版社, 2005.

[25] 田书泽, 李威. 机械设计基础[M]. 北京: 机械工业出版社, 2002.

[26] 杨可桢, 程广蕴, 李仲生. 机械设计基础[M]. 北京: 高等教育出版社, 2006.

[27] 秦伟. 机械设计基础[M]. 北京: 机械工业出版社, 2004.

[28] 季明善. 机械设计基础[M]. 北京: 高等教育出版社, 2005.

[29] 张民安. 圆柱齿轮精度[M]. 北京: 中国标准出版社, 2002.

[30] 王少怀. 机械设计师手册[M]. 北京: 电子工业出版社, 2006.